翻译版
原书第10版

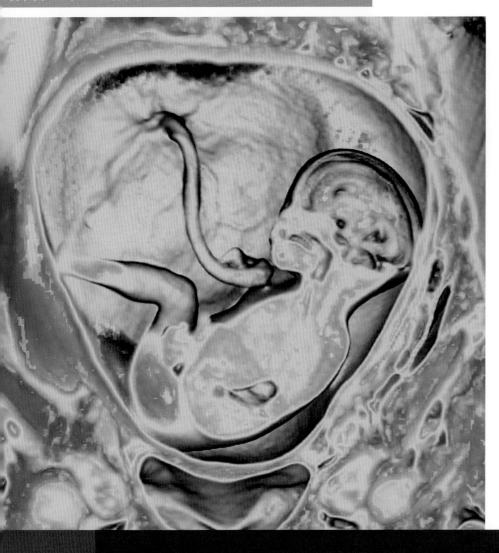

编著

[加] 基思·L. 穆尔
Keith L. Moore

[加] T.V.N. 佩尔绍德
T.V.N. (VID) Persaud

[加] 马克·G. 托尔基亚
Mark G. Torchia

主译

施诚仁

Essentials of Embryology and Birth Defects

胚胎学基础与
出生缺陷

在我们出生前 Before We are Born

SEVIER

世界图书出版公司
WPC
上海·西安·北京·广州

图书在版编目（CIP）数据

胚胎学基础与出生缺陷：在我们出生前 / （加）基思·L.穆尔，（加）T.V.N.佩尔绍德，（加）马克·G.托尔基亚编著；施诚仁译 . -- 上海：上海世界图书出版公司，2022.1

（结构性出生缺陷早期干预和防治多学科丛书）

ISBN 978-7-5192-7572-3

Ⅰ.①胚… Ⅱ.①基… ②T… ③马… ④施… Ⅲ.①胚胎学②新生儿疾病—先天性畸形 Ⅳ.① Q132 ② R726.2

中国版本图书馆 CIP 数据核字（2021）第 167900 号

书　　名	胚胎学基础与出生缺陷——在我们出生前	
	Peitaixue Jichu yu Chusheng Quexian——Zai Women Chusheng qian	
编　　著	〔加〕基思·L.穆尔　　〔加〕T.V.N.佩尔绍德　　〔加〕马克·G.托尔基亚	
主　　译	施诚仁	
责任编辑	沈蔚颖	
装帧设计	袁　力	
出版发行	上海世界图书出版公司	
地　　址	上海市广中路88号9-10楼	
邮　　编	200083	
网　　址	http://www.wpcsh.com	
经　　销	新华书店	
印　　刷	杭州锦鸿数码印刷有限公司	
开　　本	889 mm×1 194mm　1/16	
印　　张	22	
印　　数	1-2200	
字　　数	350千字	
版　　次	2022年1月第1版　2022年1月第1次印刷	
版权登记	图字09-2021-0429号	
书　　号	ISBN 978-7-5192-7572-3/Q·17	
定　　价	268.00元	

Elsevier (Singapore) Pte Ltd.
3 Killiney Road, #08-01 Winsland House I, Singapore 239519
Tel: (65) 6349-0200; Fax: (65) 6733-1817

This translation of Before We Are Born: Essentials of Embryology and Birth Defects, 10th Edition by Keith L. Moore, T.V.N. (Vid) Persaud, Mark G. Torchia was undertaken by World Publishing Shanghai Corporation Limited and is published by arrangement with Elsevier (Singapore) Pte Ltd.

Before We Are Born: Essentials of Embryology and Birth Defects, 10th Edition by Keith L. Moore, T.V.N. (Vid) Persaud, Mark G. Torchia 由世界图书出版上海有限公司进行翻译，并根据世界图书出版上海有限公司与爱思唯尔（新加坡）私人有限公司的协议约定出版。

《胚胎学基础与出生缺陷——在我们出生前》（原书第 10 版）（施诚仁 主译）

译者名单

主　译

施诚仁

参译者（按姓氏笔画排序）

王　剑　王　磊　王伟鹏　孙　杰　沈涤华

张　天　金敏菲　周　莹　施　佳　施诚仁

姜大朋　徐卓明　虞贤贤　鲍　南　潘伟华

译者序

2020 年是不平凡的一年，这一年在党中央领导下举国上下都在防治新冠肺炎病毒感染流行。居家防疫期间我读了基思·L. 穆尔（Keith L. Moore）、T.V.N. 佩尔绍德［T.V.N.（VID）Persaud］、马克·G. 托尔基亚（Mark G. Torchia）三位教授合著的《胚胎学基础与出生缺陷——在我们出生前》，收获很大。它包含了目前对临床人类胚胎学的最新理念，揭示了胚胎正常和异常发育的本质。我及时将此书推荐给出版社购买版权，因各种原因直至 2020 年底方购买到原书第 10 版的中文简体字版翻译权，于是马上组织相关专家、博士共译此书。该书有益于医学院校师生及各层次医院临床医护人员，值得大家一读。

中国是出生缺陷高发国家，发生率约 5%，随着医学技术迅猛发展，医护人员对疾病的认识要以早期干预为主，即早期预防、早期诊断、早期治疗，降低出生缺陷发生的风险，提高我国儿童健康水平，做好儿童健康的守护神。

十分感谢世界图书出版有限公司的领导和沈蔚颖编辑的努力以及世界健康基金会（Project HOPE）的赞助，也感谢参与本书的各位译者合力相助，使得中文简体字版能顺利出版。

施诚仁　教授

上海交通大学医学院附属新华医院

2021 年 3 月 12 日

作者介绍

基思·L. 穆尔（Keith L. Moore）

穆尔博士曾获得许多著名奖项和医学界的认可，他因在临床解剖学和胚胎学方面出版的教科书而获得最高奖项。2007年他获得了首届亨利·格雷/爱思唯尔杰出教育家奖（Henry Gray/Elsevier Distinguished Educator Award）——美国解剖学家协会（American Association of Anatomists）颁发的最高奖项，它主要表彰对医学/牙科、研究生和本科教学关于人体解剖教育做出卓越贡献的人。1994年获得美国解剖学家协会颁发的关于临床解剖领域的重大贡献的荣誉会员奖，1984年获得加拿大解剖学者协会的J.C.B.格兰特奖（J.C.B Grant Award）——"表彰解剖科学领域的功勋和杰出学术成就"。2008年，穆尔教授被提名为美国解剖学家协会会员以及荣誉院士称号，这是授予杰出的美国解剖学家协会会员的，以表彰他们在科学和医学科学方面的总体贡献及卓越的表现。2012年和2015年穆尔博士分别获得美国俄亥俄州立大学和西安大略大学的荣誉理学博士学位；此外，他获得为表彰加拿大人的重大贡献和成就的伊丽莎白二世女王钻石禧年奖章和表彰为美国解剖学家协会做出的杰出服务贡献的本顿·阿德金斯杰出服务奖（Benton Adkins Jr. Distinguished Service Award）。

T. V. N. 佩尔绍德［T. V. N.（VID）Persaud］

佩尔绍德博士于2010年获得了亨利·格雷/爱思唯尔杰出教育家奖（Henry Gray/Elsevier Distinguished Educator Award）——"美国解剖学家协会对人体解剖学教育保持卓越地位和领导地位的最高荣誉"，并得美国解剖学家协会荣誉会员奖（2008年），表彰他"在临床相关解剖学、胚胎学和解剖学领域的杰出重大贡献"；他还获得加拿大解剖学家协会J.C.B.格兰特奖（J.C.B Grant Award，1991年），以表彰其在解剖科学领域取得了杰出的学术成就。2010年，佩尔绍德教授被选为美国解剖学家协会会员。成为美国解剖学家协会的荣誉杰出会员，这是表彰他对科学和医学做出总体贡献和卓越表现的肯定。2003年，佩尔绍德博士获得了伊丽莎白二世女王金禧奖章，是由加拿大政府颁发以表彰"对国家、社会和社区的重大贡献"的加拿大同胞。

马克·G. 托尔基亚（Mark G. Torchia）

托尔基亚博士是杰出的首届总督创新奖获得者，该奖项表彰为加拿大做出贡献的杰出个人、团体和组织开拓者和创造者——他们为国家做出了贡献，帮助塑造加拿大的未来，激励下一代成长。托尔基亚博士也是曼宁奖获得者（Manning Principle Prize Laureate，2015年），该奖项旨在表彰那些积极影响加拿大经济，同时在世界各地改善人类体验的领导者和远见者。同时他还获得了诺曼和玛里恩布莱特纪念奖章（Norman and Marion Bright Memorial Medal and Award）。这是表彰对化学技术做出杰出贡献的个人，另外还获得泰米克（TIMEC）医疗器械设计冠军奖。托尔基亚博士通过不断授课使各级学习者参与进来。自MSA教学奖启动以来，他一直被提名，最近又获得了马尼托巴大学雷迪健康科学学院2016年卓越教学奖。

纪念玛丽安（Marion）

感谢我可爱的妻子同时也是我最好的朋友对我无尽的支持和耐心。感谢她在我写作前三版《胚胎学基础与出生缺陷——在我们出生前》的无数小时内给我的鼓励和理解。对于她的美好回忆一直留在我的心里。我也感谢我的两个女儿帕姆（Pam）和凯特（Kate），对我的不断支持，以及我的女婿罗恩·克罗姆（Ron Crowe）的技术支持。我为我们的 5 个孩子沃伦（Warren）、帕姆（Pam）、凯伦（Karen）、劳雷尔（Laurel）和凯特（Kate），以及我们的 9 个孙子——克里斯汀（Kristin）、劳伦（Lauren）、凯特琳（Caitlin）、米切尔（Mitchel）、杰姆（Jayme）、布鲁克（Brooke）、梅丽莎（Melissa）和艾丽西亚（Alicia）和曾孙詹姆斯（James）和夏洛特（Charlotte）感到骄傲。

—— 基思·L. 穆尔（Keith L. Moore）

致吉塞拉（Gisela）

我可爱的妻子同时也是我最好的朋友，感谢她无尽的支持和耐心。感谢我们的 3 个孩子—— 英德拉尼（Indrani）、苏尼塔（Sunita）和雷纳（Rainer）以及我们的孙子布莱恩（Brian）、艾米（Amy）和卢卡斯（Lucas）

——T.V.N. 佩尔绍德［T.V.N.（VID）Persaud］

致芭芭拉（Barbara）、穆里尔（Muriel）、埃里克（Erik）

谢谢你们的支持、鼓励、欢笑和爱。你们的个人成就一直让我惊讶，这本书献给你们。

—— 马克·G. 托尔基亚（Mark G. Torchia）

致学生和老师

致学生：我希望你会喜欢这本书，增加你对人类胚胎学的理解，通过所有的考试并感到兴奋和美好。为你在患者护理、研究和教学方面的职业生涯做好准备。你会记得一些你听到的，大部分你读到的，更多的是你看到的和几乎所有你经历过和完全理解的事情。

致老师：愿这本书对你和你的学生都是有用的资源。我们很感激这些年来，从学生和老师们那里收到的许多建设性意见，你们的话对我们改进这本书有很大的价值。

贡献者

贡献者

大卫·D. 艾森斯塔特（David D. Eisenstat）

医学博士、加拿大皇家内科医学院院士

加拿大艾伯塔大学肿瘤系教授兼主席，加拿大穆里尔和艾达霍尔儿童癌症协会儿科肿瘤学主席；加拿大阿尔伯塔大学医学院医学遗传学和儿科系教授。

杰弗里·T. 威格尔（Jeffrey T. Wigle）

医学博士

圣博尼法斯医院研究中心心血管科学研究所首席研究员，加拿大马尼托巴省温尼伯市马尼托巴大学生物化学与医学遗传学教授。

临床审稿人

阿尔伯特·E. 查德利（Albert E. Chudley）

医学博士、加拿大皇家内科医学院院士

加拿大马尼托巴省温尼伯市马尼托巴大学马克斯·拉迪医学院健康科学系，儿科和儿童健康、生物化学与医学遗传学荣誉退休教授。

迈克尔·纳维（Michael Narvey）

医学博士、加拿大皇家内科医学院院士

加拿大马尼托巴省温尼伯市马尼托巴大学马克斯·拉迪医学院健康科学系儿科和儿童健康助理教授，健康科学中心和圣博尼法斯医院新生儿医学科主任。

图片和影像（来源）

我们要感谢以下同事为本书提供临床图片，并允许我们使用他们的作品做出版用。

史蒂夫·阿欣 （Steve Ahing）

口腔医学临床博士
加拿大马尼托巴省温尼伯市马尼托巴大学口腔诊断及放射学学系和口腔医学院病理学系
图 18-10B~D

佛朗哥·安东尼亚齐（Franco Antoniazzi）和瓦西里奥斯·法诺斯（Vassilios Fanos）

医学博士
意大利维罗纳大学儿科系
图 19-3

沃尔克·贝克尔（Volker Becker）

医学博士
德国爱尔兰根大学病理学研究
图 8-12 和图 8-14

J. 贝恩 (J. Been)、M. 舒尔曼 (M. Shuurman) 和 S. 罗本 (S. Robben)

医学博士
荷兰马斯特里赫特大学医学中心
图 11-6B

大卫·博伦德（David Bolender）

医学博士
美国威斯康星州密尔沃基市威斯康星州医学院细胞生物学、神经生物学和解剖学系
图 15-13A

彼得·C. 布鲁格（Peter C. Brugger）

医学博士
奥地利维也纳医学院解剖和细胞生物学中心副教授 / 私人讲师
封面图臀位胎儿磁共振成像

杰克·C.Y. 程 (Jack C.Y. Cheng)

医学博士
中国香港特别行政区香港中文大学骨科及创伤学系
图 15-18

阿尔伯特·E. 查德利（Albert E. Chudley）

医学博士、加拿大皇家内科医学院院士
加拿大马尼托巴省温尼伯市马尼托巴大学儿童医院儿科与儿童健康科、遗传与代谢科
图 5-12、10-30、12-17AB、12-24、13-13、13-26、15-24、15-25、15-26、16-10、16-11、16-23、17-14、19-4、19-5、19-6、19-9、19-10、19-12 和 19-14A

布莱恩·M. 克莱格霍恩 (Blaine M. Cleghorn)

医学博士
加拿大新斯科舍省哈利法克斯达尔豪斯大学牙科学院
图 18-10A

希瑟·迪恩 (Heather Dean)

医学博士、加拿大皇家内科医学院院士
加拿大马尼托巴省温尼伯市马尼托巴大学儿童医院儿科与儿童健康系
图 13-17、13-25 和 19-13

马克·德尔·比吉奥 (Marc Del Bigio)

医学博士、加拿大皇家内科医学院院士

加拿大马尼托巴省温尼伯市马尼托巴大学病理学系（神经病理学系）

图 15-10、16-22 和 16-26

若昂·卡洛斯·弗恩 (João Carlos Fern) 和罗德里格斯（Rodrigues）

医学博士

葡萄牙里斯本德斯特罗医院皮肤科服务部

图 18-3

弗兰克·盖拉德（Frank Gaillard）

医学博士

澳大利亚维多利亚州墨尔本皇家医院放射科

图 9-8C 和 10-17

加里·格迪斯（Gary Geddes）

医学博士

美国俄勒冈州奥斯威戈湖

图 15-13B

白瑞·H. 格雷申（Barry H. Grayson）和布鲁诺·L. 文迪泰利 (Bruno L. Vendittelli)

医学博士

美国纽约市纽约大学医学中心整形外科研究所

图 10-31

克里斯托弗·R·哈曼 (Christopher R. Harman)

医学博士、加拿大皇家外科医学院院士、美国妇产科科学院院士

美国马里兰州巴尔的摩马里兰州大学妇女医院妇产科及生殖医学科

图 12-16

让·海（Jean Hay）

理学硕士

加拿大马尼托巴省温尼伯市马尼托巴大学健康科学中心

图 7-2 和 7-4

加拿大马尼托巴省温尼伯市马尼托巴大学儿童医院

图 10-13 和 19-7

林登·M. 希尔（Lyndon M. Hill）

医学博士

美国宾夕法尼亚州匹兹堡市玛吉妇女医院

图 12-5

克劳斯·V. 欣里克森（Klaus V. Hinrichsen）

医学博士

德国波鸿大学法库特医学院解剖学研究所

图 10-2 和 10-25

伊芙琳·贾恩 (Evelyn Jain)

医学博士

加拿大阿尔伯塔省卡尔加里母乳喂养诊所

图 10-22

约翰·A. 简 (John A. Jane)

医学博士

美国弗吉尼亚州夏洛茨维尔弗吉尼亚大学卫生系神经外科

图 15-11AB

达格玛·K. 卡卢塞克 (Dagmar K. Kalousek)

医学博士

加拿大温哥华市不列颠哥伦比亚大学儿童医院病理学系

图 12-12A 和 13-10

詹姆斯·柯尼格（James Koenig）

医学博士、加拿大皇家内科医学院院士
加拿大马尼托巴省温尼伯市健康科学中心放射科
图 14-28D

韦斯利·李（Wesley Lee）

医学博士
美国密歇根州皇家橡树市威廉博蒙特医院妇产科、胎儿影像科
图 16-12A

黛博拉·莱文（Deborah Levine）

医学博士
美国马萨诸塞州波士顿市贝思以色列女执事医疗中心放射科、妇产科、超声科。
图 7-5B、16-12B 和封面图 27 周胎儿磁共振成像

米娜·莱德（Mina Leyder）

医学博士
比利时布鲁塞尔市布鲁塞尔齐肯豪斯大学
图 14-19

E. A.（泰德）·李扬［E. A. (Ted) Lyons］

医学博士、加拿大皇家内科医学院院士
加拿大马尼托巴省温尼伯市马尼托巴大学健康科学中心放射科、妇产科、人体解剖学和细胞科学系，
图 4-6B、5-1、5-10、6-6、7-1、7-9、8-4、12-17CD 和封面图 9 周胎儿超声

毛利克·S. 帕特尔（Maulik S. Patel）

医学博士
印度苏拉特医学病理学家顾问 (Radiopaedia.org 网站)
图 5-13

马丁·H. 里德 (Martin H. Reed)

医学博士、加拿大皇家内科医学院院士
加拿大马尼托巴省温尼伯市马尼托巴大学儿童医院放射科
图 12-23

格雷戈里·J. 瑞德 (Gregory J. Reid)

医学博士、加拿大皇家外科医学院院士
加拿大马尼托巴省温尼伯市马尼托巴大学妇女医院妇产科和生殖科学系
图 14-9

迈克尔 (Michael) 和米歇尔·赖斯（Michele Rice）
图 7-6

普勒姆·S. 萨尼 (Prem S. Sahni)

医学博士
加拿大马尼托巴省温尼伯市儿童医院放射科
图 15-14

杰拉尔德·S. 斯迈瑟 (Gerald S. Smyser)

医学博士
美国北达科他州大福克斯阿尔特鲁卫生系统
图 10-17、15-11C 和 17-13

皮埃尔·苏西 (Pierre Soucy)

医学博士、加拿大皇家外科医学院院士
加拿大安大略省渥太华市东安大略省儿童医院小儿外科
图 10-10 和 10-11

亚历山德拉·斯坦尼斯拉夫斯基 (Alexandra Stanislavsky)

医学博士
澳大利亚维多利亚省墨尔本市墨尔本皇家医院妇女慈善医院放射科（Radiopaedia.com 网站）
图 12-12B

R. 沙恩·塔布斯（R. Shane Tubbs）和 W. 杰瑞·奥克斯（W. Jerry Oakes）

医学博士
美国阿拉巴马州伯明翰儿童医院儿神经外科
图 16-24

爱德华·奥斯曼 （Edward O. Uthman）

医学博士
美国德克萨斯州休斯顿 / 里士满病理学顾问
图 5-3C

埃斯佩思·H. 惠特比（Elspeth H. Whitby）

理学学士、医学学士、工商管理学荣誉学士
英国英格兰谢菲尔德谢菲尔德大学生殖与发育医学院学术病理学系
图 16-25

内森·E. 怀斯曼（Nathan E. Wiseman）

医学博士、加拿大皇家外科医学院院士
加拿大马尼托巴省温尼伯市马尼托巴大学儿童医院外科、儿科和心胸外科
图 9-8B 和 12-15

前言

《胚胎学基础与出生缺陷——在我们出生前》已经出版 46 年之久。这本书是在我们另一本规模更大的书——《人类发育学：起源于胚胎的临床》（第 11 版）（*The Developing Human: Clinically Oriented Embryology, Eleventh Edition*）基础上编写完成的。

《胚胎学基础与出生缺陷——在我们出生前》（第 10 版）涵盖了目前所有对临床人类胚胎学最新理念。本书揭示了胚胎正常和异常发育的本质。和早期的版本相同，来源于临床的材料，我们使用绿色框的设计。每一章节都围绕新的研究发现及其意义以及对发育生物学的新认识进行彻底的修改。

英文版沿用国际通用的胚胎学术语列表（2013 年的胚胎学术语）。全世界的医师、护士、医师助理、牙医、物理和职业治疗师、其他专业人员、科学家和医学生对每个结构使用相同的名称。

书中还收录了许多新的胚胎、胎儿（正常和异常）、新生儿和儿童的彩色照片。还含有许多新的影像学照片：胚胎和胎儿的超声、CT（计算机断层扫描）和 MRI（磁共振成像）诊断图像。

本书的另一个重要特征是在每一个章节的末尾都含有"临床导向提问"。由于异常发育研究是了解出生缺陷的原因以及如何预防的必要基础，所以畸形学（对于出生缺陷的研究）部分已经更新。发育生物学的分子方面研究也一直被强调并贯穿全书，特别是那些对临床医学和未来研究有希望的领域。第 20 章专门更详细地介绍胚胎发育相关的细胞和分子基础研究。

基思·L. 穆尔（Keith L. Moore）

T.V.N. 佩尔绍德［T.V.N.（VID）Persaud］

马克·G. 托尔基亚（Mark G. Torchia）

致 谢

许多同事和学生为《胚胎学基础与出生缺陷——在我们出生前》（原书第 9 版）做出了宝贵的贡献，我们感谢以下同事。他们有的是对本书的各个章节进行了严格审查并提出改进建议，或者提供了一些新的影像数据。

史蒂夫·阿欣 博士（Dr. Steve Ahing），加拿大马尼托巴省温尼伯市马尼托巴大学牙科学院；

大卫·博伦德 博士（Dr. David Bolender），美国威斯康星州密尔沃基市威斯康星医学院细胞生物学、神经生物学和解剖学系；

玛格丽特·白金汉 教授（Professor Margaret Buckingham），法国巴黎巴斯德研究所发育生物学系；

阿尔伯特·查德利 博士（Dr. Albert Chudley），加拿大马尼托巴省温尼伯市马尼托巴大学儿科和儿童健康以及生物化学和医学遗传学系；

布莱恩·M. 克莱格霍恩 博士 (Dr. Blaine M. Cleghorn)，加拿大新斯科舍省哈利法克斯市达尔豪斯大学牙科学院；

弗兰克·盖拉德 博士 (Dr. Frank Gaillard), Radiopaedia.org 网站；澳大利亚维多利亚州墨尔本皇家医院；

大卫·F. 戈麦斯·吉尔博士（Dr. David F. Gomez-Gil），美国伊利诺伊州芝加哥市达尔豪斯大学解剖学和神经生物学系；

鲍里斯·卡布拉 博士（Dr. Boris Kablar），加拿大新斯科舍省达尔豪斯大学解剖学和神经生物学系；

黛博拉·莱文 博士（Dr. Deborah Levine），美国马萨诸塞州波士顿贝斯以色列女执事医疗中心；

马里奥·卢卡斯 博士 (Dr. Marios Loukas)，西班牙格林纳达圣乔治大学；

伯纳德·J. 莫克瑟姆 教授（Professor Bernard J. Moxham），英国威尔士卡迪夫大学卡迪夫生物科学学院；

迈克尔·纳维 博士（Dr. Michael Narvey），加拿大马尼托巴省温尼伯市马尼托巴大学儿科和儿童健康系

德鲁·诺登 博士（Dr. Drew Noden），美国纽约伊萨卡兽医学院康奈尔大学生物医学系；

善农·E. 佩尔 博士（Dr. Shannon E. Perry），美国加利福尼亚旧金山州立大学；

格雷戈里·J. 里德 博士（Dr. Gregory J. Reid），加拿大马尼托巴省温尼伯市马尼托巴大学妇产科和生殖科学系；

彼得·W.J. 里格比爵士 教授（Professor Sir Peter W.J. Rigby），英国剑桥巴布拉罕学院；

L. 罗斯 博士（Dr. L. Ross），美国德克萨斯州休斯顿市德克萨斯大学医学院神经生物学和解剖学系；

迈克尔·A. 鲁德尼基，博士（Dr. Michael A. Rudnicki），加拿大安大略省渥太华市渥太华医院研究所再生医学项目；

J. 艾略特·斯科特 博士（Dr. J. Elliott Scott），加拿大马尼托巴省温尼伯市马尼托巴大学口腔生物学和人体解剖学及细胞科学系；

杰拉德·S. 斯迈瑟 博士（Dr. Gerald S. Smyser），曾任职于美国北达科他州大福克斯市阿尔特鲁卫生系统；

亚历山德拉·斯坦尼斯拉夫斯基 医学博士（Dr. Alexandra Stanislavsky），澳大利亚维多利亚州墨尔本皇家慈善妇女医院放射科；

理查德·谢恩·塔布斯 博士（Dr. Richard Shane Tubbs），美国阿拉巴马州伯明翰儿童医院；

爱德华·奥斯曼 博士（Dr. Edward O. Uthman），美国德克萨斯州里士满市病理学顾问；

迈克尔·威利 博士（Dr. Michael Wiley），加拿大安大略省多伦多市多伦多大学医学院解剖科外科。

书中精美的插图由亚利桑那州喷泉山电子插画集团总裁（president of the Electronic Illustrators Group in Fountain）汉斯·纽哈特（Hans Neuhart）提供。我们要感谢爱思唯尔的内容策略师杰里米·鲍斯（Jeremy Bowes），他在编写本书第 10 版的过程中提供了宝贵的见解和毫不吝啬的支持。我们还感谢内容开发专家莎朗·纳什（Sharon Nash）女士的指导和许多有益的建议。最后，我们要感谢爱思唯尔的制作团队，特别是项目经理朱莉·泰勒（Julie Taylor）女士协助完成了这本书。新版的《胚胎学基础与出生缺陷——在我们出生前》是他们奉献精神和专业技术的结晶。

基思·L. 穆尔（Keith L. Moore）

T.V.N. 佩尔绍德［T.V.N.（VID）Persaud］

马克·G. 托尔基亚（Mark G. Torchia）

目录

第1章

人体发育概论

人体的发育始于来自女性的**卵母细胞**与来自男性的**精子**结合受精之时。在**合子**转变为机体的过程中，发育涉及许多形态和功能上的改变。受精卵发育为成熟多细胞个体涉及许多阶段。胚胎学主要研究人体自受精卵到出生的初始及发育情况。图1-1展示了人体出生前的各个阶段。

胚胎学研究的重要性和进展情况

人类产前阶段及发育的机制研究有助于我们了解正常的人体结构和**出生缺陷**的原因（先天性异常），许多现代产科实践涉及应用或称之"**临床胚胎学**"。因为一些患儿存在先天缺陷，如脊柱裂或先天性心脏病，所以胚胎学的意义对于儿科医师很容易理解。当代手术的发展尤其是涉及产前和小儿各年龄段的手术，使得已阐明的人类发育的相关理论更具有临床意义。此外，随着我们发现新的有关胚胎发育的结论，使我们反过来对许多疾病的发病过程及其治疗有更好的了解。分子生物学的飞速发展已使得复杂的实验技术（例如**基因组技术、嵌合模型、转基因和干细胞操作**）应用于探索遗传学等各种问题，包括形态学发生的调控、特定基因表达的时间性和区域性、细胞分化形成胚胎各个部分的机制。研究人员将继续研究特定基因在胚胎正常或异常发育过程中何时以何种形式被激活并表达。发育始于受精第1周（图1-1）。**胚胎期**涵盖胚胎发育的前8周，**胎儿期**从第9周开始。通过这张进程表可以看到最外部可见的发育发生在第3~8周。

基因、**信号分子**、受体和其他分子因素在早期

胚胎发育的调控将阐述。1995年，Edward B、Lewis、Christiane Nüsslein-Volhard和Eric F.Wieschaus因发现了调控胚胎发育的基因被授予**诺贝尔**生理学或医学奖。这些发现有助于更好地理解自然流产和出生缺陷的原因。Robert G. Edwards (1925—2013) 和 Patrick Steptoe(1913—1988) 率先开展的体外受精技术是人类生殖医学史上最具革命性的发展之一。他们的研究使得Louise Brown于1978年娩出第一个"试管婴儿"。他们也因此被授予2010年诺贝尔奖。

1997年，Ian Wilmut及同事率先通过体细胞核移植技术克隆了哺乳动物（一只被命名为**多莉**的绵羊）。从那以后，通过培养分化的成熟细胞使得其他许多动物被成功克隆。人们对克隆的热情也产生了社会、道德和法律方面的争论。此外，有人担心克隆可能导致患有先天缺陷和严重疾病的新生儿数量增加。

人体胚胎干细胞具有发展成多种类型细胞的潜能。分离培养人体胚胎和其他干细胞为分子治疗的发展带来了巨大的希望。

描述性术语

在解剖学和胚胎学中，特定的术语应用于表明机体特定的位置、方向和平面。对人体的描述以解剖位置为基础，即身体直立、上肢位于两侧、手掌朝向前方（图1-2 A）。用于描述胚胎的位置、方向和平面的在图1-2 B~E中提示。在描述发育过程中，有必要用合适的词语表示一个部位相对于另一个部位或整个躯体的位置。例如脊柱在胚胎背侧发育，胸骨在胚胎的腹侧部分。

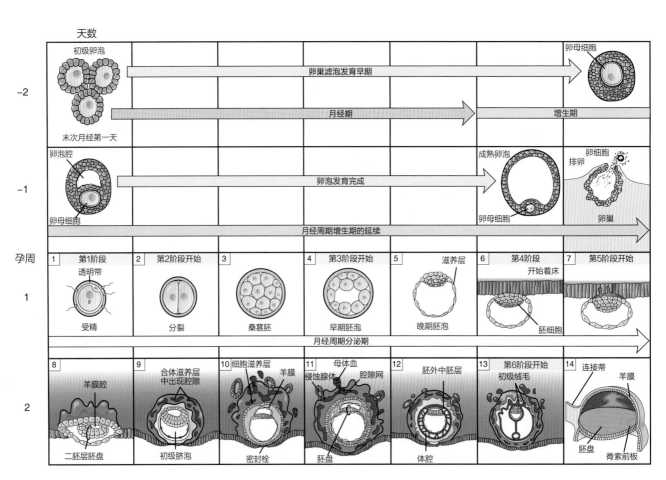

图 1-1 人类发育的早期阶段（孕 1~10 周）

图中可见卵母细胞、排卵和月经周期阶段的卵巢卵泡。

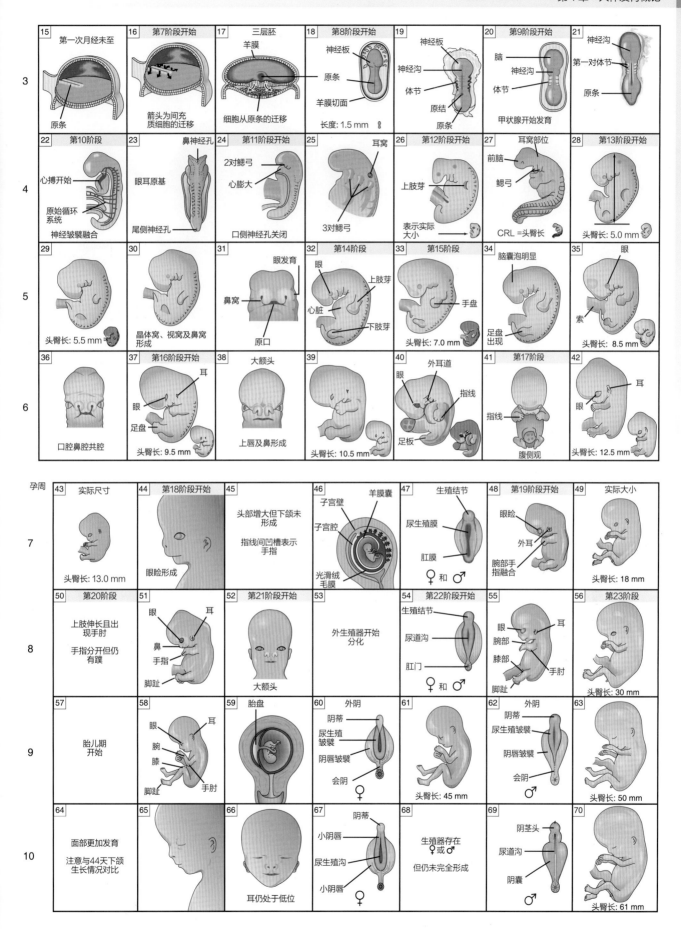

图 1-1 续图

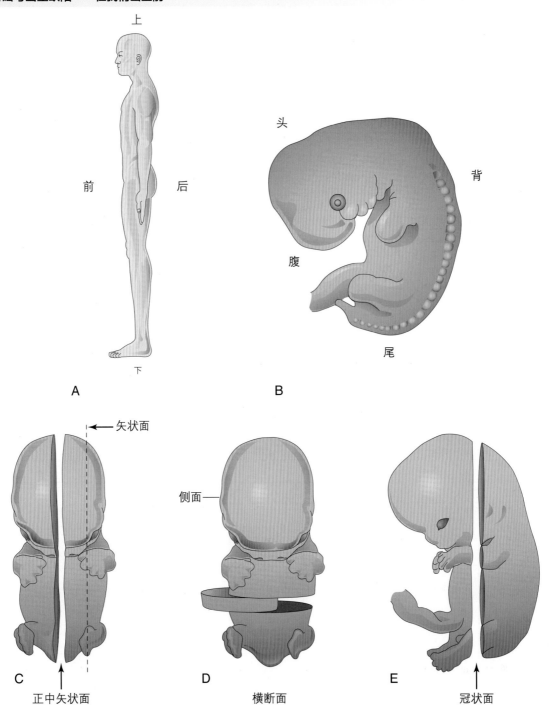

图 1-2 机体位置、方向和平面的描述性术语表示方法

A. 成人在解剖位置的侧面观。**B.** 胚胎第 5 周的侧面观。**C** 和 **D.** 胚胎第 6 周的腹侧观。正中矢状面是纵向穿过身体假想垂直平面，其将胚胎分为左右两半。矢状面是指平行于正中平面的任何层面。横切面是指与正中矢状面和冠状面都垂直的任何平面。**E.** 胚胎第 7 周的侧面观。冠状面（额状面）是与正中切面成直角相交并将身体分为前（前部或腹侧）和后（后部或背面）的任何垂直平面。

临床导向提问

1. 我们为什么要研究人类胚胎学？其在医学和其他健康科学中有何实用价值？

2. 医师将末次月经的最后一天定义为妊娠的第 1 天，但此时胚胎直到大约 2 周后才能发育（图 1-1），

为什么医师使用这种方法？

答案见附录

（张天 译）

第 2 章

人体生殖

当出现第二性征时，**青春期**就开始了，女性的青春期通常在 10~13 岁，而男性为 12~14 岁。**月经初潮**可能最早发生于 8 岁。到 16 岁时，*女性青春期已基本结束。男性的青春期也大致在 16 岁结束*。以第一批成熟精子形成时为标志。

生殖器官

生殖器官产生和运输生殖细胞（配子）并从性腺（睾丸或卵巢）到输卵管中受精（图 2-1）。

女性生殖器官

阴道

阴道是月经的排泄通道，在性交期间接纳阴茎，并将形成产道的一部分，**产道**包括宫腔和胎儿通过的阴道（图 2-1A）。

子宫

子宫是一个厚壁的梨形器官（图 2-2A 和 B），由两个主要部分组成：

- **宫体**，延展的上 2/3。
- **宫颈**，呈圆柱形的下 1/3。

宫底是位于输卵管开口上方的宫体的圆形部分。宫体自宫底到子宫峡部逐渐变窄，**峡部**为**宫体**与宫颈之间的狭窄区域（图 2-2A）。子宫颈腔即**宫颈管**，两端各有一个狭窄的开口。**宫颈内口**与子宫体腔相同而**外口**与阴道相同。子宫壁由三层组成：

- **浆膜**，腹膜外一薄层组织。
- **肌层**，较厚的平滑肌层。
- **内膜**，一薄的内层。

子宫内膜在月经周期内最高峰可增至 4~5 mm 厚。在黄体期（分泌期）阶段（图 2-8），子宫内膜可以

通过显微镜区分为如下三层（图 2-2C）：

- 致密层，由围绕在子宫腺颈周围密集堆积的结缔组织构成。
- 海绵层，由水肿结缔组织组成，包括迂曲扩张的宫颈腺体。
- 基底层，包含宫颈腺体的盲端。

致密层和海绵层合起来是**功能层**，在经期和分娩后崩解脱落。基底层有自己的血液供应，在月经期间不会脱落。

输卵管

输卵管，长 10 cm，直径 1 cm，从**子宫角**横向延伸（图 2-2A）。每条输卵管在其近端开口成一个角并在远端进入腹膜腔。*输卵管分为漏斗、壶腹、峡部和子宫部分*。输卵管可接受来自卵巢的卵母细胞和精子并在输卵管壶腹完成受精（图 2-2B）。输卵管内衬有纤毛可与输卵管肌层共同收缩，具有输送受精卵到宫腔的作用。

卵巢

卵巢是杏仁状的**生殖腺**，分别位于每侧骨盆侧壁附近靠近子宫。卵巢产生**卵母细胞**（图 2-5）。当**排卵**时次级卵母细胞从卵巢释放进入一侧输卵管。受精卵自输卵管进入子宫，开始胚胎发育直到胎儿出生。卵巢也产生雌激素和孕激素，参与**第二性征的发生和妊娠调节**。

女性外部生殖器官

女性的外部生殖器官统称为**外阴**（图 2-3）。**大阴唇**、皮肤的脂肪外褶用于遮盖**阴道开口**。大阴唇内侧两片较小的黏膜褶皱即小阴唇。**阴蒂**是一小的可勃起器官，位于**小阴唇**褶皱的向上交界处。阴道和尿道开口紧邻在同一腔隙及**舟状窝**（小阴唇间间隙）。阴道口因**处女膜**（环绕阴道口的黏膜皱褶）的存在形态会有些许差异（图 2-3）。

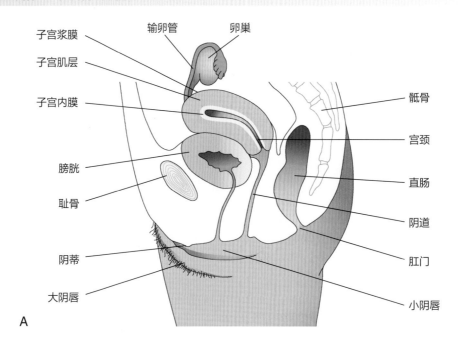

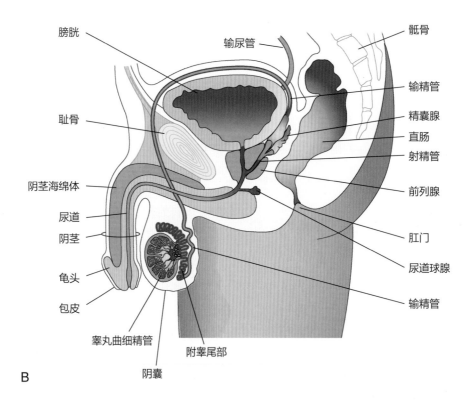

图2-1 女性（A）和男性（B）骨盆矢状面示意图

男性生殖器官

男性生殖器官（图2-1B）包括阴茎、睾丸、附睾、输精管、前列腺、精囊腺、尿道球腺、射精管及尿道。**睾丸**呈椭圆形位于**阴囊**。每个睾丸由许多高度卷曲的可产生精子的**生精小管**组成。**不成熟的精子**从睾丸输送到单一并复杂卷曲的**附睾**贮存。自附睾开始精子在输精管内被输送到**射精管**。输精管下降到骨盆并与精囊腺的导管融合形成射精管后进入尿道。

尿道是从膀胱发出通过阴茎到身体外部的管道。**阴茎**是围绕尿道的可勃起组织。性兴奋期间，该组织

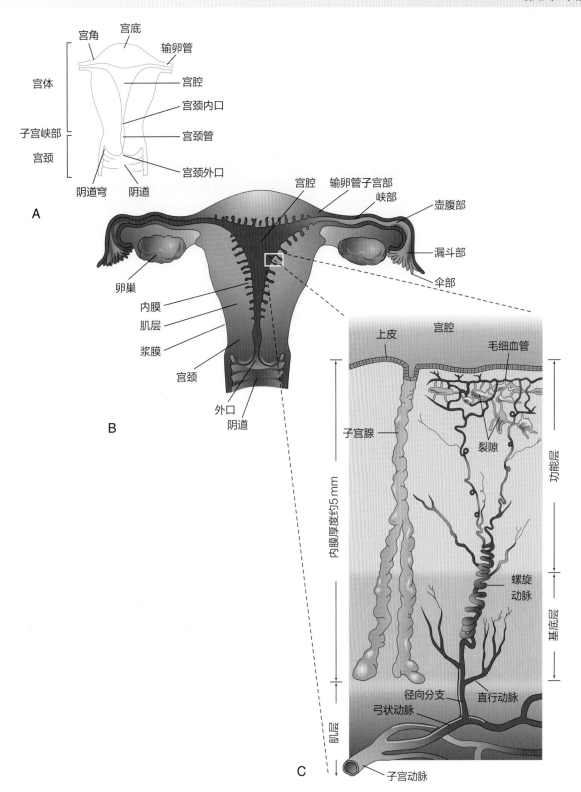

图 2-2 女性生殖器官

A. 宫体部分。**B.** 宫体、输卵管、阴道和卵巢的冠状面示意图。**C、B.** 所示区域放大图。子宫内膜的功能层在月经期间及分娩后脱落。

充满血液引起阴茎勃起。**精液**（射精产生）由精子与精囊腺、尿道球腺和前列腺产生的液体混合而成。

配体形成

精子和卵母细胞是高度特异化的配子，即**生殖细胞**（图 2-4）。每个细胞包含一半配体所需的染色体（即 23 条而不是 46 条）。染色体的数量会随着一种

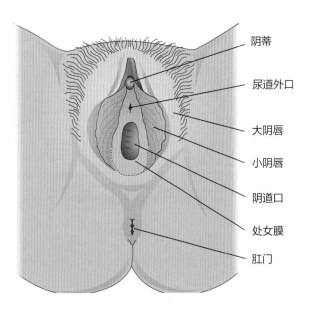

图 2-3 女性外生殖器，阴唇外翻可显示尿道外口和阴道口

特殊类型的细胞分裂——**减数分裂**减半。这种细胞分裂仅在**配子形成**（生殖细胞的形成）过程中发生。在男性中，这个过程称为**生精**；在女性中，这是**卵细胞形成**（图 2-5）。

减数分裂

减数分裂由两次细胞分裂组成（图 2-6），在这期间生殖细胞内染色体数减少为其他体细胞（46，二倍体）数目一半（23，*单倍体*）。在**第一次减数分裂**过程中，染色体数从二倍体减至单倍体。**同源染色体**（父母双方各有一条）在前期配对并在后期分离，其中一条染色体随机进入减数分裂**纺锤体**的纺锤体极。纺锤体以**着丝粒**连接着染色体（图 2-6B）。在这个阶段，它们是**双染色单体染色体**。X 和 Y 染色体是非同源的，但是它们在其短臂尖端具有同源片段。它们仅在这些区域配对。第一次减数分裂末期，每个新细胞形成（**次级精母细胞或次级卵母细胞**）后具有原有二倍染色体数目一半的染色体。所以每个细胞包含前代细胞（初级精母细胞或初级卵母细胞）一半的遗传物质。同源配对染色体的这种分离是减数分裂过程中的等位基因分离的基础。

第二次减数分裂紧随第一次减数分裂而没有间期（即没有 DNA 复制步骤）。每条双染色单体染色体进行分离，然后随机牵引至减数分裂纺锤体的每一个纺锤体极；因此每个单倍体保留了 23 条染色体。由减数

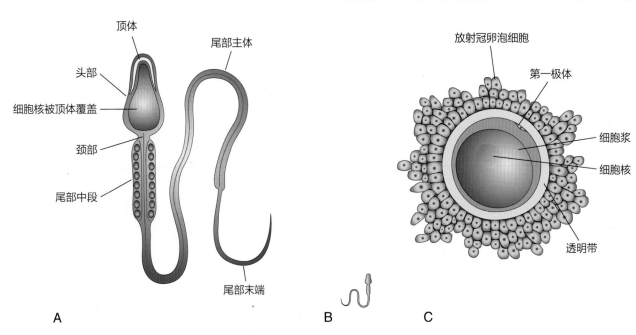

图 2-4 男性配子和女性配子（生殖细胞）

A. 人类精子（1 250 倍放大），头部主要由核组成，一部分由含酶顶体覆盖。**B.** 将精子调整为与卵母细胞大致相同的比例。**C.** 被透明带和放射状日冕所包围的次级卵母细胞（200 倍放大）。

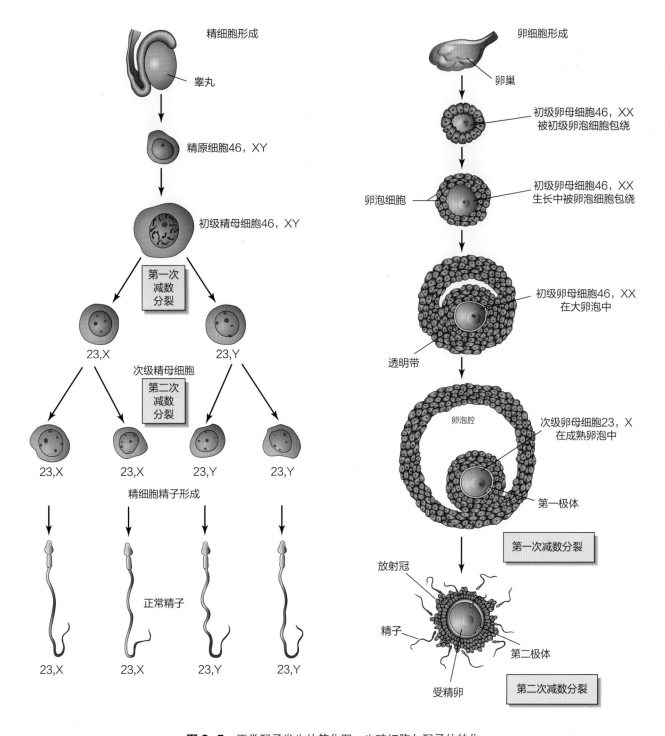

图 2-5　正常配子发生的简化图：生殖细胞向配子的转化

插图比较了精子发生和卵细胞发生。该图没有显示卵原细胞，因为它们在出生前会分化为初级卵母细胞。每个阶段都显示了生殖细胞中染色体的数量。该数字表示染色体总数包括性染色体。

注：①在两次减数分裂之后，染色体的二倍体数 46 减少为单倍体数 23。②一个初级精母细胞形成 4 个精子，而一个初级卵母细胞的成熟仅产生一个次级卵母细胞。③细胞质在卵细胞发生过程中被分配至体积较大细胞中，即卵母细胞。

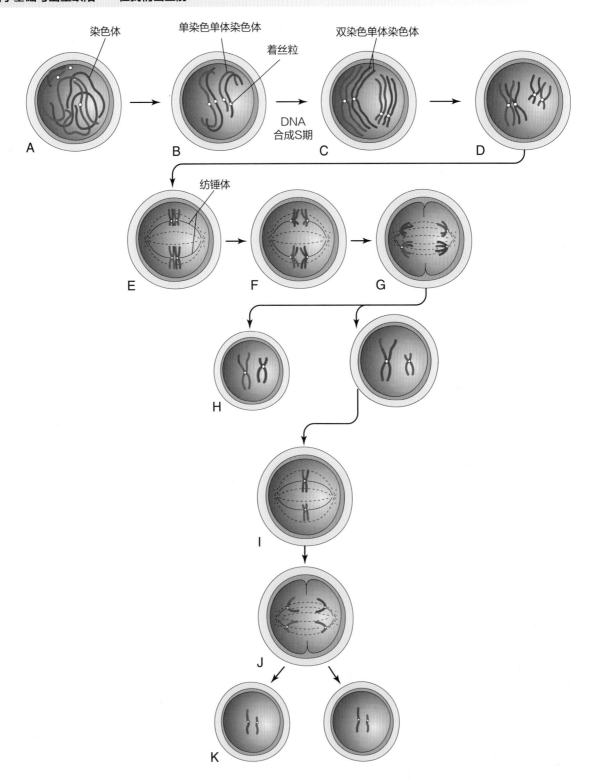

图 2-6 减数分裂示意图

图中显示 2 对染色体。**A~D.** 第一次减数分裂的分裂前期。同源染色体彼此接近并成对，每条染色体由 2 个染色单体组成。可看到 1 对染色体中单体交叉，从而导致染色单体片段互换。**E.** 中期。同源配对染色体在减数分裂纺锤体上定向。**F.** 后期。**G.** 末期。染色体迁移到相反的两极。**H.** 在第一次减数分裂结束时双亲染色体配对分布。**I~K.** 第二次减数分裂，类似于有丝分裂，但细胞是单倍体。

分裂形成的每个子细胞包含一半的遗传物质，即配对染色体的一半（现在是单染色单体染色体）。

减数分裂：

• 通过减少染色体数目（从二倍体到单倍体）从而产生单倍体配子。在传代过程中保证了**染色体数目恒定性**。

• *允许母系和父系染色体在配子之间随机分配混合。*

• *通过交换染色体片段重新定位母系和父系染色体的片段，对基因进行"洗牌"并产生遗传物质重组。*

精子形成

在青春期之前，原始精子（精原细胞）自胎儿期起休眠在睾丸的生精小管中。在青春期，它们的数目开始增加。经过几次有丝分裂后，精原细胞发育并经历逐渐变化为**初级精母细胞**即曲细精管中最大的生殖细胞（图 2-5）。每个初级精母细胞随后进行减数分裂——第一次减数分裂——形成两个单倍体**次级精母细胞**，其大小约是初级精母细胞的一半（图 2-5）。随后，次级精母细胞进行第二次减数分裂，形成 4 个单倍体精子，其大小约是次级精母细胞的一半。在这过程中一个精细胞逐渐转化为 4 个成熟精子称为**精子形成**（图 2-5）。

在这种**变形**（形态变化）期间，出现核固缩和**顶体形式**（图 2-4A）。顶体含有促进精子渗透进透明带的酶（见第 3 章，图 3-1）。精子形成后进入**曲细精管**腔内（图 2-1B）。然后精子转移到**附睾**，在那里储存并逐渐功能成熟。精子形成大约需要 2 个月完成。它受睾丸支持细胞生成的雄激素及睾酮信号转导通路调控。**精子形成**（生精）通常在男性整个生殖活动中持续进行。

射精后，**成熟的精子**可以自由游动，*其由头和尾组成*（图 2-4A）。精子的颈部连接头尾。精子的头部包含核，形成精子的大部分。头部的前 2/3 被**顶体**覆盖，顶体为呈帽的细胞器，含有在受精期间促进精子渗透的酶。尾部提供了精子的动力，协助其运送到输精管壶腹受精部位。**精子的尾部**由三部分组成：中间段、头段及尾段。中间段包含产生能量的**线粒体**，提供了尾部活动的动力。*Hox* 基因在分子层面影响微管动力学调控精子头部和尾部的形成。

卵母细胞

卵子形成是指**卵原细胞**（原始卵母细胞）转变为初级卵母细胞的序贯过程。虽然卵母细胞成熟过程在胎儿期开始，但是直到青春期后才完成。在胎儿期早期，原始卵母细胞通过有丝分裂而增殖并扩大形成**初级卵母细胞**（图 2-5）。出生时所有初级卵母细胞已完成**第一次减数分裂**的前期阶段（第一阶段的有丝分裂）（图 2-6），直到青春期前卵母细胞仍处于前期。排卵前不久，初级卵母细胞完成第一次减数分裂。不同于相应的精子发生阶段，细胞质的分裂是不平均的（图 2-5）。**次级卵母细胞**几乎接受所有细胞质，而**第一极体**得到的很少并在短时间内退化。**排卵**时（卵母细胞的释放），次级卵母细胞核开始第二次减数分裂，但仅进展至中期。

如果次级卵母细胞被精子受精，第二次减数分裂完成，同时**第二极体**形成（图 2-5）。次级卵母细胞在排卵时被无定形的物质（**透明带**）和一层卵泡细胞（**放射冠**）覆盖（图 2-4C）。**次级卵母细胞**很大并肉眼可见。

新生儿卵巢中通常存在多达 200 万个初级卵母细胞，这些卵母细胞多数在儿童期消退。这样一来，到青春期剩下的卵母细胞不会超过 40 000。这其中只有大约 400 个卵母细胞成熟为次级卵母细胞并在排卵时排出（图 2-5）。

男性和女性配子的比较

与精子相比，卵母细胞大、不能运动并且具有丰富的细胞质（图 2-4B 和 C）。在性染色体构成方面，有**两种精子**（图 2-5）：22 条常染色体加上 X 性染色体（23，X）或 Y 性染色体（23，Y）。**次级卵母细胞**只有一种：*22 条常染色体加上 X 性染色体（23，X）*。这种性染色体互补的差异形成了原始性别的基础。

异常配子发生

在配子发生期间，同源染色体有时无法分离或**不分离**。因此某些配子有 24 条染色体，其他只有 22 条染色体（图 2-7）。如果拥有 24 条染色体配子的人与拥有 23 条染色体的正常人结合在一起，可生出具有 47 条染色体的合子即患有唐氏综合征的新生儿（见第 19 章，图 19-4）。因为存在 3 条特定染色体而不是通常的 2 条，这种情况称为**三体性**。如果正常的配子与只有 22 条染色体的配子结合在一起将产生具有 45 条染色体的合子。这种存在特定的成对染色体的其中一条的情况称为**单体性**。许多具有单体性的胚胎和胎儿会死亡。

异常配子形成

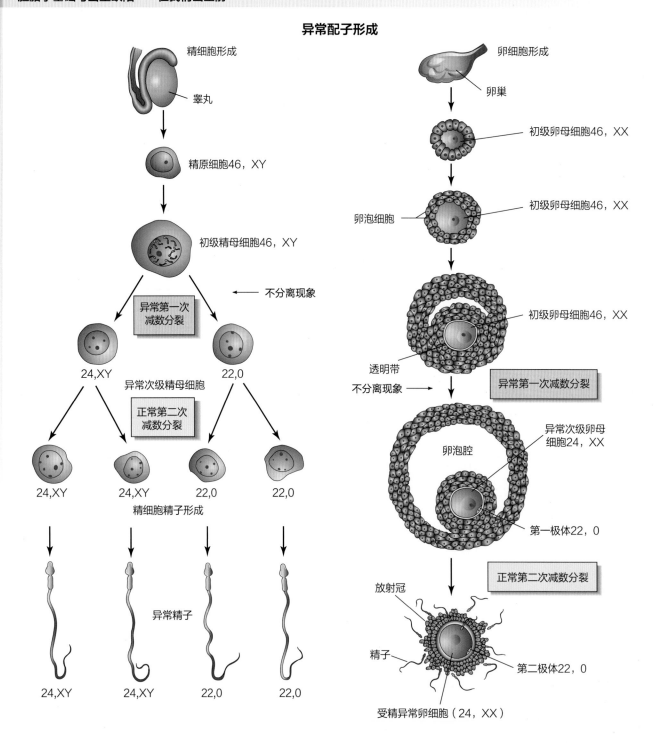

图2-7 配子发生异常

插图显示了细胞分裂时染色出现不分离错误如何导致配子中染色体分布异常。尽管图中显示了性染色体的不分离，但在常染色体（除性染色体以外的任何染色体）分裂过程中可能会发生类似的缺陷。当精子发生第一次减数分裂过程中发生非分离时，精母细胞包含22条常染色体以及X和Y染色体，而另一个则包含22条常染色体但没有性染色体。同样，卵母细胞分裂过程中的不分离可能会产生具有22条常染色体和2个X染色体的卵母细胞（如图所示）或具有22条常染色体的卵母细胞。

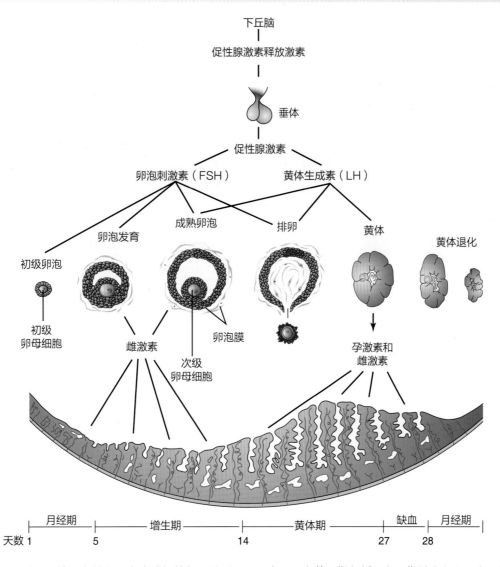

下丘脑

促性腺激素释放激素

垂体

促性腺激素

卵泡刺激素（FSH）　　黄体生成素（LH）

成熟卵泡　　排卵　　黄体　　黄体退化

卵泡发育

初级卵泡

初级
卵母细胞

雌激素

卵泡膜

次级
卵母细胞

孕激素和
雌激素

| 月经期 | 增生期 | 黄体期 | 缺血 | 月经期 |

天数 1　　5　　　　　　14　　　　　　27　28

图 2-8　下丘脑、垂体、卵巢和子宫内膜间的相互关系图，图中显示完整周期包括一个周期结束和另一个周期的开始

女性生殖周期

从第一次月经（月经初潮）开始，女性每月的生殖周期由**下丘脑、垂体和卵巢**调节（图 2-8）。生殖系统的周期性表现与受孕相关。促性腺激素释放激素由下丘脑的神经分泌细胞合成。它刺激两种激素（促性腺激素）的释放，这两种激素由垂体前叶释放作用于卵巢：

• *卵泡刺激素（FSH）*刺激卵泡的发育和卵泡细胞**雌激素**的产生。

• *黄体生成素（LH）*充当排卵的"触发器"刺激卵泡细胞和黄体产生**黄体酮**。

这些卵巢激素也会由子宫内膜产生。

卵巢周期

FSH 和 LH 在卵巢中产生周期性变化（卵泡发育、排卵和黄体形成的过程），统称为**卵巢周期**。在每个周期中，FSH 一次促进几个初级卵泡的生长（图 2-9 和图 2-8）；但是，通常只有其中一个发育成成熟的卵泡并破裂被排出其内卵母细胞（图 2-10）。

卵泡发育

卵巢卵泡发育主要表现为（图 2-8 和图 2-9）：

• 初级卵母细胞的生长和分化。
• 滤泡细胞的增殖。
• 透明带的形成。
• 包绕卵泡的结缔组织即**卵泡膜**的形成。泡膜细胞据研究会产生促血管生长因子并为卵泡发育提供营养支持。

13

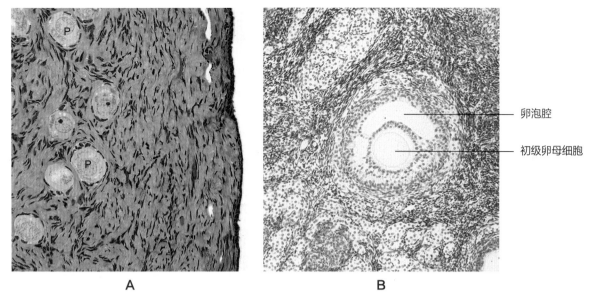

图 2-9 成人卵巢切片照片

A. 卵巢皮质内的原始卵泡（*P*），可见卵泡细胞包绕初级卵母细胞（270 倍放大）。**B.** 次级卵泡光镜下表现。可见初级卵母细胞及含卵泡液的卵泡腔（132 倍放大）。（From Gartner LP, Hiatt JL: *Color textbook of histology*, 2nd ed. Philadelphia, 2001, Saunders.）

排卵

滤泡细胞活跃分裂可在卵母细胞周围产生分层（图 2-9）。随后，充满液体的滤泡细胞周围出现空隙形成一个包含**卵泡液**的**卵泡腔**（图 2-9B）。当泡腔形成时，卵巢卵泡被称为**次级卵泡**。初级卵母细胞被卵泡细胞包围并被释放到扩大的卵泡腔中。卵泡继续增大并很快在卵巢表面形成凸起。可以看到一个小的椭圆形无血管斑点（**柱头**）很快出现在这个突起上（图 2-10A）。排卵前，次级卵母细胞及卵丘中的一些细胞从卵泡内部分离（图 2-10B）。*LH 生成显著增加后 24 小时内排卵*，可能是颗粒细胞相关的信号分子转导引起。这种激素生成增加由血液中高雌激素水平引起，其导致柱头破裂（图 2-11）及次级卵母细胞和卵泡液的释放（图 2-10D）。纤溶酶和基质金属蛋白酶可能对柱头破裂也有控制作用。

排出的次级卵母细胞被**透明带**包围，其是一种无细胞糖蛋白被膜，同时也伴随有一层或多层滤泡细胞包绕，这些滤泡细胞构成了**放射冠**和卵丘（图 2-4C）。

经期间痛和排卵

一些女性排卵时伴随着各种程度的腹痛。这种腹痛症状可以作为**排卵的次要迹象**，但是临床上有更好的指标，包括基础体温升高、宫颈黏液性状及宫颈位置的变化。

无排卵和激素

一些女性由于促性腺激素释放不充分而不排卵。在某些女性中，可以通过使用**促性腺激素**或其他促排卵剂引起几个或多个卵泡成熟诱发排卵，但这种方法可能使多胎妊娠的发生率增加。

无排卵月经周期

在无排卵周期中，子宫内膜变化很小。子宫内膜增生正常，但无排卵也无**黄体**形成（图 2-8）。其结果是子宫内膜未发展到**黄体期**而一直处于增生期直到月经开始。含或不含**黄体酮**的**口服避孕药**通过对下丘脑和垂体的作用抑制排卵。药物抑制了促性腺激素释放激素、卵泡刺激素和**黄体酮**的分泌。

黄体

排卵后不久，卵泡塌陷（图 2-10D）。在 LH 的影响下，卵泡壁发展成腺体样结构即**黄体**，主要分泌黄体酮和一些雌激素。如果卵母细胞受精，黄体增大形成**妊娠黄体**并增加其激素产生。**人绒毛膜促性腺激素**（hCG）可预防黄体退化（见第 4 章）。如果卵母细胞不受精，黄体会在排卵后 10~12 天退化（图 2-8），称为**月经黄体**。退化的黄体随后被转化为卵巢中的白色瘢痕组织，形成**卵巢白体**。

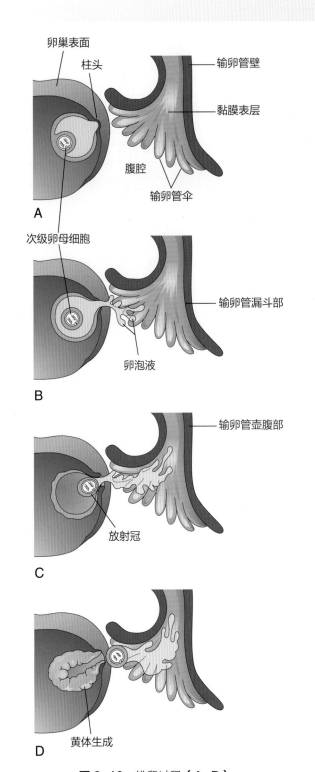

图 2-10　排卵过程（A~D）

当柱头破裂，次级卵母细胞与卵泡液从卵泡中排出。排卵
后，卵泡壁塌陷。

月经周期

月经周期是卵母细胞成熟的时期、排卵及输卵管
的周期循环（图 2-10D 和图 2-11）。卵巢产生的雌激
素和孕激素引起卵泡、**子宫内膜**和黄体的**周期性变化**。
这种子宫内膜每月的变化构成**月经周期**。平均月经周
期为 28 天（范围通常为 23~35 天）。该周期的第 1 天

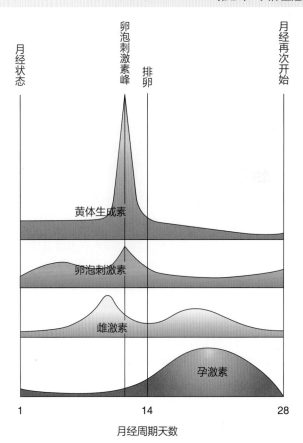

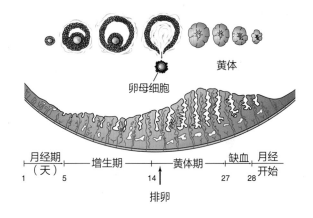

图 2-11　月经期间各激素的血液循环

卵泡刺激素（FSH）刺激卵巢卵泡发育和产生雌激素。在黄
体生成素（LH）激增排卵之前雌激素水平上升到峰值。排卵
通常发生在 LH 激增后的 24 小时内。如果受精没有发生，血
液雌激素和黄体酮水平下降。这种激素撤退导致子宫内膜复
位和月经重新开始。

对应于月经开始的日期。

月经周期分期：

为方便描述，该周期分为三个主要阶段进行阐释
（图 2-11）。实际上**月经周期**是一个连续的过程，每
个阶段进入下一个阶段是连续的。月经周期通常持续
到永久性**月经**停止（周期性生理性出血）。**更年期**（永

久停止月经）通常会发生在 48~55 岁。

月经期

月经的第 1 天是月经阶段的开始。子宫内膜功能层脱落并随经血流失，通常持续 4~5 天。月经由血液和子宫内膜组织的小块组成并通过阴道口流出。月经后子宫内膜变得很薄（图 2-8 和图 2-11）。

增生期

此阶段持续约 9 天，与卵巢卵泡的生长发育同期进行并受卵泡分泌的雌激素控制。在这段时间内子宫内膜的厚度增长了 2~3 倍（图 2-8）。在此阶段的早期子宫内膜出现再生。腺体数量增加同时螺旋动脉长度伸长（图 2-2B 和 C）。

黄体期

黄体期（分泌）大约持续 13 天，与**黄体**的形成、功能出现及完全成熟相吻合（图 2-8）。黄体产生孕激素刺激腺上皮分泌富含糖原的黏液样物质。这期间**子宫腺体**变宽、曲折且呈囊状（图 2-2C）。黄体产生的孕激素和雌激素作用于子宫内膜使其增厚并使结缔组织中的液体增加（图 2-8）。

如果未发生受精：

- 黄体退化。
- 雌激素和孕激素水平降低同时子宫内膜呈缺血表现。
- 发生月经。

孕激素的分泌减少使**螺旋动脉**收缩引起**缺血表现**（血液供应减少）（图 2-2C）。相关激素的消退也导致腺体分泌停止、间质液减少及子宫内膜明显回缩。螺旋动脉的长时间收缩引起体液**淤滞**（血液和其他液体的停滞）和局部缺血浅表组织发生**坏死**（死亡）。最终，随着血管壁破裂，血液渗入周围的结缔组织。小血池形成并穿透子宫内膜表面，最终导致出血进入子宫和阴道。

当子宫内膜的小块分离并进入子宫腔以及进入的宫腔的螺旋动脉血流，可导致子宫损失 20~80 ml 血液。3~5 天之后，整个子宫内膜致密层和大部分海绵层流失。

如果发生受精：

- 合子分裂和胚泡形成。
- 胚泡大约于黄体期的第 6 天开始植入（见第 4 章，图 4-1A）。

- hCG 维持黄体雌激素和孕激素的分泌。
- 黄体期持续，月经不发生。

月经周期在怀孕期间停止同时子宫内膜进入**妊娠期**。随着妊娠终止，一段时间后卵巢和月经周期恢复。

配子的输送

卵母细胞输送

排卵过程中，输卵管**纤毛样**末端靠近卵巢（图 2-10A）。这种输卵管内纤毛样末端的指样活动可以使其在卵巢附近来回蠕动。纤毛的蠕动清扫作用及其产生的流动作用可将次级卵母细胞 "扫入" **输卵管漏斗部**（图 2-2B 和图 2-10B）。卵母细胞能进入输卵管**壶腹**（图 2-10B 和 D）主要是由于蠕动波的作用，这种输卵管壁的移动特征表现为交替收缩和舒张。

精子输送

在射精过程中，精子会通过输精管蠕动快速从**附睾**中快速输送至**尿道**（图 2-1B）。*精子及精囊腺、前列腺和尿道球腺的分泌物共同形成精液*。每次射精精子数约 2~6 亿。精子通过尾部的运动缓慢地穿过宫颈管（图 2-4A）。精子凝固酶由精囊腺产生可凝结部分精子并在宫颈外口形成**宫颈栓**阻止精液回流进入阴道。排卵时，宫颈黏液增加并且黏性减弱以便利于精子运输。精液中的前列腺素可刺激子宫运动并帮助精子移动通过子宫到达在输卵管壶腹部受精部位（图 2-2B 和图 2-10C）。精子每分钟可移动 2~3 mm，在阴道的酸性环境中移动缓慢，但在子宫碱性环境中移动速度加快。大约 200 个精子可到达输卵管**壶腹**进行受精。

精子计数

*精液分析*是不孕症患者评估的重要部分。精子所占精液体积不到 5%。其余的精液由精囊腺（60%）、前列腺（30%）和尿道球腺腺体（5%）分泌物组成。正常男性射精每毫升精液通常含有超过 1 亿个精子。虽然存在个体差异，但男性的精液每毫升至少含有 2000 万个精子即每次射精总量约含精子 5 亿个，照常理这是足够的。若一名男性精液每毫升少于 1000 万个精子可能造成不育，特别是当标本中含有活动能力障碍和异常精

子时。为了获得应有的生育能力，至少应有 40% 的精子在 2 小时后活动，有些应在 24 小时后开始活动。男性不育可能是由于内分泌失调、精子生成异常、精液蛋白水平降低或生殖管阻塞（例如输精管堵塞）引起。研究发现无子女夫妇中男性不育症的发生率为 30% ~50%。计算机辅助精子形态测定分析和荧光探针可提供更客观的分析结果快速评估精液成分。

输精管结扎术

男性一种有效的避孕方法是**输精管结扎术**——即切除一段输精管（图 2-1B）。输精管结扎后 2~3 周，射精的精液中可检测不到精子但精液量与手术前相同。

精子的成熟

新鲜射精的精子无法使卵母细胞受精。它们必须经过大约 7 个小时的适应－**获能**过程才具有功能。在此期间，部分覆盖精子细胞核的**顶体**所含的糖蛋白即精子蛋白被去除（图 2-4A）。*获能和顶体反应受 src 激酶及酪氨酸激酶调节*。精子获能后无形态变化，但它们表现出较强的活动性。精子通常在子宫或输卵管中获能，该过程可受子宫分泌的 IL-6 等物质调控。

卵子和精子的结合

输卵管中的卵母细胞通常在排卵后 12 小时内受精。体外研究表明，卵母细胞 24 小时后将很快退化而无法受精。大多数精子在女性生殖道中不能存活超过 24 小时。一些精子被宫颈黏膜皱襞捕获，并逐渐传送穿过子宫释放入输卵管。精子和卵母细胞可以冷冻存储数年以用于辅助生殖。

临床导向提问

1. 有报道称一名女性主诉整个孕期都有月经。可能发生这种情况吗？

2. 如果女性忘记口服避孕药，然后加倍服用 2 次剂量，她可能会怀孕吗？

3. 什么是*体外射精*？这是一种有效的避孕吗？

4. 精子发生和精子形成有什么区别？

5. 宫内节育器（IUD）是避孕用具吗？请解释。

答案见附录

（张天　译）

第 3 章

人类第 1 周的发育

当精子穿透卵母细胞膜形成受精卵时，人类发育就开始了。**受精卵**是一种高度特异化的全能细胞，它有能力分化成人体任何类型的细胞，包含来自父母的染色体和基因。受精卵经过多次分裂，通过细胞的分裂、迁移、生长和分化逐渐转化为多细胞人类 (见第 1 章，图 1–1，第 1 周)。

受精

人类受精的部位通常在女性**输卵管**的**壶腹部**（见第 2 章，图 2–2B）。如果卵母细胞未受精，它会缓慢地沿着输卵管进入子宫腔，在那里退化并被吸收。受精是一个精子与卵子在输卵管的壶腹部接触开始的物理与分子层面的复杂协调过程 (图 3–1 和图 3–2)。通过父母双方染色体结合，形成二倍体受精卵，又称**合子**，受精过程到此完成（见第 2 章，图 2–6）。精子及卵子表面上的糖类 – 蛋白结合分子在精子趋化性、**配子**间相互识别及受精过程中起着重要的作用（图 3–1）。

受精的阶段

受精阶段如下（图 3–3；另见图 3–2）：

• *精子穿过卵子周围的放射冠*。在输卵管黏膜酶、精子尾部的运动协同作用下，获能精子接触到卵子周围的放射冠释放顶体酶，精子直接接触到透明带。

• *辐射冠*的穿透。接触到透明带的精子与精子配体蛋白结合，继续释放顶体酶，这些*蛋白水解酶，脂酶和神经氨酸酶*，引起**透明带**的溶解，从而形成精子到达卵母细胞的路径。

• *卵母细胞与精子的浆细胞膜融合*。一旦融合发生，皮质颗粒的内容物从卵母细胞释放到卵黄周空间，使**透明带**发生变化。它可以阻止了其他精子的产生进入。精子的头部和尾部进入卵母细胞的细胞质，而质

膜和精子的线粒体仍在后面 (图 3–2 和图 3–3A)。精子磷脂酶 C-zeta 导致钙离子浓度改变，触发受精卵细胞循环增殖。

• *完成卵子细胞的第二次减数分裂形成一个**成熟的卵母细胞**和一个第二个极体* (图 3–3A)。成熟卵母细胞的细胞核变成雌原核。

• *雄原核的形成*。在卵母细胞细胞质中，精子染色质发生去致密化形成雄原核。精子的尾部退化 (图 3–3B)。在这个过程中，雄性和雌性的原核复制它们的 DNA(图 3–3C)。

• *原核膜的分解*。染色体混合形成合子，合子的第一次分裂发生 (图 3–3D，图 3–4A)。雄性和雌性的原核中的 23 条染色体结合形成一个有 46 条染色体的合子。

受精的结果

• 刺激次级卵母细胞完成第二阶段减数分裂，产生第二极体（图 3–3A）。

• 在受精卵恢复染色体的正常二倍体数目 (46)。

• 通过母系和父系的染色体混合，可以导致人类物种变异。

• 携带 X 或 Y 染色体精子的不同，决定了胚胎染色体的性别。

• 引起卵母细胞代谢活性，也是合子开始裂解。

受精卵的染色体一半来自母亲，另一半来自父亲，决定了它在遗传学上的独一无二性，这是双亲制形成的基础，也决定了人类物种的遗传和变异。减数分裂决定母亲和父亲独立在生殖细胞中的不同组合的染色体。受精后，通过受精卵结合的染色体，通过重新定位母系和父系染色体，重新"洗牌"基因，从而产生遗传物质的重组（见第 2 章，图 2–6）。"胚体"的概念一词是指整个妊娠产物，包括受精到胚胎形成及随后的胎盘胎膜形成。

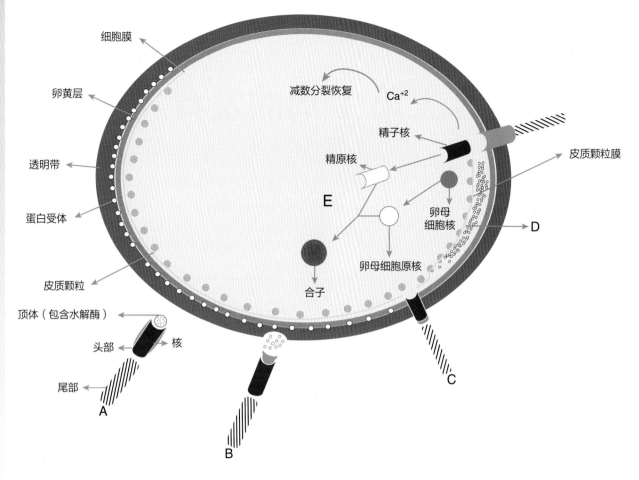

图 3-1 受精过程中发生的事件

A. 精子准备——获能：卵母细胞分泌的分子（精子活化肽）定向并刺激精子（鸟苷酸环化酶）。**B.** 顶体反应：释放水解酶。通过 SED1 蛋白将精子连接到 ZP3 。**C.** 精子与卵母细胞质膜的融合：精子的精子脂蛋白与 ZP2 结合。精子 IZUMO、ADAM 1、ADAM 2、ADAM 3 和 CRISP1 的蛋白质与卵母细胞上的受体结合（受孕蛋白、整联蛋白、CD9、CD81）。在配子融合中起作用的其他分子是：胰蛋白酶样的丙烯醛、精子、SPAM1、HYAL5、ACE3。**D.** 皮质反应：Ca^{2+} 释放 / Ca^{2+} 波动并形成受精锥。皮质颗粒释放的酶消化精子受体 ZP2 和 ZP3（多精子的阻滞）。**E.** 精子染色质脱凝形成精原核：卵母细胞核完成第二次减数分裂并消除第二个极体。(With Permission: Georgadaki K, Khoury N, Spandidos D, Zoumpourlis V: The molecular basis of fertilization (review), Int. J. Mol. Med. 38:979–986, 2016.)

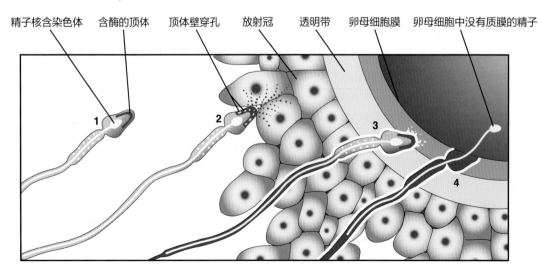

图 3-2 卵母细胞的顶体反应和精子穿透

1. 精子获能期间。**2.** 精子发生顶体反应。**3.** 精子形成一条穿过透明带的路径。**4.** 精子进入卵母细胞的细胞质。

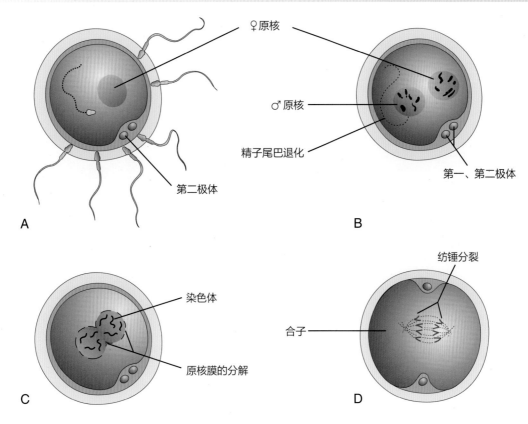

图 3-3 受精的插图

A. 精子进入卵母细胞并发生第二次减数分裂，导致成熟卵母细胞的形成。卵母细胞核现在是雌原核。**B.** 精子头扩大形成雄原核。**C.** 原核融合。**D.** 合子已经形成，它含有 46 条染色体。

合子的分裂

合子形成后在短期内多次有丝分裂，数量迅速增加形成**卵裂球**。受精卵大约在受精后 30 小时开始分裂（见第 1 章，图 1-1）。每次分裂时，裂球变得更小（图 3-4A~D）。卵裂时，受精卵仍被透明带包围。

在 8 个细胞阶段之后，卵裂球改变了它们的形状使它们彼此紧密地对齐——称为压缩，发生这一现象可能是由细胞表面黏附糖蛋白和黏附连接的形成介导的。这种压缩允许细胞与细胞更大的相互作用，也形成一个内部细胞从内细胞团分离的先决条件（图 3-4E），导致了每个卵裂球顶端和基底外侧区域的极化发展。当有 12~32 卵裂球，被称为**桑葚胚**。

桑葚胚内一侧的细胞群，即成胚细胞或**内细胞群**，被一层随后形成滋养细胞扁平的裂球所包围。*Hippo 信号通路将内胚细胞团从滋养层中分离出来是一个重要因素*。滋养细胞分泌一种免疫抑制蛋白——早孕因子，开始出现在胚胎植入后 24~48 小时的血清中，这也是 10 天内进行早孕临床实验室检测的方法学基础。

胚泡（囊胚）的形成

桑葚胚进入子宫后不久（约 4 天受精后），宫腔内液体通过透明带在桑葚胚形成一个充满液体的空间——**囊胚腔**（图 3-4E）。随着腔内液体的增加，卵裂球分为两部分：

• 外侧薄的细胞，成为**滋养层细胞**，随后成为胚胎的胎盘部分。

• 裂球离散的**成胚细胞**，成为胚胎的原基。

在发育的这一阶段，即*胚胎发生阶段*，被称为**胚泡（囊胚）**。成胚细胞开始进入**囊胚腔**，同时滋养细胞形成囊胚壁（图 3-4E 和 F）。胚泡在子宫液中漂浮了大约 2 天后，透明带退化消失。脱落的透明带可以在体外观察到。透明带的脱落使胚泡迅速增大，自由地漂浮于宫腔中，胚泡可以得到子宫腺体分泌的营养物质健康生长。

受精后约 6 天，胚泡附着于子宫内膜上皮（图 3-5A）。一旦它附着在上皮细胞上，滋养层细胞就开始工作，并迅速增殖并分化成两层（图 3-5B）：

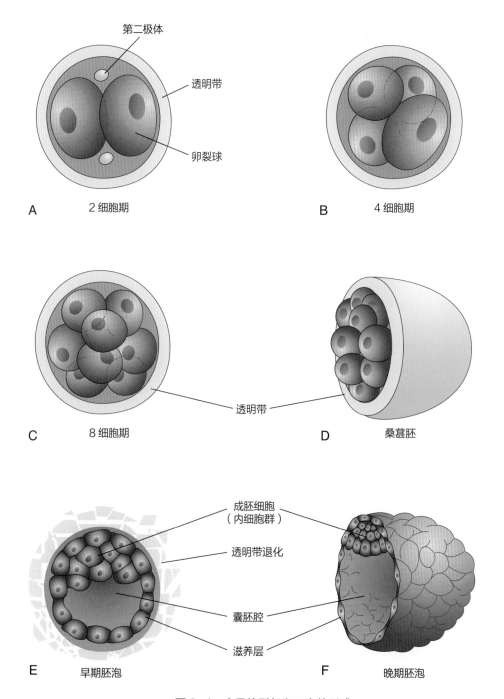

第二极体

透明带

卵裂球

A 2细胞期

B 4细胞期

透明带

C 8细胞期

D 桑葚胚

成胚细胞
（内细胞群）

透明带退化

囊胚腔

滋养层

E 早期胚泡

F 晚期胚泡

图 3-4 合子的裂解和胚泡的形成

A~D.显示卵裂的各个阶段。桑葚胚时期开始于12~32细胞阶段，并在胚泡形成时结束。**E 和 F.**显示胚泡部分。透明带在胚泡后期消失（5天）。尽管裂解增加了卵裂球的数量，但是请注意，每个子细胞都比亲代细胞小。直到透明带退化，发育中的胚胎大小才增加，然后迅速扩大（**E 和 F**）。

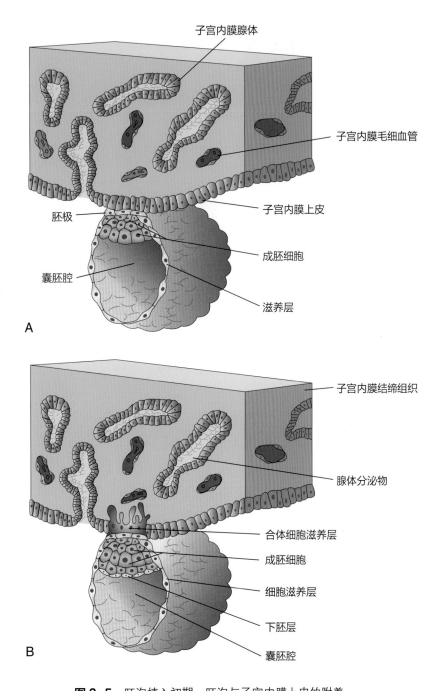

图 3-5 胚泡植入初期，胚泡与子宫内膜上皮的附着

A. 第 6 天，滋养层细胞在胚泡的胚极处附着于子宫内膜上皮。**B.** 第 7 天，合体滋养层细胞已经渗入上皮并开始侵入子宫内膜结缔组织。

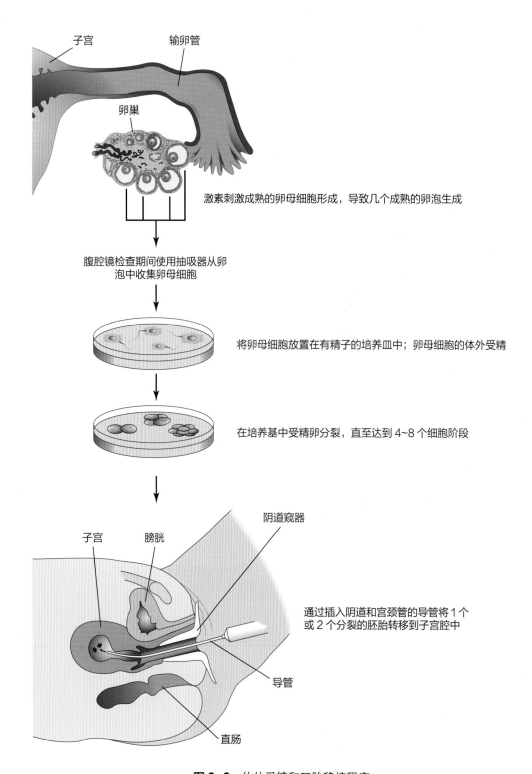

图 3-6 体外受精和胚胎移植程序

- **细胞滋养层**，由内层滋养细胞构成。
- **合体滋养层**，由外层滋养细胞融合形成的多核原生质细胞团。

合体滋养细胞的指状突起延伸至子宫内膜上皮并侵入子宫内膜结缔组织。受精第 1 周结束时胚泡表面植入致密层中并从被侵蚀的母体组织中获取营养。高度侵袭性的合体滋养细胞在成胚细胞附近迅速扩张形成**胚极**（图 3-5A）。合胞体滋养层产生侵蚀母体组织的蛋白水解酶，能使胚泡"钻洞"进入子宫内膜。在第 1 周结束时，一种立方层的细胞，称为成胚细胞，面朝囊胚腔，出现在胚胎母细胞表面（图 3-5B）。与此同时，蜕膜细胞也帮助控制合体滋养细胞的渗透深度。

体外受精与胚胎移植

卵母细胞的体外受精（IVF）和移植过程以及分裂的受精卵或胚泡移植入子宫，为许多无法生育的夫妇提供了机会。第一个试管婴儿诞生于 1978 年。图 3-6 总结了体外受精和胚胎移植涉及的步骤。IVF 的多胎妊娠率及自然流产发生率均比普通妊娠高。

胞质内单精子注射技术是将一个精子直接注射到成熟卵母细胞的细胞质中。这一过程对于输卵管阻塞或少精症（数量减少）导致不孕的病例来说是非常宝贵的。

异常胚胎和自然流产

许多早期胚胎会发生自然流产，胚泡的早期植入阶段是发育的关键阶段，可能由于黄体产生黄体酮和雌激素不足而无法发生（见第 2 章，图 2-8）。临床医师偶尔会看到一个患者最后一次月经期延迟几天或经血异常丰富，这个患者可能有早期流产的征象。早期流产发生率为 50%~70%；而临床上认识的仅有 25%~30%。早期流产发生原因有很多，很重要的一点是胚胎的**染色体畸形**。

遗传性疾病的植入前诊断

对于患有遗传性疾病的夫妇，在人工受精胚胎植入前进行遗传诊断以确定基因型，选择一个染色体健康的胚胎移植给母亲。植入前诊断的适应证包括：单基因疾病、单基因突变、染色体易位、亚染色体和其他遗传异常。植入前诊断对年龄较大或不孕的患者进行 23 条染色体进行植入前遗传学筛查，可以保证健康宝宝的出生。孕妇血浆中存在有胎儿无细胞 DNA，基因组医学进展及将来更新技术的引入将改变植入前诊断的实践。

临床导向提问

1. 在 48 岁以后女性通常不易受孕，但年龄在此以上的男性仍能生育，这是为什么呢？男性超过 50 岁后，后代患唐氏综合征或其他先天性异常病的风险是否增加？

2. 男性有口服避孕药吗？如果没有，为什么？

3. 单极体会受精吗？如果可以，受精的极体能产生存活的胚胎吗？

4. 在受精的第 1 周，自然流产最常见的原因是什么？

5. 当提到受精卵时，卵裂和有丝分裂表达的意思是一样的吗？

6. 在第 1 周受精卵是如何得到营养的？

7. 有可能体外确定正在分裂的受精卵的性别吗？如果有，是什么医学原因这么做？这样做有什么好处？

答案见附录。

（王磊　译）

第 4 章

人类第 2 周的发育

胚泡着床在人类发育的第 2 周完成。在这个过程中，会产生包含外胚层和内胚层的**二胚层胚盘**（图 4-1A）。**胚盘**产生胚层，胚层形成所有的胚胎的组织和器官。在第 2 周还形成胚胎外结构包括羊膜腔、羊膜、**脐囊**（卵黄囊）、连接蒂和绒毛膜囊。

胚泡的着床通常发生在发育的第 2 周子宫内膜内，通常在子宫体上方，次之后壁比前壁更常见。合胞滋养细胞侵入子宫内膜的支撑子宫毛细血管的结缔组织腺体，慢慢地把自己嵌入子宫内膜。子宫内膜细胞发生**凋亡**（程序性细胞死亡）有利于植入，合体滋养细胞替换植入中心区域的子宫内膜细胞。

合体滋养细胞产生的蛋白水解酶参与了这个过程。植入部位周围的子宫结缔组织细胞充满了糖原和脂质，其中一些细胞（**蜕膜细胞**）退化贯通毗邻的合体滋养细胞。合体滋养细胞吞噬这些退化的细胞，提供丰富的胚胎营养来源。随着胚泡植入，更多的滋养细胞接触子宫内膜并持续分为两层（图 4-1A）:

• *细胞滋养层*，一层有丝分裂活跃的单核细胞，它会形成新的滋养细胞，并迁移到不断增加的*合体滋养层*，在那里它们融合并失去细胞膜。

• 合体滋养层，一个快速扩张的、无法辨别细胞边界明显的多核组织块。

合体滋养层产生**人绒毛膜促性腺激素**（hCG），hCG 可以进入母体合体滋养层腔隙中的血液（图 4-1B）。它对于维持子宫肌层螺旋动脉的发生与合体滋养细胞的形成有着重要的作用。高度敏感的 hCG 化验是妊娠测试的基础，妊娠的第 2 周在孕妇不知道自己怀孕时即可测出。

羊膜腔、胚盘和脐囊泡的形成

随着胚泡着床的进展，成胚细胞增殖分化，胚胎期细胞逐渐形成了一个扁平的、几乎是圆形的两层**胚盘**（图 4-1B 和图 4-2B）:

• **多功能上胚层**，较厚的一层，由高柱状细胞构成，与羊膜腔相关。

• **下胚层**，胚层较薄，由胚外体腔相邻的小的立方细胞构成。

为了细胞群增殖，在胚胎细胞中出现一个小的腔，这是**羊膜腔**的原基（图 4-1A）。贴靠细胞滋养层的外胚层细胞称为成羊膜细胞，形成一薄层**羊膜**，包裹形成羊膜囊。

上胚层细胞形成了羊膜腔的底部，周围与羊膜相连。**下胚层**形成外体腔的顶部，形成胚外体腔膜。这个膜包围着囊胚腔，并成为细胞滋养层内部表面。体腔外膜和腔很快变化形成**初级脐囊泡**。胚盘位于羊膜腔和初级脐囊泡之间（图 4-1B）。来自脐囊泡的外层细胞形成一层松散的排列的结缔组织——**胚外中胚层**（图 4-1B）。

在羊膜、胚胎盘和初级脐囊泡形成同时，合体滋养细胞出现呈囊泡状腔隙（小间隙）（图 4-1B 和图 4-2）。很快就被混合了母血的破裂子宫内膜的毛细血管和侵蚀子宫腺体的细胞碎片所填补。腔隙中的液体——胚胎营养液——扩散进入胚胎盘，代表着**原始子宫胎盘血液循环**的开始。母亲的血液流入腔隙，胚胎所需的氧和营养物质可以经大表面的合胞体滋养层获得。来自子宫内膜螺旋动脉的含氧血进入腔隙（见第 2 章，图 2-2C），脱氧血通过间隙内的子宫静脉流出。

受孕第 10 天（胚胎和胚胎外膜）完全嵌入子宫内膜（图 4-2）。大约两天后，嵌入处缺损被来自母血的纤维蛋白凝块闭合。到了第 12 天，几乎是完全再生的子宫上皮覆盖关闭缺损处（图 4-2B）。随着胚胎的植入，子宫内膜结缔组织细胞发生由环磷酸腺苷和黄体酮信号介导的蜕膜反应，蜕膜细胞中富含糖原和脂质，其主要功能是为妊娠物提供一个免疫保护场所。

发育 12 天的胚胎，相邻的合体滋养细胞腔隙融合形成**腔隙网络**（图 4-2B），*原始胎盘的绒毛间隙形成*（见第 8 章）。植入胚胎周围的子宫内膜毛细血管充血并扩张形成血窦，合体滋养细胞再侵蚀血窦，孕妇的血液

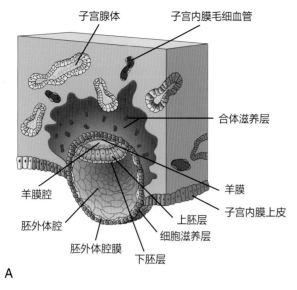

子宫腺体　子宫内膜毛细血管

合体滋养层

羊膜

子宫内膜上皮

羊膜腔

胚外体腔

胚外体腔膜

下胚层

细胞滋养层

上胚层

A

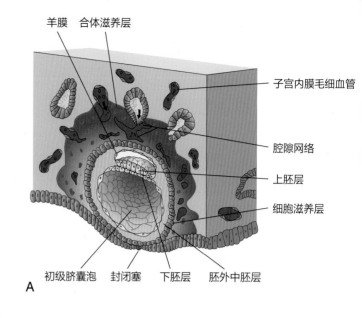

羊膜　合体滋养层

子宫内膜毛细血管

腔隙网络

上胚层

细胞滋养层

初级脐囊泡　封闭塞　下胚层　胚外中胚层

A

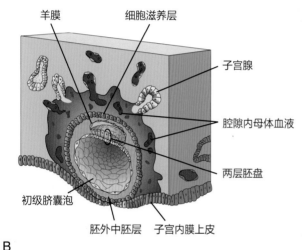

羊膜　细胞滋养层

子宫腺

腔隙内母体血液

两层胚盘

初级脐囊泡

胚外中胚层　子宫内膜上皮

B

图 4-1　胚泡的植入（实际尺寸约为 0.1 mm）
A. 部分植入的胚泡的切面图（受精后约 8 天）。注意狭缝状的羊膜腔。**B.** 在大约 9 天时通过胚泡切片的图示。

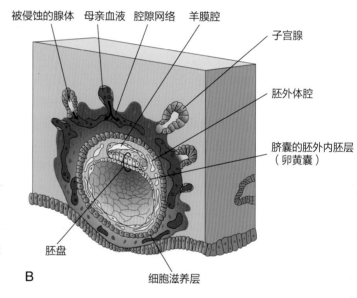

被侵蚀的腺体　母亲血液　腔隙网络　羊膜腔

子宫腺

胚外体腔

脐囊的胚外内胚层
（卵黄囊）

胚盘

细胞滋养层

B

图 4-2　在 10 天（**A**）和 12 天（**B**）时，2 个植入的胚泡切面插图

流经间隙与血窦形成网络。退化的子宫内膜间质细胞和腺体，连同母体的血液，为胚胎营养提供了丰富的物质来源，双胚盘的生长与滋养细胞相比相对缓慢。

随着滋养层和子宫内膜发生变化，胚外中胚层增大出现孤立的**胚外体腔**（图 4-2B)，并迅速融合形成一个大而孤立的空腔——胚外体腔（图 4-3A）。充满液体

的胚外体腔包围羊膜和脐囊，通过**连接茎**连接到绒毛膜上。初生脐囊变小，一个小的**次级脐囊**开始形成（图4-3B)。在形成时，**初级脐囊**的很大一部分被切断。脐囊泡不含卵黄，在营养物质从体腔液转移到胚盘的处理与选择性转运中起作用。

绒毛膜囊发育

第 2 个周期结束的标志是初级绒毛的出现（图 4-3A 和图 4-4A 和 C）。细胞滋养层细胞的增殖产生细胞分裂延伸生长成上覆的合胞滋养层。突起的细胞形成初级绒毛，这是胎盘内绒毛发育的第二阶段。胚外体腔将胚外中胚层分成两层（图 4-3A）：

• *胚外体细胞中胚层*，沿滋养细胞排列并覆盖羊膜。
• 包围脐囊的*胚外内脏中胚层*。

胚外体细胞中胚层诱导细胞滋养层细胞生长。**胚外体细胞中胚层**和两层滋养细胞形成**绒毛膜**。绒毛膜形成**绒毛膜囊壁**（图 4-3A）。胚胎、羊膜囊和脐囊通过连接蒂悬浮在绒毛膜腔中（图 4-3B 和图 4-4B）。临床上可以用阴道超声来测量绒毛膜囊的直径，对评价早期胚胎发育和妊娠结局有重要的价值。

胚泡着床部位

胚泡通常植入子宫体上部的子宫内膜中，位于子宫后壁的频率略高于子宫前壁（图 4-5）。在第二周结束时，超声可以检测到胚泡着床（图 4-6）。

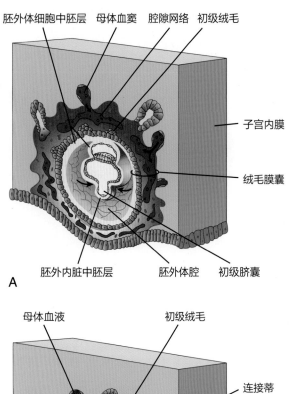

A

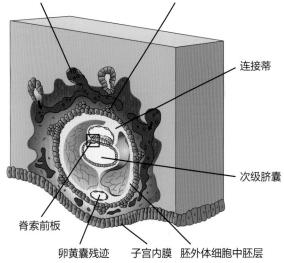

B

图 4-3　植入胚胎的切面
A. 在 13 天时注意初级脐囊相对大小的减少和初级绒毛膜绒毛的出现。**B.** 在 14 天，注意新形成的次级脐囊。

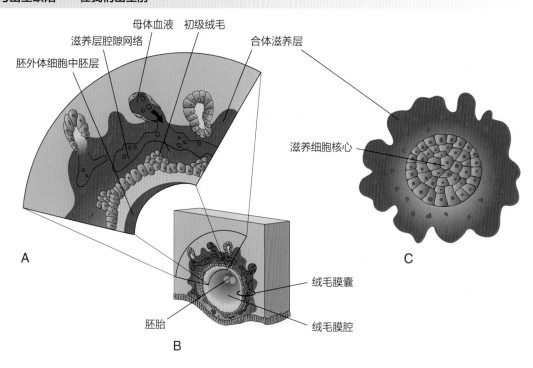

图 4-4　**A.** 绒毛膜囊壁的一部分图示。**B.** 显示绒毛膜囊和绒毛膜腔的 14 天概念图。**C.** 通过初级绒毛膜绒毛的横切面

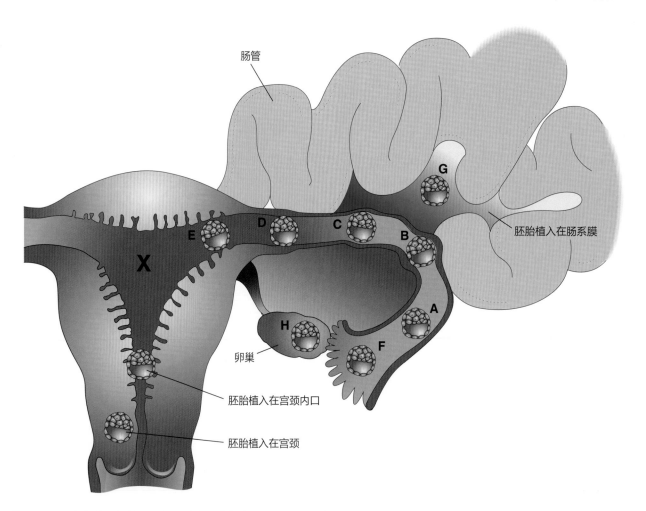

图 4-5　胚泡的植入部位。子宫后壁的通常部位用 X 表示。异位植入频率的大概顺序用字母表示（**A.** 最常见；**H.** 最不常见）
A~F. 输卵管妊娠；**G.** 腹部妊娠；**H.** 卵巢妊娠。输卵管妊娠是异位妊娠的最常见类型。尽管宫颈是子宫的一部分，但宫颈妊娠通常被认为是异位妊娠。

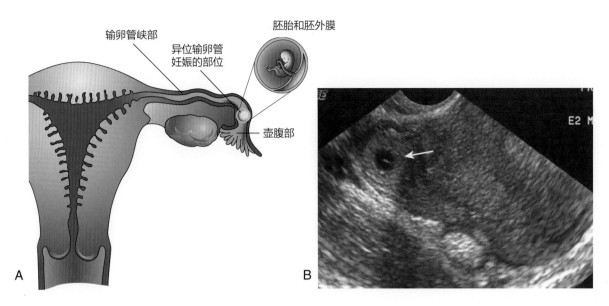

图 4-6　**A.** 子宫和输卵管的冠状截面，显示输卵管壶腹异位妊娠。**B.** 超声子宫底阴道轴向扫描，右侧输卵管的峡部。环状肿块是输卵管中 4 周的异位妊娠囊（箭头）

（**B**, Courtesy E. A. Lyons, MD, Department of Radiology, Health Sciences Centre, University of Manitoba, Winnipeg, Manitoba, Canada.）

子宫外着床部位

　　胚泡有时植入在子宫外，会导致**异位妊娠**。95%~98% 的患者异位植入发生在输卵管，最常见于子宫壶腹和峡部（见第 2 章，图 2-2B 和图 4-6A 和 B）。在北美，育龄妇女异位**输卵管妊娠**的发生率为 1%~2%。输卵管妊娠妇女有怀孕的一般症状和体征；但是，她们也可能会同时伴有腹痛（由于输卵管肿胀）、异常阴道出血，盆腔及腹膜刺激征等。输卵管妊娠的原因常与裂解的受精卵延迟或转运到子宫着床受阻（如输卵管阻塞）有关。异位输卵管妊娠导致孕期第 8 周破裂、出血到腹腔，随之胚胎死亡。

抑制胚胎植入

　　在无保护的性生活后不久开始连续几天服用孕激素或抗孕激素（"事后避孕药"），可阻止排卵，并可能影响胚泡着床。

　　通过阴道和子宫颈子宫内放置**宫内节育器**，通常会引起局部炎症反应从而干扰胚胎的植入。尽管常作为主要避孕工具，宫内节育器也可用于紧急情况避孕，防止受精。有些宫内节育器含有缓慢释放的黄体酮，可以部分干扰子宫内膜的发育，阻止胚胎的着床。铜基宫内节育器似乎能抑制精子在子宫内的迁移，而含有左炔诺孕酮成分宫内节育器依靠改变宫颈黏液的质量和子宫内膜发育达到避孕的目的。

临床导向提问

1. 植入性出血的定义是什么？是否与经血相同？
2. 在妊娠第 2 周服用药物能造成胚胎流产么？
3. 置放宫内节育器的妇女会发生异位妊娠么？
4. 胚泡植入在腹腔能否发育成足月胎儿？

答案见附录。

（王磊　译）

第 5 章

人类第 3 周的发育

第 3 周的三层胚盘的快速发育有以下特点：

- 原条的出现。
- 脊索的发育。
- 3 个胚层的分化。

发育的第 3 周发生在末次月经来临后的第 5 周（图 5-1），*停经往往是女性可能出现的第一个有孕迹象*，超声检查已经可以确认正常妊娠。

原肠胚形成：胚层的形成

原肠胚形成是将双层胚盘转化为**三层胚盘**的过程（图 5-2A~H）。胚盘的 3 个胚层（**外胚层**、**内胚层**和**中胚层**）中的每一层都产生特定的组织和器官（见第 6 章，图 6-4）。

原肠胚形成标志着是机体形态和各器官结构以及身体的各个部分开始发育。它始于**原条**（图 5-2B 和 C）。

原条

第 3 周开始，**原条**出现在胚盘的背面（图 5-2B）。这种增厚的线状带是由外胚层细胞向正中面的胚盘增生和迁移引起的（图 5-2D）。一旦原条出现，就可以识别胚胎的颅尾轴（颅端和尾端）、背侧和腹侧面，左右两侧。原条通过尾端、头盖骨细胞的增殖拉长成**原始节点**（图 5-2E 和 F）。随后狭窄的**原凹**开始在**原条末端**形成（图 5-2F）。

在各种胚胎生长因子包括骨形态发生蛋白信号的影响下，外胚层细胞通过原始沟迁移成为内胚层和中胚层，一种被称为间充质的松散胚胎结缔组织网络（图 5-2H，图 5-3B 和 C）形成胚胎的支持组织。间充质细胞具有增殖和分化成细胞潜能，能分化为不同类型的细胞，如成纤维细胞，软骨细胞，以及成骨细胞等。*最近的研究表明信号超家族的 β 分子转化生长因子（节点因子）诱导中胚层的形成。中胚层母细胞被 Tbx16 基因调节 Hox 基因信号激活。*

直到第 4 周的**早期原条**均在活跃地形成**中胚层**；此后，它的生长开始放缓、减小，变成胚胎骶尾部区域的一个不重要的结构（图 5-4A~D）。

脊索突与脊索

一些间充质细胞从原结和原凹向头侧方向迁移，形成一条正中细胞索，**脊索**开始形成（图 5-2G，图 5-4B~D 和图 5-5A~C）。在这个过程中很快就形成了一个腔，即**脊索管**（图 5-5C 和 D）。脊索突在外胚层和内胚层之间向头侧生长到达前索板——这个小而圆细胞区域是头部的重要组成部分（图 5-2C）。杆状脊索突到达脊索前板区域后，因为脊索前板牢固地附着在外胚层上不能再延伸了。外胚层和内胚层融合形成**口咽膜**（图 5-6C），即未来口腔（口）的部位。原条带和脊索间充质细胞突在外胚层和内胚层之间向侧面和头侧迁移，到达胚盘边缘。这些间充质细胞与胚外中胚层覆盖羊膜和脐囊的细胞相连（图 5-2D 和 F）。来自原条的一些细胞沿头部两侧迁移至脊索突和脊索前板周围。它们在头侧顶端融合，在心脏发生的地方形成**心脏中胚层**，第 3 周末心脏原基开始发育（图 5-9B）。原条尾部的圆形区域形成**泄殖腔**，即未来肛门位置（图 5-5A 和 D）

脊索

- 定义了胚胎的轴并赋予它一定的刚性。
- 作为发育轴迈向骨架发展的基础（如头部和脊柱的骨头）。
- 指示椎体的未来位置。

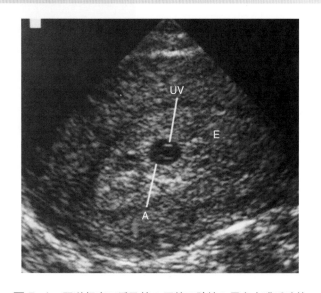

图 5-1 阴道超声下受孕第 3 周的胚胎植入子宫内膜后壁的超声影像，显示了脐囊泡。子宫内膜完全包围胚胎
A，羊膜；**UV**，脐囊；**E**，子宫内膜。(Courtesy E. A. Lyons, MD, Professor of Radiology, and Obstetrics and Gynecology, and Anatomy, Health Sciences Centre and University of Manitoba, Winnipeg, Manitoba, Canada.)

从口咽膜延伸到原始组织节点，脊椎在脊索周围形成。**椎体形成**时脊索退化消失，其中一部分作为每个椎间盘的髓核存在。脊索在早期胚胎中起主要的诱导作用。它诱导上覆的胚胎外胚层增厚并形成**神经板**——中枢神经系统的原基（图 5-4B 和 C，图 5-6A~C）。

尿囊

在第 16 天**尿囊**出现，形状很小，胚胎尾侧香肠状憩室的脐囊壁进入连接蒂（图 5-5B~D，图 5-6B）。尿囊与早期血液及膀胱的形成有关。尿囊的血管成为脐动脉和脐静脉。

神经形成：神经管

神经形成包括：神经板和神经褶的形成和这些皱褶的闭合形成神经管。这些过程在第 4 周**尾侧神经孔**闭合结束时完成（图 6-11A 和 B）。

神经板和神经管

随着脊索的发育，它诱导其上覆的胚胎外胚层增厚，并形成由增厚的神经上皮细胞组成的细长**神经板**（图 5-5C）。

神经板的外胚层（神经外胚层）产生**中枢神经系**统（CNS）——**大脑、脊髓**和其他结构，如视网膜。首先，神经板的长度与下面的**脊索**相对应。它出现在原始节的头部，脊索和邻近的中胚层的背面（图 5-4B）。随着脊索的拉长，神经板变宽，并最终向颅骨延伸至**口咽膜**（图 5-4C）。最终神经板延伸到脊索以外。

大约在第 18 天，神经板沿着中心轴内陷，沿中央纵轴形成两侧有**神经褶**的凹槽（图 5-6F 和 G）。神经皱襞在胚胎头侧颅骨尤为突出，是大脑发育的最初迹象（图 5-7C）。到第 3 周结束时，神经褶开始向一起移动和融合，神经板进入**神经管，脑泡和原基脊髓**出现（图 5-7F 和图 5-8）。神经管形成是基因和外在和机械因素参与的一个复杂的细胞融合和多因素的过程（见第 16 章）。当神经皱襞相遇时，神经管很快从外胚层表面分离出来（图 5-8E）。外胚层的自由边界融合，这种结合使这一层在神经管和胚胎背面变得连续。随后，表面外胚层分化为表皮皮肤。在第 4 周神经形成完成（见第 6 章）。

神经嵴形成

当神经褶融合形成神经管时，一些位于每个神经褶顶部的神经外胚层细胞失去上皮亲和力，黏附于临近细胞（图 5-8A~C）。当神经管从在外胚层表面分离时，这些**神经嵴细胞**在神经管的两侧向背外侧迁移。在神经管和表面多重细胞堆积的外胚层之间，形成一个扁平的不规则肿块称为**神经嵴**，（图 5-8D 和 E）。神经嵴很快分成左右两部分，以波浪的形式迁移到大脑的背外侧神经管（图 5-8F）。*神经嵴细胞由肾上腺素等信号分子引导*，在间质内也广泛迁移。神经嵴细胞分化为多种细胞类型（见第 6 章，图 6-4），包括脊神经节以及**自主神经系统**的神经节，神经 V、Ⅶ、Ⅸ 和 X 部分神经节均来自神经嵴细胞。神经嵴细胞也参与周围神经鞘、软膜和蛛网膜的形成（见第 16 章）。

体节的发育

当脊索和神经管形成时，胚胎内中胚层在每一边均开始增殖，形成纵向增厚呈柱状的**近轴中胚层**（图 5-6G 和图 5-7B）。每一列与**中间中胚层**横向连续，中间中胚层逐渐变薄，形成一层侧中胚层。**侧中胚层**与覆盖脐囊和羊膜的胚外中胚层连续（见第 4 章，图 4-3B）。在第 3 周结束时，位于发育中的神经管的两侧的侧中胚层开始分化并分裂成成对的立方体样体节（图 5-7C 和 E）。体节在胚胎上形成明显的表面隆

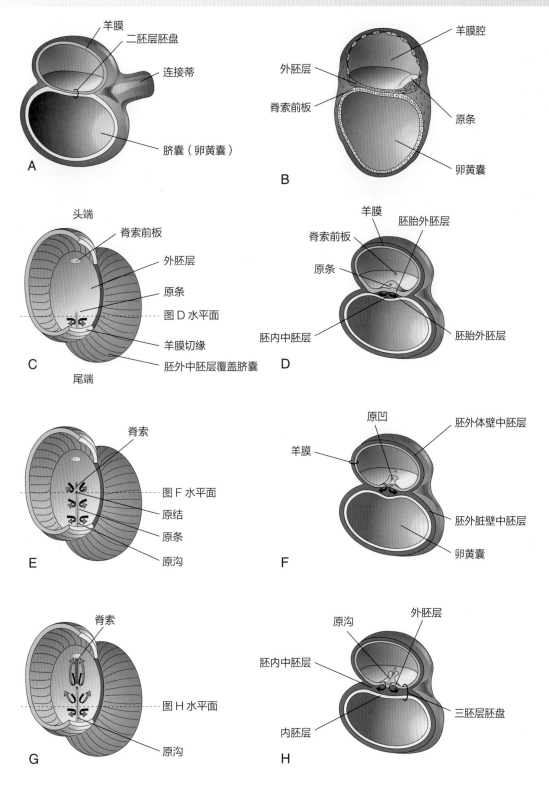

图 5-2　三层胚胎盘的形成（第 15~16 天）

箭头表示间充质细胞在外胚层和内胚层之间的内陷和迁移。**A、B、D、F 和 H.** 在所示水平穿过胚胎盘的横切面。**C、E 和 G.** 在第 3 周初胚胎盘的背视图，通过去除羊膜暴露。

起，在横切面上呈三角形（图 5-7D 和 F）。由于体节在第 4 周和第 5 周非常突出，它们常常被用作确定胎龄的几个标准之一（见第 6 章，表 6-1）。

第一对体节出现在第 3 周末（图 5-7C），靠近脊

索的颅端，随后成对形成颅尾序列。到第 32 天，可以找到 38~39 个体节。体节产生大部分**长骨**、相关的肌肉组织和邻近的皮肤真皮组织。

叉头转录因子 foxC1 和 C2 的表达决定了来自近轴

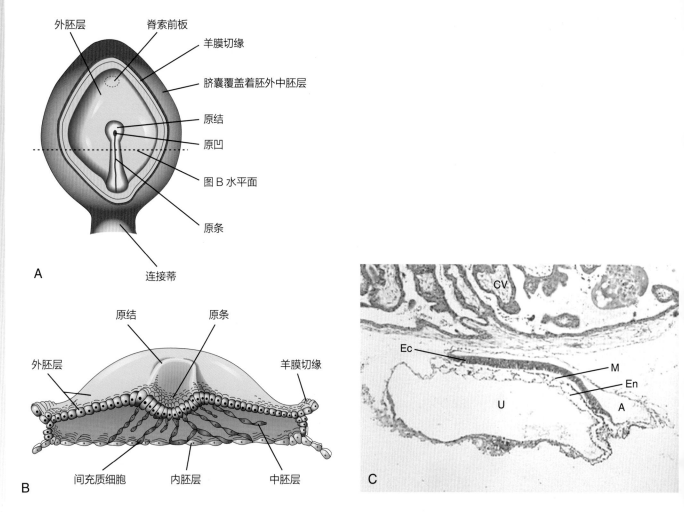

图 5-3 **A.** 第 16 天胚胎的背视图。羊膜已被去除以暴露出胚盘。**B.** 第 3 周胚胎盘的颅半部分的示意图。椎间盘已被横向切割以显示间充质细胞从原始条带迁移到形成中胚层，该中胚层很快组织起来形成胚内中胚层。**C.** 三层胚的矢状面，显示外胚层（Ec）、中胚层（M）和内胚层（En）。羊膜囊（A）、脐囊（U）和绒毛膜（CV）也可见

(**C,** Courtesy Dr. E. Uthman, Houston/Richmond, Texas.)

中胚层的体节的形成。体节的颅尾节段形成受 Delta-Notch（Delta-1 和 Notch-1）信号通路调控。一种分子振荡机制或时钟被认为是体节能够有序排列的原因。体节的大小和形状由细胞间的相互作用决定。T-box 基因家族中的 TBX6，在体细胞发生中起着重要作用。

胚内体腔的发育

胚胎内体腔作为侧胚内中胚层和心源性（心脏形成）中胚层小而孤立的体腔空间首先出现（图 5-7A~D）。这些空间结合在一起形成一个单一的马蹄

形腔——**胚胎内体腔**（图 5-7E 和 F）。体腔将外侧中胚层分为两层（图 5-7F）：

- 与覆盖羊膜的胚外中胚层连续的体层或壁层。
- 内脏层：与覆盖脐囊的胚外中胚层连续的内脏层。

体细胞中胚层和上覆的胚胎外胚层形成胚胎体壁（图 5-7F），而内脏中胚层和下覆的胚胎内胚层形成肠壁。在第 2 个月，胚胎内体腔被分成三个体腔：*心包腔、胸膜腔和腹膜腔*（见第 9 章）。

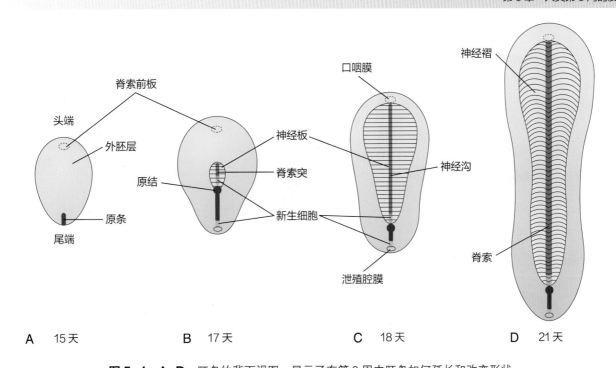

图 5-4 A~D，胚盘的背面视图，显示了在第 3 周内胚盘如何延长和改变形状

原条通过在其尾端增加细胞而延长。脊索突通过从原始节点迁移细胞而延长的过程。在第 3 周结束时，脊索突转变为脊索。

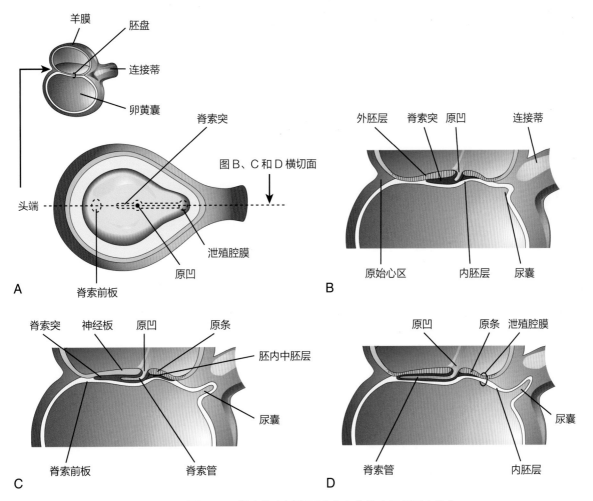

图 5-5 脊索发育过程图（左上方的小图用于定位）

A. 通过去除羊膜而暴露的胚盘背面视图（大约 16 天）。脊索突显示为通过胚外胚层可见。**B**、**C** 和 **D** 的中段位于与 **A** 相同的平面上，说明了脊索突和脊索管发育的连续阶段。**C** 和 **D** 中显示的阶段大约发生 18 天。

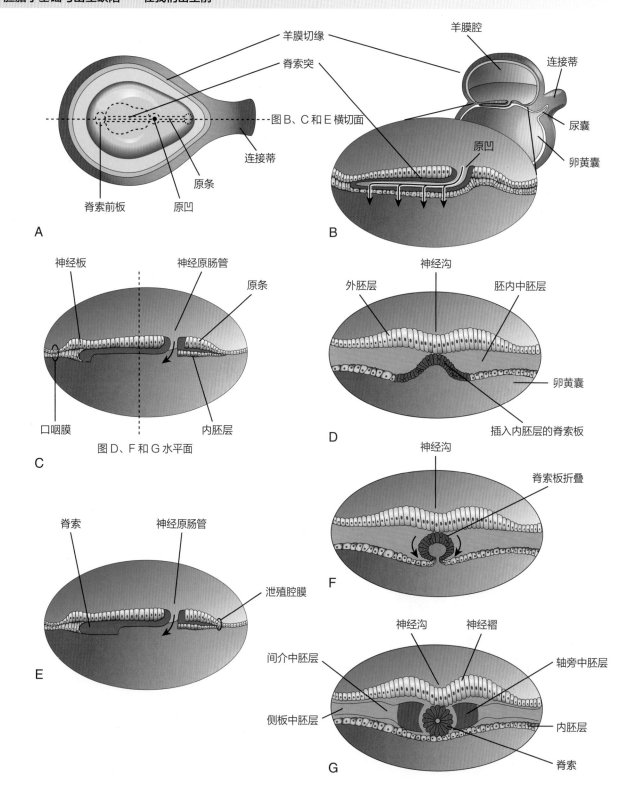

图 5-6　通过脊索突转化发展到脊索

A. 通过去除羊膜暴露的胚盘背视图（约 18 天）。**B.** 胚胎的三维正切面。**C** 和 **E** 稍老胚胎的相似部分。**D**、**F** 和 **G**、**C**，以及 **E** 中所示的三层胚盘的横切面。

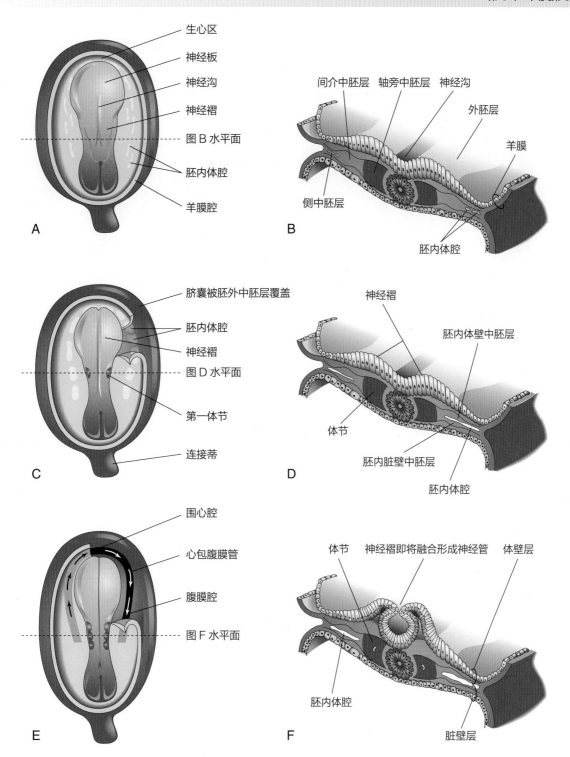

图 5-7 胚胎第 19~21 天图，说明了卵节和胚内腔的发育

A、C 和 **E** 通过去除羊膜暴露的胚胎背视图。**B、D** 和 **F.** 示水平穿过胚盘的横切面。**A.** 约 18 天的占支配地位的胚胎。**C.** 大约 20 天的胚胎，显示出第一对卵节。右侧的一部分体膜已被切除，以显示外侧中胚层中孤立的腔隙。**E.** 一个三胎的胚胎（约 21 天大），显示出马蹄形的胚内腔，通过去除一部分体膜胸膜暴露在右侧。

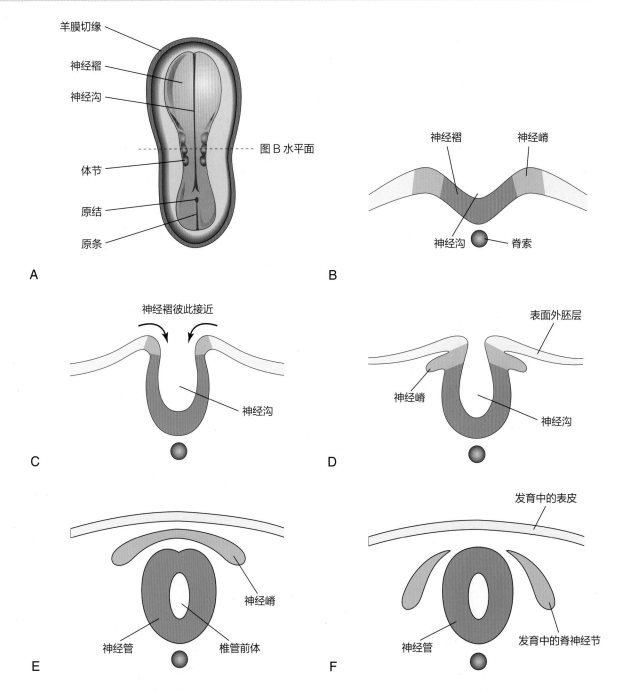

图 5-8　A~F，通过逐渐发育的胚胎横切面示意图，说明了到第 4 周末神经沟、神经管和神经嵴的形成

心血管系统早期发育

第 2 周结束时，胚胎通过扩散到胚外体腔和脐小泡母体血液中获得营养。心血管系统的早期形成与胚胎迫切需要通过绒毛膜从母体循环向胚胎获得氧气和营养有关。在第 3 周开始时，血管形成或血管生成开始于脐小泡的胚外中胚层、连接蒂和绒毛膜。绒毛膜内血管大约在 2 天后发育也开始发育（图 5-9A 和 B），在第 3 周结束时，已经形成了**子宫胎盘的原始循环**（图 5-10）。

血管发生与血管生成

第 3 周胚胎和胚外膜血管形成可总结如下（图 5-9C~F）：

血管发生

• 间充质细胞分化为内皮细胞前体或**成血管细胞**（血管形成细胞），聚集形成被称为**血岛**的孤立的血管生成细胞簇（图 5-9B 和 C）。

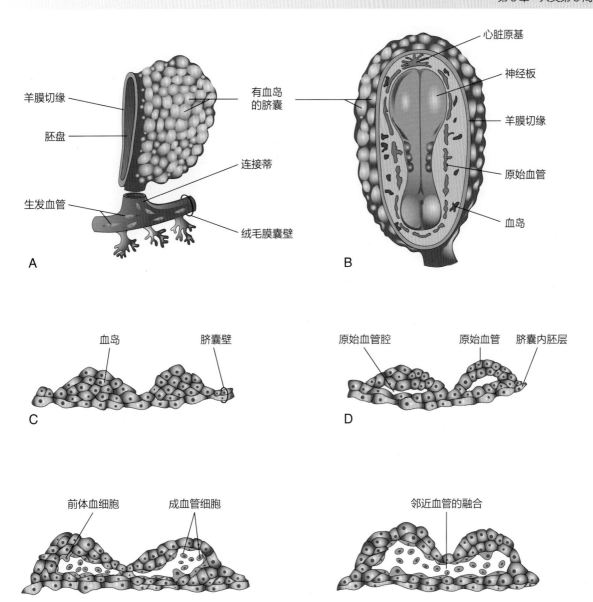

图 5-9 血管和血管发育的连续阶段

A. 脐囊（卵黄囊）和绒毛膜囊的一部分（约 18 天）。**B.** 通过去除羊膜暴露的胚胎的背面视图。**C~F.** 血岛部分，显示了血液和血管发育的进展阶段。

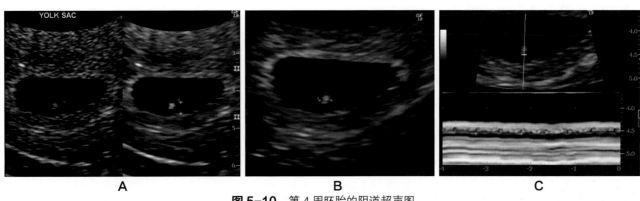

图 5-10 第 4 周胚胎的阴道超声图

A. 一个 2 mm 的次级脐囊（卡尺）。**B.** 明亮回声区 2~4 mm，4 周胚胎（卡尺）。**C.** 在运动模式下显示胚胎心跳为 116 次 /min。卡尺通常包含两个节拍。(Courtesy E. A. Lyons, MD, Professor of Radiology, and Obstetrics and Gynecology, and Anatomy, Health Sciences Centre and University of Manitoba, Winnipeg, Manitoba, Canada.)

- 细胞间隙的汇合形成血岛内的小洞。
- 成血管细胞变平形成内皮细胞，这些内皮细胞排列在血岛的空腔周围，形成原始内皮细胞。
- 内皮衬里腔很快融合形成内皮通道网络，受 *Flt 1（VEGFR1）信号的调控这些原始血管在空间上开始吻合*。

血管生成

- 血管通过内皮细胞发芽进入邻近的非血管化区域，并与其他血管融合形成交通通道。

在第 3 周结束时，造血干细胞或血管内皮细胞或血管在脐小泡和尿囊上开始生长，血细胞由其发育而来（图 5-9E 和 F）。血液形成（**造血**）直到第 5 周才在胚胎内开始。这个过程首先发生在胚胎间质的各个部分，主要是肝脏，然后发生在脾脏、骨髓和淋巴结。胎儿和成人红细胞也来源于造血干细胞。围绕原始内皮血管的间充质细胞分化为血管的肌肉和结缔组织成分。

心脏和大血管是由心脏原基或心源区的间充质细胞形成的（图 5-7A 和图 5-9B）。在第 3 周成对的内皮细胞排列形成心内膜管，并融合形成原始心管。**管状心脏**与胚胎、连接蒂、绒毛膜和脐囊中的血管相连，形成**原始心血管系统**（图 5-11C）。第 3 周结束时，血液开始流动，胚胎心脏在第 21 天或第 22 天开始跳动。*心血管系统是胚胎第一个达到原始功能状态的系统*。在正常末次月经期后大约 6 周（受孕的第 4 周），通过多普勒超声可以检测到胚胎心脏的节律性跳动（图 5-10）。

绒毛的发育

在第 2 周末初生绒毛出现后不久，它们开始分枝。在第 3 周早期，间充质生长成**初生绒毛**，形成一个松散的间充质组织核心（图 5-11A 和 B）。这个阶段的绒毛被称为**次生绒毛**，覆盖整个绒毛膜囊表面（图 5-9A 和 B）。绒毛中的一些间充质细胞很快分化为毛细血管和血细胞（图 5-11C 和 D）。当绒毛内有毛细血管存在时，被为**第三绒毛膜绒毛**。

绒毛膜绒毛中的毛细血管融合形成**毛细血管网**，

很快通过与绒毛膜间质和连接蒂不同的血管与胚胎心脏相连。到第 3 周结束时，胚胎血液开始缓慢流过绒毛膜绒毛的毛细血管。**绒毛间隙**内母体血浆中的氧气和营养物质通过绒毛壁扩散进入胚胎血液（图 5-11C）。二氧化碳和废物从胎儿毛细血管的血液中通过绒毛壁扩散到母体血液中。同时，绒毛膜绒毛的细胞滋养层细胞增殖并延伸穿过合胞滋养层形成细胞滋养层外壳，逐渐包围绒毛膜囊并附着于子宫内膜（图 5-11C）。

通过细胞滋养细胞外壳附着在母体组织上的绒毛称为**绒毛膜干**（锚定绒毛）。从绒毛膜干侧面生长的绒毛为**分支绒毛**（顶绒毛）。母亲的血液和胚胎之间主要的物质交换是通过分支绒毛壁进行的。分支绒毛沐浴在**绒毛间隙**不断变化的母体血液中（图 5-11C）。

骶尾部畸胎瘤

持续存在的残余原纹，会导致一个称为**骶尾部畸胎瘤**的大肿瘤（图 5-12）。因为它来源于多能原始条纹细胞，所以肿瘤包含来自所有三个处于不完全分化阶段的胚层的组织。骶尾部畸胎瘤是新生儿中最常见的肿瘤，发病率约为 1/27 000。这些肿瘤通常手术迅速切除并且预后良好。

神经发育异常

神经形成障碍可能导致胎儿大脑和脊髓的严重异常（见第 16 章）。**神经管缺陷**是最常见的先天性异常之一。半脑（无脑）或部分缺失的大脑，是最严重的出生缺陷。现有的证据表明，原发性障碍影响神经外胚层。在大脑区域，神经皱襞不能融合并形成神经管，导致裂脑，在腰椎区域，导致囊性脊柱裂（见第 16 章，图 16-9）。

滋养细胞异常生长

有时胚胎死亡，绒毛膜绒毛没有血管化形成第三绒毛。这些正在退化绒毛可形成囊性肿胀，称为**葡萄胎**（图 5-13）。表现为不同程度的滋养层增生增殖并产生过量的人绒毛膜促性腺激素。在 3%~5% 的病例中，会发展恶性滋养细胞病变，称为**绒毛膜癌**。这些肿瘤总是通过血液转移（扩散）到不同的部位，如肺、阴道、肝、骨、肠，还有大脑。

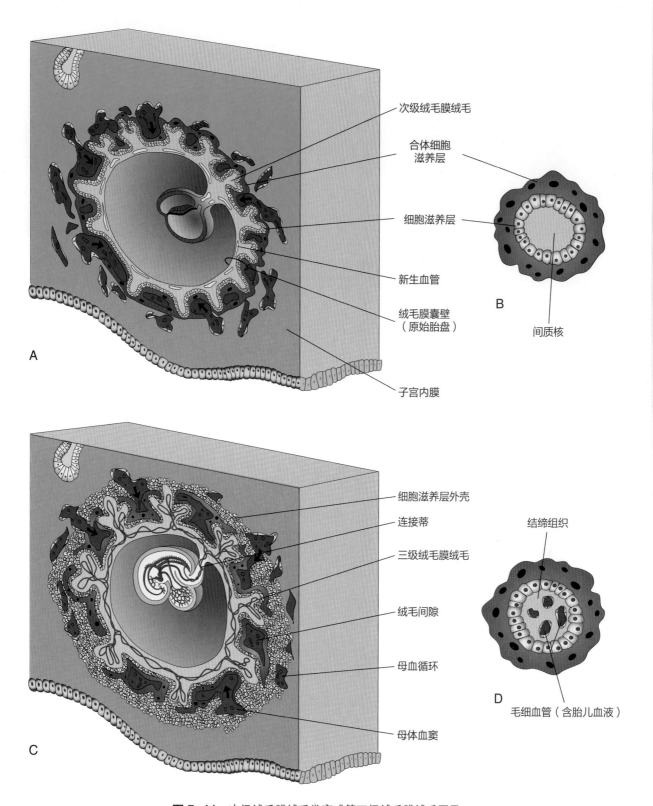

次级绒毛膜绒毛

合体细胞
滋养层

细胞滋养层

新生血管

绒毛膜囊壁
（原始胎盘）

子宫内膜

间质核

B

细胞滋养层外壳

连接蒂

三级绒毛膜绒毛

绒毛间隙

母血循环

母体血窦

结缔组织

毛细血管（含胎儿血液）

D

图 5-11　次级绒毛膜绒毛发育成第三级绒毛膜绒毛图示

A. 胚胎的矢状切面（大约 16 天）。**B.** 次级绒毛膜绒毛部分。**C.** 胚胎切面（大约 21 天）。**D.** 第三级绒毛膜绒毛部分。到第 3 周末，子宫胎盘的原始循环已经发育完成。

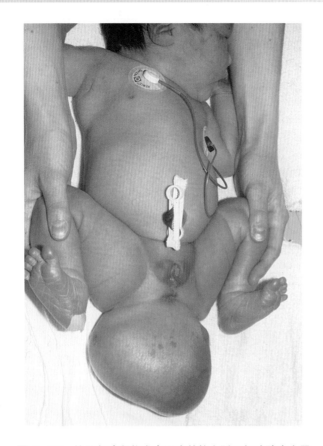

图 5-12　从原条残留物发育而来的较大骶尾部畸胎瘤女婴
(Courtesy A. E. Chudley, MD, Section of Genetics and Metabolism, Department of Pediatrics and Child Health, Children's Hospital, University of Manitoba, Winnipeg, Manitoba, Canada.)

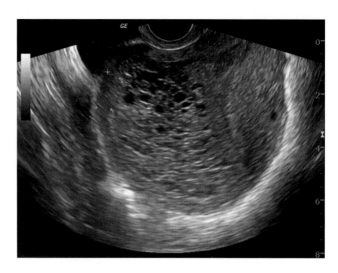

图 5-13　超声图像显示了完整的葡萄胎
注意许多小的囊性间隙。"葡萄串征象"是葡萄胎的典型特征
(Courtesy Dr. Maulik S. Patel and Dr. Frank Gaillard, Radiopaedia.com.)

临床导向提问

1. 如果药物和其他药剂在第 3 周出现在母亲的血液中，会导致胚胎的出生缺陷吗？如果是的话，哪些器官最易受感染？

2. 在 40 岁以上的妇女中，与怀孕相关的胚胎风险是否增加？如果是，它们是什么？

答案见附录。

（王磊　译）

第 6 章

人类第 4~8 周的发育

所有主要的外部和内部结构都是在第 4~8 周建立的。到这一时期结束时，主要器官系统已经开始发育。在此期间，胚胎暴露于**致畸剂**（如药物和病毒）可能导致**重大出生缺陷**（见第 19 章）。随着组织和器官的形成，胚胎的形状发生了变化，到第 8 周时，胚胎就有了明显的人类外观。

胚胎折叠

胚胎身体形态形成过程中的一个重要事件是将**三层胚盘**折叠成一个类似圆柱形的胚胎（图 6-1）。折叠是胚胎快速生长的结果，尤其是大脑和脊髓。它在胚胎的头端、尾端及两侧同时发生折叠。同时，在胚胎和脐囊的连接处发生相对收缩。头部和尾部褶皱会导致头部和胚胎尾部区域在胚胎伸长时向腹侧移动（图 6-1A$_2$~D$_2$）。

对处于典型发育阶段的人类胚胎的表面外胚层和所有器官及空腔的重建，揭示了胚胎发育从一个阶段到下一个阶段的新发现。这由作用在特定组织上的生物动力引起的，从细胞膜到胚胎表面的每一级都可以同时放大进行。这些运动和力导致胚胎细胞从外部开始分化，然后移到内部与细胞核发生反应。

头尾褶皱

第 4 周开始时，脑区的神经褶形成了**大脑的原基**。随后发育中的前脑在口咽膜外头盖骨生长，突出发育中的心脏。同时，**原始心脏**和口咽膜移到胚胎的腹面（图 6-2）。

胚胎尾端的折叠主要是由于神经管远端（**脊髓原基**）的生长。随着胚胎的生长，尾部区域突出在**泄殖腔膜**上，泄殖腔膜是肛门的未来位置（图 6-3B）。在折叠过程中，内胚层胚层的一部分作为直肠并入胚胎（图 6-3C）。**直肠末端**很快扩张形成**泄殖腔**（图 6-3C）。**连接蒂**（脐带原基）连接在胚胎腹部，来自脐带内胚层憩室囊泡部分的**尿囊**并入胚胎（图 6-1D$_2$，

图 6-3C）。

侧褶皱

发育中胚胎**侧面折叠**是体节生长产生左右两侧的折叠的结果，体节见图 6-1 A$_3$~D$_3$。侧腹壁向正中面折叠，使胚盘边缘向腹侧滚动，形成一个大致圆柱形的胚胎。在侧面（纵向）折叠过程中，脐囊内胚层的一部分作为**前肠**（咽原基）并入胚胎（图 6-2C）。前肠位于大脑和心脏之间，口咽膜将前肠与原始口腔隔开。当腹壁由侧皱襞融合形成时，部分内胚层作为中肠并入胚胎。

最初，中肠和脐囊之间有广泛的联系（图 6-1C$_2$）。在侧面折叠后，连接逐步减少成为**脐肠管**（以前称为卵黄柄）（图 6-1C$_2$）。当脐带从连接蒂形成时，外侧皱襞的腹侧融合减少了胚内和胚外体腔之间的沟通区域（图 6-1C$_2$）。随着羊膜腔的扩张和大部分胚胎外体腔的消失，羊膜形成了**脐带**的上皮覆盖层（图 6-1D$_2$）。

胚层衍生物

在原肠胚形成过程中，形成的三个胚层（外胚层、中胚层和内胚层）形成了所有组织和器官的原基（图 6-4）。每个胚层的细胞在形成不同的器官系统（器官发生）时，以相当精确的模式分裂、迁移、聚集和分化。

胚胎发育的控制

胚胎发育是由胚胎上染色体的基因所决定的（见第 20 章）。大多数发育过程依赖于遗传和环境因素精确协调的相互作用。几种控制机制引导分化并确保同步发育，如**组织相互作用**、细胞和细胞集落的调节迁移、控制分化、增殖和凋亡（程序性细胞死亡）等。每个系统都有它自己的发展模式，大多数的形态发生

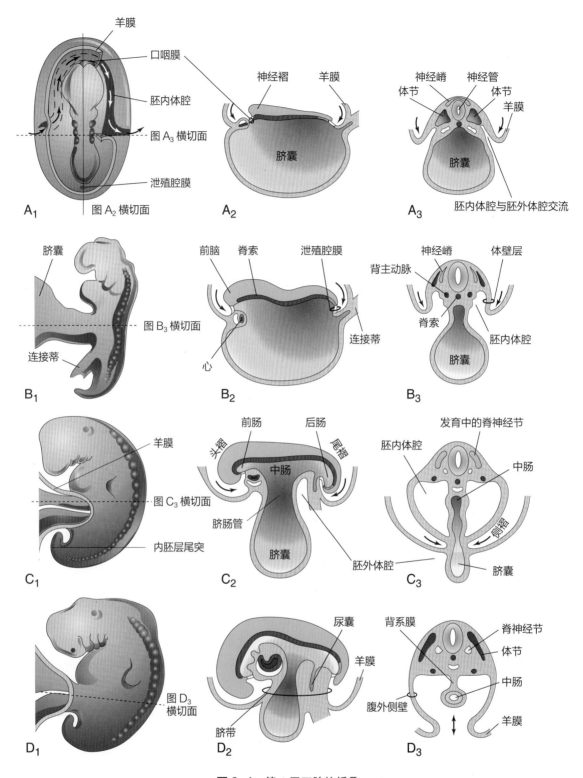

图 6-1 第 4 周胚胎的折叠

A₁. 胚胎在第 4 周早期的背视图。可以看到三对节。通过去除部分胚胎外胚层和中胚层，右侧显示了胚内腔和胚外腔的连续性。**B₁、C₁** 和 **D₁** 分别在第 22 天、第 26 天和第 28 天时的胚胎侧视图。**A₂、B₂、C₂** 和 **D₂** 在 **A₁** 所示平面上的矢状面。**A₃、B₃、C₃** 和 **D₃** 在 **A₁~D₁** 中指示的横切面。

过程都有着复杂的分子调控机制。

　　胚胎发育本质上是一个生长过程，结构和功能随着胚胎的发育越来越复杂。**胚胎的生长是通过有丝分裂**和**细胞外基质**的产生来实现的，而发育的复杂性是

通过形态发生和分化来实现的。构成早期胚胎组织的细胞是**多潜能**的，也就是说，在不同情况下，它们有不止一条发展道路。这种广泛的发展潜能随着胎儿组织为获得特殊特性结构和功能的复杂度而逐渐受到限

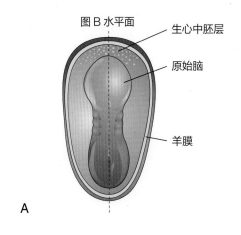

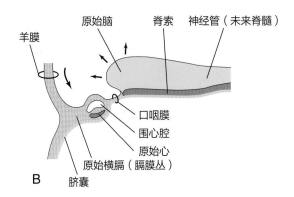

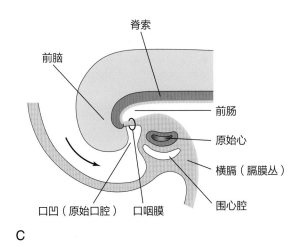

图 6-2　胚胎颅端的折叠

A. 第 21 天胚胎背视图。**B.** 在 A 平面中，胚胎的颅骨部分的矢状切面，显示了心脏的腹侧运动。　**C.** 26 天时胚胎的矢状切面。请注意，横膈、心脏、围心腔和口咽膜已移至胚胎的腹面。

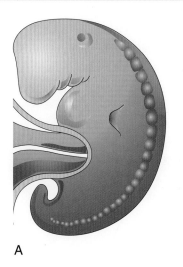

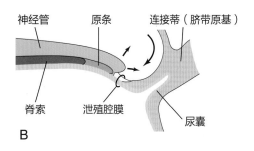

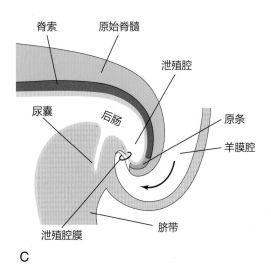

图 6-3　胚胎尾端的折叠

A. 第 4 周胚胎的侧视图。**B.** 在第 4 周开始时，胚胎尾部的矢状切面。**C.** 第 4 周结束时的类似部分。注意，脐囊的一部分作为后肠进入胚胎，后肠的末端已经扩张形成泄殖腔。还观察原条、尿囊、泄殖腔膜和连接蒂的位置变化。

制。这种限制的假定胎儿为实现组织多样化必须做出的选择。

　　大多数证据表明，这些选择不是由细胞谱系决定的，而是胎儿对周围环境（包括邻近组织）的提示做

出反应。因此，胎儿器官正常功能所需的建筑精度和协调性似乎是通过器官各组成部分在发育过程中的相互作用来实现的。

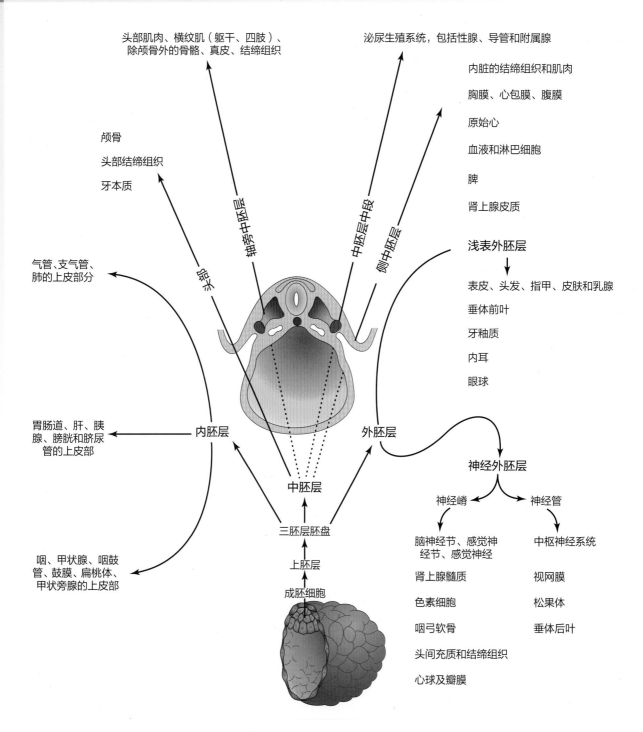

头部肌肉、横纹肌（躯干、四肢）、
除颅骨外的骨骼、真皮、结缔组织

泌尿生殖系统，包括性腺、导管和附属腺

内脏的结缔组织和肌肉

胸膜、心包膜、腹膜

原始心

血液和淋巴细胞

脾

肾上腺皮质

颅骨

头部结缔组织

牙本质

浅表外胚层

表皮、头发、指甲、皮肤和乳腺

垂体前叶

牙釉质

内耳

眼球

轴旁中胚层

中胚层中段

侧中胚层

头部

气管、支气管、
肺的上皮部分

内胚层

外胚层

神经外胚层

胃肠道、肝、胰
腺、膀胱和脐尿
管的上皮部

中胚层

三胚层胚盘

神经嵴

神经管

脑神经节、感觉神
经节、感觉神经

中枢神经系统

肾上腺髓质

视网膜

色素细胞

松果体

咽弓软骨

垂体后叶

头间充质和结缔组织

咽、甲状腺、咽鼓
管、鼓膜、扁桃体、
甲状旁腺的上皮部

上胚层

成胚细胞

心球及瓣膜

图 6-4 三种胚层的衍生物图示：外胚层、内胚层和中胚层

这些层的细胞有助于形成不同的组织和器官。例如，内胚层形成胃肠道的上皮内层，而中胚层产生结缔组织和肌肉。

胚胎发育过程中**组织间的相互作用**是胚胎学中反复出现的主题。至少一种作用物在胚胎发育过程中相互作用导致的变化称为**诱导作用**。在文献中可以找到许多这样相互作用诱导的例子。例如，在眼睛的发育过程中，视小泡从头部的外胚层表面诱导晶状体的发育。当视小泡缺失时，眼睛就不会发育。如果视小泡被移除不参与和眼睛发育的表面外胚层结合，晶状体形成的诱导就可以被抑制。很明显，在有视小泡的神经外胚层存在的情况下，晶状体的发育取决于外胚层获得与第二组织的联系，来保证正确的发育路径。变化的其他组织运动、诱导组织间的相互作用，在胚胎形成过程中扮演着类似的重要的角色。

一个组织可以影响另一个组织所采用的发育途径是基于一个信号在两者之间相互传递、相互作用这一事实假定。通过对胚胎发育过程中表现出异常组织相互作用的突变株分子缺陷分析，以及对具有靶基因突变的胚胎发育的分子诱导机制研究，揭示组织间的信号传递机制似乎因所涉及的特定组织不同而不同。在某些情况下，信号似乎是以扩散分子的形式传递到反应组织。在某些其他情况下，该信息似乎是通过不可扩散的细胞外基质介导的，该基质由诱导剂分泌并与反应组织接触。在其他情况下，信号似乎需要诱导组织和反应组织之间的物理接触。不管细胞间转移的机制如何，信号都会转化为细胞内的信息，从而影响反应细胞的遗传活性。

为了有能力对诱导刺激做出反应，反应系统的细胞必须表达产生特定诱导信号的适当受体、细胞内信号转导途径成分以及介导特定反应的转录因子。实验证据表明，组织反应能力的获得往往依赖于其先前与其他组织的相互作用。例如，头部外胚层对视泡提供刺激后晶状体的形成反应似乎取决于头部外胚层与前神经板的先前关联（见第 20 章）。

胎龄的估算

自然流产后胎龄的估计由其外部特征和长度测量值确定（表 6-1），由于一些胚胎在死亡前的生长速度逐渐减慢，因此单凭胚胎大小可能是一个不可靠的标准。临床上肢体的出现是估计胎龄的一个非常有用的标准。因为胚胎在第 3 周和第 4 周初是直的（图 6-5A），它们的测量结果：顶 – 臀长被用来估计胎龄（图 6-5B 和 C）。在第 14~18 周进行测量冠 – 踵长度可以用于胎龄的估计（图 6-5D）。在国际上采用卡内基胚胎分期系统进行比较（表 6-1）。

胚胎超声检查

由于以下一个或多个原因，大多数在产科产检的妇女在妊娠期间至少进行一次超声检查：
- 估计胎龄，确定预产期。
- 怀疑宫内生长受限时评估胚胎生长情况。
- 绒毛或羊水取样时的超声引导。
- 怀疑宫外孕时的超声检查。
- 可能的子宫异常。
- 出生缺陷的超声筛查。

孕妇胚胎的大小可以通过超声测量来估计。经阴道或经阴道超声检查可准确测量妊娠早期的顶 – 臀长度（图 6-6）

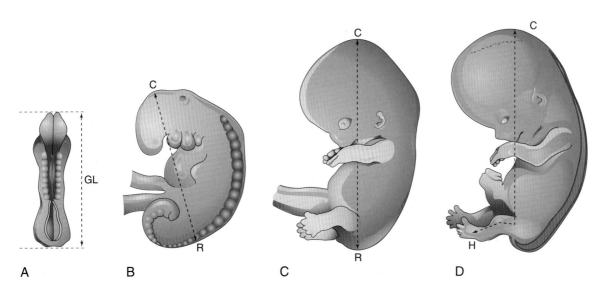

图 6-5　用于测量胚胎长度的方法
A. 最大长度（GL）。**B** 和 **C.** 顶 – 臀长。**D.** 冠 – 踵长。

表 6-1 估计人类胚胎发育阶段的标准

胎龄（天）	图形参考	卡内基分期	体节数	长度 (mm)*	主要外部体征 †
20~21	6-1A₁	9	1~3	1.5~3.0	扁平的胚胎盘，深神经沟，神经褶突出。头部褶皱明显
22~23	6-8A, C	10	4~12	2.0~3.5	胚体直或稍弯曲，神经管正在形成或已经形成相反的体节，但在头端和尾端的神经孔处广泛开放。第 1 对和第 2 对鳃弓可见
24~25	6-9A	11	13~20	2.5~4.5	胚胎由于头部和尾部褶皱而弯曲，头端神经孔正在关闭，耳板存在，视小泡已经形成
26~27	6-7B, 6-10A	12	21~29	3.0~5.0	上肢芽出现，头端神经孔闭合，尾侧神经孔闭合，可见 3 对鳃弓，心脏突起明显，有听窝
28~30	6-6, 6-11A	13	30~35	4.0~6.0	胚胎呈 C 形曲线，尾侧神经孔闭合，可见 4 对鳃弓，下肢芽出现，存在听泡，晶体板清晰
31~32	6-12A	14	‡	5.0~7.0	可见晶状体凹和鼻凹，视杯出现
33~36		15		7.0~9.0	手板已经形成，指线、晶状体囊泡出现，鼻孔突出。可见颈静脉窦
37~40		16		8.0~11.0	脚板已经形成，视网膜中可见色素，耳郭小丘正在发育
41~43	6-13A	17		11.0~14.0	指线在手板上清晰可见，耳郭小丘勾勒出未来外耳耳郭。脑小泡突出
44~46		18		13.0~17.0	脚板上明显趾线，肘部区域可见，眼睑正在形成，在手掌指线间见凹痕之间，乳头可见
47~48		19		16.0~18.0	四肢向腹侧伸展，主干拉长拉直，中肠突出
49~51		20		18.0~22.0	上肢较长，肘部弯曲，手指明显有指蹼。凹口位于脚部的趾线之间。头皮血管丛出现
52~53		21		22.0~24.0	手和脚互相靠近。手指自由、变长。脚趾明显但有蹼。有短而粗的尾隆
54~55		22		23.0~28.0	脚趾自由变长，外耳的眼睑和耳郭更发达
56	6-14A	23		27.0~31.0	头部更圆。外生殖器外观未分化。中肠疝存在。尾隆消失

* 胚胎长度表示通常的范围。在第 9 和第 10 阶段，测量是最大长度；在随后的阶段，给出顶 - 臀测量。

†Based on O'Rahilly R, Müller F: *Developmental stages in human embryos*, Washington, DC, 1987, Carnegie Institute of Washington; and Gasser RF: *Digitally reproduced embryonic morphology DVDs. Computer imaging laboratory, cell biology and anatomy*, New Orleans, LA, 2002–2006, Louisiana State University Health Sciences Center.

‡ 在这个阶段和后续阶段，体节的数量很难确定，因此不是一个有用的标准。

第 4~8 周的亮点

估计人类胚胎发育阶段的标准列于表 6-1。

第 4 周

身体形态的重大变化发生在第 4 周。起初，胚胎几乎是直的。在第 4 周，体节产生明显的表面隆起，

神经管在头端和尾端的神经孔处开放（图 6-7A，图 6-8C 和 D）。到 24 天，鳃弓已经出现（图 6-7A~C）。由于头部和尾部的褶皱，胚胎现在略微弯曲。**早期心脏产生一个巨大的腹侧突起并泵血**（图 6-9，图 6-10）。头端神经孔在 24 天时闭合（图 6-9B）。

在第 26 天，**前脑产生头部突出的隆起和长而隆起的尾巴状结构**弯曲（图 6-10B）。28 天时，为腹外侧

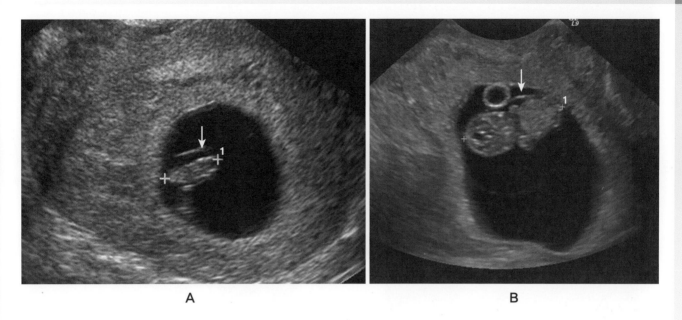

图6-6 胚胎的阴道超声

A. 对被羊膜包围的5周胚胎 [CRL 10 mm（卡尺）]（箭头）。**B.** 7周胚胎的冠状扫描 [CRL 22 mm（卡尺）]，前部可见羊膜（箭头），以及脐囊（卵黄囊）。CRL，顶-臀长。(Courtesy E. A. Lyons, MD, Professor of Radiology and Obstetrics and Gynecology, Health Sciences Centre and University of Manitoba, Winnipeg, Manitoba, Canada.)

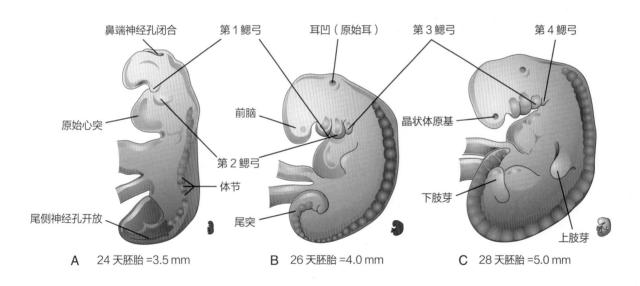

A 24天胚胎 =3.5 mm　　B 26天胚胎 =4.0 mm　　C 28天胚胎 =5.0 mm

图6-7 **A、B和C.** 老胚胎的侧视图

分别显示16、27和33个节。鼻端神经孔通常在25~26天关闭，而尾侧神经孔通常在第4周结束时关闭。

体壁上的**上肢芽**可识别（图6-11A和B）。26天时，**听窝**可见（图6-10B）。头部两侧外胚层增厚，眼睛未来的晶状体——晶状体板出现。第4对鳃弓和**下肢芽**在第4周结束时可见（图6-7C，图6-12）。到第4周结束时，**尾侧神经孔**通常关闭（图6-10）。许多器官系统，特别是心血管系统的基础已经建立。

第5周

与第4周相比，第5周的身体形态变化较小。**头部的生长超过了其他区域**（图6-12A和B），这主要是由大脑和面部突起的快速发育引起的。脸很快就接触到了心脏的突起。**中肾脊**表明*中肾*的位置（图6-12B），它是永久肾的原基（图6-12A和B）。

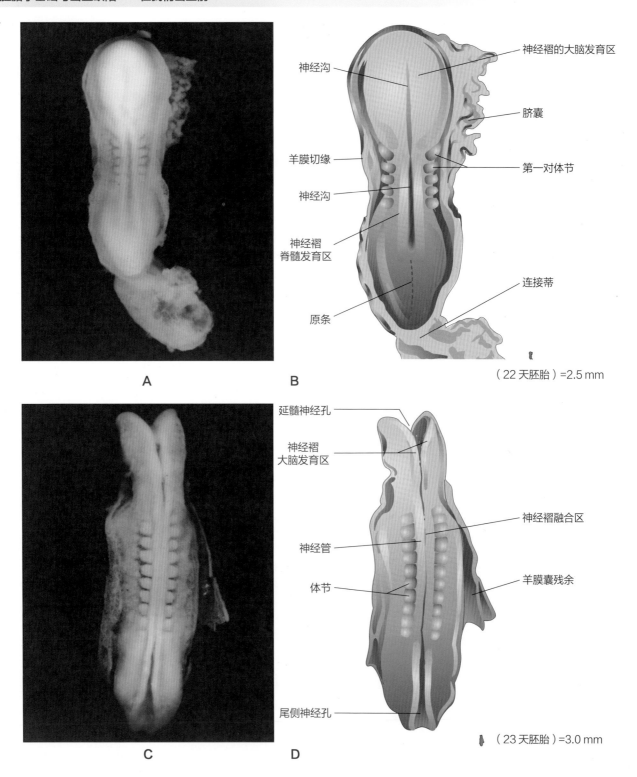

（22天胚胎）=2.5 mm

（23天胚胎）=3.0 mm

图 6-8 人类胚胎大约 22 天

A. 在卡内基 10 阶段的 1 个体节胚胎背面视图。观察神经褶和神经沟。颅骨区域的神经褶已加厚，形成了大脑的原基。**B.** 图 A 所示的结构图。大部分羊膜和绒毛膜囊都被切掉以暴露出胚胎。**C.** 卡内基 10 阶段大约 23 天的胚胎背面视图。神经褶与对节融合，形成神经管（该区域的脊髓原基）。神经管分别通过鼻端和尾侧神经孔与羊膜腔在颅和尾端开放连通。**D.** C 所示的结构图。羊水提供了一种漂浮的培养基，该培养基支持早期胚胎的脆弱组织。

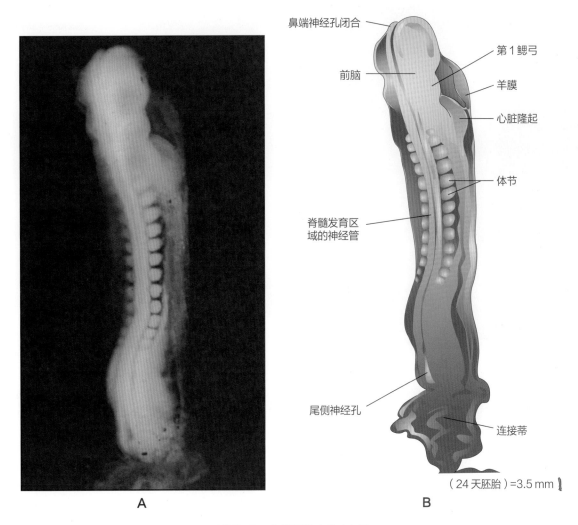

图中标注（B）：
鼻端神经孔闭合
第1鳃弓
前脑
羊膜
心脏隆起
体节
脊髓发育区域的神经管
尾侧神经孔
连接蒂

（24天胚胎）=3.5 mm

A

B

图6-9 人类胚胎大约24天

A. 在卡内基11阶段的13个体节胚胎背面视图。鼻端神经孔关闭，但尾侧神经孔敞开。**B.** A中所示结构的图示。由于颅骨和尾端的折叠，导致胚胎弯曲。

第6周

胚胎在第6周表现出自发的运动，如躯干和四肢的抽搐。这个阶段的胚胎对触摸开始有反射反应。手指（手指）原基——**指射线**开始在手板中形成（图6-13A和B）。下肢发育比上肢发育晚4～5天。

几个小的肿胀——**耳郭小丘**开始发育，形成耳郭的外耳。因为视网膜色素已经形成，眼睛现在已经很明显。头部相对于躯干要大得多，它在**心脏的巨大突起**上弯曲。这种头部姿势是由于颈部弯曲造成的，然后躯干开始伸直。第6周时，肠进入脐带近端的胚外体腔。因为此时腹腔太小，无法容纳快速生长的肠道，此时**脐疝**是胚胎中的一种正常现象（见第12章，图12-11C）。

第7周

四肢在第7周发生了很大的变化。**手板上的指线**之间出现缺口，部分地分隔未来的手指。原肠和脐囊之间的沟通现在减少到一个相对细长的脐肠导管（图6-1C$_2$）。

第8周

在胚胎期最后一周开始时，手指开始分开，但有明显的指蹼（图6-13B）。在足部的趾线之间可以清楚地看到凹痕。头皮血管丛出现并在头部周围形成一个特征性的带状结构。在胚胎期结束时，手指延长并分开（图6-14A和B）。协调的肢体运动在本周开始

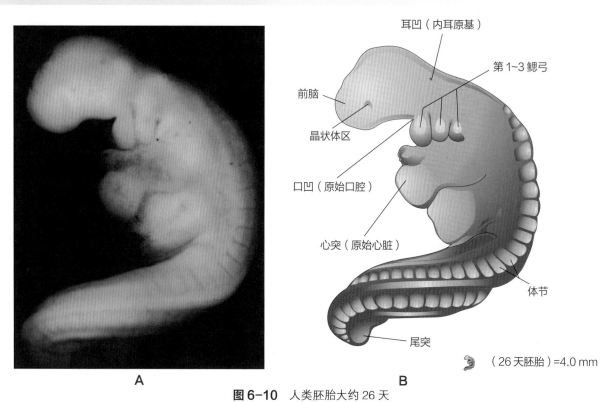

图 6-10 人类胚胎大约 26 天

A. 在卡内基 12 阶段的 27 个体节胚胎侧视图。胚胎是弯曲的，尤其是尾巴状的尾突。观察晶状体的基底（眼晶状体的原基）。耳凹表明内耳的早期发育。**B.** 图 A 所示的结构。鼻端神经孔是闭合的，并且存在 3 对鳃弓。(**A,** From Nishimura H, Semba H, Tanimura T, Tanaka O: *Prenatal development of the human with special reference to craniofacial structures: an atlas,* Washington, DC, 1977, National Institutes of Health.)

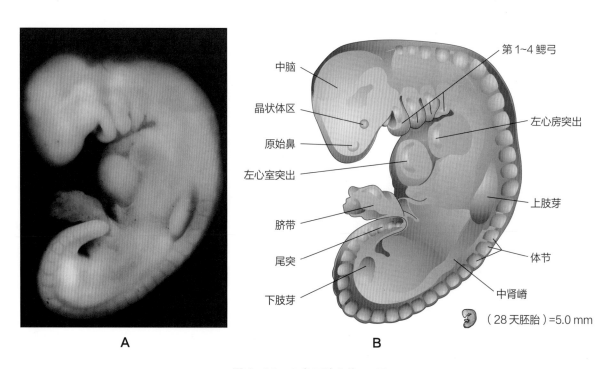

图 6-11 人类胚胎大约 28 天

A. 在卡内基 13 阶段的胚胎侧视图。原始心脏很大，分为原始心房和心室。鼻和尾侧神经孔是封闭的。**B.** 表示 A 中所示结构的图。胚胎具有特征性的 C 形弯曲，4 对鳃弓以及上肢和下肢芽。(**A,** From Nishimura H, Semba H, Tanimura T, Tanaka O: *Prenatal development of the human with special reference to craniofacial structures: an atlas,* Washington, DC, 1977, National Institutes of Health.)

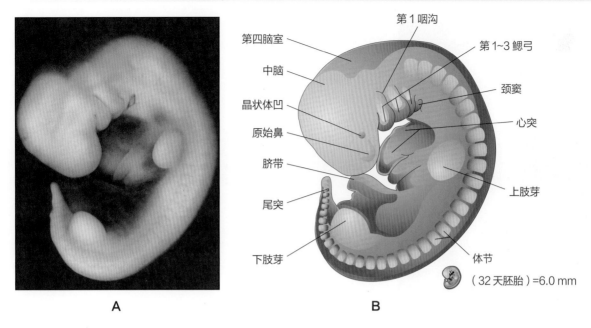

图 6-12　人类胚胎大约 32 天

A. 在卡内基 14 阶段的胚胎侧视图。第 2 鳃弓已长满第 3 鳃弓，形成了颈窦。中肾嵴指示中肾肾部位，中肾是一个临时功能肾。**B.** 图 A 所示的结构。上肢芽呈桨状，而下肢芽呈鳍状。(**A,**From Nishimura H,Semba H,Tanimura T,Tanaka O:*Prenatal development of the human with special reference to craniofacial structures:anatlas*,Washington,DC,1977,National Institutes of Health.)

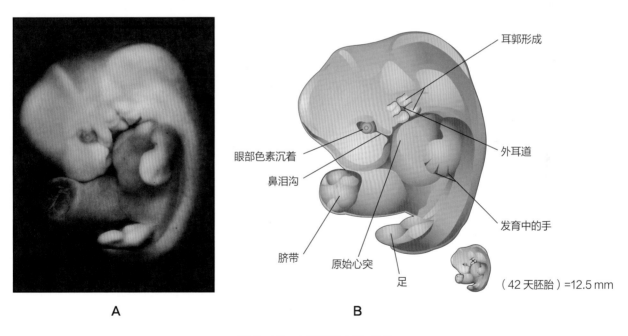

图 6-13　人类胚胎大约 42 天

A. 在卡内基 17 阶段的胚胎侧视图。在手板上可以看到指线，表明手指的未来位置。**B.** 图 A 所示的结构。眼、耳丘和外耳道现在很明显。(From Moore KL, Persaud TVN, Shiota K: *Color atlas of clinical embryology*, ed 2, Philadelphia, 2000, Saunders.)

产生。股骨开始原发性骨化。在第 8 周结束时，尾部隆起的所有迹象都消失了，手和脚彼此靠近腹部。在第 8 周结束时，头部仍然过大，几乎占胚胎的一半（图 6-14）。颈部区域开始建立，眼睑闭合。肠子仍在脐带的近端（见第 12 章，图 12-11C）。外耳郭开始呈现出最终的形状，但仍然位于头部下方。虽然在外生殖器的外观上存在性别差异，但它们不足以进行准确的性别鉴定。

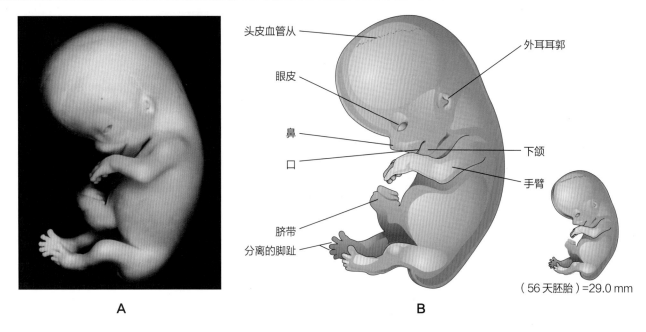

头皮血管丛

眼皮

鼻

口

脐带

分离的脚趾

外耳耳郭

下颌

手臂

（56天胚胎）=29.0 mm

A

B

图6-14 人类胚胎大约56天

A. 在卡内基23阶段的胚胎侧视图（胚胎期结束）。**B.** 图A所示的结构。(**A,** From Nishimura H, Semba H, Tanimura T, Tanaka O: *Prenatal development of the human with special reference to craniofacial structures: an atlas,* Washington, DC, 1977, National Institutes of Health.)

临床导向提问

1. 第8周的胚胎和第9周的胎儿之间没有明显的差别。为什么胚胎学家给它们起不同的名字？

2. 胚胎什么时候变成人类？

3. 超声能确定胚胎的性别吗？还有什么方法可以用来确定性别？

答案见附录。

（王磊 译）

第 7 章

胎儿期：第 9 周至出生

胎儿期的发育主要与身体的生长和组织、器官和系统的分化有关。**原始器官系统**于胚胎期形成。胎儿期的身体生长速度很快，而在妊娠最后几周胎儿体重增长更是惊人（表 7-1）。超声测量出的胎儿**顶 - 臀长度**（CRL）可用于确定胎儿大小和大致的胎龄（图 7-1）。胎儿的宫内阶段可按天、周或月来划分（表 7-2），但如果没有说明胎龄是以**末次正常月经** (LNMP) 计算还是从**受精时间**开始计算，就会产生混淆。*除非另有说明，本书中的胎龄是根据估计的受精时间计算的，月份以公历月份为准。*临床上，将妊娠期分为三个时期，每个阶段（包含）有 3 个月。有很多测量指标和外部特征有助于估计胎龄（表 7-1）。直到妊娠期第一个阶段（即早孕期）结束前，CRL 的测量值都是估计胎龄的首选方法。

胎儿期的重点

虽然胎儿期没有正式的系统分期；但是分期有助于阐述胎儿第 9~38 周期间发生的主要发育的特征。

第 9~12 周

从第 9 周开始时，*头部长度占胎儿 CRL 的一半*（图 7-1）。随后，胎儿的身长增长迅速，到第 12 周末，CRL 几乎增加一倍（表 7-1）。

在第 9 周，胎儿脸较宽，双眼间距远，耳朵位置低，眼睑融合在一起。在第 9 周早期，双腿较短，大腿相对较小。到第 12 周末，上肢几乎达到 了它们相对于全身的最终比例，但下肢仍然略短于它们最终能达到的比例。

男性和女性的**外生殖器**直到第 12 周末才会发育完全。第 10 周中期之前，肠管在脐带近端清晰可见。到第 11 周，*肠管已回到腹腔*（图 7-2）。尿液在第 9~12 周开始形成，尿液通过尿道排入羊水。胎儿会吞咽并重新吸收这些液体中的一部分。胎儿血液中的代谢废物则通过胎盘屏障转移到母体循环中（见第 8 章）。

第 13~16 周

在这阶段，胎儿的发育是非常迅速的 (图 7-3, 图 7-4，表 7-1)。与第 12 周相比，第 16 周的胎儿头部占比较小，下肢变长。**肢体运动**最初发生在胚胎期末，在第 14 周开始变得协调，但母亲并不能感觉到胎儿运动，因为它们过于轻微。然而，这些运动在超声检查中是可见的。

在第 16 周初期，在超声图像上能够给清晰地看到发育中的骨骼。**慢速眼动**从第 14 周开始。在此期间头皮发纹也逐渐形成。到第 16 周，卵巢开始分化，生成具有**卵原细胞**（原始生殖细胞）的*始基卵泡*。眼睛从前外侧转向前方。

第 17~20 周

在此期间生长减慢，但胎儿的 CRL 仍会增加约 50 mm(图 7-3，图 7-5，表 7-1)。*胎儿的动作有所加快*，通常能为母亲感觉到。胎儿的皮肤被一种油腻的物质覆盖，也即胎脂，它由死亡的表皮细胞和来自胎儿皮脂腺分泌的脂肪组成。胎脂保护胎儿娇嫩的皮肤，使其不会因暴露于羊水而发生擦伤、皲裂和硬化。胎儿通常全身覆盖着细而蓬松的毛发，*即胎毛*，有助于维系皮肤上的皮脂。

眉毛和头毛也已可见。棕色脂肪形成于第 17~20 周，是产生热量的场所，对于新生儿来说尤为重要。这种特殊的脂肪组织主要存在于颈部及胸骨后，通过氧化脂肪酸产生能量。

到 18 周，**胎儿子宫**形成，阴道管化也已开始。到第 20 周，睾丸已经开始下降，但它们仍然位于腹壁后。

第 21~25 周

在这段时间内，胎儿体重大幅增长，各部位比例更协调。皮肤通常有皱纹，变得更半透明。由于可在毛细血管中看见血液，皮肤从粉红色变为红色在第 21 周。*快速眼动开始，第 22~23 周眨眼反应出现。手指甲*到第 24 周已存在。也在第 24 周前，位于肺泡间壁的上皮分泌细胞（Ⅱ型肺细胞）已经开始分泌**表面活性**

表 7-1 胚胎期用来估算受精龄的指标

受精龄（周）	顶-臀长（mm）*	足长（mm）*	胎儿体重（g）†	主要外部体征
不可存活于宫外的胎儿				
9	50	7	8	眼睑正在闭合或已闭合。头是圆的。外生殖器仍不能区分为男性或女性。存在肠疝
10	61	9	14	肠位于腹部内。手指甲开始发育
12	87	14	45	可从外表区分性别。脖子清晰可见
14	120	20	110	头部直立。下肢发育良好。脚趾甲开始发育
16	140	27	200	头部可观察到耳郭
18	160	33	320	皮肤被胎儿皮脂覆盖。加速的胎儿运动为母亲感觉到
20	190	39	460	头部和身体的毛发（胎毛）可见
可存活于宫外的胎儿‡				
22	210	45	630	皱褶呈红色
24	230	50	820	手指甲已存在。身体瘦长
26	250	55	1 000	眼睛部分睁开。睫毛已存在
28	270	59	1 300	眼睛已睁开。大多数胎儿都有头皮头发。皮肤微皱
30	280	63	1 700	脚趾甲已存在。身体在变胖。睾丸在下降
32	300	68	2 100	手指甲延伸到指尖。皮肤光滑
36	340	79	2 900	身体通常圆胖。胎毛几乎消失。脚趾甲延伸到脚趾尖。肢体弯曲，手紧握
38	360	83	3 400	胸部突出，乳房隆起。睾丸在阴囊中，或可于腹股沟管中触及。指甲延伸到指尖之外

* 这些参数是平均值，差异随受精龄增长而增加。

† 这些是指在 10% 甲醛中浸泡约 2 周胚胎的重量。新鲜的标本重量通常大约少 5%。

‡ 目前胎儿的发育情况、受精龄或体重并没有明确的界值决定胎儿是否能够存活，但经验表明，如果婴儿的体重小于 500 g，或其受精龄或发育年龄小于 22 周，婴儿通常不会存活。

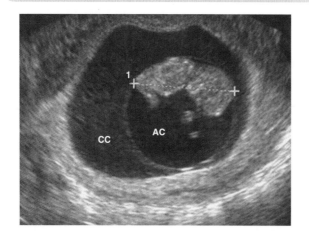

图 7-1　头臀长为 41.7 mm（卡尺）的 9 周胎儿的腔内扫描绒毛膜腔（CC）正常，有低水平回声，而羊膜腔（AC）无回声。（Courtesy E. A. Lyons, MD, Professor of Radiology, and Obstetrics and Gynecology, and Anatomy, University of Manitoba, Health Sciences Centre, Winnipeg, Manitoba, Canada.）

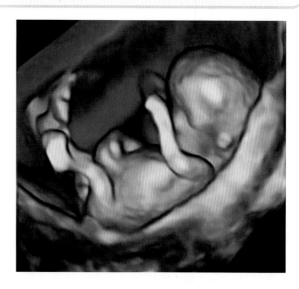

图 7-2　经阴道三维超声（粗浅外廓像）所见第 11 周胎儿注意它相对较大的头部。四肢充分发育。还可以观察到耳郭和头部的左侧侧面。

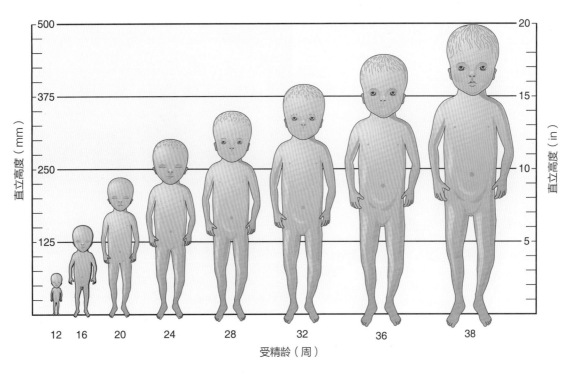

图 7-3　人类胎儿大小变化的比例图

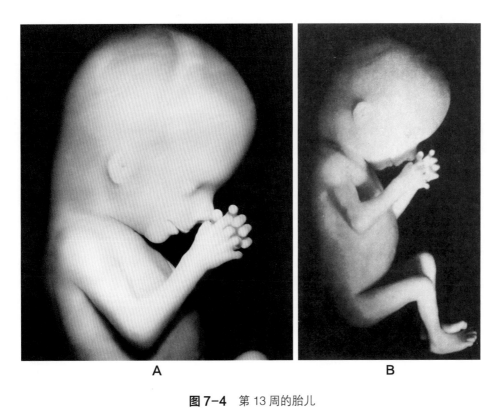

图 7-4　第 13 周的胎儿

A. 头部和肩部的放大照片（2 倍放大）。**B.** 实际尺寸。（Courtesy Jean Hay, late, Associate Professor, University of Manitoba, Winnipeg, Manitoba, Canada.）

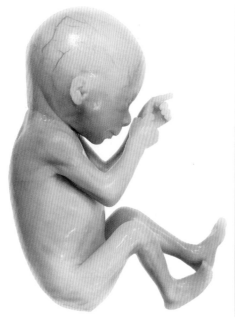
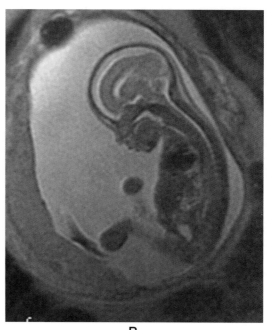

图 7-5　A. 第 17 周胎儿（实际大小）。此周龄的胎儿若早产则无法存活，主要是因为呼吸系统不成熟。B. 18 周正常胎儿（20 周孕龄）的磁共振成像扫描。（**A,** From Moore KL, Persaud TVN, Shiota K: *Color atlas of clinical embryology, ed* 2, Philadelphia, 2000, Saunders. **B,** Courtesy Deborah Levine, MD, Director of Obstetric and Gynecologic Ultrasound, Department of Radiology, Beth Israel Deaconess Medical Center, Boston, MA. ）

表 7-2　孕龄单位比较				
	公历			农历
参考点	日	周	月	月
受精	266	38	8.75	9.5
末次正常月经期	280	40	9.25	10

物质，这是一种具有表面活性的脂质，用以维持肺发育中肺泡的通畅（见第 11 章）。早产的第 22~25 周胎儿如果给予特别护理支持开始可以存活下来；然而，胎儿仍可能因其呼吸系统尚不成熟死亡。妊娠第 26 周前出生的胎儿有很高的神经发育（功能）障碍风险。

第 26~29 周

在此期间早产的胎儿由于其肺发育充分，足以提供足够的气体交换，因此在给予重症监护的条件下通常能存活下来。此外，中枢神经系统已经发育到可以指导有节奏的呼吸运动和控制体温的阶段。死亡率最高的是体重在 2 500 g 或以下的低出生体重婴儿。*眼睑在第 26 周时张开*，胎毛和头发发育良好。脚趾甲可见，大量皮下脂肪已存在，消除了许多皮肤皱纹。

第 30~38 周

*瞳孔对光反射*可于第 30 周诱发。通常，在这个时

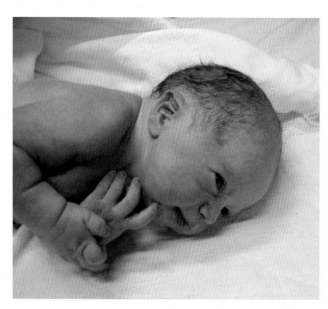

图 7-6　孕龄 36 周的健康男性新生儿。（Courtesy Michael and Michele Rice. ）

期结束时，皮肤光滑呈粉红色，上下肢呈圆胖状。第 32 周出生的胎儿通常能存活下来。第 35 周的胎儿有牢固的抓握感，表现出对光照的自发定向。随着足月临近（第 37~38 周），神经系统已经足够成熟，可以进行某些综合性功能。在这个"最终阶段"中，大多数胎儿都是圆胖的（图 7-6）。在第 36 周时，头部和腹部的周长大致相等。随着出生时间逼近，生长速度减慢

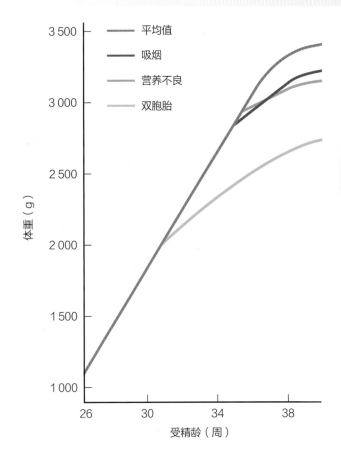

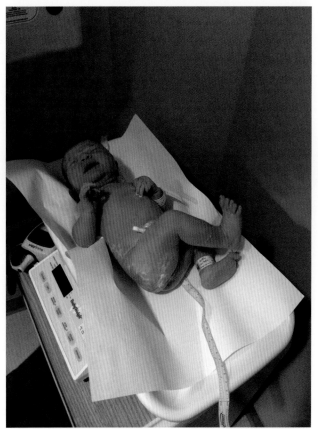

图7-7 妊娠最后3个月期间胎儿生长速率的曲线图 在36周后，平均增长率偏离直线。尤其在足月（38周）后的下降可能反映了胎盘变化引起的胎儿营养不足。该图还显示了影响胎儿生长速度的其他因素如吸烟、产妇营养不良、双胞胎。(Modified from Gruenwald P：Growth of the human fetus. I. Normal grouth and its variation, *Am JObstet Gynecol 94:1112, 1966.*)

（图7-7）。大多数胎儿在预产期时体重接近3 400 g(图7-8)。在妊娠的最后几周，胎儿每天增加大约14 g脂肪。胸部突出，两性乳房均略有隆起。

预产期

胎儿的预产期为受精后266天，即38周（即LNMP后280天或40周）（表7-2）。大约12%的婴儿在预产期后1~2周出生。

影响胎儿生长的因素

胎儿需要生长和产生能量的基础。气体和营养物质通过**胎盘**从母亲自由地传递给胎儿（见第8章）。**葡萄糖**是胎儿代谢和生长的主要能量来源；**氨基酸**也是必需的。**胰岛素**是葡萄糖代谢所必需的，由胎儿胰腺分泌。胰岛素、人类生长激素和一些小的多肽（如

图7-8 体重3.3 kg（7.2 lb）的足月女婴。注意她身体的一部分被胎儿皮脂覆盖

胰岛素样生长因子I) 被认为能刺激胎儿的生长。

许多因素（包括母体、胎儿和环境）可能影响产前生长。一般来说，作用于整个怀孕期间的因素如*吸烟*和*饮酒*往往会导致宫内生长受限 *(IUGR)* 和小于胎龄儿发生，而作用于最后三个月期间的因素（例如产妇营养不良）通常会导致低体重新生儿，但其身长和头部大小正常。已知由于低质量的饮食而导致孕妇严重的营养不良会阻碍胎儿生长 (图7-7)。

双胞胎、三胞胎和其他多胎妊娠的新生儿（新生儿）通常远低于单胎妊娠所造成的婴儿体重（图7-7）。显然，两个或两个以上胎儿的总需求超过了孕晚期胎盘的营养供应。

在一个家族多次出现IUGR病例表明隐性基因可能是生长异常的原因。近年来，染色体结构和数量畸变也被证明与胎儿生长受限的病例有关。IUGR显著表现于唐氏综合征新生儿中（见第19章）。

低出生体重已被证明是许多成人疾病的危险因素，包括高血压、糖尿病和心血管疾病。妊娠期糖尿病引起的出生体重增加与成人肥胖和糖尿病有关。

评估胎儿状态的程序

超声

*超声*是评估胎儿的主要成像方式,因为它具有广泛的可用性、图像质量、低成本和无已知的不良反应(图7-9)。可通过超声确定胎盘和胎儿的大小、多胎妊娠、胎盘形状异常及其他异常表现。许多结构异常也可以于产前通过超声检测到。

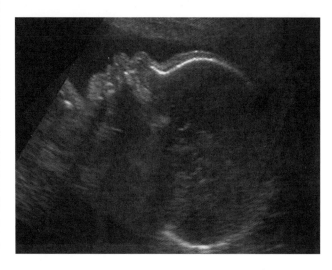

图7-9 25周胎儿的超声图(轴向扫描)

显示出面部轮廓。(Courtesy E. A. Lyons, MD, Professor of Radiology, Obstetrics and Gynecology, and Anatomy, University of Manitoba, Health Sciences Centre, Winnipeg, Manitoba, Canada.)

诊断性羊水穿刺

诊断性羊水穿刺是一种常见的侵入性产前诊断程序(图7-10A),通常在孕中期或晚期进行。产前诊断中,羊水是通过将针穿过母亲的前腹和子宫壁并进入羊膜囊而取得的。注射器连接到针头上,从而取出羊水。手术相对没有风险,尤其是由有经验的医生使用超声检查确定胎儿和胎盘位置指导进行时。

绒毛膜绒毛取样

进行绒毛膜绒毛组织切片活检(图7-10B)是为了检测染色体异常、先天性代谢缺陷和X染色体–连锁性疾病。绒毛膜绒毛取样可在受精后10~13周进行。造成流产的概率约为1%,略高于羊膜穿刺术的风险(0.5%)。绒毛膜绒毛取样相比起羊膜穿刺术的主要优点是它使得胎儿染色体取样能提前几周进行。

细胞培养物

通过研究经培养后羊膜穿刺术中获取的胎儿细胞中的性染色体,也可以确定胎儿性别和染色体畸变。培养通常是在怀疑常染色体异常时进行的,如唐氏综合征。通过对细胞培养物的研究,还可以发现先天性代谢缺陷和酶的缺陷。一些最新的技术,比如染色体微阵列分析和全基因组测序,为推进产前诊断和遗传

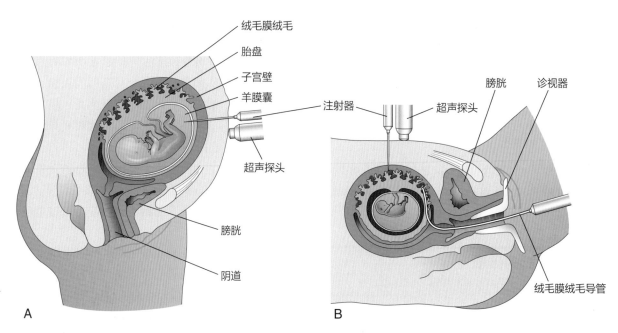

图7-10 **A.** 羊膜穿刺术技术说明。利用超声引导,一根针穿过母亲的腹部和子宫壁插入羊膜囊。针上附加注射器,抽取羊水用于诊断。**B.** 绒毛膜绒毛取样图解。这里展示了两种取样方法——一种是使用一根针穿过前腹壁和羊膜囊,另一种是使用一根可伸缩绒膜绒毛导管通过阴道和宫颈管

异常筛查提供了新的机遇。

经皮脐带血取样

进行染色体分析，可以通过**经皮脐带血取样** (PUBS) 从脐静脉获取血液样本。超声扫描用于确定血管的位置。若超声或其他检查显示出生缺陷的特征，通常于大约 18 周进行 PUBS，以获得染色体分析样本。对于一个正常胎儿，PUBS 造成流产的概率约为 1.3%。

磁共振成像

当计划进行胎儿治疗如手术时，可以使用计算机断层扫描和**磁共振成像** (MRI)。MRI 具有不使用电离辐射产生图像的优点。这些影像学研究可以提供关于超声检测到的胎儿异常的额外信息。

胎儿监护

在高危妊娠中，连续胎心率监测是常规做法，有助于提供胎儿氧合相关信息。**胎儿窘迫**，以心率或节律异常为特征，表明胎儿正处于危险之中。

甲胎蛋白测定

甲胎蛋白 (AFP) 是一种在胎儿肝脏和脐囊中合成的糖蛋白，若胎儿有开放神经管缺陷，如脊柱裂伴脊髓裂（见第 19 章），则会从胎儿循环逸入羊水中。AFP 也可以从开放的腹壁缺陷进入羊水，如腹裂和脐疝（见第 13 章）。AFP 形成于孕早期末，至孕晚期开始下降。AFP 也可在母体血清中进行测定。

无创产前诊断

唐氏综合征（21 三体综合征）是最常见的染色体疾病，出生时患有这种疾病的儿童具有不同程度的智力残疾。无创筛查唐氏综合征基于从母体血液中分离胎儿细胞，并对游离细胞进行胎儿 DNA 和 RNA 的检测。与羊膜穿刺术和绒毛膜绒毛活检相比，结果获得更早，并发症也更少。这种基于 DNA 的诊断测试方法正在不断发展和完善以提高其可靠性。

新生儿期

新生儿期为出生后的 4 周内。**新生儿早期**是从出生到第 7 天。**新生儿**并不是微型成人，极度早产儿也与足月儿不一样。**新生儿晚期**为第 7~28 天。脐带通常在出生后 7~8 天即新生儿早期结束时脱落。

出生时，新生儿的头部相对于身体的其他部分就比例而言较大。此后，头部比身体的躯干（躯干）生长得更慢。通常新生儿在出生后 3~4 天内会失去大约 10% 的出生体重，这是由于失去了多余的细胞外液并排出胎粪的缘故。胎粪是第一次从直肠排出的肠道物质，呈绿色。

当新生儿的手被触摸时，它通常会抓住一根手指。如果母亲把婴儿抱在胸前，婴儿会寻找她的乳房，找到乳头后就会吸吮。新生儿出生时具有的视觉能力可以在 20.32 ~ 38.1 cm 的距离内看到物体和颜色；然而，它们只能看到很近距离内的东西。一些**早产儿的眼睛**呈交叉状，因其眼睛肌肉没有完全发育。轻轻抚摸婴儿脸颊上会使它张开嘴巴并转向触碰的方向。

临床导向提问

1. 成熟的胚胎会运动吗？孕早期胎儿能移动四肢吗？如果是这样，这时妈妈能感觉到孩子在踢腿吗？

2. 一些报告表明，在受孕期间补充维生素将防止神经管缺陷，例如脊柱裂。是否有科学依据支持这一说法？

3. 羊膜穿刺时针会伤害胎儿吗？是否有诱发流产或引起母体或胎儿感染的风险？

答案见附录。

（金敏菲　译）

第 8 章

胎盘和胎膜

胎盘的胎儿部分和胎膜将胚胎或胎儿与**子宫内膜**（子宫壁的内层）分离开来。绒毛膜、羊膜、脐囊和尿囊构成胎膜。母体血液和胎儿血液通过胎盘相互交换物质（例如营养和氧气）。脐带中的血管连接胎盘循环和胎儿循环。

胎盘

胎盘是母体与胎儿之间营养和气体交换的主要场所。胎盘是一个**母胎共用器官**，由两个部分组成：

- 由部分绒毛膜囊发育来的**胎儿部分**。
- **母体部分**来源于子宫内膜，这一黏膜由子宫壁的内层构成。

胎盘和脐带在母亲和胎儿之间形成一个传递物质的运输系统。营养物质和氧气从母体血液通过胎盘传递到胎儿血液，废物和二氧化碳则从胎儿血液通过胎盘传递到母体血液。*胎盘和胎膜有以下功能和活动：保护、营养、呼吸、排泄废物、合成激素。胎儿出生后，很快胎盘和胎膜会被排出子宫，又称为**胞衣**（排出妊娠废弃物）。*

蜕膜

蜕膜是孕妇的子宫内膜，它是子宫内膜的功能层，在分娩（胎儿娩出)后与子宫的其余部分分离。根据与着床部位的关系，将**蜕膜分为三个区域**：

- **底蜕膜**——蜕膜深入孕（母）体（胚胎和胎膜）的部分，构成胎盘的母体部分。
- **包蜕膜**——蜕膜的浅表部分，覆盖在母体上。
- **壁蜕膜**——蜕膜的其余中间部分。

随着母体血液中**黄体酮水平**提高，蜕膜的结缔组织细胞扩大，形成浅色的**蜕膜细胞**。这些细胞随着糖原和脂质在细胞质中蓄积增大。妊娠引起的蜕膜细胞和血管的变化称为**蜕膜反应**。许多蜕膜细胞在合体滋养层区域的绒毛膜囊附近退化，并与母体血液和子宫分泌物一起，为胚胎提供了丰富的营养来源。*在超声检查中清楚的识别出蜕膜区对于早孕诊断很重要。*

胎盘的发育

早期胎盘发育的特点是滋养层细胞的快速增殖及绒毛膜囊和绒毛膜绒毛的发育。在第 3 周末，母体和胚胎之间生理交流所必需的解剖结构已经建立。在第 4 周末，胎盘中形成一个复杂的血管网络，使气体、营养物质和代谢废物能够进行母胎交换。

直到第 8 周，绒毛覆盖着整个绒毛膜囊（图 8-1D，图 8-2）。随着绒毛膜囊的生长，与包蜕膜相关的绒毛被压缩，减少了对其的血液供应。这些绒毛快速退化，形成了一个相对无血管的裸露区域，即**平滑绒毛膜**（图 8-1D）。随着这些绒毛的消失，其他与底蜕膜基相关的绒毛数量迅速增加，产生大量分支，且规模不断扩大（图 8-3）。绒毛膜囊这个浓密部分称为**丛密绒毛膜**，或称为**叶状绒毛膜**（图 8-1E，图 8-4）。

在滋养层细胞和血管上表达的同源基因 (HLX、MSX2 和 DLX3) 诱导滋养层浸润，并有助于调节胎盘的发育。

绒毛膜囊的超声检查

绒毛膜囊的大小有助于确定月经不规律的患者的孕龄。第 5~10 周，绒毛膜囊的生长变得非常迅速。现代超声设备可以检测到中位直径为 2~3 mm 的绒毛膜囊（图 8-4）。该直径的绒毛膜囊提示胎龄大约为自受精后的 18 天。

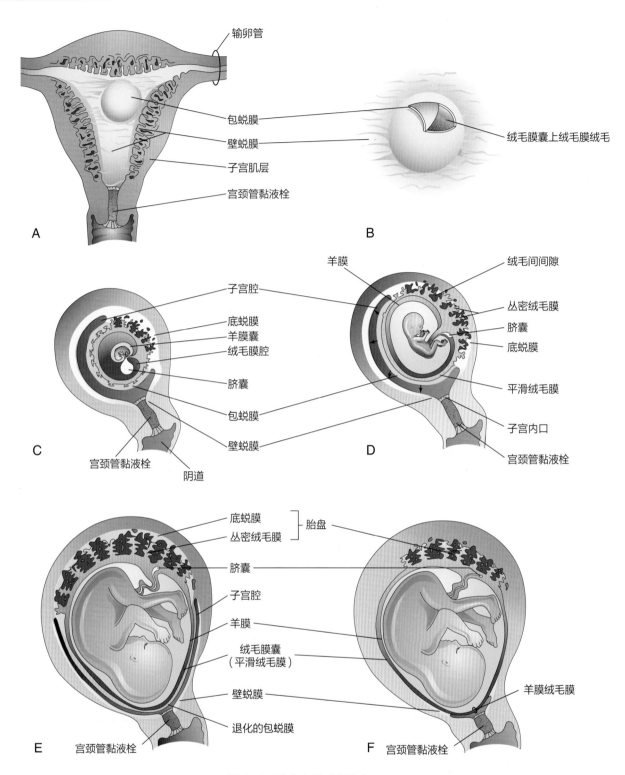

图 8-1 胎盘和胎膜的发育

A. 子宫冠状切面，显示了第 4 周时升高的包蜕膜和扩大的绒毛膜囊。**B.** 着床点的放大说明。切开包蜕膜，暴露绒毛膜绒毛。**C~F.** 妊娠第 5~22 周子宫的矢状切面，显示胎膜与蜕膜关系的变化。在 **F** 中，羊膜、绒毛膜和壁蜕膜相互融合，从而闭塞子宫腔。

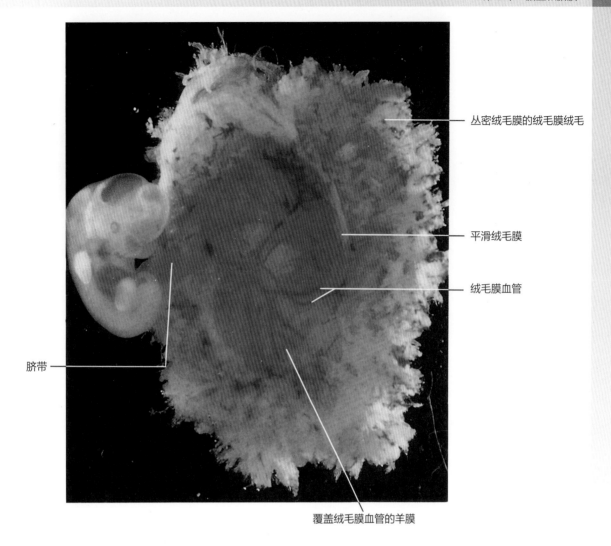

丛密绒毛膜的绒毛膜绒毛

平滑绒毛膜

绒毛膜血管

脐带

覆盖绒毛膜血管的羊膜

图 8-2　卡内基 14 阶段自发流产胚胎侧视图，孕龄约 32 天。此时绒毛膜囊和羊膜囊已经打开，可以看到胚胎

胎母连接

胎盘的胎儿部分（丛密绒毛膜）通过细胞滋养层壳附着在*胎盘的母体部分*（底蜕膜）上，细胞滋养层壳即胎盘母体部分表面的滋养层细胞（图 8-5）。绒膜绒毛通过细胞滋养层壳牢固地附着在底蜕膜上，也将绒毛膜囊固定在底蜕膜上。**子宫内膜动脉和静脉**可以自由通过细胞滋养层壳内的间隙，并开口于*绒毛间隙*（图 8-5）。

胎盘的形状取决于绒毛膜绒毛持久性区域的形状（图 8-1F）。通常这是一个圆形区域，使胎盘呈盘状。在胎盘形成过程中，绒毛膜绒毛侵入底蜕膜，蜕膜组织被侵蚀以扩大绒毛间隙。这种侵蚀产生了几个朝向绒毛膜板的楔形的蜕膜区域，即**胎盘隔**（图 8-5）。胎盘间隔将胎盘的胎儿部分划分为不规则的凸起的分区，即**子叶**（图 8-3）。每个子叶由两个或两个以上的**茎绒**毛和许多分支绒毛组成。

包蜕膜，覆盖在植入的绒毛膜囊上，在囊外表面形成一个包膜（图 8-1A~D）。随着孕体扩大，包蜕膜凸入子宫腔，并变得很薄。最终，部分**包蜕膜**与**壁蜕膜**接触融合，从而缓慢闭塞宫腔（图 8-1E 和 F）。到第 22~24 周，包蜕膜的血液供应减少，致其退化和消失。

绒毛间隙

胎盘的这个空间含有母体血液，母血来源于在胚胎发育第 2 周在合体滋养细胞中发育的腔隙（见第 4 章，图 4-1B）。这一巨大的充满血液的空间是由**腔隙网络**的合并和扩大而成的。绒毛间隙通过**胎盘隔膜**分为隔室，然而，隔室之间发生自由物质交流，因为隔膜未到达**绒毛膜板隔**（图 8-5）。母体血液从底蜕膜**螺旋动脉**进入绒毛间隙（图 8-5）；这些动脉通过细胞滋养

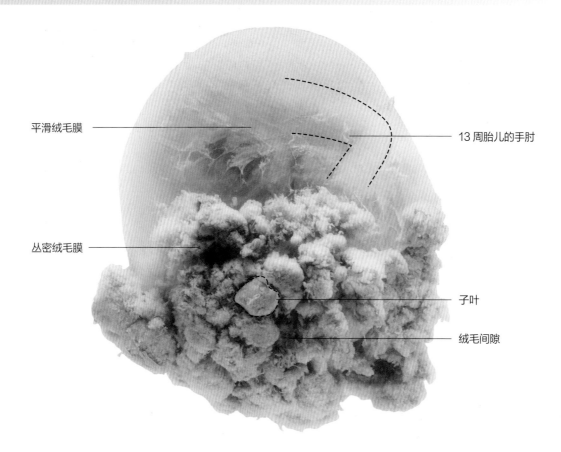

平滑绒毛膜

丛密绒毛膜

13 周胎儿的手肘

子叶

绒毛间隙

图 8-3 内含自发流产的 13 周胎儿的人绒毛膜囊。丛密绒毛膜是绒毛膜绒毛维持下来并形成胎盘的胎儿部分。在原位置，子叶附着在底蜕膜上，绒毛间隙充满母体血液

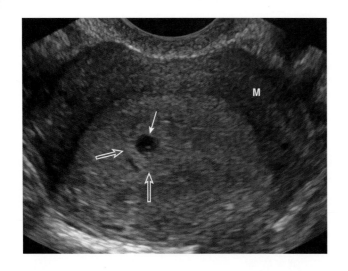

图 8-4 阴道内妊娠子宫内膜轴向扫描，显示子宫后内膜（蜕膜）有一个 3 周的绒毛膜囊（箭头所指处）。囊周围有一个明亮（表示回声）的绒膜绒毛所形成的环（粗箭头所指处）。M 是子宫肌层（子宫肌层）的缩写 。（Courtesy E. A. Lyons, MD, Professor of Radiology, Obstetrics and Gynecology, and Anatomy, University of Manitoba, Health Sciences Centre, Winnipeg, Manitoba, Canada.）

层壳的间隙，并将血液排放到绒毛间隙。滋养层细胞侵入螺旋动脉，并在动脉内产生栓子。这些栓子只允许母体血浆进入绒毛间隙，因此制造了一个净负氧梯度；研究证明，在发育的早期阶段，氧水平升高会导致如自然流产和子痫前期等并发症。然而，到第 11~14 周，当栓子开始破裂，母体全血开始涌入这个区域，氧气浓度增加。绒毛间隙中的血为子宫内膜静脉排引流，这些静脉也穿透细胞滋养层。由茎绒毛产生的大量分支绒毛在母血循环通过绒毛间隙时持续暴露于其中。这个空间中的血液携带的氧气和营养物质是胎儿生长发育所必需的。母体血液中还含有胎儿的代谢废物，如二氧化碳、无机盐和蛋白质代谢产物。

羊膜

羊膜囊增大速度比绒毛膜囊快。因此，羊膜和平滑绒毛膜很快融合形成**羊膜绒毛膜**（图 8-1F）。该复合膜与包蜕膜融合，在此处的蜕膜消失后，附着在壁蜕膜上。*分娩时破裂的是羊膜绒毛膜。* 胎膜早破是导致早产最常见的原因。当羊膜绒毛膜破裂时，羊水从宫

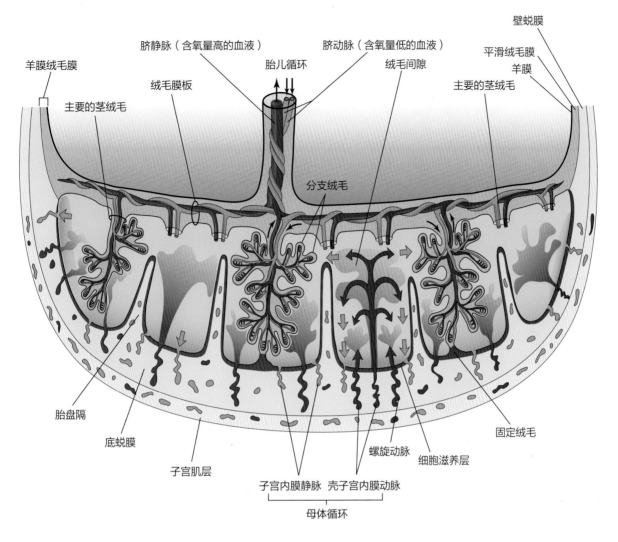

图 8-5　足月胎盘横切面图示

显示①丛密绒毛膜（胎盘的胎儿部分）与底蜕膜（胎盘的母体部分）的关系；②胎儿胎盘循环；③母体胎盘循环。母体血液从螺旋动脉以漏斗状喷涌的形式流入绒毛间隙，当母体血液在分支绒毛周围流动时，与胎儿血液发生交换。流入的动脉血将静脉血从绒毛间隙推入子宫内膜静脉。注意脐动脉向胎盘运输氧合不良的胎儿血液（以蓝色显示），脐静脉向胎儿运输氧合血（以红色显示）。每个子叶中只显示一个茎绒毛，但未画出的茎绒毛的根部也有图示。箭头表示母体血流（红色和蓝色）和胎儿血流（黑色）的方向。

颈和阴道流出。

胎盘循环

　　胎盘有许多分支绒膜绒毛，它们提供了一个巨大的表面积，使得物质（如氧气和营养）交换可在位于胎儿和母体循环之间的非常薄的**胎盘膜**上进行（图 8-6B 和 C）。母胎之间的物质交换主要是通过分支绒毛进行的。胎盘膜由胎外组织组成。

胎儿胎盘循环

　　氧气不足的血液通过**脐动脉**离开胎儿（图 8-5，图 8-7）。在脐带附着在胎盘上的部位，这些动脉被划分为许多径向排列的**绒毛动脉**，在进入绒膜绒毛之前于**绒毛膜板**上自由分支（图 8-5）。血管在绒膜绒毛内形成广泛的**动脉毛细血管 – 静脉网络**（图 8-6A），它使胎儿的血液与母体的血液非常接近（图 8-7）。该系统为母体和胎儿血液之间代谢和气体产物的交换提供了非常大的表面积。*正常情况下，胎儿和母体血液不会发生混合*。胎儿毛细血管中氧气充足的胎儿血液进入薄壁静脉，这些静脉沿着绒毛动脉来到脐带附着部位，在那里它们汇合形成**脐静脉**。这个大血管为胎儿输送含有丰富氧气的血液（图 8-5）。

母体胎盘循环

　　母血通过基蜕膜中的 80~100 个**子宫内膜螺旋动脉**进入绒毛间隙（图 8-5）。进入绒毛间隙的血液的压强远

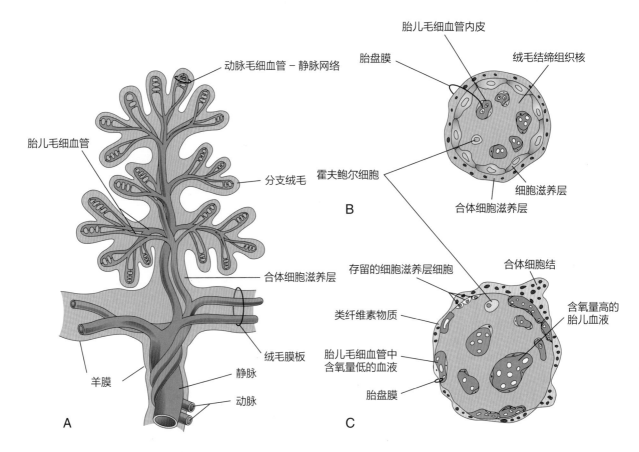

图 8-6 **A.** 茎绒膜绒毛的图解，显示其动脉毛细血管 - 静脉网络。动脉运输低氧含量胎儿血液和胎儿代谢废物，而静脉为胎儿运输氧含量高的血液和营养物质。**B** 和 **C.** 分别为妊娠 10 周和足月时分支绒毛的截面。胎盘膜由胎儿外组织组成，将绒毛间隙的母体血液与绒毛毛细血管中的胎儿血液分离。注意胎盘膜在足月时变得很薄。霍夫鲍尔细胞 **(B)** 被认为是吞噬细胞

高于绒毛间隙，因此血液喷涌向**绒毛膜板**。当压力消散时，血液在分支绒毛周围缓慢流动，允许代谢和气态产物与胎儿血液交换。血液最终通过子宫内膜静脉回流到母体循环 (图 8-7)。子宫胎盘循环的减少会导致**胎儿缺氧**（氧水平降低）及**宫内生长受限**。成熟胎盘的绒毛间隙含有大约 150 ml 的血液，每分钟更新 3~4 次。

胎盘膜

膜由分隔母体和胎儿血液的胎儿外组织组成。20 周内，*胎盘膜由四层组成* (图 8-6B 和 C)：合体滋养层、细胞滋养层、绒毛结缔组织和胎儿毛细血管内皮。第 20 周后，分支绒毛发生显微变化，导致滋养细胞层在许多绒毛中变薄。绒毛中的胎儿巨噬细胞（霍夫鲍尔细胞) 在胎盘的形成和运作中起着至关重要的作用 (图 8-6B)。

最终，细胞滋养层在大部分绒毛表面上消失，只留下薄薄的合体滋养细胞斑块。因此，足月时胎盘膜在大多数部位只有三层 (图 8-6C)。在某些部位，胎盘膜显著变薄。在这些部位，合体滋养细胞层与胎儿毛细血管内皮直接接触，形成**血管合体胎盘膜**。

只有少数内源性或外源性的物质不能通过胎盘膜。因此，只有当分子或有机体具有特定的大小、构型和电荷时，胎盘膜才起到真正的屏障作用。*母体血浆中的大多数药物和其他物质可以通过胎盘膜，可在胎儿血浆中检测到* (图 8-7)。在孕晚期，绒毛上合体滋养细胞层中的许多细胞核聚集形成**合体细胞结**——*核聚集体* (图 8-6C)。这些结经常脱落，并从绒毛间隙被运输至母体循环。一些结可能滞留在母体肺的毛细血管中，在那里它们被局部酶的作用下迅速分解。接近妊娠末期时，绒毛表面形成**类纤维素物质** (图 8-6C)。

胎盘的功能

胎盘有许多功能：

• 代谢（例如：糖原的合成)。
• 气体、营养物质、药物和病原体的运输。
• 母体抗体提供的保护。
• 废物的排泄。

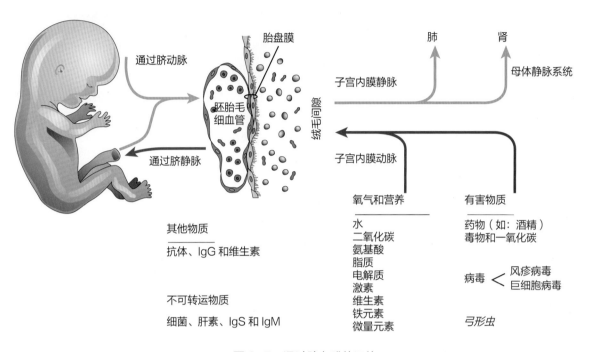

代谢产物
<u>二氧化碳、水、尿</u>
素、尿酸、胆红素

其他物质
<u>激素红细胞抗原</u>

胎盘膜

通过脐动脉

胚胎毛
细血管

通过脐静脉

绒毛间隙

肺　　肾

子宫内膜静脉　　母体静脉系统

子宫内膜动脉

其他物质
<u>抗体、IgG 和维生素</u>

不可转运物质
<u>细菌、肝素、IgS 和 IgM</u>

氧气和营养
<u>水</u>
二氧化碳
氨基酸
脂质
电解质
激素
维生素
铁元素
微量元素

有害物质
<u>药物（如：酒精）</u>
毒物和一氧化碳

病毒 ⟨ 风疹病毒
巨细胞病毒

弓形虫

图 8-7　通过胎盘膜的运输

胎儿外组织，即母体和胎儿之间发生物质运输的部位，共同构成胎盘膜。IgG，免疫球蛋白 G；IgM，免疫球蛋白 M；IgS，免疫球蛋白 S。

• 激素合成和分泌（例如：人绒毛膜促性腺激素）。

1. 胎盘代谢

胎盘合成糖原、胆固醇和脂肪酸作为胚胎或胎儿的营养和能量来源。胎盘许多代谢功能对它的其他两个主要功能而言至关重要，即运输和激素分泌。足月时，这些代谢使得胎盘本身需要使用运输至子宫的氧气和葡萄糖的 40%~60%。

2. 胎盘转运

胎盘膜的大表面积有利于物质在胎盘和母体血液之间的双向转运。几乎所有的物质都通过以下**四种主要运输机制**之一通过胎盘膜：自由扩散、协助扩散、主动转运和胞饮作用。

通过自由扩散进行的被动运输通常的特征是物质从较高浓度向较低浓度区域移动直到建立平衡。**协助扩散**需要一个转运体，但不需能量。与浓度梯度逆向的**主动运输**需要能量。这种运输机制可能需要与运输

物质暂时结合的载体分子。**胞饮作用**是细胞内吞作用的一种形式，其中被吞噬的物质是少量的细胞外液。一些蛋白质通过胞饮作用缓慢地运输通过胎盘。

气体的转运。氧气和二氧化碳通过自由扩散穿过胎盘膜。*氧气的转运若中断数分钟将会危及胚胎或胎儿的生存*。胎盘膜的效率接近肺的气体交换效率。到达胎儿的氧气量通常受限于流量，而非受限于扩散效率。**胎儿缺氧**主要是由于导致子宫血流量减少或通过胎盘的胎儿血流量减少的因素。胎盘有许多机制能对各种情况做出反应，包括缺氧，以尽量减少对胎儿的影响。一氧化二氮，一种吸入性镇痛和麻醉剂，以及一氧化碳，一种环境毒素，很容易穿过胎盘。

营养物质。*营养物质构成了从母亲转移到胚胎或胎儿的物质的主体*。**水**通过自由扩散迅速交换，交换量随着怀孕进展增加。由母亲和胎盘产生的**葡萄糖**通过主要协助扩散迅速转移到胚胎或胎儿，协助扩散主要由 GLUT-1 介导，这是一种不依赖胰岛素的葡萄糖

载体。母体胆固醇、三酰甘油和磷脂被运输。虽然游离脂肪酸也被运输，但运输的量似乎相对于长链多不饱和脂肪酸而言较小。高浓度**氨基酸**通过主动运输穿过胎盘到达胎儿。**维生素**也能通过胎盘膜，这对于正常发育至关重要。一种母体蛋白质叫*转铁蛋白*，负责穿过胎盘膜并将铁运输给胚胎或胎儿。胎盘表面含有这种蛋白质的特殊受体。

激素。除了甲状腺素和三碘甲腺原氨酸会向胎儿缓慢传输，*蛋白质激素如胰岛素和垂体激素无法大量到达胚胎或胎儿*。未结合的**类固醇激素**可以相对自由地穿过胎盘膜。**睾酮**和某些合成孕激素也能穿过胎盘（见第 19 章）。

电解质。这些化合物可以大量地自由交换，每一种都有自己的交换速度。母亲接受含电解质的静脉输液时，它们也会被输送给胎儿从而影响胎儿的水和电解质状态。

药物和药物代谢物。大多数药物和药物代谢物通过自由扩散穿过胎盘。母亲服用的药物可以通过干扰母体或胎盘代谢**直接或间接影响胚胎或胎儿**。**一些药物会引起重大的出生缺陷**（见第 19 章）。孕妇使用海洛因等药物后可能会出导致*胎儿毒瘾，新生儿可能会出现戒断症状*。大多数用于调控分娩的药物很容易穿过胎盘膜。根据用药剂量和时间和分娩的关系，这些药物可能导致新生儿的呼吸抑制。神经肌肉阻断剂如琥珀酰胆碱仅以很小的数量穿过胎盘，可用于产科手术。所有镇静剂和镇痛药都会在一定程度上影响胎儿。吸入麻醉剂如果在分娩期间使用，也可以穿过胎盘膜并影响胎儿呼吸。

病原体。巨细胞病毒、风疹病毒、柯萨奇病毒以及与天花、水痘、麻疹和脊髓灰质炎相关的病毒可能通过胎盘膜并引起*胎儿感染*。在某些情况下，比如**风疹病毒**，可能会导致严重的出生缺陷（见第 19 章）。**梅毒螺旋体**可引起胎儿梅毒，**弓形虫**可对胎儿的大脑和眼睛产生破坏性影响。

3. 母体抗体提供的胎盘保护作用

胎儿只产生少量的抗体，因为它的**免疫系统不成熟**。一些被动免疫是通过胎盘转运母体抗体而赋予胎儿的。只有免疫球蛋白 G 能通过胎盘转运（借助受体介导的胞吞作用）。从大约 16 周开始，**母体抗体给予**胎儿对白喉、天花和麻疹等疾病的免疫能力；然而，胎儿没有获得对**百日咳**或**水痘**的免疫能力。

4. 胎盘的废物排泄作用

尿素（一种含氮的废物）和尿酸通过自由扩散通过胎盘膜。已结合的胆红素是脂溶性的，很容易通过胎盘运输，并被迅速清除。

5. 胎盘激素合成及分泌

利用来自胎儿、母亲或两者的前体，胎盘的合体滋养细胞层合成蛋白质和类固醇激素。胎盘合成的**蛋白质激素**包括：

- 人绒毛膜促性腺激素 (hCG)。
- 人绒毛膜促乳腺生长激素（人胎盘催乳激素）。
- 人绒毛膜促甲状腺激素。
- 人绒毛膜促肾上腺皮质激素。

和促黄体生成素类似，糖蛋白 hCG，在发育的第 2 周首先由合体滋养细胞层分泌。hCG *维持黄体，阻断月经期开始*。母亲血液和尿液中 hCG 浓度在第 8 周上升到最大值，之后下降。胎盘在*类固醇激素*（即孕酮和雌激素）的产生中也起着重要作用。*黄体酮对维持妊娠至关重要。产生的其他激素包括松弛肽和激活素。*

新生儿溶血性疾病

少量的胎儿血液可能通过胎盘膜显微结构的断裂进入母体血液。如果胎儿是 Rh 阳性血，而母亲是 Rh 阴性血，胎儿细胞可能刺激母亲免疫系统形成抗 Rh 抗体。这种抗体传递给胎儿血液，引起胎儿 Rh 阳性血细胞溶血和胎儿贫血。一些有新生儿**溶血性疾病**或**胎儿红细胞增多症**的胎儿不能适应宫内环境。除非提前分娩，或为他们经腹腔或静脉输入 Rh 阴性血细胞并一直维持到他们出生，否则他们可能死亡。新生儿的溶血性疾病现在是相对罕见的，因为通过给母体 Rh0(D) 免疫球蛋白通常会阻止这种疾病在胎儿中的发展。

妊娠期间子宫的生长

非妊娠女性的子宫在骨盆。它在怀孕期间体积会增大，以适应生长的胎儿。随着子宫扩大，它的重量增加，子宫壁变薄。在孕早期，子宫扩张超出盆腔，到 20 周，通常达到肚脐的高度。至 28~30 周，宫底到达上腹部，即位于胸骨剑突与脐部之间的区域。

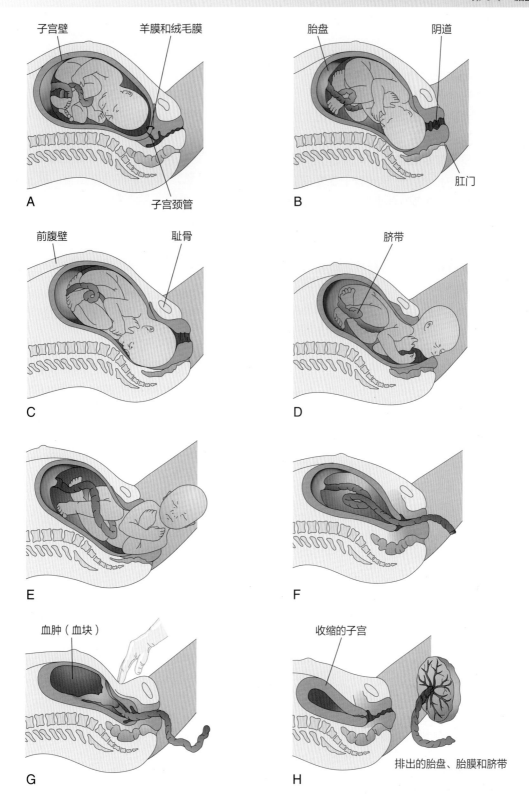

子宫壁　　羊膜和绒毛膜

胎盘　　阴道

A　　子宫颈管

B　　肛门

前腹壁　　耻骨

C

脐带

D

E

F

血肿（血块）

G

收缩的子宫

排出的胎盘、胎膜和脐带

H

图 8-8　分娩示意图
A 和 **B.** 第一产程中宫颈扩张。**C~E.** 第二产程中，胎儿通过宫颈和阴道。**F** 和 **G.** 第三产程中，随着子宫收缩，胎盘皱褶并被拉离子宫壁。胎盘分离导致出血形成大血肿（血块）。腹部压力有利于胎盘分离。**H.** 胎盘被排出，子宫收缩。

分娩

分娩 (parturition) 是指胎儿、胎盘和胎膜从母体排出的过程 (图 8-8)。分娩是持续的**子宫收缩**，导致子宫颈扩张和胎儿和胎盘娩出。诱发分娩的因素尚未完全了解，但几种激素与宫缩的启动有关。胎儿下丘脑**分泌促肾上腺皮质激素释放激素**，刺激垂体产生**促肾上腺皮质激素 (ACTH)**。ACTH 导致肾上腺皮质分泌**皮质醇**，而皮质醇参与**雌激素**的合成。

子宫平滑肌的收缩是由母体的脑垂体后叶释放的**催产素**诱发的。这种激素在临床上需要引产时也会使用。催产素还能刺激**前列腺素**的释放，进而增加子宫肌细胞对催产素敏感性来刺激子宫肌收缩。雌激素类还能增加肌层收缩活性，刺激催产素和前列腺素的释放。宫颈结缔组织通过软化和扩张而改变（成熟）。

产程

分娩是一个连续的过程；然而，出于临床目的，它被分为三个阶段（临床上分为三个阶段）：

• **宫颈扩张期**始于宫颈的逐渐扩张 (图 8-8A 和 B) 止于宫颈的完全扩张（宫口开全）。在这一阶段**子宫有规律地收缩**，间隔不到 10 分钟。初产妇第一阶段的平均持续时间约为 12 小时，经产妇约为 7 小时。

• **胎儿娩出期**始于宫颈完全扩张止于胎儿娩出 (图 8-8C~E)。在此阶段，*胎儿通过宫颈和阴道下降*。一旦胎儿脱离母亲，它就被称为*新生儿*。初产妇在这个阶段的平均持续时间是 50 分钟，对于经产妇是 20 分钟。

• **胎盘娩出期**始于胎儿娩出至于*胎盘和胎膜的排出* (图 8-8F~H)。胎盘深处（剥离面）形成**血肿**，并将其与子宫壁分离。使胎盘和胎膜排出。子宫收缩压迫了螺旋动脉，防止子宫过度出血。这一阶段的持续时间约为 15 分钟。**胎盘粘连**（即在分娩后 1 小时内没有排出的胎盘）是*产后出血*的原因之一。

分娩后胎盘和胎膜

胎盘通常呈盘状，直径 15~20 cm，厚度 2~3 cm(图 8-9)。胎盘边缘连接着有破口的羊膜和绒毛膜。

胎盘形态变化

随着胎盘发育，绒毛膜绒毛通常只存在在致密绒毛膜与底蜕膜接触的部位 (图 8-1E 和 F)。如果绒毛在其他地方持续存在，胎盘形态会发生几种变化，如**副胎盘** (图 8-10)。产前通过超声或产后通过肉眼或显微镜检查胎盘，可以提供胎盘功能障碍、宫内生长受限、胎儿窘迫和死胎以及新生儿疾病相关的临床信息。产后胎盘检查也可以确定排出的胎盘是否完整。子叶或副胎盘滞留在子宫中会导致**产后出血**。

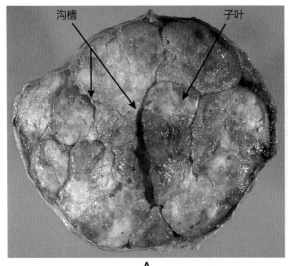
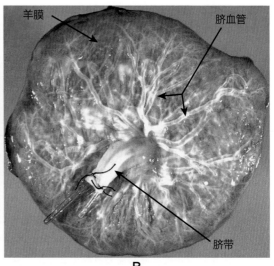

图 8-9 娩出后的胎盘和胎膜，这里显示的是它们实际大小的 1/3

A. 母体部分表面，显示子叶及其周围沟槽。每个凸起子叶由许多茎绒毛组成，它们有许多分支绒毛。当胎盘的母体部分和胎儿部分在一起时，这些沟槽被胎盘隔占据 (图 8-5)。**B.** 胎儿部分表面，显示血管在绒毛膜板中蔓延向深处的羊膜，并在脐带附着处汇合形成脐带血管。

胎盘异常

胎盘绒毛黏附于子宫肌层表面称为**胎盘植入**（图8-11）。当胎盘绒毛穿过透子宫肌层到达子宫或超过子宫浆膜，这种异常被称为**穿透性胎盘**植入。孕晚期出血是这些胎盘异常最常见的表现体征。出生后，胎盘没有与子宫壁分离，试图人工剥离胎盘可能会导致难以控制的严重的产后出血。胚泡植入达到或覆盖宫颈内口时的异常称为**前置胎盘**。可引起妊娠晚期出血。在这种情况下，胎儿是通过剖宫产分娩的，因为胎盘阻塞了子宫颈管。磁共振成像和超声用于各种临床情况下的胎盘成像。

脐动脉缺失（单脐动脉）

大约每200名新生儿中，就会出现一例单脐动脉（图8-12），这种情况可能与染色体和胎儿异常有关。单脐动脉的胎儿有15%~20%伴随着心血管异常发生率。单脐动脉是由于基因缺失或血管早期发育时退化所致。

胎盘母体面

胎盘母体表面的*鹅卵石状外观*是由绒毛区域（**子叶**）轻微突出形成的，这些区域被沟槽隔开，而沟槽以前被**胎盘隔**占据（图8-9A）。

胎盘胎儿面

脐带通常附着在胎儿面中心的附近，其上皮与附着在胎盘的绒毛膜板上的羊膜相连（图8-9B），因此胎盘胎儿面具有平滑的纹理。通过透明羊膜可以看到呈辐射状进入或离开脐带的绒毛膜血管。**脐血管**在胎盘胎面分支，形成**绒毛膜血管**，进入绒毛膜（图8-5）。

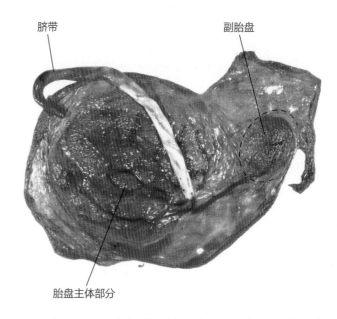

图8-10　足月胎盘和副胎盘的母体表面。脐带附着于胎盘胎儿表面边缘

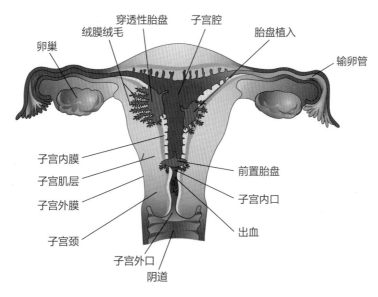

图8-11　胎盘异常。在胎盘植入中，胎盘异常黏附于肌层。在穿透性胎盘中，胎盘已穿透整个子宫肌层的厚度。在前置胎盘中，胎盘覆盖子宫内口，阻挡子宫颈管

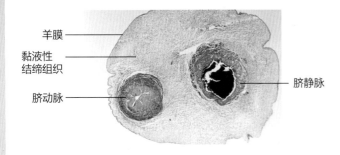

羊膜

黏液性
结缔组织

脐动脉

脐静脉

图 8-12　脐带横切面

注意脐带被单层上皮覆盖，上皮来源于羊膜。它的核心是黏液性结缔组织。同时注意脐带有一条脐动脉和一条静脉。通常有两条动脉。（Courtesy Professor V. Becker, Pathologisches Institut der Universität, Erlangen, Germany.）

脐带

脐带通常附着在胎盘胎儿表面的中心附近（图8-9B），但它可能附着在其他位置（图8-10）。脐带直径通常为1~2 cm，长度为30~90 cm（图8-10）。*多普勒超声和磁共振*可用于在产前诊断脐带的位置和结构异常。较长的脐带有通过宫颈脱垂或者围绕胎儿的倾向。及时识别出*脐带脱垂*很重要，因为在分娩过程中，它可能被挤在胎儿身体和母亲的骨盆之间，导致**胎儿缺氧**。如果缺氧持续超过5分钟，胎儿的大脑可能会受损。

脐带通常有*两条动脉和一条静脉*，血管周围有黏液性结缔组织（*华通氏胶*）。由于脐带血管比脐带长，脐带的扭曲和弯曲是很常见的。脐带经常形成环，产生无关紧要的假结；然而，在大约1%的妊娠中，脐带中形成真结。这些结可能会收紧，并导致继发于胎儿缺氧的胎儿死亡（图8-13C）。在大多数情况下，结在分娩期间由于胎儿通过脐带形成的一个环而产生。由于这些线结通常是松散的，因此没有临床意义。偶尔会发生脐带绕胎儿单独成环。在大约1/5的分娩中，*脐带松散地环绕在颈部，但不会增加胎儿风险*。

羊膜和羊水

羊膜形成一个充满液体的**羊膜囊**，羊膜囊包围着胚胎及之后的胎儿；囊中含有羊水（图8-13）。随着羊膜囊的扩大，它逐渐闭塞绒毛膜腔并形成脐带的覆盖上皮（图8-13A和B）。**羊水**在胎儿生长发育中起重要作用。最初羊膜细胞会分泌一些羊水。大多数液体来源于母体组织液，它们通过扩散作用从壁蜕膜穿过**羊膜绒毛膜**（图8-5）。后来，来自胎盘绒毛间隙血液的液体也会扩散穿过绒毛膜板。

在**皮肤角质化**（角蛋白的形成）发生之前，组织液中的水和溶质从胎儿运输到羊膜腔的主要途径是通过皮肤。液体也由胎儿呼吸道和胃肠道分泌进入羊膜腔。从第11周开始，胎儿通过将尿液排出羊膜腔也增加了羊水量。到了19至20周，尿液已成为羊水的最大来源，因为皮肤已经开始角质化，不再支持扩散。

羊水所含的水每3小时更换一次。大量的水通过**羊膜绒毛膜**进入母体组织液及子宫毛细血管。液体与胎儿血液的交换也通过**脐带**在羊膜附着于胎盘胎儿部分表面的绒毛膜板上的部位发生（图8-5，图8-9B）；因此羊水与胎儿循环保持平衡。

羊水会被胎儿吞食，并被其呼吸和消化道吸收。据估计，在妊娠的最后阶段，**胎儿每天吞咽多达400 ml的羊水**。液体被胃肠道吸收进入胎儿血液。代谢产生的废物穿过胎盘膜进入**绒毛间隙**的母血。胎儿血液中过量的水由胎儿肾脏排出，并通过胎儿尿道返回羊膜囊。

羊膜腔中几乎所有的液体都是水，其中悬浮着不溶物，如脱落的胎儿上皮细胞。羊水中溶解有大约相等量的有机化合物和无机盐。有机成分有一半是蛋白质；另一半由碳水化合物、脂肪、酶、激素和色素组成。随着妊娠进展，羊水的组成随着胎儿尿液的加入而变化。由于胎儿尿液进入羊水，胎儿的酶系统、氨基酸、激素等物质可以通过**羊膜穿刺术**获取的羊水来研究。对羊水中细胞的研究可以检测染色体异常。

> ### 羊水量异常
>
> 羊水过少（oligohydramnios）在某些情况下会导致胎盘功能不全及胎盘血流量减少。羊水过少的最常见原因是羊膜绒毛膜提前破裂。在**肾发育不全**（肾脏形成失败）的情况下，羊水中胎儿尿液的缺乏是羊水过少的主要原因。类似的羊水减少伴随在阻塞性**尿路病**（尿路梗阻）发生。羊水过少的并发症包括由于子宫壁压迫胎儿引起的胎儿异常（如肺发育不全、面部缺陷和肢体缺陷）。
>
> 过多的羊水被称为**羊水过多**（polyhydramnios）。大多数羊水过多（60%）是特发性的（原因不明）；20%的病例是由母体因素引起的，而20%由于胎儿自身。羊水过多可能与中枢神经系统的严重异常有关，如**无脑畸形**（见第16章）。在其他出生缺陷（如食管闭锁）的情况中，羊水因为它不能通过胎儿的胃和肠被吸收而积累起来。

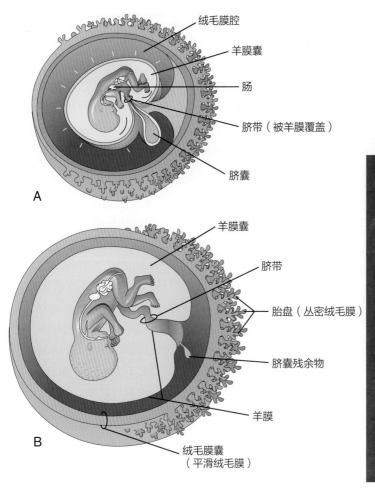

绒毛膜腔

羊膜囊

肠

脐带（被羊膜覆盖）

脐囊

A

羊膜囊

脐带

胎盘（丛密绒毛膜）

脐囊残余物

羊膜

B

绒毛膜囊
（平滑绒毛膜）

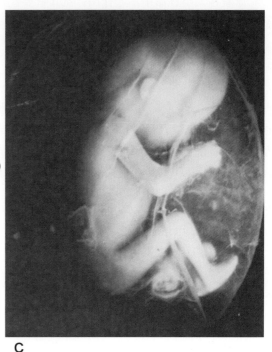

C

图 8-13 羊膜扩大、填满绒毛膜囊及包裹脐带的示意图

注意部分脐囊作为原始肠道并入胚胎。胎盘胎儿部分的形成和绒膜绒毛的退化也被显示出来。**A.** 第 10 周。**B.** 第 20 周。**C.** 在羊膜囊内的第 12 周胎儿（实际大小）。胎儿及其胎膜是自然流产的。在羊膜囊完好无损的情况下，它被移出绒毛膜囊。

羊水的作用

胚胎在羊膜囊中自由漂浮。羊水在胚胎和胎儿的发育中具有关键的功能：

- 允许胚胎均匀地外部生长。
- 作为防止感染的屏障。
- 允许胎儿肺发育。
- 防止羊膜与胚胎黏连。
- 疏散母亲可能受到重击的压力为胎儿提供缓冲防止其受伤。
- 保持相对恒定的温度帮助控制胚胎体温。
- 使胎儿能够自由移动，从而帮助肌肉发育（例如四肢）。
- 帮助维持液体和电解质的稳态。

脐囊

在妊娠的第 5 周早期可以通过超声观察到脐囊。

在 32 天，脐囊较大（图 8-1C）。到 10 周时，脐囊已经缩小为直径约 5 mm 的梨形残余物（图 8-13A）。到 20 周，脐囊已经很小（图 8-13B）。

脐囊的作用

脐囊在卵黄储存方面并不起作用，但由于以下几个原因，脐囊的存在至关重要：

- 它在子宫胎盘循环建立前，也即第 2 周和第 3 周时向胚胎**输送营养物质**。
- **血细胞**首先在覆盖脐囊壁的血管化良好的胚外中胚层中发育，此过程从第 3 周开始（见第 5 章），持续直到第 6 周肝脏造血活动开始。
- 在第 4 周，脐囊的背侧部分作为**原始肠道**并入胚胎（图 6-1）。它来源于上胚层的内胚层产生气管、支气管、**肺和消化道**的上皮组织。
- **原始生殖细胞**在第 3 周出现在脐囊壁的内胚层衬

77

里中，随后迁移到发育中的性腺——睾丸或卵巢（见第13章）中。这些细胞在雄性中分化为精原细胞，在雌性中分化为卵原细胞。

尿囊

尿囊在人类胚胎中不起作用；然其重要性在于以下三点：

- 血细胞在发育的第3~5周于尿囊壁形成。
- 其血管成为脐静脉和动脉。
- 尿囊的胚胎内部分从脐延伸至膀胱，并与膀胱相连 (图13-11E)。随着膀胱的扩大，尿囊内卷形成一个厚管，即**脐尿管** (图13-11G)。出生后，尿囊变成一个纤维索，即脐正中韧带，它从膀胱顶端延伸到脐部。

胎膜早破

羊膜绒毛膜的早破是导致早产和分娩的最常见事件，也是导致羊水过少的最常见病因。羊水的丢失使得胎儿失去了对抗感染的主要保护。膜破裂可能导致各种胎儿出生缺陷，这些缺陷共同构成**羊膜束带综合征**，或羊膜带破裂复合体 (图8-14)。这些出生缺陷与各种异常有关，范围从指（趾）发育受限到主要头皮、颅面和内脏缺陷。这些缺陷的原因可能与环绕的羊膜带的压迫有关 (图8-14)。

多胎妊娠

多胎妊娠与染色体异常、胎儿发病率和胎儿死亡率的关联度高于单胎妊娠。随着胎儿数量的增加，风险越来越大。在北美，自然发生的**双胞胎发生率**大约为1/85，**三胞胎发生率**大约为1/90，**四胞胎发生率**大约为1/90，**五胞胎发生率**大约为1/90。

双胎和胎膜

起源于两个合子的双胞胎是**双卵双胞胎**（DZ），或称为异卵双胞胎（图8-15），而起源于一个合子的双胞胎是**同卵双胞胎**(MZ)(图8-16)。胎膜和胎盘因双胞胎的起源不同也有所差异。大约2/3的双胞胎是双卵双胞胎，*DZ发生率随着产妇年龄的增加而增加*。双胞胎的研究在人类遗传学中很重要，因为它有助于比较基因和环境对发育的影响。如果一种异常情况没有表现出简单的遗传模式，那么比较其在MZ和DZ双胞胎中的发病率可能表明遗传是否参与其中。

双卵双胞胎

由于他们是由两个精子受精的两个卵母细胞发育而成，DZ双胞胎可能是同性或不同性别的。出于同样的原因，他们在基因上并不比在不同时期出生的兄弟姐妹更相像。*DZ双胞胎总是有两个羊膜和两个绒毛膜*（图8-15A），但绒毛膜和胎盘可能相互融合（图8-15B）。DZ双胞胎具有遗传倾向。有一对DZ双胞胎的家庭的再次出现双胞胎的概率大约是一般人群的3倍。DZ双胞胎的发生率显示出相当大的种族差异，在亚洲人口中仅1/500，白人人口中为1/125，而在一些非洲人口中高达1/20。

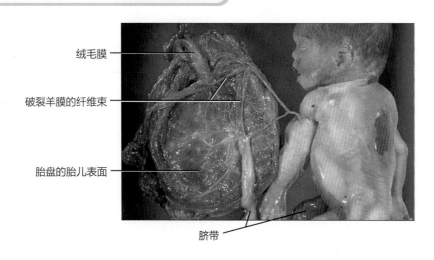

绒毛膜

破裂羊膜的纤维束

胎盘的胎儿表面

脐带

图8-14 羊膜束带综合征的胎儿

图中显示羊膜带压迫左臂。（Courtesy Professor V. Becker, Pathologisches Institut der Universität, Erlangen, Germany.）

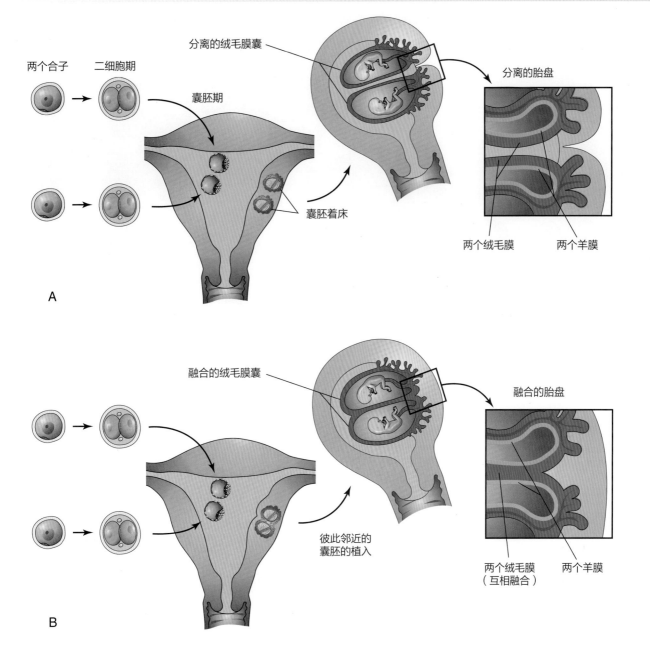

两个合子　二细胞期

囊胚期

分离的绒毛膜囊

分离的胎盘

囊胚着床

两个绒毛膜　两个羊膜

A

融合的绒毛膜囊

融合的胎盘

彼此邻近的囊胚的植入

两个绒毛膜（互相融合）　两个羊膜

B

图 8-15　两个合子发育而成的双卵双胞胎

A. 以囊胚分别植入的情况下为例来说明胎膜与胎盘的关系，**B.** 显示了囊胚紧邻彼此的情况。在这两种情况下，均有两个羊膜和两个绒毛膜。

同卵双胞胎

因为他们源自同一个卵母细胞的受精、从一个受精卵发育而成（图 8-16），*MZ 双胞胎的性别相同，基因相同，外形相似*。MZ 双胞胎之间的生理差异是由环境导致的，例如胎盘血管吻合导致胎盘血液供应的差异（图 8-17）。MZ 双胞胎通常在囊胚期，即大约于第 1 周末，成胚细胞分裂为两个胚胎原基（图 8-16）。随后两个胚胎各在一个羊膜囊内但在同一个绒毛膜囊内发育，共享一个胎盘，这是一个**单绒毛膜双羊膜双胎胎盘**。罕见情况下：胚胎胚芽早期便已分离（例如：在 2~8 个细胞阶段）从而导致 MZ 双胞胎有两个羊膜，两个绒毛膜和两个可能融合或可能不融合的胎盘（图 8-18）。在这种情况下，仅根据胎膜不可确定这对双胞胎是同卵还是双卵。

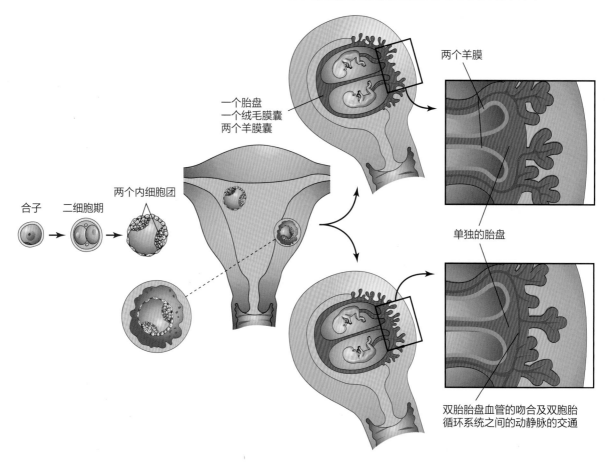

两个羊膜

一个胎盘
一个绒毛膜囊
两个羊膜囊

合子　二细胞期　两个内细胞团

单独的胎盘

双胎胎盘血管的吻合及双胞胎
循环系统之间的动静脉的交通

图 8-16　大约 65% 的同卵双胞胎是通过分裂内细胞团从一个合子中发育而来的

这对双胞胎有各自的羊膜，共享一个单独的绒毛膜囊和一个共同的胎盘。如果胎盘血管存在吻合，双胞胎中的一个可能从胎盘中获得大部分营养 (图 8-17)。

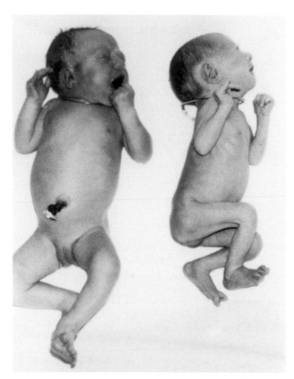

图 8-17　同卵单绒毛膜双羊膜双胞胎

胎盘血管的失代偿动静脉吻合所造成的大小差异较大。血液从较小的胎儿分流到较大的胎儿，产生双胞胎输血综合征。

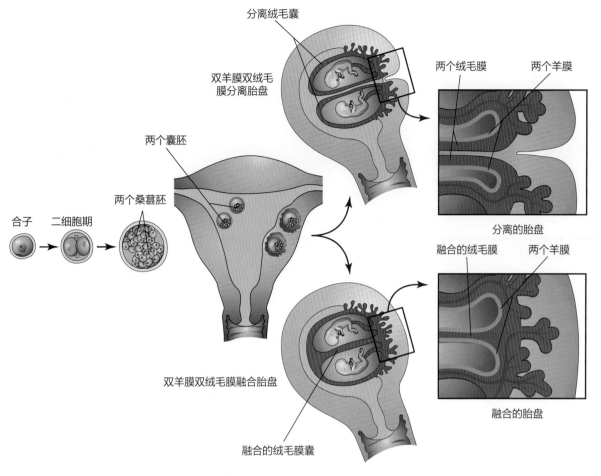

图 8-18 大约 35% 的同卵双胞胎是从一个合子发育而来的

囊胚的分离可能在二细胞阶段至桑葚胚期之间的任何一个时刻发生，产生两个相同的囊胚。每个胚胎随后发育出自己的羊膜和绒毛膜囊。胎盘可以是分开的或融合的。在大多数情况下，由二次融合产生一个单一的胎盘，而在较少的情况下有两个胎盘。在后一种情况下，仅就胎盘来看它们像是异卵双胞胎。这就解释了为什么一些同卵双胞胎在出生时被错误地归类为异卵双胞胎。

双胎输血综合征

单绒毛膜双羊膜腔 MZ 双胞胎中双胎输血综合征的发生率为 10%~15%。通过胎盘内单向脐 - 胎盘动静脉吻合，可优先将双胞胎之一的动脉血分流进入另一个双胞胎的静脉循环。供体胎儿瘦小，苍白，患有贫血（图 8-17），而受体胎儿体型大，患有红细胞增多（即具有的红细胞高于正常红细胞计数）。胎盘也有类似的异常表现：供应贫血胎儿的部分胎盘是苍白的，而供应红细胞增多胎儿的部分胎盘是暗红色的。在死亡病例中，死亡是由于供体胎儿贫血和受体胎儿充血性心力衰竭所致。

建立双胞胎的合子关系

建立双胞胎的合子关系是很重要的，尤其因为组织和器官移植（例如骨髓移植）的引入。**双胞胎合子**现在通过分子检测来确定。任何两个不是 MZ 双胞胎的人肯定会在大量可以研究的 DNA 标记中表现出一部分差异。

早期胚胎细胞的晚期分裂（即第 2 周时胚盘的分裂）导致 MZ 双胞胎有**一个羊膜囊和一个绒毛膜囊**（占 MZ 双胞胎的 1%）。单绒毛膜单羊膜双胎胎盘关联着接近 50% 的胎儿死亡率。脐带经常缠绕在一起，使血液通过其血管循环停止，一个或两个胎儿死亡。

超声在诊断双胎妊娠和处理可能使 MZ 双胎妊娠复杂化的各种情况中起着重要作用，如宫内生长受限、宫内胎儿窘迫和早产。

其他类型的多胎妊娠

三胞胎可能来自：

- 一个合子，因此完全相同。
- 两个合子，由同卵双胞胎和一个单胎组成。
- 三个合子，具有相同或不同的性别，在这种情况下，婴儿不比三个单独怀孕的婴儿更相似。

类似的组合发生在四胞胎、五胞胎、六胞胎和七胞胎。

联体双胞胎

如果胚盘没有完全分裂，可能形成各种类型的联体双胎（MZ）。联体双胎基于身体相连的部位；例如，胸部连胎表示胸廓区域前部连结的双胎。在某些情况下，双胎只通过皮肤或皮肤和其他组织（如融合肝脏）相互联结。一些联体双胞胎可以通过手术成功地分离。联体双胞胎的发病率为 1/100 000~/50 000。

临床导向提问

1. 死胎是什么意思？大龄女性更容易发生死产吗？

2. 胎儿出生时死亡，据报道是由于"脐带意外"。这意味着什么？这是什么意思？这些"事故"一定会使婴儿死亡吗？如果没有，可能造成哪些出生缺陷？

3. 药店销售的家庭验孕工具的科学依据是什么？

4. 人们称为"羊水"的物质的专有名称是什么？过早破裂的"羊水"是否会导致早产？什么叫"干胎"？

5. 胎儿窘迫是什么意思？如何识别这一情况？是什么导致了这种情况发生？

6. 双胎在年长的母亲中更常见吗？双胎有遗传倾向吗？

答案见附录。

（金敏菲　译）

第 9 章

体腔、系膜与横膈

胚胎发育第 4 周早期，**胚胎内体腔**——即人体体腔的原基，表现为一马蹄状腔隙（图 9-1A）。该腔隙在胚胎头端的弯折将演变为**围心腔**，而其两个侧臂则将发育为胸膜腔和腹腔。在胚盘的两侧边缘，胚胎内体腔每一个侧臂的远端又与**胚外体腔**持续相通（图 9-1B），这一沟通关系的重要性体现在绝大部分中肠在正常情况下通过这一通道而进入脐带。胚胎内体腔为腹腔脏器的发育和移动提供了空间，在胚胎两侧进行卷折时，体腔的两个侧臂在胚胎的腹侧面融合。

胚胎体腔

胚胎内体腔发育成为*胚胎体腔*的标志是在胚胎发育第 4 周形成了三个独立的腔室（图 9-2，图 9-4）：一个围心腔，对连接**围心腔**和**腹膜腔**的两根**心包腹膜管**，和一个较大的*腹膜腔*。这些体腔被覆间皮——由来源于体壁中胚层的壁层和来源于脏壁中胚层的脏层共同组成（图 9-3E），间皮构成了腹膜的主要部分。

腹膜腔通过脐部与胚外体腔相连通（图 9-4C 和 D），而这一与胚外体腔的连通关系直到胚胎发育第 10 周，肠道组织从脐带内退回到腹腔才终结（见第 12 章）。

在头褶形成的过程中，心脏和围心腔向尾端腹侧迁移至前肠的前方（图 9-2A，B，D 和 E），因而，围心腔在背侧与行经前肠背侧的**心包腹膜管**相连通（图 9-4B 和 D）。胚胎卷折完成后，尾端前肠、中肠和后肠由**背系膜**悬挂于腹膜腔的背侧壁上（图 9-2F，图 9-3B~E）。

系膜

系膜是发源于覆盖器官的脏层腹膜而延展形成的双层腹膜组织，系膜将器官连接于体壁，并容纳了供应及支配器官的血管和神经。短时期内，背侧和腹侧系膜将腹膜腔分割成左右两个部分（图 9-3C），此后，腹侧的腹膜腔很快消失（图 9-3E），仅在连接

尾端前肠（胃和十二指肠近端的始基）有部分残存，这样腹膜腔就形成了一个完整的空间（图 9-3A 和 9-3D），供应原始肠管的动脉——*腹腔动脉干（前肠），肠系膜上动脉（中肠）和肠系膜下动脉（后肠）*——在背系膜内穿行（图 9-3C）。

胚胎体腔的分割

左右心包腹膜管分别走行于近端前肠（将发育成食管）的两侧，并在背侧到达**横膈**——占据了胸腔和**脐肠管**间空间的一厚中胚层板状结构（图 9-4A 和 B）。

横膈是**膈肌中心腱的始基**，在左右胸膜管内形成分隔，将围心腔从胸膜腔分隔开，并将胸膜腔和腹膜腔分隔（图 9-3A）。由于**支气管芽**（支气管和肺的始基）生长进入*心包腹膜管*（图 9-5A），每支心包腹膜管的侧壁各萌发出一对膜状隆起，头端隆起（*心胸褶*）位于发育中肺的上方，尾端隆起（*心胸褶*）位于肺的下方。

胸心包隔膜

随着**心胸褶**的扩大，它们形成的分隔将围心腔与胸膜腔分隔开，这些分隔——**胸心包隔膜**——内含有**总主静脉**（图 9-5A 和 B），后者将静脉系统引流至原始心脏的静脉窦（见第 14 章）。最初，支气管芽的体积小于心脏和围心腔（图 9-5），它们由气管尾端向**心包腹膜管**内的两侧生长，当**原始胸膜腔**在腹侧包绕心脏扩张时，与体壁接触并将间充质分成两层：①外层形成胸壁；②内层（胸心包隔膜）形成纤维心包膜，即包绕心脏的外层心包（图 9-5C 和 D）。

胸心包隔膜突入**心包腹膜管**头端（图 9-5B），伴随着总主静脉的后续生长、心脏的迁移固定和胸膜腔的扩张，胸心包隔膜逐步演化成由两侧胸壁延展而来的系膜样皱襞。到胚胎发育第 7 周，胸心包隔膜在腹侧与食管的间充质融合，将围心腔与胸膜腔隔离（图 9-5C）。原始纵隔由一大团间充质组成，从胸骨延伸向脊柱，分隔开正在发育的肺（图 9-5D），右侧心胸孔较左侧略早闭合，因此而形成较大的胸心包隔膜。

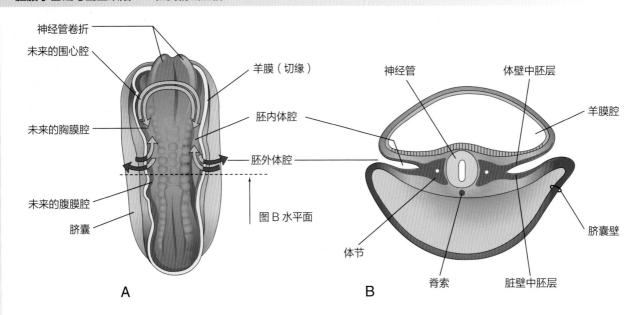

图 9-1 **A.** 第 22 天胚胎背视图，显示出马尾状的胚内体腔的轮廓线，羊膜被移除后体腔显示在半透明状的胚胎内，箭头提示了胚内体腔及其左右臂与胚外体腔的联系。**B.** 图 A 虚线胚胎横切面

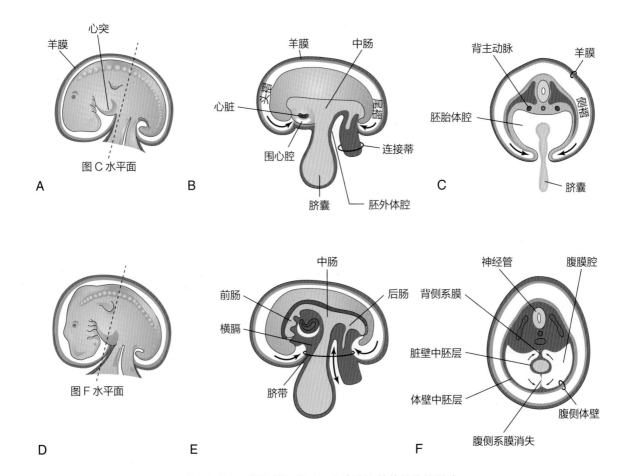

图 9-2 胚胎卷折及其对胚内体腔和其他结构的影响

A. 胚胎侧视图（大约胎龄 26 天）。**B.** 胚胎矢状图，显示了胚胎的头褶和尾褶。**C.** 图 A 所示虚线的切面，显示了两侧卷折融合如何使胚胎形成一圆柱状结构。**D.** 胚胎侧视图（大于胎龄 28 天）。**E.** 胚胎矢状图，显示了逐渐消失的胚胎内体腔和胚外体腔的简单联系（双箭头）。**F.** 图 D 所示虚线的切面，显示了腹侧体壁的形成和腹侧系膜的消失，箭头指示了体壁中胚层和脏壁中胚层的连接部位，体壁中胚层将演化成腹腔壁的壁层腹膜，而脏壁中胚层将演化成覆盖器官（如胃）的脏层腹膜。

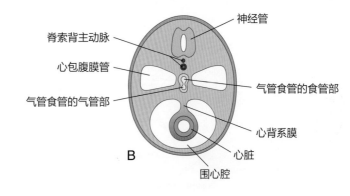

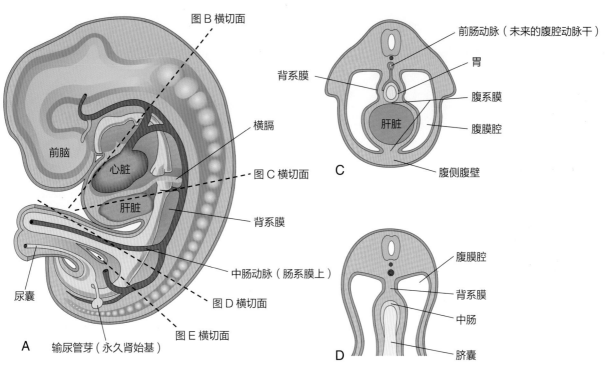

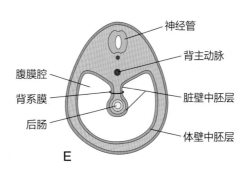

图 9-3 胚胎发育第 5 周初的系膜和体腔

A. 矢状图，背系膜是支持原肠发育动脉的通道，神经和淋巴组织也经由此系膜层。**B~E.** 图 A 所示虚线的横切面，腹系膜消失，仅在食管、胃和十二指肠第一段遗留，图 **C** 中左右腹膜腔呈分隔状态，而在图 **E** 中则是融合状态。

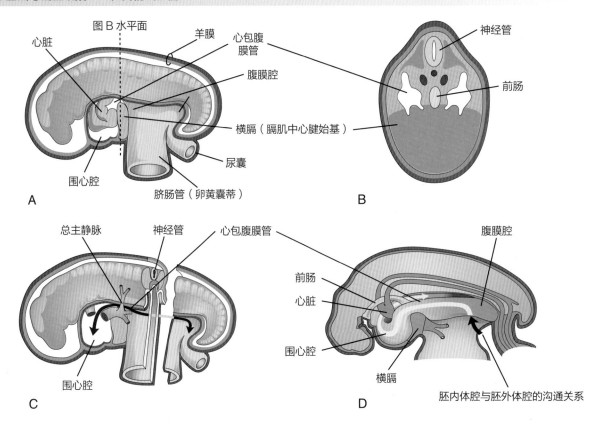

图 9-4 胚胎示意图（胚胎发育大约 24 天）

A. 移除围心腔侧壁后，示意图显示的原始心脏。**B.** 胚胎横切面，显示的是心包腹膜管和横膈与前肠的关系。**C.** 胚胎侧视图，移除心脏后，胚胎横切面上可显示胚内体腔和胚外体腔的连续性（箭头）。**D.** 示意图显示心包腹膜管起始于围心腔背侧壁，走行于前肠的两侧并连接腹膜腔。箭头显示了胚外体腔与胚胎内体腔的沟通性以及在这一发育阶段胚胎内体腔的连续性。

胸腹隔膜

当**胸腹皱褶**扩张时，它们突入心包腹膜管，并逐步演化为膜性组织，形成**胸腹隔膜**（图 9-6B 和 C），最终，这些膜样组织将胸腔与腹腔隔离。*胸腹隔膜*伴随着肺的发育和胸腔的扩张而产生，并最终侵入体壁，它们在背部两侧附着于腹壁，而其新月形皱襞则突入**心包腹膜管**的尾端。

胚胎发育第 6 周，胸腹隔膜向腹侧中线延伸，直至其游离缘与食管背系膜及原始横膈相融合（图 9-6C），这层膜把胸膜腔和腹膜腔隔开。*胸腹孔的闭合*由迁移进入胸腹隔膜的**成肌细胞**（原始肌细胞）完成（图 9-6D 和 E），右侧胸腹孔较左侧略早闭合。

膈肌发育

横膈是一穹隆状肌肉腱性分隔，将胸腔和腹腔分

离，它是一组合式结构，由四种胚胎源性结构发育而成（图 9-6）：

- 原始横膈。
- 胸腹隔膜。
- 食管背系膜。
- 两侧体壁内生而来的肌性组织。

原始横膈

由中胚层组织构成的横膈是**膈肌中心腱的始基**（图 9-6D 和 E），它由体壁的腹外侧相背侧生长，形成一半圆形结构，将心脏和肝脏隔开。当胚胎发育第 4 周，头褶的腹侧曲折完成后，横膈在围心腔和腹腔间形成了一厚实、不完全的结缔组织分隔（图 9-4），它继续扩张并与食管和胸腹隔膜的腹侧间充质相融合（图 9-6C）。

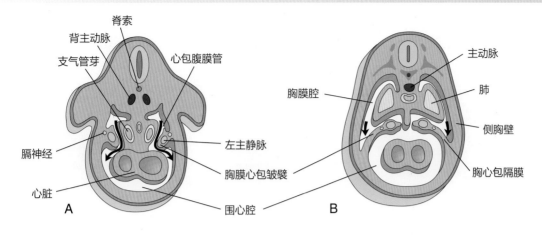

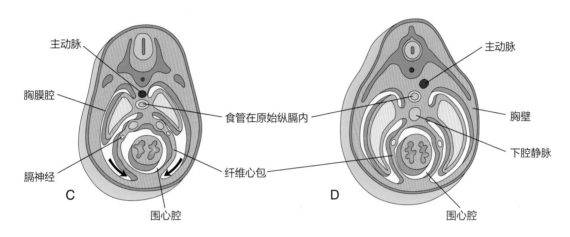

图 9-5　从胚胎头端到横膈的横切面示意图，显示了胸膜腔从围心腔分离出来的连续阶段。
同时也显示了肺的生长、胸膜腔的扩张，以及纤维心包的形成

A. 胚胎发育第 5 周，箭头所示为心包腹膜管与围心腔的沟通关系。**B.** 胚胎发育第 6 周，箭头显示了胸膜腔已经发育扩张进入体壁。**C.** 胚胎发育第 7 周，在腹侧（箭头）扩张的胸膜腔已包绕心脏，胸心包隔膜在中线平面已经融合，并与食管腹侧的中胚层融合。**D.** 胚胎发育第 8 周，可以见到肺和胸膜腔在继续扩张，也可见到形成的纤维心包和胸壁。

胸腹隔膜

胸腹隔膜与食管和原始横膈的背侧间充质融合（图 9-6C），这一融合完成了胸腹腔间的分隔，并形成**原始膈肌**，胸腹隔膜对应于新生儿膈的背侧部较小部分（图 9-6E）。

食管背系膜

横膈和胸腹隔膜与食管背侧的系膜相融合，这一系膜演化成膈肌的中间部分，**膈肌脚**——一对在主动脉前方中线平面交叉的分叉肌束（图 9-6E）——由生长进食管背系膜内的成肌细胞发育而来。

两侧体壁内生而来的肌性组织

胚胎发育第 9~12 周，肺和胸膜腔扩张，"掘"入两侧体壁（图 9-5），在这一过程中，体壁组织分裂成两层：

• 外层演化成完整意义上体壁的一部分。
• 内层帮助形成了膈肌的外周部分，附着于起源于胸腹隔膜膈肌成分的外周（图 9-6D 和 E）。

发育中的胸膜腔继续向两侧体壁延展，形成两侧**肋膈隐窝**（图 9-7），从而建立起典型的穹隆状膈肌结构。

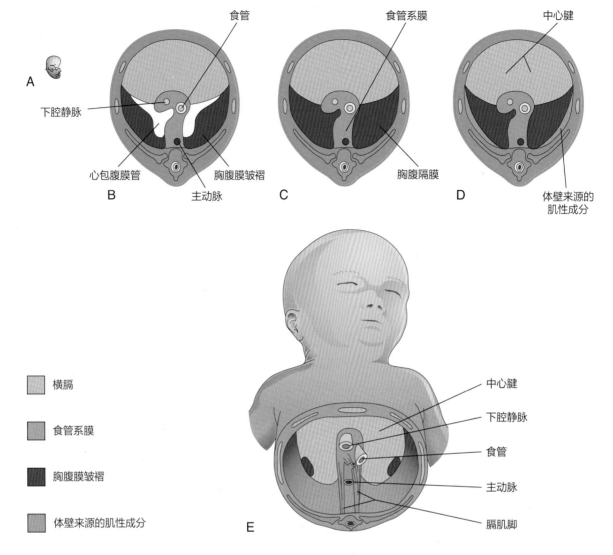

图 9-6 膈肌发育

A. 胚胎发育第 5 周的侧视图（实际大小），图 B~D 的水平面。图 B~E 发育中膈肌的下视图。**B.** 横切面示意图，未融合的胸腹膜。**C.** 胚胎发育第 6 周末期的类似截面，膈肌与其他融合后的胸腹膜。**D.** 胚胎发育第 12 周的横切面，从体壁发育而来的膈肌第四部分。**E.** 新生儿膈肌视图，显示了其组件胚胎学起源。

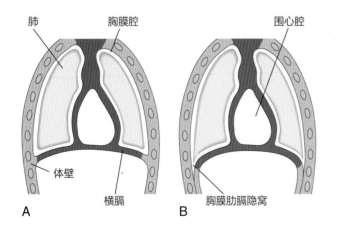

图 9-7 A 和 B. 胸膜腔扩张进入体壁，形成膈肌的外周部分，两侧肋膈隐窝，以及典型的穹隆状膈肌结构

膈肌的位置改变和神经支配

胚胎发育第 4 周，横膈与胚体第 3~5 颈部体节相对，第 5 周，来源于这些体节的成肌细胞迁移进入发育中的膈肌，同时将它们的神经纤维也迁移进入了膈肌。由此，为膈肌提供运动神经支配的膈神经起源于第 3、第 4、第 5 颈椎神经的腹侧原支，这些神经在两侧连接形成**膈神经**，膈神经还为膈肌左右穹顶的上下表面提供感觉纤维。

胚胎背侧部分的快速生长导致*膈肌位置的明显下降*，到第 6 周，发育中的膈肌已到达胸腔体节水平，膈神经已经进入下行生长过程，从第 8 周起，膈肌的背侧部分已经位于第一腰椎水平，胚胎期的膈神经行

经胸心包隔膜进入膈肌，由此，膈神经附着于起源于胸心包隔膜的肌性心包膜（图 9-5C 和 D）。而由于膈

肌的外周部分起源于体壁两侧，膈肌的肋缘从下部肋间神经接收感觉纤维（图 9-6D 和 E）。

膈肌后外侧缺损

膈肌后外侧缺损是唯一较常见的影响到膈肌的先天性畸形（图 9-8A），这一膈肌缺损在大约 3 000 名新生儿中会存在 1 例，与**先天性膈疝**（腹腔内容物疝入胸腔）相关联。

膈疝是**肺发育不良**的最主要原因，可造成致命的呼吸困难。如果出现严重的肺发育不良，一部分原始肺泡可能破裂，造成气体进入胸腔（**气胸**）。膈疝通常是单侧发病，它是由于胸腹隔膜与另外三部分膈肌的形成结构融合缺损所致（图 9-6B）。这一出生缺陷造成了膈肌后外侧区域的巨大开口，如果在胚胎发育第 10 周，肠管由脐带回返进入腹腔时胸腹膜管仍仍成开放状态，部分肠管及其他腹腔脏器可进入胸腔压迫肺组织，疝入胸腔的通常是胃、脾脏和大部分的肠管（图 9-8B 和 C）。这一缺损最常见于左侧膈肌的后外侧，不常见于膈肌的前部，可能与右侧胸腹膜孔的过早关闭有关。染色体畸形和基因突变，包括那些锌指因子 GATA6，被怀疑与膈疝病例发病相关，超声和磁共振检查可提供产前诊断依据。

膈膨升

先天性**膈膨升**相对少见，一半的原因是由于肌性结构发育不良，使膈呈半透明膜状，而导致其向胸腔内突入，形成一膈肌囊袋。基于这一缺陷，腹腔脏器向上移位至这一膈肌囊袋内。这一出生缺陷主要是由于体壁内的肌肉组织无法向患侧的胸腹隔膜生长而造成的，部分膈膨升可能是获得性的。

胸骨后（旁）疝

可能发生于胸肋间隙的疝，即胸骨后供上腹部血管通过的区域，该间隙位于胸骨后方或胸骨与肋骨发育不全的膈肌间，肠管会经此区域疝入心包，相反，部分心脏也可能经此缺损降至上腹部的腹膜腔。巨大的出生缺陷通常与源于脐部的**体壁缺损**相关（例如脐膨出，见第 12 章）。

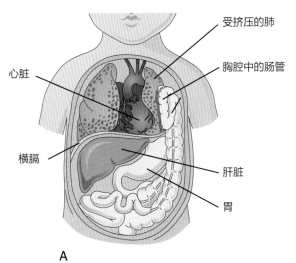
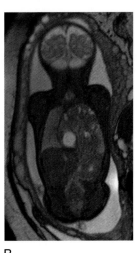
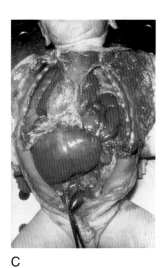

受挤压的肺

胸腔中的肠管

心脏

横膈

肝脏

胃

A　　　　　　　　B　　　　　　　　C

图 9-8 **A.** 胸腹腔整体"开窗视图"显示了肠管通过左侧膈肌的后外侧缺损出疝入胸腔，注意左肺受压且发育不良。**B.** 晚孕期胎儿磁共振影像证实存在先天性膈疝，疝内容物为肝脏、肠管和胃。**C.** 尸检结果证实膈疝，胃和小肠经由左侧膈肌的后外侧缺损疝入胸腔，与图 A 类似，注意此处心脏被推向胸腔的右侧。（B, Courtesy Dr. Teresa Victoria, MD, PhD, and Dr. Monica Epelman, The Children's Hospital of Philadelphia, PA. C, Dr. Nathan Wiseman, MD, FRCS, Department of Surgery, Max Radi College of Medicine, University of Manitoba.）

临床导向提问

1. 婴儿出生时是否可能存在缺陷导致胃和肝脏位于胸部？这是如何发生的？

2. 呼吸窘迫的男婴被诊断为先天性膈疝，这是一种常见的出生缺陷吗？如何确认婴儿可以存活？膈肌缺损可以在产前进行手术吗？

3. 存在先天性膈疝的患儿，其肺组织发育是正常的吗？

4. 某男性患者在一年前做常规胸部平片时被告知有一小部分小肠在其胸部，他可能存在隐匿性的先天性膈疝吗？其患侧的肺组织发育可能是正常的吗？

答案见附录。

（潘伟华　译）

第 10 章

咀嚼器及头颈部发育

咀嚼器包括*鳃弓*、*咽囊*、*鳃沟*及*鳃膜*四部分（图 10-1），是头面部及颈部结构的主要发育来源。

鳃弓

在胚胎第 4 周，**神经嵴细胞**迁移到原始面部及颈部附近，开始了鳃弓的发育过程（见第 6 章，图 6-4）。每对鳃弓表面为外胚层，内面为内胚层，中轴为**间充质**（图 10-1D 和 E）。第 1 鳃弓是下颌部分发育的原基，并在发育过程中逐渐上移到咽部的上外侧缘。剩余鳃弓则在未来头部和颈部区域的双侧形成弓形隆起。在胚胎第 4 周时，前 4 对鳃弓较为明显，第 5 对及第 6 对鳃弓基本未发育，从胚胎表面较难辨认（图 10-1A）。鳃弓之间的凹陷称为**鳃沟**。

鳃弓对位于前肠头端的原咽的侧壁起到支撑作用。原咽外胚层表面形成凹陷构成了**口凹即原口**（10-1A)，并形成双层的**口咽膜**与原始咽腔相分隔。口咽膜一般在胚胎 26 天前后破裂（图 10-1B 和 C)，从而将原咽、前肠与羊膜腔相连通。鳃弓是面部、鼻腔、口腔、咽喉及颈部结构发育的主要来源（图 10-2，图 10-23）。

第 1 鳃弓由相对体积较小的上颌突和相对体积较大的下颌突组成（图 10-1，图 10-2）。**第 2 鳃弓**主要参与了舌骨的形成（图 10-4B）。

鳃弓的结构

典型的鳃弓包括以下结构（图 10-3A 和 B):

- **弓动脉**：弓动脉是由起自原始心球发出的动脉干，在原咽周围环绕后进入背主动脉。
  - **软骨**：发育形成相关部位的骨性结构。
  - **肌肉**：头颈部肌肉的原基。
  - **神经**：支配鳃弓来源的肌肉及黏膜。

鳃弓动脉的演化

鳃弓动脉的演化到成年人头与颈部动脉的具体部分见第 14 章。

鳃弓软骨的演化

第 1 鳃弓背侧部分的软骨分化形成**锤骨**和**砧骨**（图 10-4，图 10-1)，中部大部分则在分化过程中退化，但*软骨膜部分*演化为**锤骨前韧带**和**蝶骨下颌韧带**（图 10-4B)，腹侧部分逐渐演化为下颌骨，双侧的下颌骨在发育过程中逐步向中线汇合并通过软骨相连。整个软骨在发育过程中逐步发生*膜内骨化*过程后逐步消失（见第 15 章）。

第 2 腮弓的背侧部分构成而中耳的**镫骨**以及**颞骨茎突**部分，而茎突与舌骨之间的软骨部分则在发育过程中逐渐消失，软骨膜部分保留后形成**茎突韧带**。其腹侧部分则在发育过程中逐渐骨化形成**舌骨小角**。

第 3 鳃弓的软骨部分演化形成舌骨大角及甲状软骨上角（舌骨体部分的胚胎发育过程详见舌的发育相关章节）。**第 4 及第 6 鳃弓**软骨参与了除了会厌部分以外的**喉软骨**的形成。会厌部分的软骨及甲状软骨则由神经嵴细胞发育而来（图 10-21A~C），环状软骨则由中胚层发育而来。

鳃弓肌肉的演化

鳃弓的各部分肌肉逐步分化为头颈部的肌肉群，如第 1 鳃弓的肌肉主要分化为相关的**咀嚼肌**肌群（图 10-5A、B，表 10-1)。

鳃弓神经的演化

每对鳃弓的神经部分都来源于对应的脑神经，然后再由鳃弓发出其*特殊内脏传出神经*部分支配相关肌肉运动（图 10-6A，表 10-1）及头面部周围由鳃弓间质演化而来的相关黏膜和真皮质。虽然面部只有三叉神经的上颌支和颧支与第 1 鳃弓相关，**三叉神经**仍然支配了所有的面部皮肤（图 10-6B)，以及所有头面部的感觉神经元及相关的咀嚼肌。其感觉分布在面部、牙周、鼻黏膜、腭、口腔及舌（图 10-6C)。**第 7 对脑神经（面神经）**、**第 9 对脑神经（舌咽神经）**、**第 10 对脑神经（迷走神经）**则分别支配第 2 鳃弓、第 3 鳃弓

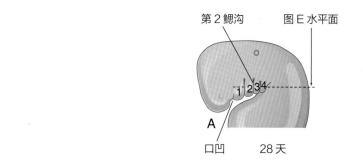

第 2 鳃沟　　图 E 水平面

A

口凹　　28 天

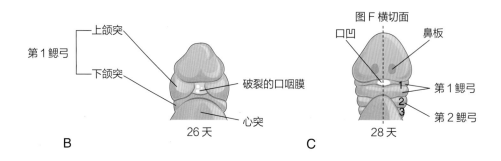

第 1 鳃弓 { 上颌突 / 下颌突

破裂的口咽膜

心突

26 天

B

图 F 横切面

口凹　　鼻板

第 1 鳃弓

第 2 鳃弓

28 天

C

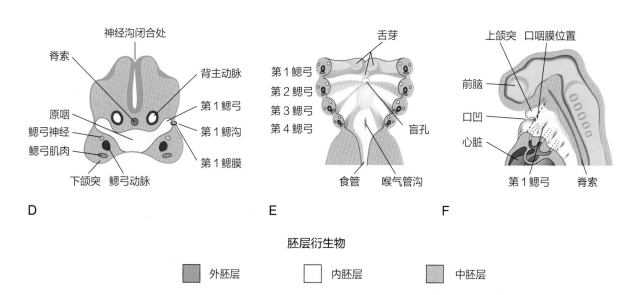

神经沟闭合处

脊索

背主动脉

原咽

鳃弓神经

第 1 鳃弓

鳃弓肌肉

第 1 鳃沟

下颌突　鳃弓动脉

第 1 鳃膜

D

舌芽

第 1 鳃弓

第 2 鳃弓

第 3 鳃弓

第 4 鳃弓

盲孔

食管　喉气管沟

E

上颌突　口咽膜位置

前脑

口凹

心脏

第 1 鳃弓　脊索

F

胚层衍生物

　外胚层　　　内胚层　　　中胚层

图 10-1　咀嚼器示意图

A. 4 对鳃弓的侧视图。**B** 和 **C.** 鳃弓与口凹腹侧的位置关系。**D.** 胚胎额部水平切面图。**E.** 鳃弓构成及原咽示意图。**F.** 胚胎的颅骨区域的矢状切面，可见鳃弓开口于原咽的侧壁。

及第 4~6 鳃弓。其中迷走神经的喉上支支配第 4 鳃弓，而喉返支支配第 6 鳃弓，这两部分神经同时支配舌、咽、喉的黏膜部分（图 10-6A 和 C）。

咽囊

原咽在头端方向增宽并与*口凹*相连，在尾端方向逐渐变窄并和食管相连（图 10-3A）。原始咽的内胚层向外侧膨出，形成**咽囊**（图 10-1D，图 10-7A）。前 4 对咽囊较容易辨认，第 5 对咽囊由于基本退化较难辨。来自咽

囊的内胚层和鳃沟来源的外胚层相互融合构成咽部的双层**咽膜**（图 10-3B）。*咽囊内胚层部分表达的 Tbx2 对于鳃弓的形成具有重要作用，而咽囊内胚层及面部的外胚层，以及腹侧前脑的神经外胚层共同表达的 Hedgehog 信号通路，对头面部的正常胚胎发育过程起到关键作用。*

咽囊的演变

第 1 咽囊主要形成**咽隐窝**（图 10-7B）。第 1 鳃膜形成**鼓膜**（图 10-7C）。咽隐窝逐步分化为**鼓室**及**乳突窦**。

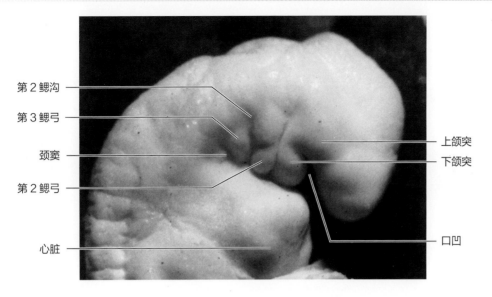

图 10-2 4 周半的人体胚胎结构

卡内基 13 阶段（Courtesy the late Professor Emeritus Dr. K.V. Hinrichsen, Medizinische Fakultät, Institut für Anatomie, Ruhr-Universität Bochum, Bochum, Germany.）

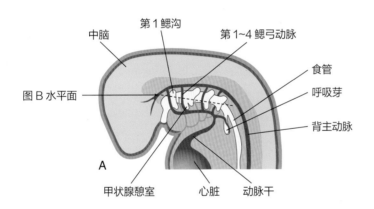

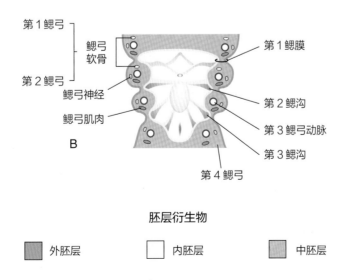

图 10-3 **A.** 鳃弓动脉及鳃沟示意图。**B.** 原咽位置的胚胎水平切面图及鳃弓胚层来源示意图

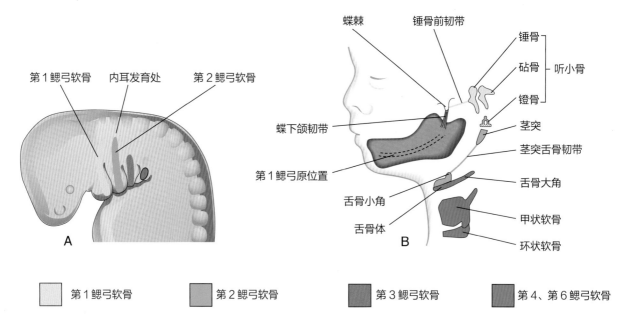

图 10-4　**A.** 胚胎第 4 周时的头颈部鳃弓软骨位置的侧面示意图。**B.** 胚胎第 24 周时头颈部结构侧面示意图及鳃弓软骨演化结果示意图。注意下颌骨实质上是由第 1 鳃弓软骨周围的间充质组织膜内骨化形成

表 10-1　各对鳃弓演化结果

鳃弓	神经	肌肉	骨性结构	韧带
第 1 鳃弓	三叉神经†（V）	咀嚼肌‡	锤骨	锤骨前韧带
		下颌舌骨和二腹肌前腹	砧骨	蝶下颌韧带
		鼓膜张肌		
		腭帆张肌		
第 2 鳃弓	面神经（VII）	面部表情肌§	镫骨部分	茎突舌骨韧带
		镫骨肌	茎突	
		茎突舌骨	舌骨小角	
		二腹肌后腹		
第 3 鳃弓	舌咽神经（IX）	茎突咽肌	舌骨大角	
			甲状软骨上角	
第 4 和第 6 鳃弓¶	迷走神经喉上分支（X）	环甲肌	甲状软骨	
		腭帆提肌	环状软骨	
	迷走神经喉返分支（X）	咽下缩肌	杓状软骨	
		喉内肌	小角软骨	
		食管横纹肌	楔状软骨	
			舌骨（经鳃下峭）	

* 鳃弓动脉的演化部分见第 14 章。

† 三叉神经的眼支不供应任何鳃弓的组成部分。

‡ 颞肌、咬肌、内侧和外侧翼肌。

§ 颊肌、耳肌、额肌、颈阔肌、口轮匝肌和眼轮匝肌。

¶ 第 5 鳃弓退化。第 4 和第 6 鳃弓的软骨组成部分融合形成喉部软骨。

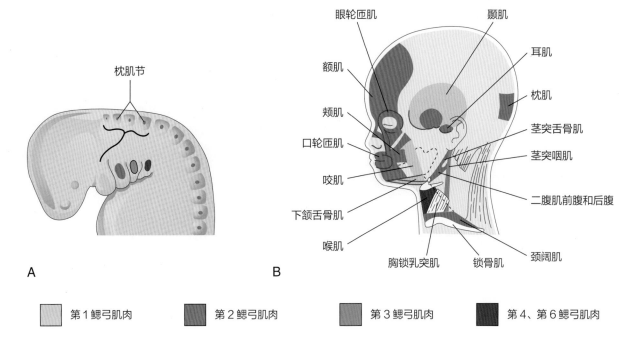

图 10-5 **A.** 胚胎第 4 周时头颈部结构及各鳃弓肌肉分布的侧视图。箭头表示成肌细胞从枕肌节迁移形成舌肌的路径。
B. 胚胎第 20 周时的头颈部结构图示及各组肌肉对应的鳃弓来源分布图

颈阔肌和胸锁乳突肌被部分移除以更清楚展示颈深处的肌肉来源。第 2 鳃弓来源的成肌细胞从颈部向头部迁移形成表情肌，并继续接受伴随第 2 鳃弓的面神经的支配。

鼓室内侧部分咽隐窝与喉相连接的管腔则形成**咽鼓管**。

第 2 咽囊由于**腭扁桃体**的发育大部分发生了退化（图 10-7C，图 10-8），但残留部分形成**扁桃体窝**。第 2 咽囊的内胚层向间充质方向发育并形成**扁桃体隐窝**，构成其上皮及隐窝的黏膜部分。相应的淋巴浸润则需要到胚胎第 7 个月左右，而淋巴生发中心则要到生后新生儿期才出现。

第 3 咽囊的背侧较为扁平，腹侧相对狭长（图 10-7B）。咽囊与原喉的连接管逐渐退化。在胚胎第 6 周左右，其背侧的两处球形突起分化成双侧的**下甲状旁腺**。腹侧份的上皮细胞不断增生，并在中部汇合形成**胸腺**，并逐渐和原咽分离。随后双侧的下甲状旁腺逐渐和胸腺分离，而胸腺则移位至上纵隔（图 10-7C，图 10-8），其周围的间质细胞主要是由**神经嵴细胞**发育而来。

第 4 对咽囊背侧部分逐渐发育成为双侧的**上甲状旁腺**（图 10-7B）。双侧的下甲状旁腺来源于第 3 对咽囊，并随着胸腺下移的过程逐步下降（图 10-8）。其腹侧部分形成**鳃下隆起**并与甲状腺相融合，并产生**滤泡细胞**及分泌降钙素。滤泡细胞主要由从第 4 鳃弓迁移进入第 4 咽囊的神经嵴细胞分化而来。

第 5 对咽囊基本不发育，即使发育也是成为第 4 对咽囊的一部分。

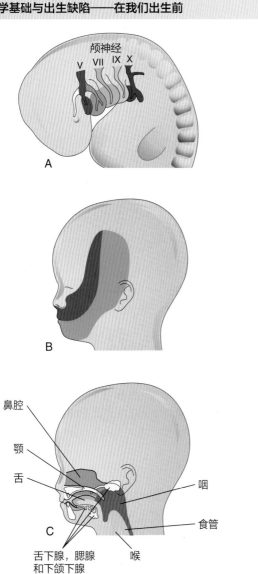

耳部窦道及囊肿

小的耳部的窦道及囊肿常见发生于外耳耳郭前皮肤的三角形区域（图 10-9D）。部分也可能发生在耳郭周围或者耳垂周围。耳部窦道和囊肿的发生主要是由于第 1 鳃沟的残留造成，但部分则是由于耳结节在形成外耳的过程中的外胚层的异常折叠造成。

颈部囊肿

颈部囊肿或窦道较为少见，多由于第 2 鳃弓及颈部窦道的退化异常造成，常见于单侧的颈部（图 10-9B，图 10-10A）。窦道的开口一般位于胸锁乳突肌的前方及颈部的下 1/3 区域。其他鳃弓异常造成的囊肿或者窦道只占到 5% 左右。

颈外窦道大多在婴儿期便由于窦道外口分泌物的排出被发现，约 10% 的患儿可以为双侧窦道且容易合并和耳前窦道。

颈内窦道较为少见，一般开口于咽部，一般由于第 2 鳃弓的退化不全造成，正常情况下第 2 鳃弓随着腭扁桃体的发育而消失并成为扁桃体窦的一部分，故其多开口于腭咽弓附近或者扁桃体窦附近（图 10-9B 和 D）。

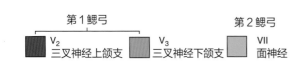

颈部瘘管

颈部瘘管一般内口位于扁桃体窦，外口位于颈部，主要是由于第 2 鳃沟及鳃弓的发育异常造成（图 10-9C、D，图 10-10B），瘘管一般从外口斜向上穿过颈部皮下组织及颈阔肌后，到达扁桃体窦。

图 10-6 **A.** 胚胎第 4 周时头颈部的侧视图及各组脑神经与鳃弓之间的支配关系。**B.** 胚胎第 20 周时，第 1 鳃弓来源的神经（三叉神经）的支配范围。**C.** 头颈部的矢状面示意图及各组神经纤维在牙齿和舌、咽、鼻腔、腭、喉黏膜的深层分布

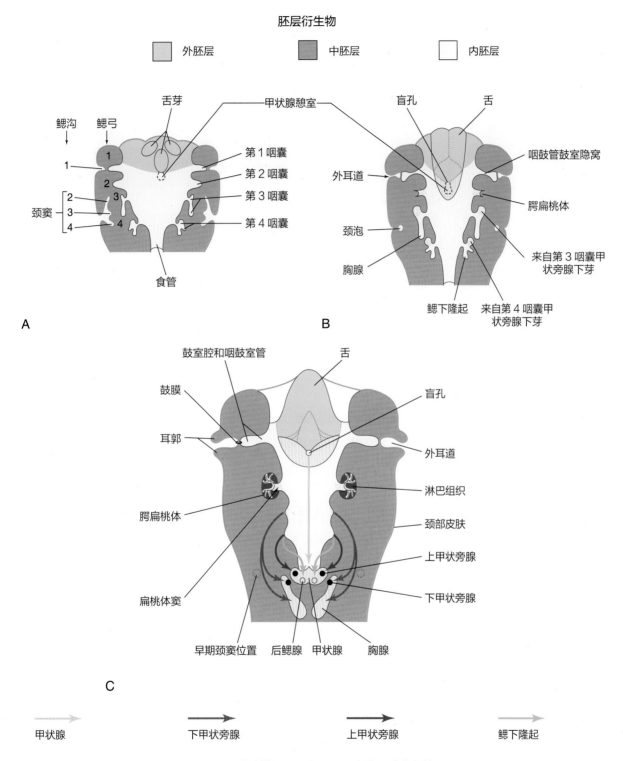

图 10-7 胚胎的横切面示意图及咽囊的胚胎演化结果

A. 胚胎第 5 周时示意图。第 2 鳃弓越过第 3 和第 4 鳃弓，将第 2~4 鳃弓埋在颈窦内。B. 胚胎第 6 周时示意图。C. 胚胎第 7 周时示意图及发育中的胸腺，甲状旁腺和甲状腺向颈部的迁移路线。

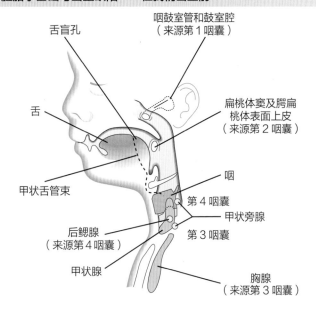

图 10-8 胚胎第 20 周时头部、颈部和上胸区域的矢状切面及咽囊的发育过程及甲状腺的下降过程

颈部囊肿

　　第 3、第 4 鳃弓在胚胎发育过程时位于颈窦的深部（图 10-7A）。在胚胎发育时如有颈窦或者第 2 鳃沟存在残留，就可能形成颈部囊肿（图 10-9D），在早期可能不明显，但是由于其逐渐增大而在学龄期发现，多表现为胸锁乳突肌前方或者耳郭周围的无痛性肿块（图 10-11）。囊肿逐渐增大主要是因为内皮细胞脱落以及内分泌液的积累（图 10-12）。

鳃残留

　　正常情况下咽部软骨在发育过程中逐渐骨化或者形成韧带，但偶有部分软骨退化不全并且在颈部皮下可以触及，称为鳃残留，一般多见于胸锁乳突肌下 1/3 的前方（图 10-9D）。

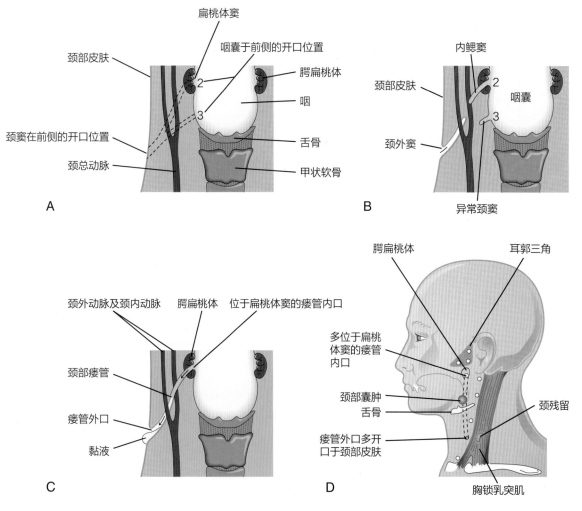

图 10-9 A. 成人咽部和颈部区域示意图，以及颈部窦开口和咽囊的原始位置（2 和 3）。虚线表示可能的颈瘘发生的路径。B. 不同颈部瘘管发生的可能方式。C. 第 2 鳃沟及第 2 咽囊残留造成颈瘘发生的示意图。D. 颈部囊肿及颈部瘘管和鳃残留可能发生的位置

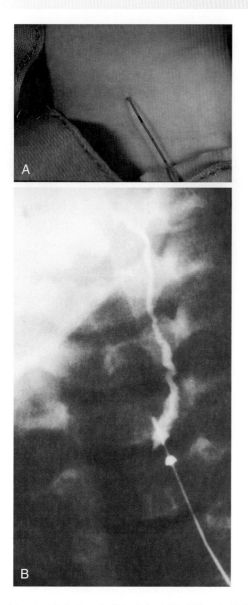

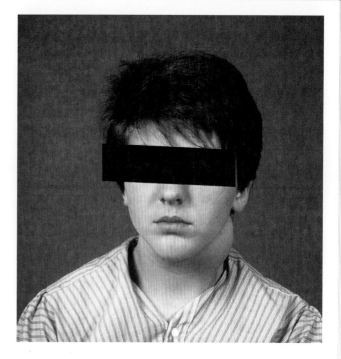

图 10-11 颈部囊肿造成的颈部肿块。此类囊肿通常较为游离,一般位于下颌骨下方,也可能出现在沿着胸锁乳突肌前缘的任何位置。(Courtesy Dr. Pierre Soucy, Division of Paediatric Surgery, Children's Hospital of Eastern Ontario, Ottawa, Ontario, Canada.)

图 10-10 A. 该患儿正在进行颈部瘘管造影,多从外口置入导管和造影剂,以明确瘘管长度以指导手术切除。B. 颈部瘘管的完全显影图像。通过从外口注射造影剂的方式显示瘘管的走行与长度。(Courtesy Dr. Pierre Soucy, Division of Paediatric Surgery, Children's Hospital of Eastern Ontario, Ottawa, Ontario, Canada.)

第 1 鳃弓综合征

第 1 鳃弓发育异常造成的一系列眼、耳、上颌骨、硬腭的发育异常被称为第 1 鳃弓综合征 (图 10-13),目前认为第 1 鳃弓综合征是由于在胚胎第 4 周左右时第 1 鳃弓内的神经嵴细胞迁移异常造成,一般根据临床表现分为以下两种:

● **Treacher Collins** 综合征 (下颌-面骨发育不全综合征):大部分是由于 TCOF1 突变造成的颧骨发育不全

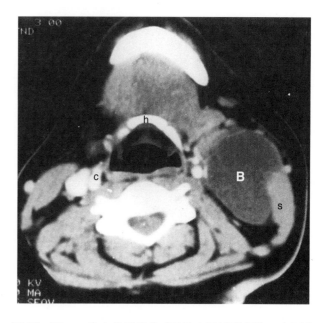

图 10-12 一位女性患者的 CT 检查提示颈部的一个巨大囊肿 (B) 低密度表现的囊肿出现在舌骨水平位置 (h) 并位于右颈部胸锁乳突肌 (S) 的前方, 左侧为正常的颈动脉鞘形态 (c),对比后可发现右侧颈动脉鞘已经受压。(From McNab T, McLennan MK, Margolis M: Radiology rounds, Can Fam Physician 41:1673, 1995.)

的常染色体显性遗传疾病，其临床表现为特征性的眼裂外侧下倾、下睑缺损及外耳畸形，有时可同时合并中耳及内耳畸形。

- Pierre Robin 综合征（小颌畸形综合征）：表现为下颌骨、硬腭及眼部和耳发育不良。大部分都为散发病例，由于下颌骨发育不良，造成舌位置后移，故引起两外侧腭突间下降异常，引起腭裂 (图 10-33)。

鳃沟

在胚胎约第 4~5 周可以在不同鳃弓之间见到 4 对鳃沟 (图 10-1A) 但只有第 1 对鳃沟发育成为**外耳道**的一部分 (图 10-7C)。其他的鳃沟则在头颈部发育过程中逐渐消失 (图 10-7A 和 B)。第 2 对鳃沟发育异常较为常见。

咽膜

咽膜同样出现在胚胎第 4 周，由对应鳃弓与鳃沟的上皮细胞融合形成（图 10-1D，图 10-3B）。第 1 对咽膜演化形成**鼓膜**，其余咽膜均退化消失（图 10-7C）。

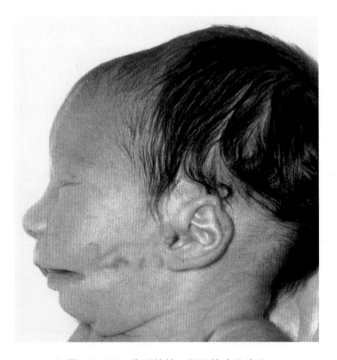

图 10-13 典型的第 1 鳃弓综合征患儿
第 1 鳃弓综合征主要由于第 1 鳃弓内的神经嵴细胞迁移异常造成。患儿表现为特征性的外耳畸形，耳前异常附件，耳郭和口腔之间的脸颊缺损，下颌骨发育不全和口腔过大。（Courtesy Health Sciences Centre, Children's Hospital, Winnipeg, Manitoba, Canada.）

甲状腺的发生

甲状腺是*最早发育的内分泌腺体*。大约在胚胎 24 天时，原咽的部分内胚层增厚，并向外突起形成**甲状腺原基**（图 10-14A）。另外来自第 4 鳃沟、鳃下隆起双侧的原基与甲状腺原基逐渐融合，前者演化为滤泡旁细胞（C 细胞），后者则主要演化为滤泡细胞。在发育过程中甲状腺逐步越过甲状舌骨及喉软骨下降至颈部，并通过**甲状舌管**与原始咽底相连接（图 10-14A 和 B）。随着甲状腺原基的逐步分化，双侧芽突逐步发育形成双侧的甲状腺侧叶及**峡部**。

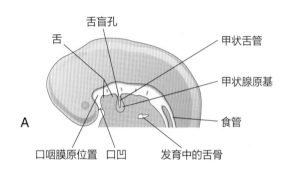

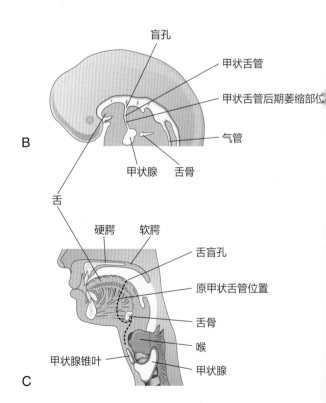

图 10-14 甲状腺发育过程
A 和 B. 胚胎第 5~6 周时头颈部的侧视图及甲状腺发育过程。**C.** 成人头颈部的侧视图及甲状腺下移的路径（即虚线标识的甲状舌管的切迹）。

DiGeorge 综合征

DiGeorge 综合征表现为胸腺及甲状旁腺的缺失，特征性表现为**先天性甲状旁腺功能低**造成的低钙血症、胸腺缺失造成的免疫功能低下、小颌畸形、硬腭发育异常、耳位低、鼻裂及先天性心脏病。

DiGeorge 综合征主要是由于第 3 及第 4 咽囊发育异常造成的胸腺及甲状旁腺发育异常。头面部畸形主要是由于第 1 鳃弓发育异常造成。DiGeorge 综合征与 22q11.2 区域的染色体微缺失及 *HIRA*、*UFDIL* 及 *Tbx1* 基因的突变相关，发病率约为 1/4000~1/2000。

甲状旁腺数目异常

甲状旁腺数目异常多由于甲状旁腺原基的发育过程异常造成，可表现为**甲状旁腺数目**的增多或者减少，多由于甲状旁腺原基的分化异常造成。

异位甲状旁腺

甲状旁腺在数目及位置上容易发生异常，可出现在甲状腺甚至胸腺附近的任一位置 (图 10-15)。其中上甲状旁腺位置相对固定，而下甲状旁腺位置较为多变，并多位于颈总动脉分叉处，也可以位于胸腺内或者胸腺旁。

大约在胚胎第 7 周时，甲状腺基本停止下降 (图 10-14C)，同时甲状舌骨基本也已经退化消失，**甲状舌管**近端形成**舌盲孔** (图 10-7C)。约 50% 的人群在甲状腺峡部存在**锥叶**，甲状腺锥叶通过纤维索带或者平滑肌和甲状舌骨相连接。

甲状舌管囊肿及瘘管

如果甲状舌管未完全退化，则可在颈前部与舌体之间形成甲状舌管囊肿，囊肿多位于舌骨下方 (图 10-16)。甲状舌管囊肿一般表现为颈前部无痛的渐进性增大肿块 (图 10-17)，囊肿可包含少量的甲状腺组织。部分囊肿在感染后表面发生溃破，形成**甲状舌管瘘** (图 10-18A)。

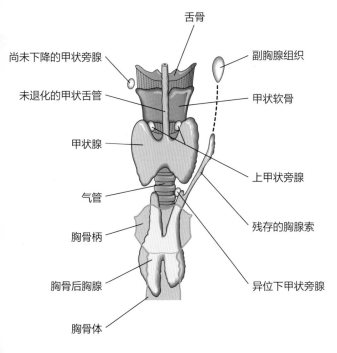

图 10-15 胸腺、甲状腺及甲状旁腺的前视图，以及甲状腺相关发育异常的发生位置

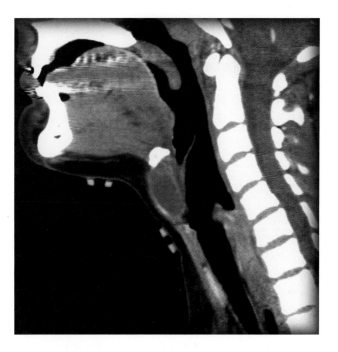

图 10-16 甲状舌管囊肿患儿的 CT 影像
囊肿位于甲状软骨的前方 (如图 10-4B 所见)。(From Dr. Frank Gaillard, Radiopaedia. org, with permission.)

101

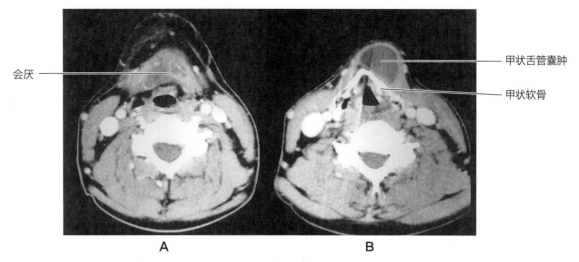

图 10-17　**A.** 甲状舌骨膜和会厌底部平面 CT 图。**B.** 甲状软骨水平面 CT 图。可见甲状舌管囊肿一直延伸到舌骨下缘。(Courtesy Dr. Gerald S. Smyser, Altru Health System, Grand Forks, ND.)

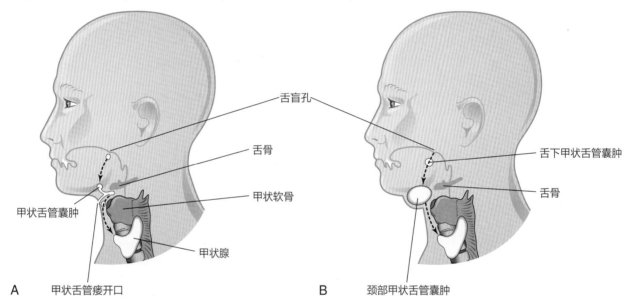

图 10-18　**A.** 甲状舌管囊肿可能发生位置示意图，同时标识了甲状舌管瘘的发生位置。虚线箭头表示甲状舌管在甲状腺下移过程中的路径。**B.** 舌下甲状舌管囊肿及颈部甲状舌管囊肿示意图。大部分甲状舌管囊肿发生于舌骨下方

异位甲状腺

甲状腺向尾端下降的过程中出现滞留，则形成**异位甲状腺**（图 10-14B）。90% 的异位甲状腺表现为**舌甲状腺组织**。下降不完全的甲状腺腺体则多见于颈部较高位置或**舌骨下方甲状腺**（图 10-19，图 10-20）。70% 的异位甲状腺只表现为单纯的甲状腺组织。临床上对于甲状舌管囊肿患者需仔细分辨是否为异位甲状腺组织或者副甲状腺，以免切除唯一的甲状腺组织，以至需要终生口服甲状腺素。

在胚胎 11 周左右，**甲状腺滤泡**内开始出现**胶质**，开始具有聚碘能力并开始碘化过程。在胚胎 20 周左右，甲状腺素水平开始逐渐升高，并在 35 周左右达到成人水平。甲状腺素对于大脑的发育具有重要作用，在早期则由母亲提供。

舌的发生

大约在胚胎第 4 周，原咽舌盲孔头侧形成一个三角形的突起，即**正中舌芽**（图 10-21A）。其前方两侧各形成一个较大的隆起，称为**侧舌隆变**。这 3 个隆起均由第 1 腮弓的间充质增生而成。两个侧舌膨大生长迅速，越过正中舌芽并在中线相互融合形成舌体（图

10-21C)。两侧舌膨大融合后在表面形成舌中线沟，在舌体内侧形成**舌纤维隔**，正中舌芽则逐渐无法辨认。

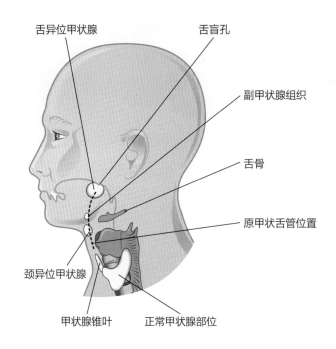

图 10-19 异位甲状腺可能发生的位置

虚线箭头表示甲状腺下移过程中的路径，即甲状舌管退化前的位置。

舌后 1/3 部分是由舌盲孔尾侧方向的两处突起形成 (图 10-21A)：

- **联合突**：由第 2 对鳃弓的腹内侧部分融合形成的。
- **会厌突**：由第 3 及第 4 对腮弓的间质细胞在鳃弓腹侧成团形成。

> ### 先天性舌囊肿和瘘管
>
> 甲状舌管的残留可引起舌囊肿和瘘管 (图 10-14A)。舌囊肿可逐渐增大并造成喉部疼痛及吞咽困难。瘘管则多经盲孔开口于口腔内。

在舌的发育过程中，咽下隆起在发育后逐渐覆盖联合突 (图 10-21B 和 C)，因此舌后 1/3 的舌体位于咽下隆起的后方。前后舌体融合处形成一个 V 形的浅沟，称为**界沟** (图 10-21C)。脑神经嵴细胞迁移进入舌体并生成结缔组织和血管等，舌体大部分的肌肉则是来源于枕肌节的成肌细胞 (图 10-5A)。**舌下神经**伴随着成肌细胞迁移入舌。*调控舌发育的信号分子包括 Pax3、Pax7、TGF-β、FGF 及 SHH 等基因。*

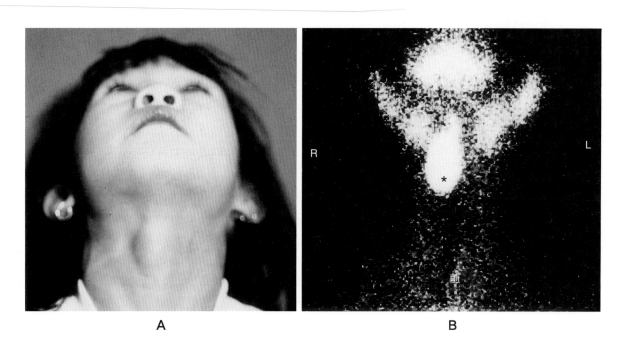

| A | B |

图 10-20 **A.** 1 名 5 岁的舌下甲状腺患儿。**B.** 对舌下甲状腺患儿使用锝 99_m 放射性核素扫描的结果。 * 表示颈前未见明显的功能性核素摄取。(From Leung AKC, Wong AL, Robson WLLM: Ectopic thyroid gland simulating a thyroglossal duct cyst: a case report, Can J Surg 38:87, 1995.)

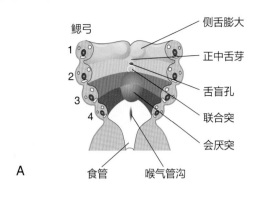

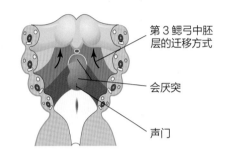

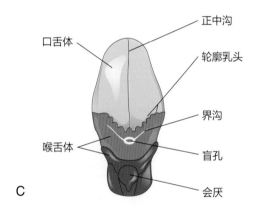

舌部的鳃弓发育示意图

▢ 第 1 鳃弓 CN Ⅴ - 三叉神经上颌支	▢ 第 2 鳃弓 CN Ⅶ - 面神经鼓索支
▢ 第 3 鳃弓 CN Ⅸ - 舌咽神经	■ 第 4 鳃弓 CN Ⅹ - 迷走神经

图 10-21 **A** 和 **B.** 胚胎第 4~5 周舌发育过程，经喉纵切侧面示意图。**C.** 成人舌体示意图及各处黏膜的鳃弓来源和神经支配示意图（CN, 脑神经）

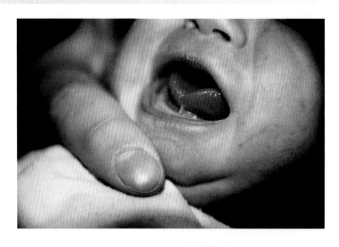

图 10-22 舌系带过短患儿

注意较短的舌系带直接连于舌尖处。(Courtesy Dr. Evelyn Jain, Lakeview Breastfeeding Clinic, Calgary, Alberta, Canada.)

舌系带过短

舌的下表面和口底通过舌系带相连（图 10-22）。**舌系带过短**（结舌）在北美婴儿中的发生率大概是 1/300，但大多对其功能无明显影响。大部分患儿过短的舌系带会随着生长发育而延长，因此不需要手术。但对于部分新生儿而言，由于过短的系带会影响吞咽及进食，需要进行手术干预及系带切开术。

舌乳头及味蕾的发育

舌乳头在第 8 周末出现。最先出现的是在舌咽神经终末支周围的**瓣状和叶状舌乳头**。菌状乳头在稍后出现在面神经鼓索支终末分支的周围。丝状乳头因其针状外形而得名，数目众多，在胚胎 10~11 周开始出现，因含有大量的传入神经，所以对于触觉较为敏感。

在舌上皮细胞和面神经鼓索支、迷走神经及舌咽神经味觉细胞的共同作用下，**味蕾**在胚胎 11~13 周开始发育。在 26~28 周时，苦味物质可诱发**面部反应**，提示味蕾与面部表情肌的反射关系可能已经建立。

舌的神经支配

舌前 2/3 舌体的感觉神经元受第 1 鳃弓来源的三叉神经下颌支分出的舌神经支配（图 10-21C）。面神经的鼓索支支配除轮廓乳头外的舌前 2/3 的味觉。由于第 2 鳃弓主要形成**舌系带**，但在发育过程中舌系带被第 3 鳃弓所覆盖，所以第 2 鳃弓来源的面神经基本不支配任何的舌黏膜，只支配舌前 2/3 的味蕾部分，而轮廓乳头则由第 3 鳃弓来源的舌咽神经支配（图 10-21C）。舌后 1/3 主要由第 3 鳃弓来源的舌咽神经支配。迷走神经发出的喉上神经分支支配会厌前方的部分舌体（图 10-21C）。舌下神经支配除了腭舌肌外的全部的舌肌，腭舌肌则由迷走神发出的咽丛支配。

唾液腺的发生

唾液腺在胚胎第 6~7 周时开始发育，其来源于原始口腔的上皮组织（图 10-6C），并逐渐向间充质分化，腺体之间的组织则由神经嵴细胞发育而来，而所有的分泌性组织全部由口腔上皮发育而来。

腮腺是最早开始发育的腺体，大约在胚胎第 6 周时开始由原始口腔口凹附近的外胚层细胞发育而来，并向耳部逐渐多重分支并形成末端圆形的细胞团，分支间的管腔大约在第 10 周左右形成导管，末端则分化形成腺泡，并在第 18 周左右开始具有分泌功能，其结缔组织来自细胞索周围的间充质。

下颌下腺原基在第 6 周末开始发育，起源于口凹的内胚层，细胞团向后壁方向沿舌的两侧逐渐分化，腺泡在 12 周左右分化形成，并在 16 周开始具有内分泌功能，其生长一直持续到生后，主要是形成小的黏液腺，同时沿着舌体侧面形成下颌下腺导管。

舌下腺则要到第 8 周左右才开始发育（图 10-6C），舌下腺来源于**舌旁沟**的多种内胚层上皮细胞，这些细胞不断形成细胞团和导管，并形成大约 10~12 个口腔内的开口。

面部的形成

颜面部原基在胚胎第 4 周开始在原口附近出现（图 10-23A）。其发育过程分为连续性的三块：

- 前额的发育（形成 SHH 表达浓度上的梯度性）。
- 额鼻外胚层的发育。
- 眼的发育。

原口附近存在**五处与颜面部发育相关的关键原基**（图 10-23A）：

- 额鼻突。
- 双侧上颌突。
- 双侧下颌突。

上颌突和下颌突来源于第 1 鳃弓，主要由 HOX 表达阴性的间质神经嵴细胞在第 4 周左右发育而来，这些细胞构成主要的结缔组织，包括颜面部及口周的软骨、韧带等。

额鼻突位于前额的腹侧面，并演化形成视泡，后者演化形成眼睛（图 10-23A，图 10-24）。额鼻突的浅部形成前额，额鼻突的鼻侧部分形成鼻部及口凹的弓形边缘。**上颌突**构成口凹的侧缘，**下颌突**形成口凹的下缘（图 10-23，图 10-24）。下颌和下唇是面部最开始形成的部分，由下颌突在中部汇合形成，腭裂便是由于下颌突的融合不完全形成。

在第 4 周末，额鼻突下缘两侧外胚层增生，形成两个椭圆形的增厚区，称为**鼻板**（图 10-24，图 10-25A 和 B），并在中央逐渐形成凹陷。鼻板边缘的间充质增殖形成内侧**鼻突**和外侧**鼻突**（图 10-23B，图 10-25D 和 E）并形成**鼻窝**（图 10-23B，图 10-25C 和 D）。鼻窝是前鼻孔及鼻腔的原基（图 10-25E）。

上颌突在发育过程中则逐渐向中间及鼻突靠拢（图 10-23B 和 C，图 10-24）。该过程主要有 PDGFRα 转录因子所在的信号通路调控。外侧鼻突和上颌突之间的浅沟被称为**鼻泪沟**（图 10-23B）。

在第 5 周末，6 对耳郭的原基——**耳结节**在第 1 鳃沟的两侧形成，形成外耳道的原基。外耳在发育最初位于颈部附近，但在下颌骨逐渐发育的过程中，逐渐向上移行至眼部外侧方（图 10-23B 和 C）。

在第 6 周末，双侧的上颌突开始与同侧的鼻突沿着鼻泪沟相融合（图 10-26A 和 B），从而构成鼻部侧面结构的连续性。

鼻泪沟底部外胚层发育增厚形成**鼻泪管**。该过程将鼻泪管从外胚层向间质层打通，再通过细胞**凋亡**过程形成管腔，其末端形成泪囊。在胚胎晚期，鼻泪管引流进入鼻腔的下鼻道并永久开放。

在胚胎第 7~10 周，**内侧鼻突**分别开始相互融合，并与上颌突及外侧鼻突逐步融合（图 10-23C），这个过程中上皮细胞逐渐退化，相互之间的间充质互相融合。内侧鼻突和上颌突的融合形成上颌骨及唇部，同时将鼻窝从口凹分离。而在内侧鼻突的进一步演化形成**颌间节段**后，颌间节段形成以下结构（图 10-26C~F）：

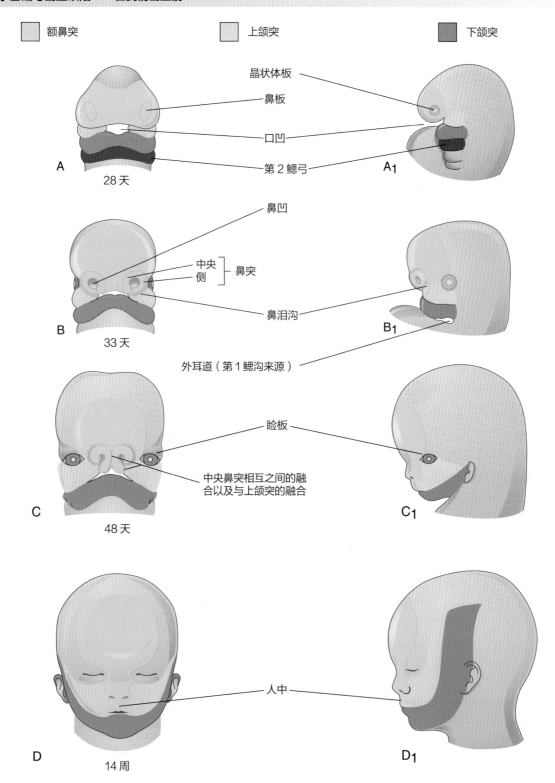

额鼻突　　　　　　上颌突　　　　　　下颌突

晶状体板
鼻板
口凹
第2鳃弓

A
28 天

A₁

鼻凹
中央
侧　鼻突
鼻泪沟

B
33 天

B₁

外耳道（第1鳃沟来源）

睑板
中央鼻突相互之间的融
合以及与上颌突的融合

C
48 天

C₁

人中

D
14 周

D₁

图 10-23 A~D₁, 面部发育渐进过程示意图

- 上唇的中部。
- 上颌骨的上颌前部及其相关的牙龈。
- 原腭。

上颌突主要形成上唇的双侧、上颌骨的大部分以及继发腭 (图 10-23D)，并与下颌突互相融合。内侧鼻

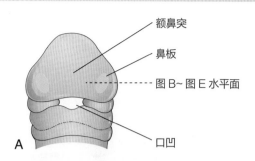

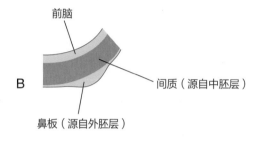

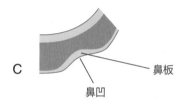

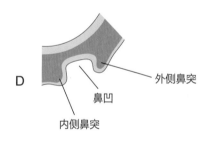

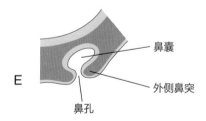

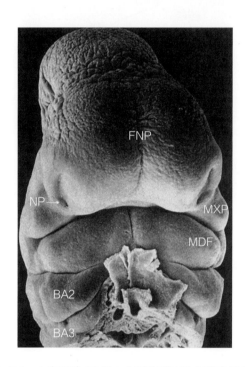

图 10-24　人类胚胎 33 天左右时腹侧面的扫描电子显微镜
照片（卡耐基分期 15 期；顶 - 臀长 8 mm）

可以看到端脑（前脑）周围突出的额鼻隆突（FNP），以及
位于额鼻隆突腹侧区域的鼻凹（NP）；中央鼻突和侧鼻突分
别位于鼻凹的周围。楔状的上颌突 (MXP) 构成了口凹的外侧
边界，融合后的下颌突起 (MDP) 位于口凹的尾部。第 2 鳃弓
(BA2) 清晰可见并且边缘突起。第 3 鳃弓 (BA3) 可以辨认。
(From Hinrichsen K: The early development of morphology and
patterns of the face in the human embryo, *Adv Anat Embryol Cell
Biol* 98:1, 1985.)

图 10-25　人鼻囊发育不同阶段的示意图
A. 大约 28 天时的胚胎腹侧示意图。**B~E.** 不同阶段左侧鼻
腔的横切面示意图。

突的下部在上颌突的作用下部分凹陷形成**人中**。

　　第 2 鳃弓的成肌细胞迁移进入唇部及颊部的原基，
并分化成为面部的各组肌肉 (图 10-5，图 10-1)。第 1
鳃弓的成肌细胞则分化称为咀嚼肌。胎儿出生前面部

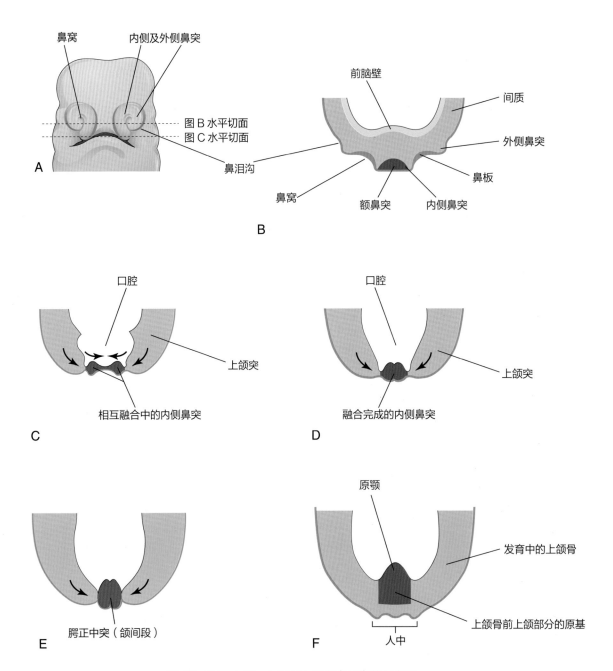

图 10-26 上颌、上腭和上唇发育早期的示意图

A. 胚胎第 5 周时的面部示意图。**B** 和 **C.** A 图中对应水平切面示意图。**C.** 箭头指双侧上颌突和内侧鼻突相互融合时的方向。**D~F.** 较大胚胎的同一水平切面示意图。内侧鼻突起相互融合和上颌突起形成上唇。最近的研究表明上唇基本完全来自上颌突的发育。

较小主要是由于以下三方面原因：

- 上下腭的未发育状态。
- 乳牙未发育。
- 鼻腔及上颌窦体积较小。

鼻腔的演化

在面部开始发育时，**鼻板**逐渐凹陷形成**鼻窝**（图 10-24，图 10-25）。在**内外侧鼻突**逐渐形成的过程中，鼻窝逐渐内陷形成**鼻液囊**并分别向背侧及前额方向继

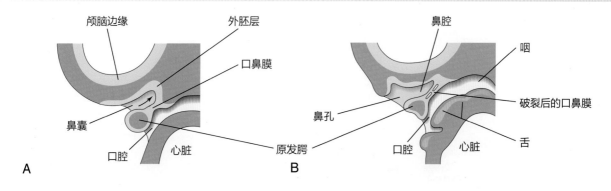

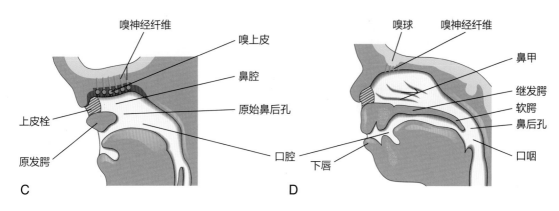

图 10-27　头部的矢状切面及鼻腔的发育（鼻中隔已被移除）

A. 胚胎第 5 周。**B.** 胚胎第 6 周。同时显示口鼻膜的破裂过程。**C.** 胚胎第 7 周。显示口腔和鼻腔交通的过程及嗅神经嵴嗅上皮的发育过程。**D.** 胚胎第 12 周时。此时腭部和鼻腔已经基本成形。

续深入（图 10-27A）。起初，原始鼻腔之间与原始口腔之间被**口鼻膜**分隔。口鼻膜大约在第 6 周末时破裂，使原始鼻腔与原始口腔相通（图 10-27B 和 C）。大约在胚胎 7~8 周时，由于上皮细胞的增生，原始鼻腔再度闭合，直到 17 周左右时上皮细胞的凋亡鼻腔才再度开放并形成永久性的鼻前庭。

　　原始鼻腔和口腔之间的通道称为**原始鼻后孔**，由左右鼻腔开鼻咽形成，位于原发腭的后方。在**继发腭**形成的过程中，原始鼻后孔逐渐移位至鼻腔和咽的连接处（图 10-27D），并且由于鼻腔侧壁的升高逐渐形成**上鼻甲**、**中鼻甲**和**下鼻甲**（图 10-29E 和 G）。鼻腔外胚层来源的上皮细胞部分分化形成**嗅上皮**，部分则分化形成嗅觉感受器细胞，其轴突组成**嗅神经**，并和颅内的嗅球相连接（图 10-27C 和 D）。

鼻旁窦

　　部分的鼻旁窦，比如**上颌窦**，在胚胎后期才开始发育，并一直保留到生后。鼻旁窦主要是由于鼻腔的外向性伸张形成，成为鼻腔与相邻骨之间的空气填充性空腔，并一直保留下来。

> **鼻旁窦的生后发育过程**
>
> 　　大部分的鼻旁窦在新生儿期尚未发育。在刚出生的新生儿，**上颌窦**体积也很小。鼻旁窦在青春期前一直处于缓慢发育的状态中，直到恒牙发育完成后才基本定型。新生儿刚出生时**额窦和蝶窦**都尚未出现。**筛窦**在 2 岁前都比较小，直到 6~8 岁才开始加快发育。大约 2 岁时，位于前部的筛窦细胞也进入额骨，在两侧形成额窦；而位于后方的筛窦细胞则进入蝶骨，形成双侧的蝶窦。一般来说，额窦在 X 线片上直到 7 岁时才可见。在婴儿期和儿童期，鼻窦的发育对于脸型的改变和面部定大小的改变，以及在青春期的变声具有重要作用。

腭的发生

　　腭起源于两个原基：原发腭和继发腭。腭的发育从胚胎第 6 周开始发育，到 12 周基本发育完成。多分子信号通路包括 *Wnt* 信号通路及 *PRICKLE1* 信号通路等参与到该过程中。腭的发生的关键时间为胚胎 6 周晚期到胚胎 9 周早期。

109

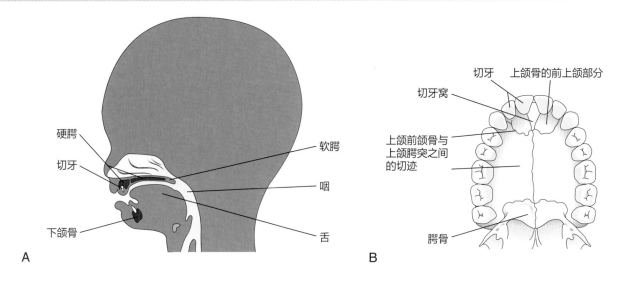

图 10-28 **A.** 胚胎第 20 周的侧视图及腭的位置。**B.** 成年人的上腭及牙槽弓示意图。上颌前颌骨与上颌融合的腭突之间的切迹通常可在年轻人的颅骨中见到，在老年人中则较难见到

原发腭

在胚胎第 6 周的早期，上颌突融合部位附近的间充质细胞增生形成**原发腭**（图 10-26F，图 10-27）。原发腭形成上颌骨的**前上颌部分**（图 10-28B），并演变为齿窝前部的一小部分硬腭。

继发腭

继发腭是形成软腭及硬腭的原基（图 10-27D，图 10-28A 和 B）。在胚胎第 6 周早期时双侧上颌突内侧的间充质细胞增生形成双侧的**外侧腭突**，最初外侧腭突位于舌体的两侧（图 10-29A~C）。随着颌骨的发育，外侧腭突先斜向下方生长。到了胚胎第 7~8 周时，在其内部分泌的透明质酸的作用下，外侧腭突逐渐上升至舌上方，并呈水平方向生长，最终在中线融合（图 10-29D~H），并与鼻中隔及原发腭的后部相连。继发腭的上升及水平方向生长目前认为和间质细胞分泌的透明质酸的水合过程相关。腭板边缘的内侧上皮部分降解后使得原发腭和继发腭得以相互融合。

鼻中隔是由内侧鼻突内部隆起向下生长形成（图 10-29C, E 和 G）。鼻中隔与腭之间的融合开始于胚胎第 9 周，并在 12 周左右完成。整个融合过程从前往后逐步完成于硬腭原基的上方（图 10-29D 和 F）。原发腭逐步发生膜内骨化，形成上颌骨的门牙前的上颌前部分（见第 15 章）（图 10-28B）。同时，骨化过程从上颌骨和腭骨延伸到外侧腭突形成**硬腭**（图 10-29E 和 G）。后半部则不发生骨化，与鼻中隔后部融合形成软腭及**悬雍垂**（图 10-29D, F 和 H）。**腭正中缝**为腭外突的融合线。在上颌前颌骨部分和上颌腭突之间，存在一根较细的**鼻腭管**。鼻腭管位于上腭的中间位置，在成年时则发育成为**切牙窝**（图 10-28B）。从切牙窝到上颌骨的牙槽突之间，双侧侧切牙和犬齿之间有不规则的切迹，是原发腭和继发腭在胚胎时期发生融合的位置。

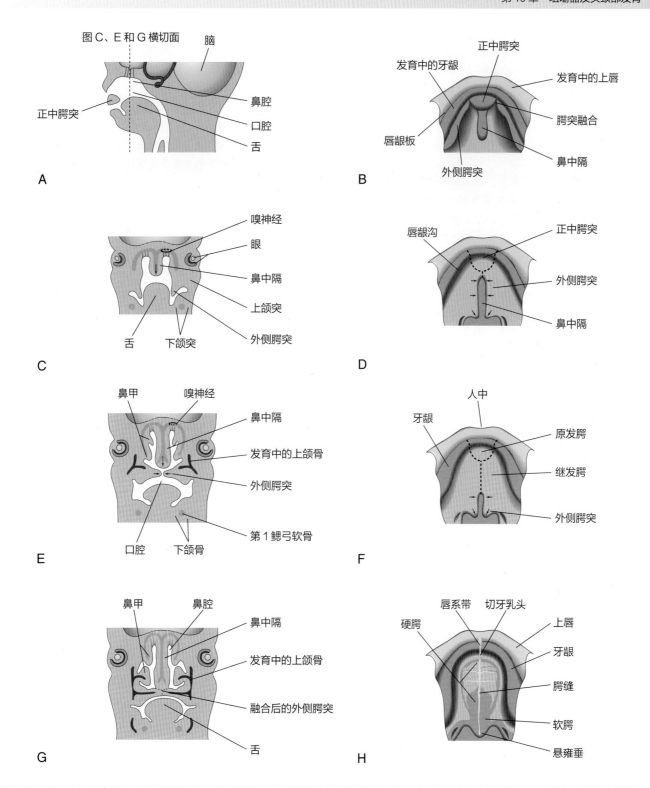

图C、E和G横切面　脑

正中腭突

鼻腔

口腔

舌

A

发育中的牙龈　正中腭突　发育中的上唇

唇龈板

外侧腭突　腭突融合　鼻中隔

B

嗅神经

眼

鼻中隔

上颌突

外侧腭突

舌　下颌突

C

唇龈沟　正中腭突

外侧腭突

鼻中隔

D

鼻甲　嗅神经

鼻中隔

发育中的上颌骨

外侧腭突

第1鳃弓软骨

口腔　下颌骨

E

人中

牙龈　原发腭

继发腭

外侧腭突

F

鼻甲　鼻腔

鼻中隔

发育中的上颌骨

融合后的外侧腭突

舌

G

唇系带　切牙乳头

硬腭　上唇

牙龈

腭缝

软腭

悬雍垂

H

图 10-29 **A.** 胚胎第 6 周末时头部的矢状切面图，注意腭正中突的位置。**B、D、F 和 H.** 胚胎第 6~12 周的上腭发育过程的示意图。**D 和 F** 的虚线表示腭突之间发生融合的位置，箭头表示外侧腭突向内侧和后方生长的方向。**C、E 和 G.** 头部额切面示意图及对外侧腭突相互融合以及与鼻中隔融合过程，以及鼻腔和口腔的分离过程

唇腭裂

唇腭裂在临床上较为常见，并且根据裂口与切齿孔及切牙乳头的位置关系进行疾病严重程度的分级（图 10-28B，图 10-33A）。唇裂和腭裂在临床上尤其容易发现，因为其多导致异常的面部外观和缺陷的语言发音功能（图 10-30）。唇腭裂主要分为两大类（图 10-31，图 10-32，图 10-33）:

• **前裂**：主要为唇裂，可同时伴有上颌骨的牙槽部裂。完全性唇裂是指唇裂从唇部和上颌骨的牙槽部延伸到切牙窝，将上腭的前后部分分开（图 10-33E 和 F）。前裂的发生是由于上颌突起和腭正中间充质发育异常所致（图 10-26D 和 E）。

• **后裂**：主要为后腭裂，裂口从软腭和硬腭延伸至切牙窝，将前腭和后腭分离（图 10-33G 和 H）。后裂的发生主要是两侧腭突未能与前腭和鼻中隔相融合导致。

唇裂有时可合并腭裂，唇裂的发生率为 1/1 000，但发病率波动较大，60%~80% 的患儿为男性。唇裂的严重程度各不相同，较轻的患儿可仅表现为唇边缘的小缺口（图 10-32G），较重的唇裂可一直到延伸到鼻孔底部并穿过上颌骨牙槽部分（图 10-31A，图 10-33E）。唇裂既可以单侧发生也可以双侧发生。

单侧唇裂（图 10-31A）：

由于单侧的上颌突与中鼻突间充质组织发育不完全造成（图 10-32A~H）。唇裂沟内的组织部分会退化分解，因此上唇会被分为两部分，在少数情况下上唇之间会有索带样组织相连，称为 Simonart 带。

双侧唇裂（图 10-31B，图 10-33F）：

是由于上颌突与融合后的中鼻突的间充质组织发育不足造成。当上颌骨牙槽部及上唇存在完全性的双侧唇裂时，其颌间节段就会完全游离并向前突出。由于造成口轮匝肌连续性的中断，在外观异常上会比较明显。

唇正中裂：

非常少见的畸形，是由于中鼻突间充质组织发育不足，造成前腭上颌间充质组织缺乏形成。下唇的正中裂也极其少见，是由于下颌突融合异常造成（图 10-23）。

鉴别前裂和后裂的关键点是看裂隙是否到达切齿孔（图 10-28B），前后裂在胚胎起源上是完全不同的机制。

腭裂的发生率约为 1/2 500，女性患者较为多见。轻度的腭裂可仅影响悬雍垂，使悬雍垂外观上呈鱼尾状（图 10-33B），严重的腭裂可以一直延伸到软腭和硬腭（图 10-33C 和 D）。对于合并唇裂的严重腭裂患者，腭裂可从上腭一直延伸到上颌骨的牙槽部和两侧的嘴唇（图 10-33G 和 H）。

腭裂可进一步分为以下 3 类：

• **前腭裂**：单侧腭突与原腭的融合异常造成（图 10-33F）。

• **后腭裂**：由于单侧腭突与对侧腭突及鼻中隔融合异常造成（图 10-29E）。

• **全腭裂**：由于单侧腭突与原发腭、对侧腭突及鼻中隔融合同时异常造成。

大部分的腭裂和唇裂都是多因素综合作用的结果（见第 19 章）。某些唇腭裂可为某些单基因突变造成的综合征的一种症状，部分唇腭裂则多见于染色体病变，特别是 **13 三体综合征**（见第 19 章，图 19-6）。一些致畸物也可导致唇腭裂的发生，比如抗惊厥药物。腭裂患者子代的腭裂的发病率会升高，但唇裂风险无明显增加。唇裂多和某些 X 连锁的基因有关，因此男性发病率较高。

面裂

面裂的发生形式较为多样，但均较为少见。严重的面裂多合并头颅畸形。**面斜裂**多从上唇一直延伸到内眦，并且多合并开放的鼻泪管。合并唇裂的面斜裂患儿多是由于上颌突与侧鼻突或者正中鼻突的融合异常导致。面侧裂或者面横裂多由口周至耳朵。双侧面裂多导致**巨口症**。

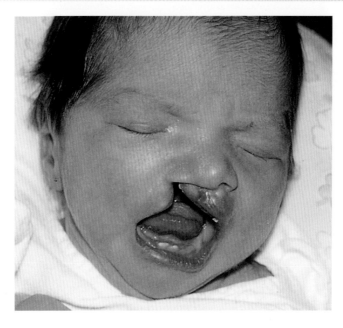

图 10-30　同时患有单侧唇裂和腭裂的患儿

单纯唇裂的发生率约为 1/1 000，男性比例较高 (Courtesy A.E. Chudley, MD, Professor of Paediatrics and Child Health, Children's Hospital and University of Manitoba, Winnipeg, Manitoba, Canada.)

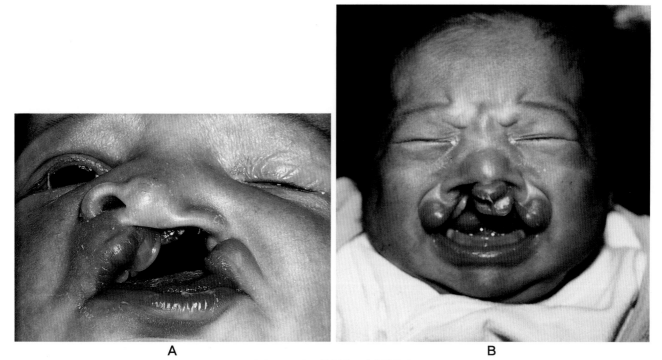

图 10-31　单侧和双侧唇腭裂

A. 左侧的单侧唇腭裂患儿。**B.** 双侧唇腭裂患儿。(Courtesy Dr. Barry H. Grayson and Dr. Bruno L. Vendittelli, Institute of Reconstructive Plastic Surgery, New York University Medical Center, New York, NY.)

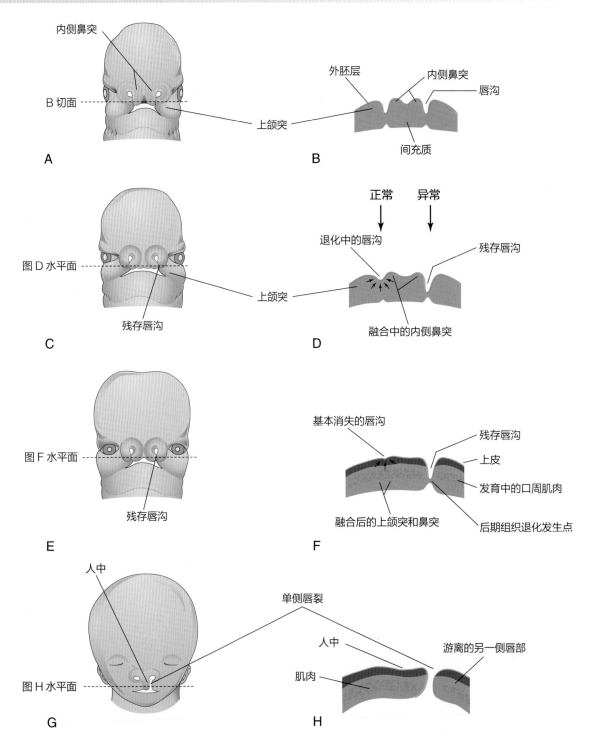

图 10-32 单侧唇裂发生的示意图

A. 胚胎第 5 周。**B.** 胚胎第 5 周时头部的水平切面图，可以看见上颌突和内侧鼻突融合前的唇沟。**C.** 胚胎第 6 周时可见唇沟的存在。**D.** 胚胎第 6 周时头部的水平切面图，正常情况下由于间充质增生（箭头）唇沟逐渐消失。**E.** 胚胎第 7 周。**F.** 胚胎第 7 周时可见右侧鼻唇沟基本消失。**G.** 胚胎第 10 周。**H.** 胚胎第 10 周时唇裂已经完全形成。

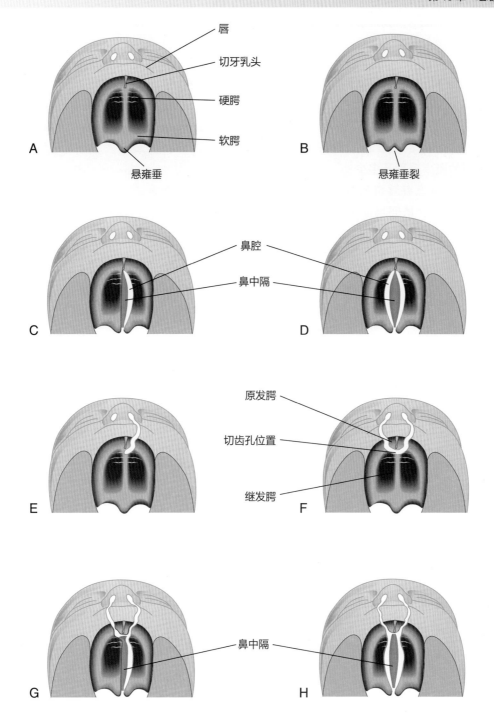

唇
切牙乳头
硬腭
软腭
悬雍垂
悬雍垂裂
鼻腔
鼻中隔
原发腭
切齿孔位置
继发腭
鼻中隔

图 10-33　不同类型的唇裂及腭裂

A. 正常的唇部及腭部。B. 悬雍垂裂。C. 后腭的单侧腭裂。D. 后腭的双侧腭裂。 E. 过上颌牙槽突及前腭的单侧完全唇裂。
F. 过上颌牙槽突及前腭的双侧完全唇裂。G. 过上颌牙槽突及前腭的双侧完全性唇裂伴单侧后腭裂。H. 过上颌牙槽突及前腭
的双侧完全性唇裂伴双侧后腭裂。

临床导向提问

1. 胚胎期有唇裂吗？胚胎期的唇裂是异常状态吗？会一直持续下去？

2. 克莱尔和杰克都没有唇裂或者腭裂，他们的家里人也都没有唇裂或者腭裂，请问他们生一个孩子出现唇裂和腭裂的概率分别是多少？

3. 玛丽的儿子同时患有唇裂和腭裂，玛丽的兄弟也有唇腭裂的家族史。请问玛丽最可能的基因缺陷是哪种？

4. 一名患者的儿子的外耳存在轻微的畸形，但是没有其他面部畸形或者听力障碍，请问他的耳郭异常可以认为是鳃弓发育异常导致吗？

答案见附录。

（虞贤贤　译）

第 11 章

呼吸系统

胚胎发育第 4 周，**下呼吸道器官**（喉、气管、支气管和肺）开始生长。呼吸系统发育开始于原始咽尾端底部的正中突起——**喉气管沟**（图 11-1A 和 B）。第 4 对咽囊尾部发育成**气管支气管树**原基。**喉气管沟**的内胚层发育成肺上皮以及喉、气管和支气管的腺体。这些结构中的结缔组织、软骨和平滑肌由前肠的脏壁中胚层发育而来（图 11-4A）。*BMP、Wnt 和 FGF 信号通路调控前肠早期 Sox2 和 Nkx2-1 的表达模式，以分化成气管和食管。在腹侧区域，Nkx2-1 被激活，而 Sox2 被抑制。*

第 4 周结束时，在前肠尾部的腹侧，喉气管沟已经向外突出形成囊状**喉气管憩室**（图 11-1A，图 11-2A）。

随着憩室延长，其远端扩大形成球状**呼吸芽**（图 11-2B）。喉气管憩室很快与**原始咽**分离，但它通过**原始喉口**与原始咽保持连通（图 11-2A 和 C）。当憩室拉长时，它被脏壁中胚层包裹（图 11-2B）。纵向**气管食管褶皱**在喉气管憩室中形成，相互靠拢，并融合形成一个隔板——**气管食管隔**（图 11-2D 和 E）。

气管食管隔将前肠头端分成腹侧部分（**喉气管**，即喉、气管、支气管和肺的原基）和背侧部分（口咽和食管的原基）（图 11-2F）。

喉的发育

喉上皮由喉气管头端内胚层发育而成。喉软骨由第 4 对和第 6 对鳃弓发育而成（见第 10 章）。喉气管头端的间充质迅速增生，形成成对的**杓状隆起**（图 11-3B）。杓状隆起向舌生长，将**原始声门**转变成"T"形**喉口**（图 11-3C 和 D）。喉气管进入咽部的开口成为**原始喉口**（图 11-2F，图 11-3C）。喉上皮迅速增生，导致喉腔暂时性闭塞。在第 10 周，喉部再通，并形成喉腔。喉腔壁的表面覆盖黏膜褶皱，将发育成*声襞和前庭襞*。

第 3 对和第 4 对鳃弓腹侧末端的间充质增殖产生鳃下隆起，鳃下隆起尾部发育成**会厌**（见第 10 章，图

10-21；图 11-3B~D）。鳃下隆起的头侧部分形成舌头的后 1/3 或咽部（见第 10 章，图 10-21）。第 4 对和第 6 对鳃弓中的成肌细胞发育成喉肌，因此**喉肌**由供应这些鳃弓的迷走神经喉分支支配（表 10-1）。在出生后的前 3 年，喉和会厌迅速生长，会厌成形并到达解剖位置。

喉部闭锁

喉部闭锁是一种罕见的出生缺陷，可导致胎儿上呼吸道梗阻，发生先天性上呼吸道梗阻综合征。在闭锁远端，气管扩张，肺增生（导致心脏和大血管受压），横膈变扁平及反向，出现胎儿水肿（两个或多个腔室中液体积聚和 / 或腹水）。产前超声检查可以诊断该异常。喉部闭锁通常是一种致命疾病，但在某些情况下，出生时立即行气管切开术可挽救患儿生命。

气管的发育

衬被在喉气管远端腔面的内胚层分化为气管的上皮、腺体和肺上皮。喉气管周围的脏壁中胚层发育成气管的软骨、结缔组织和肌肉（图 11-4）。*转运受体 EVi/WLs 参与喉气管内胚层的背 - 腹发育模式。Wnt/β-catenin 信号通路促进气管周围间充质增殖以及软骨和肌肉的形成。*

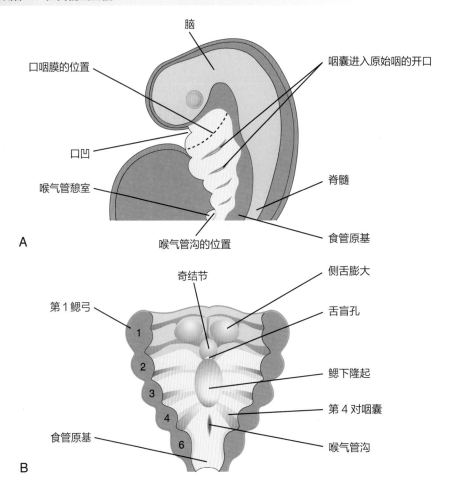

图 11-1 **A.** 胚胎第 4 周头部的矢状切面。**B.** 胚胎水平切面，显示原始咽尾部和喉气管沟的位置

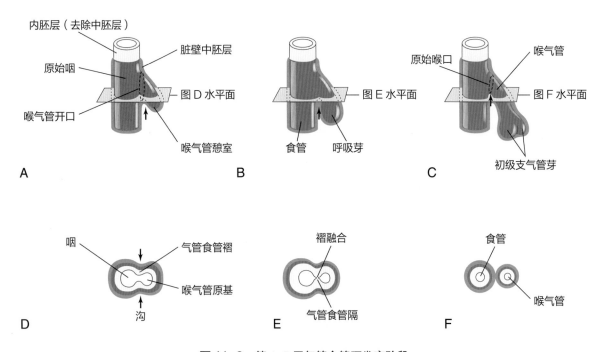

图 11-2 第 4~5 周气管食管隔发育阶段

A~C. 原始咽尾部的侧视图，显示喉气管憩室以及其如何将前肠分成食管和喉气管。**D~F.** 横切面，显示气管食管隔形成以及如何将前肠分成喉气管和食管。箭头代表生长引起的细胞变化。

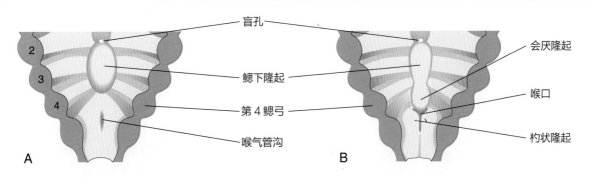

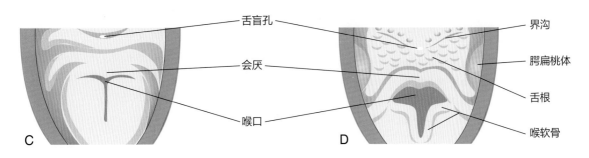

图 11-3　喉发育的连续阶段

A. 胚胎第 4 周。**B.** 胚胎第 5 周。**C.** 胚胎第 6 周。**D.** 胚胎第 10 周。喉上皮来自内胚层。喉的软骨和肌肉来自第 4 对和第 6 对鳃弓的间充质。随着喉周围的间充质增生，喉口的形状从裂隙状转变为"T"形。

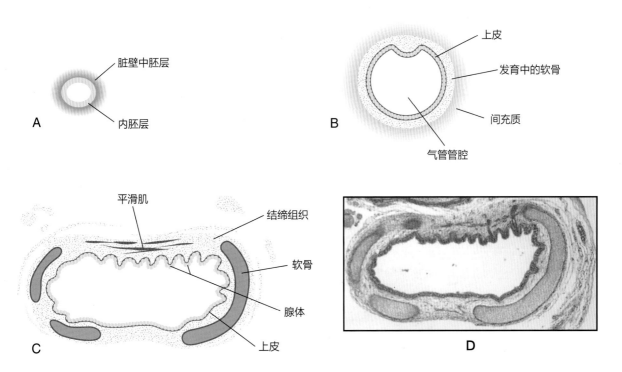

图 11-4　喉气管横切面，显示气管发育的进展阶段

A. 胚胎第 4 周。**B.** 胚胎第 10 周。**C.** 胚胎第 11 周 (D 图为显微图)。喉气管内胚层发育成气管的上皮和腺体，喉气管周围的间充质发育成结缔组织、肌肉和软骨。**D.** 胚胎第 12 周气管横切面的显微照片。(From Moore KL, Persaud TVN, Shiota K: *Color atlas of clinical embryology*, ed 2, Philadelphia, 2000, Saunders.)

气管食管瘘

气管食管瘘（tracheoesophageal fistula，TEF）是气管和食管之间的异常通道（图11-5，图11-6A）。活产儿中发病率为1/3 000～1/4 500，主要影响男性。多数情况下，气管食管瘘伴有**食管闭锁**。胚胎第4周前肠头端不完全分成气管和食管，导致气管食管瘘。气管食管褶的不完全融合导致气管食管隔缺损、气管和食管相交通。

气管食管瘘是下呼吸道最常见畸形，主要分为4种类型（图11-5）。常见的畸形是食管上段为盲端（**食管闭锁**），靠近气管分叉处的食管下段与气管相连接（图11-5A，图11-6B）。此类型患儿在口腔和上呼吸道中积聚过多液体，吞咽时容易发生咳嗽和窒息。当患儿喝奶时，奶会迅速充满食管盲端并发生反流。胃内容物也可能从胃通过瘘管反流到气管和肺部，导致**肺炎**。气管食管瘘其他类型见图11-5B～D。食管闭锁常伴有**羊水过多**（见第8章）。过多的羊水积聚是因为羊水不能进入胃和肠被吸收，而是通过胎盘转移到母体血液中被处理。

气管狭窄和闭锁

气管狭窄和闭锁是少见的出生缺陷，通常伴有气管食管瘘。气管狭窄和闭锁可能是前肠分成食管和气管时分配不均匀造成的（图11-5）。某些情况下，网状组织会阻碍气流通过，导致不完全气管闭锁。

支气管和肺的发育

胚胎发育第4周，喉气管憩室的尾端发育成**肺芽**（图11-2B）。肺芽很快分裂成两个**初级支气管芽**（图11-2C）。之后，形成**二级和三级支气管芽**并横向生长到**心包腹膜管**中（图11-7A）。

支气管芽与周围的脏壁中胚层一起分化成**支气管**及其在肺中的分支（图11-7B）。第5周早期，各支气管芽与气管的连接处扩大，形成**主支气管**的原基（图11-8）。

胚胎时期，右主支气管比左主支气管稍大，方向更为垂直。这种差异直到成年时依旧存在；因此，与左主支气管相比，异物更容易进入右主支气管。

主支气管细分为形成**叶支、段支和段内支的次级支气管**（图11-8）。在右侧，上段次级支气管供应肺上叶，而下段次级支气管细分为两个支气管，一个供应

右肺中叶，另一个供应右肺下叶。在左边，两个次级支气管分别供应肺的上下叶。每个次级支气管又逐渐分支。

胚胎第7周开始形成**肺段支气管**，右肺有10支肺段支气管，左肺有8支或9支肺段支气管。此时，肺段周围间充质也开始分裂。每一个肺段支气管及其周围的间充质是**支气管肺段**的原基。到24周，大约出现17级分支，并形成**呼吸性细支气管**（图11-9B）。出生后还会出现另外7种呼吸道分支。

支气管发育的同时，支气管周围的脏壁间充质发育成软骨板、支气管平滑肌和结缔组织以及肺结缔组织和毛细血管。随着肺发育，脏壁中胚层分化成一层**脏胸膜**（图11-7）。随着肺扩张，肺和胸膜腔长入体壁的间充质中，并很快靠近心脏。胸廓体壁被一层来自体壁中胚层的壁胸膜覆盖（图11-7）。脏胸膜和壁胸膜之间的空间就是**胸膜腔**。

肺成熟

肺的成熟分为四个重叠的组织学阶段：假腺期、小管期、终末囊泡期和肺泡期。

假腺期（第5~17周）

从组织学的角度来看，发育中的肺在假腺期的早期类似于外分泌腺（图11-9A）。到第16周，除气体交换部分外，肺的主要成分已基本形成。此时，胎儿无法进行呼吸。因此，*在此期出生的胎儿无法存活*。

小管期（第16~25周）

这个时期与假腺期重叠，因为肺的头段比尾段成熟得快。在小管期，支气管和**终末细支气管**管腔扩大，肺组织变得高度血管化（图11-9B）。到第24周，每一个终末细支气管已经长出两个或两个以上的**呼吸性细支气管**，每个呼吸性细支气管分成3~6个管状通道，即**原始肺泡管**。

小管期结束时，在呼吸性细支气管的末端已经形成一些薄壁的**终末囊泡**（原始肺泡），并且*肺组织已经血管化（通过形成新生血管而获得血管化）*，因此，可能可以进行呼吸。尽管如果得到特殊护理，出生于第24~26周的胎儿可能会存活，但由于其呼吸系统和其他系统相对不成熟，最终会发生死亡。

终末囊泡期（第24周至胎儿晚期）

在此期，更多的终末囊泡发育，其*上皮变得非常薄*。毛细血管开始进入这些囊泡（图11-9）。肺泡上皮

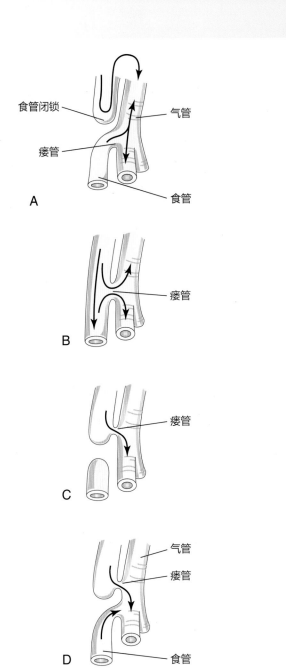

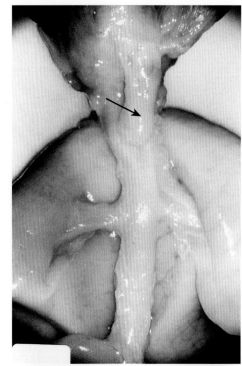

A

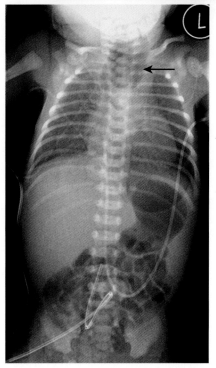

B

图 11-5　气管食管瘘的 4 种主要类型（按发生率顺序显示）。箭头指示内容物可能流动的方向

A. 85% 以上的食管闭锁病例合并有该类型气管食管瘘。**B.** 气管与食管之间存在瘘管；这种类型约占 4%。**C.** 食管闭锁近端终止于气管食管瘘，食管远端有盲袋。空气不能进入食管远端和胃。**D.** 食管近端闭锁，食管近端和远端与气管之间均存在瘘管。空气可以进入食管远端和胃。患有气管食管瘘的新生儿均存在食管动力障碍，大多数有反流症状。

图 11-6　**A.** 第 17 周胎儿气管食管瘘。食管上段盲端（箭头）。**B.** 食管闭锁婴儿 X 线片。远端胃肠道中的空气表明存在气管食管瘘（箭头，近端食管盲袋）。(**A,** From Kalousek DK, Fitch N, Paradice BA: *Pathology of the human embryo and previable fetus*, New York, 1990, Springer Verlag. **B,** Courtesy Dr. J. Been, Dr. M. Shuurman, and Dr. S. Robben, Maastricht University Medical Centre, Maastricht, Netherlands.)

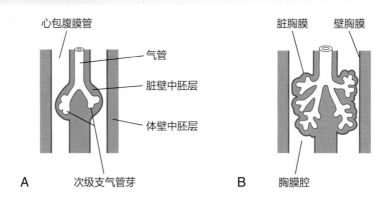

图 11-7 胸膜各层的发育

发育中的肺生长到心包腹膜管（原始胸膜腔）内侧壁的脏壁中胚层。**A.** 胚胎第 5 周。**B.** 胚胎第 6 周。

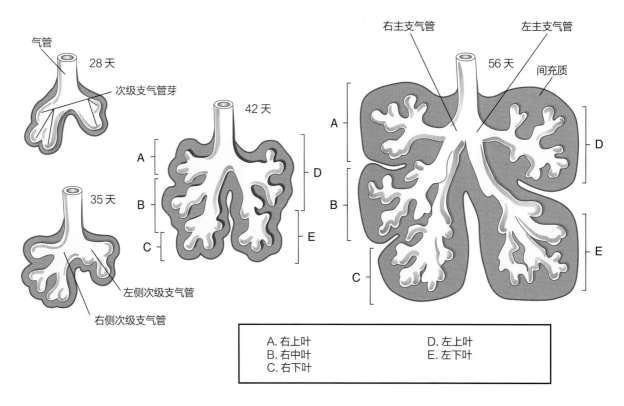

A. 右上叶	D. 左上叶
B. 右中叶	E. 左下叶
C. 右下叶	

图 11-8 支气管芽、支气管和肺发育的连续阶段

细胞和毛细血管内皮细胞之间的连接处形成了**血 - 气屏障**，从而可以进行足够的气体交换以求生存。

到第 26 周时，终末囊泡内主要衬有内胚层来源的鳞状上皮细胞（**I 型肺泡细胞**），在该处发生气体交换。围绕在肺泡周围间充质内的毛细血管网迅速增生，同时毛细淋巴管也快速发育。散布在鳞状上皮细胞中的圆形分泌上皮细胞是 **II 型肺泡细胞**，*可分泌**肺泡表面活性物质***（一种磷脂蛋白混合物）（I 型和 II 型肺泡细胞起源于共同的祖细胞）。

表面活性物质在肺泡囊内壁上形成单分子膜，抵消空气 - 肺泡界面的表面张力。这有利于终末囊泡扩张。

II 型肺泡细胞的成熟和表面活性物质的产生在不同年龄的胎儿中差异很大。从*第 20~22 周开始产生肺泡表面活性物质*，但在早产儿中肺泡表面活性物质含量很少。直到胎儿晚期才达到足够的水平。产前皮质类固醇诱导表面活性物质生成增加和**产后表面活性物质替代治疗**均能增加早产儿存活率。

肺泡期（胎儿晚期至 8 岁）

终末囊泡期结束和肺泡期开始的确切时间取决于对**肺泡**的定义（图 11-9D）。在肺泡期开始时，每个呼吸性细支气管终止于一簇薄壁终末囊泡，这些终末囊泡被松散的结缔组织彼此分开。终末囊泡将发育成**肺**

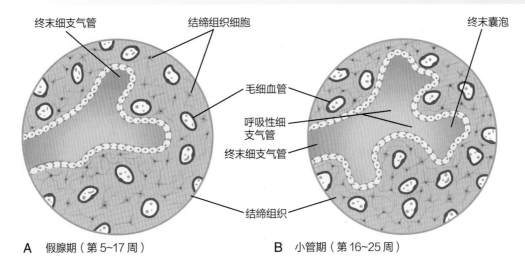

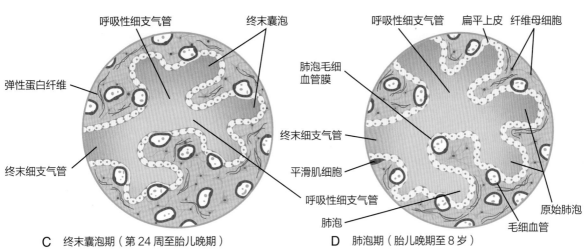

图 11-9 肺发育进展阶段的组织切片图
A 和 **B.** 肺发育的早期阶段。**C** 和 **D.** 肺泡毛细血管膜很薄，部分毛细血管凸入终末囊泡。

泡管。**肺泡毛细血管膜**(肺扩散屏障或呼吸膜)足够薄，可以进行气体交换。从依赖胎盘进行气体交换到出生后自主气体交换的转变需要肺部发生以下适应性变化：

- 肺泡囊内表面活性物质的产生。
- 肺转变为气体交换器官。
- 肺循环和体循环的建立。

约 95% 的**成熟肺泡**在出生后发育。出生前，原始肺泡表现为呼吸性细支气管和肺泡囊壁上的小凸起(图 11-9D)。出生后，原始肺泡随着肺的扩张而扩大；但是，肺体积增加大部分是由于呼吸性细支气管和原始肺泡数量的持续增加，而不是由于肺泡体积的增加。到 3 岁时，肺泡发育基本完成，但直至 8 岁时，都有可能产生新的肺泡。与成熟肺泡不同，*未成熟的肺泡有可能形成其他原始肺泡。*

足月新生儿的肺部约有 1~5 亿原始肺泡，占成年人肺泡总数的一半。因此，在胸片上，新生儿肺的密度比成人肺更大。从 3~8 岁，成人肺可增加至 3 亿个肺泡。

正常肺发育必不可少的三个因素有：

- 有足够的胸部空间供肺生长。
- 足够的羊水量。
- 胎儿呼吸运动。

转录因子 Sox17 和 Wnt 信号通路参与调控肺形态和肺血管形成的机制。

在产前胎儿已经开始进行呼吸运动，使得部分羊水吸入肺部。胎儿约 50% 的时间可发生呼吸运动，而且只发生在快速眼动睡眠期。呼吸运动可能通过在肺和羊水之间产生压力梯度来刺激肺发育。出生时，胎儿已经进行了几个月呼吸运动。胎儿呼吸运动随着分娩时间的临近而增加。

出生时，大约一半的肺充满来自羊膜腔、肺和气管腺的液体。肺的通气不是由于肺扩张，而是由于肺泡内液体被空气快速置换。肺部的液体通过以下 3 种途径清除：

- 阴道分娩时通过挤压胸腔，液体从口、鼻排出。
- 液体进入肺毛细血管和肺动、静脉。
- 液体进入淋巴管。

羊水过少与肺发育

当长期重度羊水过少（羊水量不足）时，肺发育迟缓。肺内液体压力的降低及其对肺的钙调节影响可能导致严重的**肺发育不良**。

新生儿呼吸窘迫综合征

约 2% 活产儿可能发生呼吸窘迫综合征，多见于早产儿。呼吸窘迫综合征又称**肺透明膜病**，表面活性物质缺乏是其主要原因。长期宫内缺氧可能会导致 II 型肺泡细胞中产生不可逆变化，使其无法产生表面活性物质。糖皮质类固醇能有效刺激表面活性物质产生。当孕妇有早产的风险时，可给予糖皮质类固醇。患儿肺部充气不足，肺泡内含有来自循环系统和受损肺上皮的无定形物质（透明膜）。呼吸窘迫综合征患儿在生后不久出现呼吸急促、呼吸困难。30% 新生儿疾病是由呼吸窘迫综合征或其并发症引起的。治疗包括吸氧和补充表面活性物质。90% 以上的呼吸窘迫综合征新生儿可以存活。

新生儿肺

新鲜健康的肺总是含有一些空气，因此，肺组织样本可漂浮在水中。相反，不健康的肺部分充满液体，可能不会漂浮。具有法医学意义的是，死产胎儿的肺部由于含有液体，而不是空气，因此肺部坚硬，放入水中时会下沉。

肺发育不良

先天性膈疝患儿可能发生肺发育不良（见第 9 章）。这种肺发育不良可能是由生长因子变化所引起的，而生长因子在腹部内脏发生错位之前就存在。**肺发育不良的**特征是肺容量明显减少。尽管有最佳的产后护理，但由于发育不良的肺部无法维持新生儿的生存，许多先天性膈疝患儿仍会死于肺发育不良。

原发性纤毛运动障碍

原发性纤毛运动障碍（primary ciliary dyskinesia, PCD）是一种罕见的纤毛运动疾病，发病率为 1:20 000 ～ 1:10 000，属常染色体隐性遗传疾病。最常见的表现是新生儿呼吸窘迫。50% PCD 患者还表现出内脏转位（Kartagener 综合征）。90% PCD 男性因精子运动障碍导致不育。

临床导向提问

1. 什么可以刺激婴儿在出生时开始呼吸？"拍屁股"有必要吗？

2. 据报道，新生儿在出生后 72 小时死于呼吸窘迫综合征。什么是呼吸窘迫综合征？这个病又叫什么名字？其原因是遗传还是环境？

3. 受精后 22 周出生的新生儿可以存活吗？如何降低呼吸窘迫综合征的严重程度？

答案见附录。

（王伟鹏　译）

第 12 章

消化系统

消化系统包括自口腔延伸至肛门的所有附属腺体和器官。**原肠（胚胎发育最早期）**形成在胚胎第 4 周，此时头、尾侧隆起（尾部），侧褶合并成**卵黄囊**背侧部（见第 6 章，图 6-1）。原肠最初在头端被**口咽膜**关闭（见第 10 章，图 10-1B），尾侧端被**泄殖腔膜**关闭（图 12-1）。原肠的内胚层生成大部分肠道、上皮及腺体。消化道头侧及尾侧端上皮分别起源于**口凹**和**肛凹（原始肛门）**的外胚层 (图 12-1)。

肌肉、结缔组织和其他**消化道**壁层起源于**原肠**周围的脏层间质。为了便于描述，肠道分成前肠，中肠和后肠三部分。原肠的局部分化是通过表达在内胚层及中胚层周围的音猬和印度刺猬基因（*SHH* 和 *IHH*）调控。内胚层信号为肠道的发育提供时空信息。

前肠

前肠的衍生物包括：

- 原始咽和其衍生物。
- 下呼吸系统。
- 食管和胃。
- 十二指肠，仅在胆道开口近端部分。
- 肝脏，胆道系统（肝管、胆囊、胆总管）和胰腺。

这些前肠衍生物，除了咽、下呼吸道和大部分食管，均由**腹腔干**、前肠动脉供血（图 12-1，图 12-2A）。

食管的发育

食管由咽部至接近尾部的前肠发育而来（图 12-1）。最初，食管很短，但在胚胎第 7 周迅速伸长并达到最终相对的长度。它的上皮和腺体起源于内胚层。上皮增生，部分或者完全堵塞食管腔；但通常在胚胎第 8 周末发生正常再管化。食管横纹肌起源于胚胎第 4 周和第 6 周咽弓的间质（见第 10 章，图 10-1，图 10-5B）。平滑肌主要在下 1/3 食管，发育自周围的脏层间质。

食管闭锁

食管腔的阻塞（闭锁）在新生儿发病率为 1/4 500 到 1/3 000。约 1/3 食管闭锁患儿出生时是早产。**食管闭锁**经常合伴有气管食管瘘（见第 11 章，图 11-5，图 11-6）。闭锁源于在后方的气管食管隔的偏离（图 11-2，图 11-6）；最终导致食管从喉气管管腔分离不完全。在一些病例中，闭锁由于胚胎发育第 8 周食管再管化失败导致。伴有食管闭锁的胎儿不能够吞咽羊水，导致**羊水过多**，过量的羊水积聚。

食管狭窄

食管腔狭窄可以发生在食管任何一段，但通常发生在末端 1/3 食管，可以是一个瓣膜样狭窄或者是一个细丝样腔隙的长段食管。狭窄通常是由于胚胎第 8 周食管再管化不完全。

胃的发育

胚胎第 4 周，管样前肠在原始胃的部位轻度扩张。最初表现在正中切面前肠尾端梭形扩张（图 12-2B）。原始胃增大，向腹侧背侧拓宽。它的背侧相比腹侧边界生长得更加迅速。迅速生长的部位界定了**胃大弯**的形成（图 12-2D）。

胃的旋转

当胃增大时，沿着其纵轴顺时针方向旋转 90°。胃旋转的结果见下方（图 12-2，图 12-3）。

- 腹侧边（胃小弯）移至右侧，背侧边（胃大弯）移至左侧（图 12-2C~F）。

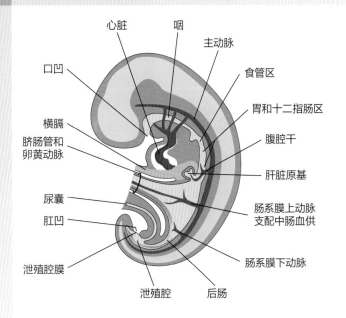

图中标注：
心脏、咽、主动脉、口凹、食管区、横膈、胃和十二指肠区、脐肠管和卵黄动脉、腹腔干、肝脏原基、尿囊、肠系膜上动脉支配中肠血供、肛凹、泄殖腔膜、泄殖腔、后肠、肠系膜下动脉

图 12-1 胚胎第 4 周中线切面图，显示早期消化系统和血供

• 在旋转之前，胃头端及尾端位于中线截面（图 12-2B）。

• 在胃旋转和生长期间，头侧区移至左侧稍向下，尾侧区域移至右侧上部（图 12-2C~E）。

• 旋转结束后，胃达到其最终位置，它的长轴几乎横跨身体长轴（图 12-2E）。这样的旋转和生长解释了为什么**左侧迷走神经**支配成人胃的前壁，**右侧迷走神经**分布在胃后壁。

肥厚性幽门狭窄

　　胃的出生缺陷不常见，但肥厚性幽门狭窄是例外，发病率在男性为 1：150，在女性为 1：750。伴有这种缺陷的婴儿，胃远端的**括约肌区域，胃的幽门肌存在显著增厚**。幽门区域肌肉过度肥厚导致幽门管严重狭窄，食物通过受阻。最终导致胃显著扩张，胃内容物被相当大的作用力排出（**喷射状呕吐**）。手术解除梗阻是常规治疗。

胃的系膜

　　胃通过**原始胃背系膜**附着于腹腔**背侧腹壁**（图 12-2B 和 C，图 12-3A~E）。胃系膜最初位于中线切面，在胃旋转和形成小网膜囊期间迁移至左侧。**原始胃腹系膜**附着于胃、十二指肠、肝脏和腹侧腹壁（图 12-2C，图 12-3A 和 B）。

网膜囊

　　间质中孤立散在的裂发育形成背侧胃系膜（图 12-3A 和 B）。散在的裂不久就合并形成单个腔隙——**小网膜囊**——一个大的腹膜腔凹室（图 12-2F 和 G，图 12-3C 和 D）。胃的旋转推移背侧胃系膜至左侧，因此网膜囊增大。囊袋样的网膜囊有利于胃的蠕动。

　　网膜囊位于胃和后腹壁之间。当胃增大时，网膜囊扩大，悬在发育中的肠管上方（图 12-3J）。这部分的网膜囊是**大网膜**（图 12-3G~J，图 12-13A）。大网膜的两层最终融合（图 12-13F）。**网膜囊**通过一个小的开口与大腹膜腔交通——**网膜孔**（图 12-2D 和 F，图 12-3C 和 F）。

十二指肠的发育

　　在胚胎第 4 周早期，十二指肠自前肠尾端和中肠头端开始发育（图 12-4A）。十二指肠发育伸长形成弯向腹侧的 C 型襻（图 12-4B~D）。当胃旋转时，十二指肠襻旋转至右侧，位于**腹膜后方**（腹膜外）。由于它起源于前肠和中肠，十二指肠由腹腔干和肠系膜上动脉分支供血（图 12-1）。在胚胎第 5 和第 6 周，十二指肠腔由于上皮细胞增生暂时性闭塞；通常在胚胎末期（第 8 周）肠腔再管化。

十二指肠狭窄

　　十二指肠腔部分阻塞即**十二指肠狭窄**，通常由于十二指肠再管化不完全导致，起源于空泡化缺陷。大多数狭窄累及十二指肠水平部（第 3 段）和 / 或者升部（第 4 段）。由于狭窄，胃内容物经常被呕出（通常含有胆汁）。

十二指肠闭锁

　　十二指肠完全闭塞即**十二指肠闭锁**，不常见。早期发育期间，十二指肠腔完全被上皮细胞阻塞。假如没有发生完全的肠腔再管化，部分短节段的十二指肠出现阻塞（图 12-5B）。大多数闭锁累及十二指肠降部和水平部并且位于胆总管开口远端。患有十二指肠闭锁的新生儿生后数小时即出现呕吐。呕吐内容物几乎均含有胆汁。**羊水过多**也会出现，是由于十二指肠闭锁阻止了羊水被肠管的正常吸收。腹部平片或者超声检查见双泡征表现提示十二指肠闭锁诊断（图 12-5B）。这种征象是由于

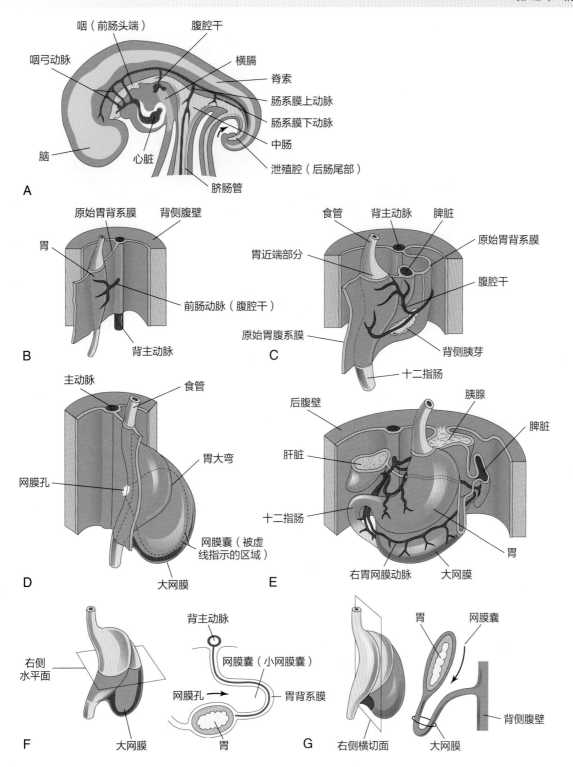

图 12-2　胃的发育及旋转、网膜囊和大网膜的形成

A. 28 天胚胎腹部正中截面。**B.** 显示在 A 图中的胚胎前侧观。**C.** 大约 35 天胚胎。**D.** 大约 40 天胚胎。**E.** 大约 48 天胚胎。
F. 大约 52 天胚胎的胃和大网膜侧面观。**G.** 矢状切面，显示网膜囊和大网膜。**F** 和 **G** 图中的箭头指示网膜孔的位置。

扩张的充满气体的胃和近端十二指肠导致的。20%~30%
的十二指肠闭锁患儿有唐氏综合征，另外有约 20% 为早
产儿。

肝脏和胆道系统发育

　　肝脏、胆囊和胆管系统源自腹侧内胚层向外生
长——**肝憩室**——起源于早期胚胎第 4 周前肠尾端（图
12-4A，图 12-6A）。Wnt/β-catenin 信号通路涉及肝

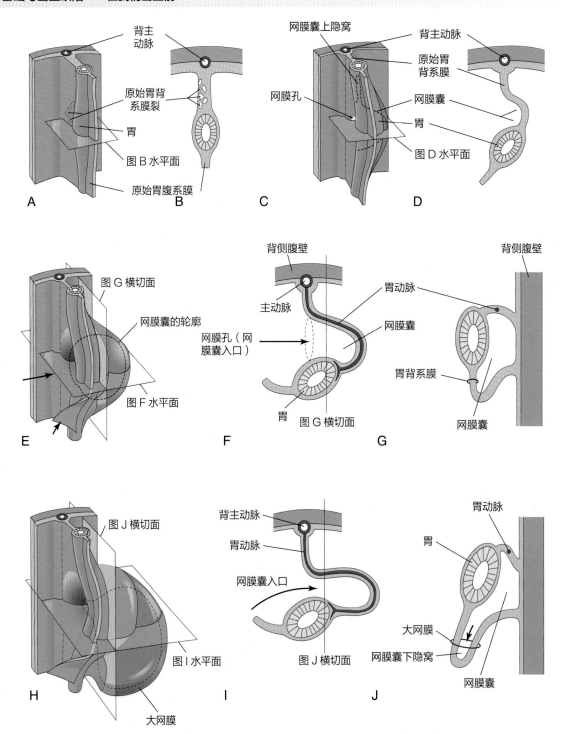

图 12-3 胃和系膜发育及系膜和网膜囊的形成

A. 胚胎第 5 周。B. 横切面显示胃背系膜裂。C. 裂的融合后期形成网膜囊。D. 横切面显示最初的网膜囊外观。E. 背系膜延长和网膜囊扩大。F 和 G. 分别为横切面和矢状面，显示胃背系膜的延长和网膜囊的扩大。H. 胚胎第 6 周，显示大网膜和网膜囊的扩大。I 和 J. 横切面和矢状面，分别显示网膜囊下隐窝和网膜孔。E,F 和 I 图中的箭头指示网膜孔。在 J 图，箭头指示网膜囊下隐窝。

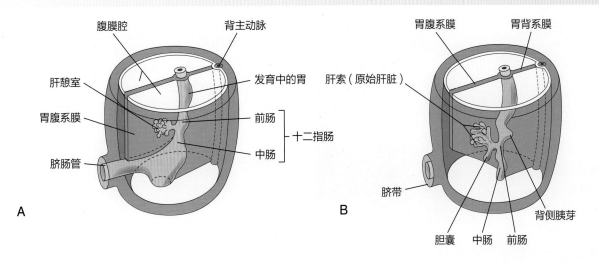

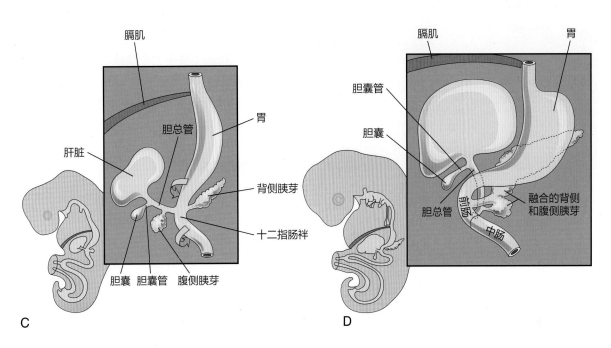

图 12-4 十二指肠、肝脏、胰腺、肝外胆道进行性发育期

A. 胚胎第 4 周。**B.** 胚胎第 5 周早期。**C.** 胚胎第 5 周晚期。**D.** 胚胎第 6 周。胰腺发育自腹侧和背侧胰芽融合形成胰腺。可以看到胆总管进入十二指肠开口逐渐从最初的位置迁移至后侧。这样可以解释为什么成人胆道从十二指肠和胰头后方经过。

憩室的诱导生成。

　　肝憩室延伸进入**横膈**，它是一个在发育中的心脏和中肠之间的内脏中胚层团块（图 12-6B）。当生长在**胃腹系膜**层间时，憩室增大并分成两部分（图 12-4A）。较大的憩室头侧部分是**原始肝脏**；较小的尾端部分演化成**胆囊**。增生的内胚层细胞产生了相互交错的**肝细胞（实质肝细胞）**索和胆管细胞，胆管细胞形成胆管系统肝内部分的上皮层。**肝索**在内皮层空间，原始肝窦周围吻合。肝脏的纤维组织和造血组织起源于横膈内的间质，而库普弗细胞来源于卵黄囊内的祖细胞。肝脏在第 5~10 周迅速生长，占据了上腹腔的大

部分（图 12-4，图 12-6C 和 D。）

　　造血（各种血细胞的形成和发育）开始于胚胎第 6 周肝脏内，此时造血干细胞从背主动脉迁移进入肝脏。到第 9 周，肝脏占据胎儿总体重的 10%。第 12 周肝细胞开始**产生胆汁**。

　　肝憩室小的尾端形成**胆囊**，柄部形成**胆囊管**（图 12-4B 和 C）。最初*肝外胆道*被上皮阻塞。肝外胆管细胞也起源于内胚层。连接肝脏和胆囊管到十二指肠的憩室柄部发育成**胆总管**。胆总管附着在十二指肠祥的腹侧。当十二指肠生长和旋转时，胆总管被连带旋转至十二指肠背侧（图 12-4C 和 D）。第 13 周后胆汁通

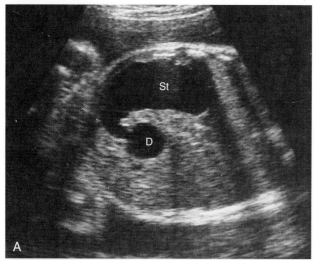

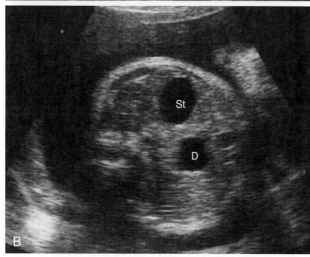

图 12-5 超声探测孕 33 周胎儿（受精后 31 周），显示十二指肠闭锁

A. 斜切面扫描显示胃腔（St）扩张，充满液体进入十二指肠（D）近端，十二指肠近端由于远端闭锁也扩张。**B.** 横切面扫描显示当十二指肠闭锁时，胃和十二指肠呈现特征性的双泡征。（Courtesy Dr. Lyndon M. Hill, Magee-Women's Hospital, Pittsburgh, PA.）

过胆总管进入十二指肠产生墨绿色胎粪（新生儿首次肠道排泄物）。

肝脏出生缺陷

肝叶微小变异很常见，但是出生缺陷很少见。肝管、胆总管和胆囊管变异很常见，并且具有临床意义。**副肝管**在 5% 的人群中存在，了解可能的变异表现对于手术很重要（例如，肝移植）。

肝外胆道闭锁

这是一种最严重的累及**肝外胆道系统**的出生缺陷，发病率在 1/20 000~1/5 000 活产儿。这些新生儿丧失或缺乏胆道系统的全部或者关键部分。病因仍然不清但是可能包括病毒感染或者循环缺陷。**黄疸**通常发生在出生后 2~6 周，手术纠治促进胆流，尽管不能治愈，可以提供暂时的缓解。最终治疗需要肝移植。

腹系膜

薄的，双层腹侧系膜产生下列结构（图 12-6C 和 D，图 12-7）：

• **小网膜**，从肝脏至胃小弯（**肝胃韧带**），以及从肝脏到十二指肠（**肝十二指肠韧带**）。

• **肝圆韧带**，从肝脏发出至前腹壁。

脐静脉走行于肝圆韧带游离缘连接脐部至肝脏。腹系膜起源于胃系膜，也形成**肝脏的脏层腹膜**。

胰腺的发育

胰腺发育自系膜层之间的背侧和腹侧**胰芽**，起源于前肠尾端（图 12-8A）。大部分胰腺来源于最先形成的较大的**背侧胰芽**。

背侧胰芽的形成依赖来自 notochord（活化素和纤维母细胞生长因子 2）信号，它阻止 SHH 在内胚层表达。胰腺和十二指肠同源盒因子（PDX-1 和 MafA）的表达对胰腺发育至关重要。

较小的**腹侧胰芽**自接近胆总管进入十二指肠入口处发育（图 12-8A 和 B）。当十二指肠旋转至右侧变成 C 形时，腹侧胰芽和胆总管向背侧移动（图 12-8C~F）。之后位于背侧胰芽的后方，并与之融合（图 12-8G）。当胰芽融合时，它们的管道随之相连吻合。腹侧胰芽形成**胰腺钩突**和部分**胰头部**。当胃、十二指肠和腹系膜旋转时，胰腺转至背侧腹壁（后腹膜）（图 12-8D 和 G）。

胰管形成来自腹侧胰芽管和背侧胰芽管远端部分（图 12-8G）。大约 9% 人群中，背侧胰芽管近端部分作为**副胰管**存在，开口于十二指肠副乳头。

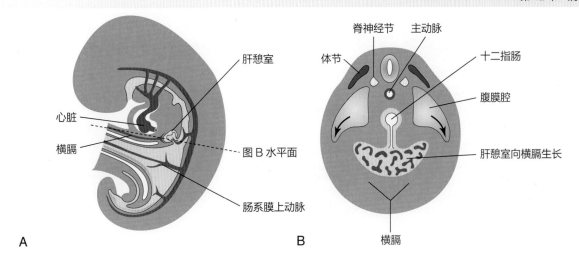

A

肝憩室
心脏
横膈
图 B 水平面
肠系膜上动脉

B

脊神经节　主动脉
体节
十二指肠
腹膜腔
肝憩室向横膈生长
横膈

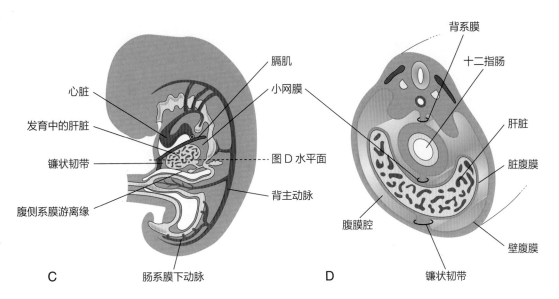

C

膈肌
小网膜
心脏
发育中的肝脏
镰状韧带
图 D 水平面
腹侧系膜游离缘
背主动脉
肠系膜下动脉

D

背系膜
十二指肠
肝脏
脏腹膜
腹膜腔
壁腹膜
镰状韧带

图 12-6　**A.** 胚胎第 4 周正中切面。**B.** 胚胎横切面显示腹膜腔扩大（箭头）。**C.** 胚胎第 5 周矢状位。**D.** 背侧和腹侧系膜形成后胚胎横切面

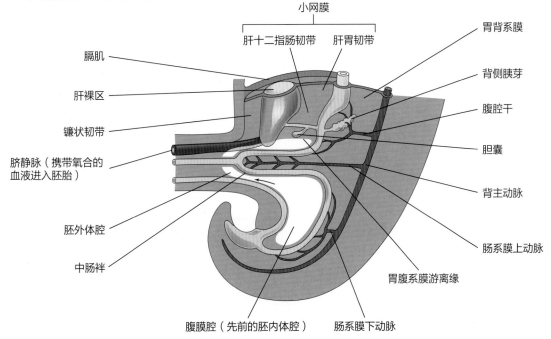

小网膜
肝十二指肠韧带　肝胃韧带
膈肌
肝裸区
镰状韧带
脐静脉（携带氧合的血液进入胚胎）
胚外体腔
中肠袢
胃背系膜
背侧胰芽
腹腔干
胆囊
背主动脉
肠系膜上动脉
胃腹系膜游离缘
腹膜腔（先前的胚内体腔）　肠系膜下动脉

图 12-7　胚胎第 5 周尾侧半部分正中切面显示肝脏及其附属韧带。箭头指示腹膜腔和胚外体腔的交通

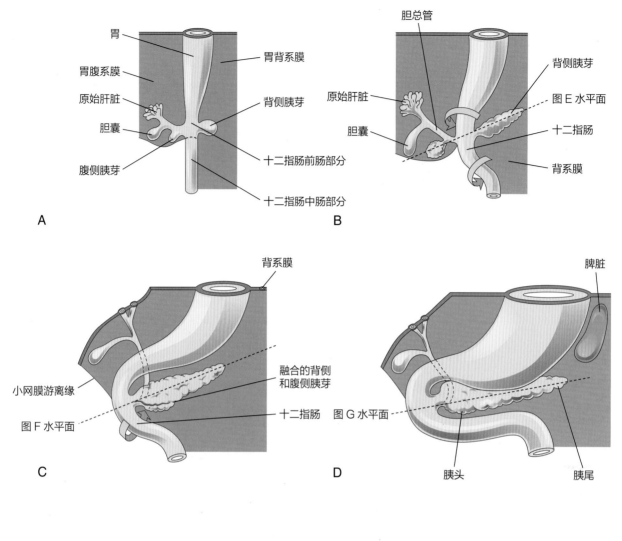

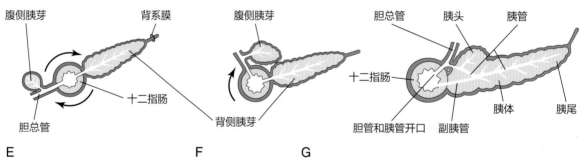

图 12-8 **A~D.** 胚胎第 5~8 周胰腺的继续发育期。**E~G.** 通过十二指肠和发育中的胰腺的横切面。十二指肠的生长和旋转（箭头）带动腹侧胰芽向背侧胰芽靠近，之后二者融合

结缔组织鞘和胰腺叶间隔来自周围内脏间充质。**胰岛素分泌**开始于大约胎儿第 10 周。包含胰高血糖素和生长抑素的细胞早于胰岛素分泌细胞分化前发生。随着胎龄增大，总的胰岛素和胰高血糖素含量也随之增加。

环状胰腺

环状胰腺是一种不常见的出生缺陷，它引起关注是由于可能导致十二指肠梗阻（图 12-9C）。这种缺陷可能源于腹侧胰芽围绕十二指肠分裂生长（图 12-9A 和 C）。分裂的腹侧胰芽与背侧胰芽融合，形成胰腺环。环

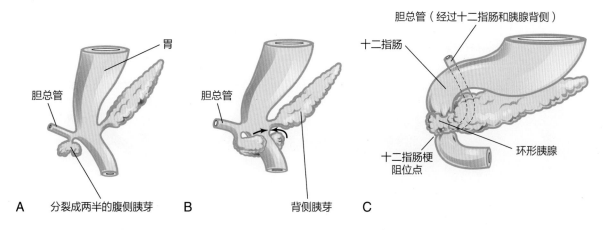

A　分裂成两半的腹侧胰芽　　B　背侧胰芽　　C

图 12-9 **A** 和 **B.** 环状胰腺形成的可能原因。**C.** 环形胰腺包绕十二指肠。这种出生缺陷导致十二指肠完全（闭锁）或者部分梗阻（狭窄）

状胰腺包含扁薄带状的胰腺组织围绕在十二指肠降部或者第二段。可能导致生后不久就出现十二指肠梗阻，但许多病例直到成人阶段才被诊断。女性更容易发病。

脾脏的发育

脾脏起源于位于背侧胃系膜层之间的间充质细胞团（图 12-10A 和 B）。脾脏是一个血管淋巴器官，在胚胎第 5 周开始发育，直到胎儿早期才逐渐发育成特有的形状。胎儿期脾脏是分叶的，但在出生前消失。成人脾脏上界切迹是分隔胎儿脾脏叶的沟的残迹。

副脾

一个或者更多的小的脾脏团（大约直径 1 cm）具有完整脾脏功能的脾组织，可能位于其中之一的腹膜皱褶内，通常位于脾门或者胰腺尾部。这些副脾（**多脾**）在人群中发生概率约 10%。

中肠

中肠衍生物有：

• 小肠，包括十二指肠末端至胆总管开口处。
• 盲肠，阑尾，升结肠，右侧 1/2~1/3 横结肠。

所有的中肠衍生物均由**肠系膜上动脉**供血（图

12-1，图 12-7）。**中肠袢**通过延伸的**系膜**悬吊于背侧腹壁。中肠变长形成一个腹侧 U 型袢，进入**脐带**近端（图 12-11A）。在胚胎第 6 周开始，小肠袢形成**生理性脐疝**（图 12-11C，图 12-12）。一直到第 10 周，肠袢通过狭小的**脐肠管**与**卵黄囊**相连（图 12-11A 和 C）。由于腹腔没有足够空间容纳迅速生长的中肠导致脐疝发生。空间的缺乏主要是由于相对大的肝脏和肾脏导致。头侧肠肢生长迅速，形成**小肠袢**（图 12-11C）。尾侧肠肢变化很小，除外**盲肠膨胀**，盲肠和阑尾原基的发育（图 12-11C~E）。

中肠袢的旋转

当中肠位于脐内时，肠袢围绕**肠系膜上动脉**轴逆时针旋转 90°（图 12-11B）。这样旋转导致中肠袢头侧肠肢（小肠）转至右侧，尾侧肠肢（大肠）到左侧。旋转期间，头侧肠肢变长，形成**小肠袢**（也就是原始空肠和回肠）。似乎旋转是由于肠道部分生长分化导致的结果。

肠袢的还纳

在胎儿 10 周，肠管返回腹腔（*中肠疝还纳*）（图 12-11C 和 D）。小肠（起源于头侧肠肢）首先还纳，经过肠系膜上动脉后方，占据腹腔中央部分。当大肠还纳时，经过进一步的 180° 逆时针旋转（图 12-11C₁ 和 D₁）。之后，大肠到达腹腔右侧。随着后腹壁的伸长，**升结肠**逐渐可以识别。

肠管的固定

胃和十二指肠的旋转导致十二指肠和胰腺位于右侧。增大的结肠将十二指肠和胰腺压向后腹壁。毗邻

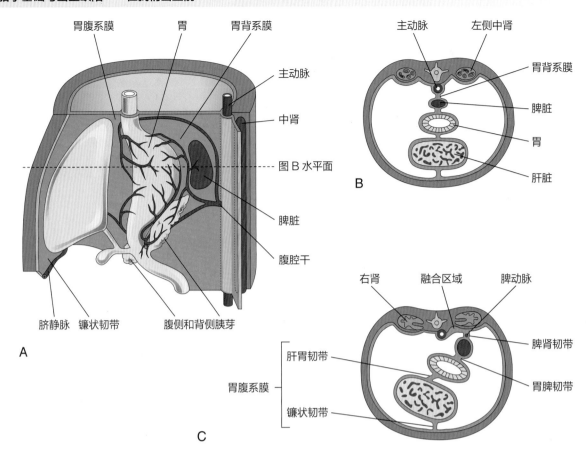

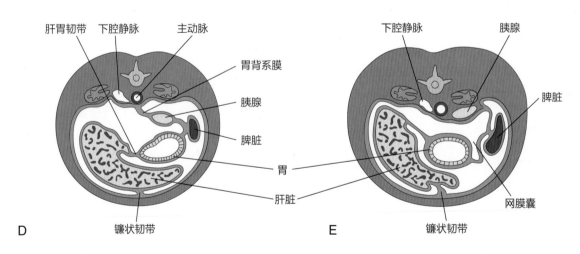

图12-10 **A.** 胚胎第5周末胃左侧和相关结构。特别注意胰腺、脾脏和腹腔干在胃背系膜层之间。**B.** 肝脏、胃、脾脏的横切面，图A显示水平切面，图示说明它们与背侧和腹侧系膜之间的关系。**C.** 胎儿横断面显示胃背系膜与后腹壁腹膜融合。**D**和**E.** 相似切面显示肝脏移动至右侧，胃的旋转。可见胃背系膜与背侧腹壁融合。最终，胰腺变成腹膜后位器官

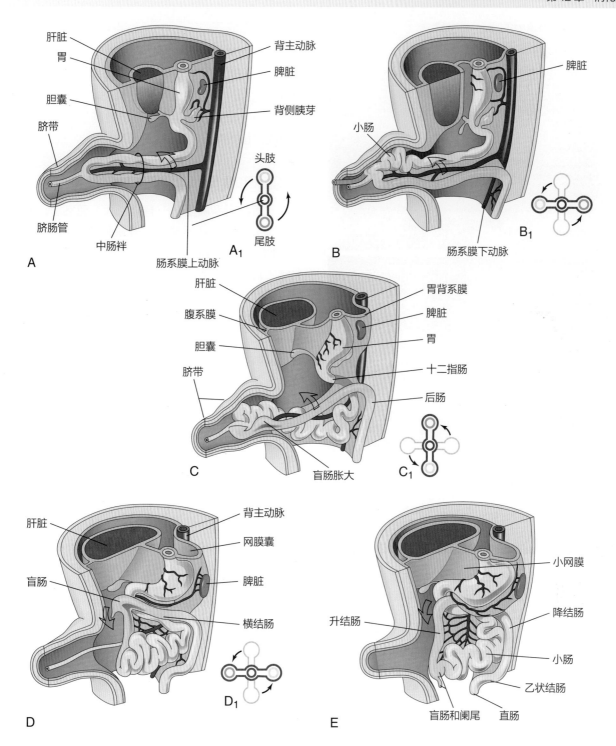

图 12-11　中肠袢疝和旋转

A. 胚胎第 6 周初。**A₁**，中肠袢横断面，显示最初的中肠袢肠支与肠系膜上动脉的关系。特别注意中肠袢是位于脐带的近端。**B.** 后期显示中肠开始旋转。**B₁**，图示 90° 逆时针旋转导致中肠头端肠肢转至右侧。**C.** 大约第 10 周，显示肠管退回腹腔。**C₁**，图示中肠进一步 90° 旋转。**D.** 大约第 11 周，显示肠管返回腹腔之后内脏的位置。**D₁**，图示中肠进一步旋转 90°，总共旋转 270°。**E.** 胎儿后期，盲肠旋转至右下腹正常位置。

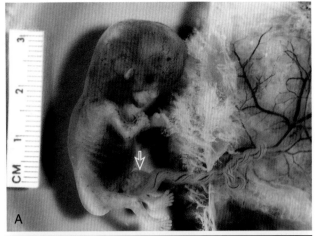

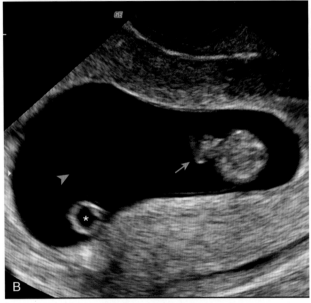

图12-12 **A.** 大约58天胎儿生理性脐疝与胎盘相连。特别注意疝入的肠管位于脐带近端部分（箭头所指）。**B.** 胎儿第9周零5天，通过腹腔的横断面，显示不规则肠祥位于前腹壁外（细箭头）。这个孕龄阶段，属于中肠生理性疝的正常表现。相反超过12周孕龄，腹腔内容物疝可能提示病理性的前腹膜缺损，比如腹裂或脐膨出。特别注意在这个孕龄卵黄囊（*）的正常位置，就在薄的羊膜囊壁（箭头）的外侧（**A**，Courtesy Dr. D. K. Kalousek, Department of Pathology, University of British Columbia, Children's Hospital, Vancouver, British Columbia, Canada. **B**, Courtesy Dr. Alexandra Stanislavsky, Radiopaedia.org.）

的腹膜层融合，之后消失（图12-13C和F）；最终，大部分十二指肠和胰头部变成腹膜后位器官。升结肠系膜和后腹壁壁层腹膜融合。升结肠系膜变成腹膜后位（图12-13B和E）。其他衍生自中肠祥的肠管保留了它们的系膜。

绒毛形成

扁平的肠腔内细胞经历形态发生形成指样上皮绒毛。绒毛的形成导致肠道表面积的显著增加，提供了吸收的途径。绒毛在大约胚胎51~54天的肠道内开始形成。肠上皮持续增生和分化导致肠道其他特殊细胞的形成，包括潘氏（Paneth）细胞。

盲肠和阑尾

原始盲肠和阑尾——盲肠胀大（憩室），在胚胎第6周出现中肠祥尾端肠肢对系膜缘的膨胀（图12-11C~E，图12-14A）。最初，阑尾是盲肠的一个小的憩室（盲袋）。随后长度迅速增长，最终出生时形成起源于**盲肠**末端相对长的管样组织（图12-14E）。出生后，盲肠壁的不均衡生长导致阑尾位于它的内侧（图12-14E）。*阑尾位置容易出现相当多的变异。当升结肠延长时，阑尾可以位于盲肠后方（盲后位阑尾）或结肠后方（结肠后位阑尾）。*

先天性脐膨出

这种出生缺陷导致持续性的**腹腔内容物疝**入脐带近端（图12-15，图12-16）。它是由于间质生长缺陷导致腹壁在脐环处融合失败。肠管疝入发生在约1/5 000新生儿。肝脏和肠管疝入发生频率更低一些（1/10 000新生儿）。疝的大小与内容物相关。当脐膨出（内脏疝）存在时腹腔相应变小，因为促进它生长的推动力缺乏。

脐疝

当肠管疝入未完全关闭的肚脐时形成脐疝。这种常见的疝与脐膨出不同。脐疝突出的肿块（通常包含部分大网膜和小肠）被皮下组织和皮肤覆盖。当哭闹、用力、咳嗽的时候疝突出。

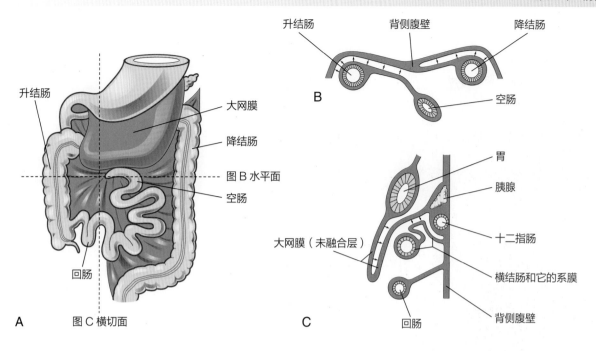

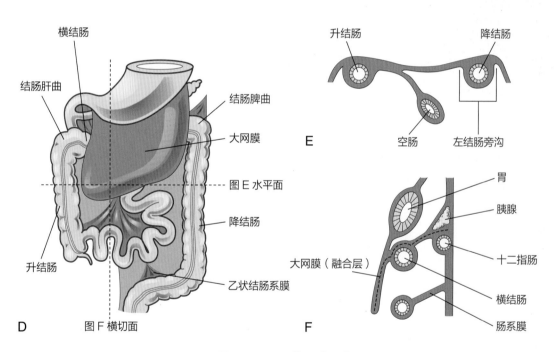

图 12-13 肠管系膜和附着示意图

A. 附着固定前肠管的腹侧观。**B.** 显示在图 A 横断面。箭头显示随后融合的区域。**C.** 显示图 A 的矢状切面,图示大网膜悬垂于横结肠。箭头指示随后融合的区域。**D.** 肠管附着固定后的腹侧观。**E.** 升结肠和降结肠系膜消失后显示在图 D 横断面。**F.** 显示在图 D 的矢状切面,图示大网膜和横结肠系膜融合以及大网膜多层融合。

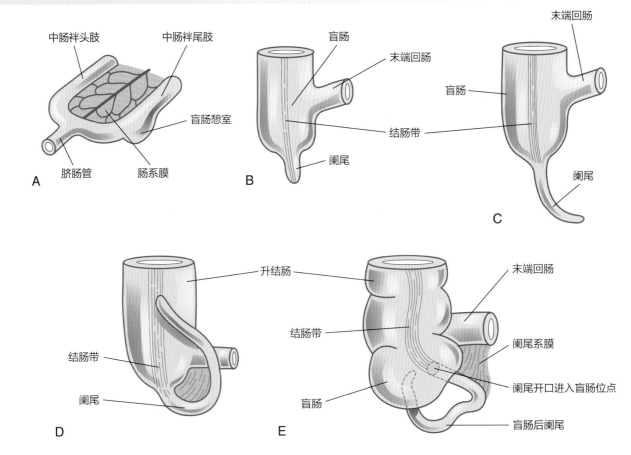

图 12-14 盲肠和阑尾发育的连续阶段

A. 胚胎第 6 周。**B.** 胚胎第 8 周。**C.** 第 12 周胎儿。**D.** 新生儿。特别注意阑尾相对长，并且和盲肠顶部相连。**E.** 儿童。特别注意阑尾相对变短，开口位于盲肠后部。64% 以上的人阑尾位于盲肠后。

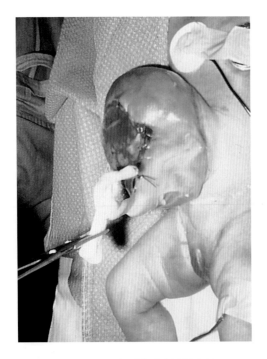

图 12-15 大型脐膨出的新生儿

畸形导致腹腔内结构（肝脏和肠管）疝入脐带末端的近端。脐膨出被腹膜和羊膜组成的膜覆盖。（Courtesy Dr. N. E. Wiseman, Department of Surgery, Children's Hospital, Winnipeg, Manitoba, Canada.）

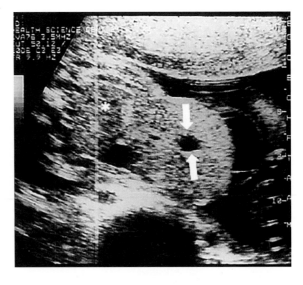

图 12-16 第 28 周胎儿腹部超声图

显示一个大的脐膨出（内脏疝入脐带基部），很多肝脏组织疝出腹壁（*）。肿块也包含一个小的、膜覆盖的囊（箭头）。脐带包含在脐膨出中。（Courtesy Dr. C. R. Harman, Department of Obstetrics, Gynecology and Reproductive Sciences, Women's Hospital and University of Maryland, Baltimore, MD.）

腹裂

腹裂是相对常见的出生缺陷，在活产儿中发生率 1/2 000。它是由于接近中线切面的腹壁发育缺陷导致（图 12-17）。内脏突出进入羊膜腔，泡在羊水中。术语腹裂，字面意义为"裂开的胃"，是用词不当，因为它是前腹壁裂，不是胃裂。缺损通常发生在右侧，中线切面旁，男性中更多见。这种出生缺陷是由于胚胎发育第 4 周侧褶不完全关闭导致（见第 6 章，图 6-1）。

中肠未旋转

肠管的出生缺陷相对常见；大部分为肠管旋转缺陷（例如，**肠旋转不良**）。中肠未旋转（*左侧结肠*）是相对常见的畸形（图 12-18A 和 B），是由于中肠襻尾肢先返回腹腔导致。小肠位于右侧腹部，整个大肠位于左侧。尽管患者无症状，如果发生**扭转**，肠系膜上动脉可能出现梗阻，导致供血肠管梗死坏疽。

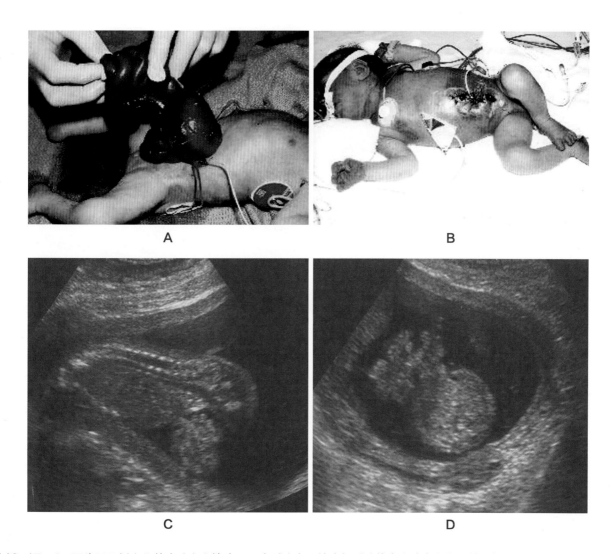

图 12-17 **A.** 图片显示新生儿前腹壁出生缺陷——腹裂（先天性腹部裂隙伴有内脏突出）。缺损相对小（2~4 cm 长），累及腹壁所有层次。缺损位于脐部右侧。**B.** 同样的新生儿在内脏被复位入腹腔后，缺损被手术关闭后的照片。**C** 和 **D.** 18 周胎儿患有腹裂的超声图。胎儿腹部矢状位扫描（C 图）和轴向扫描（D 图），肠襻可见位于胎儿腹侧的羊水中。（**A** and **B**, Courtesy A. E. Chudley, MD, Section of Genetics and Metabolism, Department of Pediatrics and Child Health, Children's Hospital, Winnipeg, Manitoba, Canada. **C** and **D**, Courtesy Dr. E. A. Lyons, Professor of Radiology, Obstetrics and Gynecology, and Anatomy, Health Sciences Centre, University of Manitoba, Winnipeg, Manitoba, Canada.）

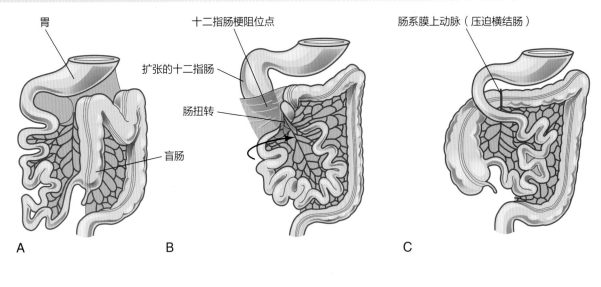

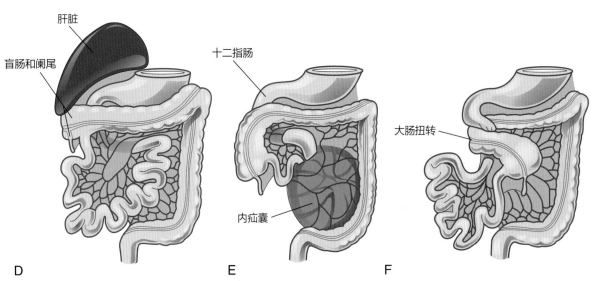

图 12-18 中肠旋转出生缺陷

A. 肠未旋转。**B.** 混合型旋转和肠扭转。箭头所指为肠扭转。**C.** 反向旋转。**D.** 肝下盲肠和阑尾。**E.** 内疝。**F.** 中肠扭转伴十二指肠梗阻。

混合型旋转和肠扭转

　　混合型旋转和肠扭转时，盲肠位于胃幽门下方，被经过十二指肠的腹膜索带固定在后腹壁（图 12-18B）。这些索带和肠扭转通常导致**十二指肠梗阻**。这种类型的肠旋转不良是由于中肠袢没有完成最后 90° 的旋转导致（图 12-11D），最终，回肠末端首先返回腹腔。

反向旋转

　　为非常罕见病例，中肠袢顺时针旋转而不是逆时针方向（图 12-18C）。因此，十二指肠位于肠系膜上动脉前方而不是后方，横结肠位于肠系膜上动脉后方而不是前方。在这些婴儿患者中，横结肠可能由于肠系膜上动脉压迫导致梗阻。

肝下盲肠和阑尾

　　如果盲肠附着在肝下表面，当它返回腹腔时（图 12-11D），被和肝脏一起向上牵拉。因此，盲肠保持它的胎儿位置（图 12-18D）。肝下盲肠和阑尾更常见于男性。这种出生缺陷不常见，但当发生时，可能导致诊断问题以及在成人手术切除阑尾时出现问题。

内疝

　　这种罕见的畸形中，在肠管返回腹腔时，小肠进入中肠系膜（图 12-18E）。因此，形成一个疝样囊袋。这种罕见情况不常产生症状，经常在尸检时发现。

中肠扭转

中肠扭转是一种小肠没有正常进入腹腔的出生缺陷，肠系膜没有经过正常的附着固定，因此发生**肠扭转**（图12-18F）。仅肠管的两个部分附着在后腹壁——十二指肠和近端结肠。小肠被包含肠系膜上动脉和静脉的狭窄的系膜根悬吊。这些血管通常在系膜根部扭转，在**十二指肠空肠连接部**或附近出现梗阻；如果血管完全梗阻，将会发生肠管坏死。

肠狭窄和闭锁

肠腔的部分阻塞（*狭窄*）和完全阻塞（*闭锁*）（图12-5）大约发生在1/3新生儿肠梗阻病例中。梗阻部位最常发生在回肠（50%）和十二指肠（25%）。狭窄是由于肠管再管化失败导致。大多数回肠闭锁可能是由继发肠扭转导致血供障碍至胎儿肠管梗死所致。这种血供障碍最常发生在胎儿第10周肠管返回腹腔时。

回肠憩室和其他脐肠管残余

先天性**回肠憩室**——梅克尔憩室（图12-19）在婴儿中发生率为2%~4%。在男性中发病率高3~5倍。它是**脐肠管**近端部分的残余物。典型外观为指样囊袋，约3~6 cm长，发生在回肠对系膜缘距离回盲部40~50 cm处。回肠憩室具有临床意义是由于有时会发炎，导致类似阑尾炎的症状。憩室壁包含回肠所有层次，也可能包含小块的胃和胰腺组织。胃黏膜经常分泌胃酸导致溃疡和出血（图12-20A~C）。回肠憩室可能通过纤维索带或者脐肠瘘与脐部相连（图12-20B 和 C）；其他脐肠管可能的残余物显示在图12-20D~F 中。

后肠

后肠衍生物有：

• 左侧 1/3~1/2 的横结肠、降结肠、乙状结肠、直肠和肛管上部。

• 膀胱上皮和大部分尿道。

所有后肠的衍生物由**肠系膜下动脉**供血（图12-7）。当降结肠系膜与左侧后腹壁腹膜融合时，变成腹膜后位（图12-12B 和 E）。乙状结肠系膜被保留（图12-13D）。

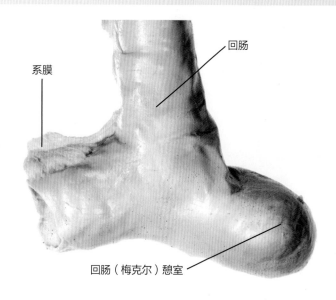

系膜　　回肠

回肠（梅克尔）憩室

图12-19　典型的回肠憩室——梅克尔憩室（尸体标本）这些憩室中仅小部分产生症状。回肠憩室是最常见的消化道出生缺陷。（From Moore KL, Persaud TVN, Shiota K: Color atlas of clinical embryology, ed 2, Philadelphia, 2000, Saunders.）

泄殖腔

泄殖腔是后肠在分化成直肠、膀胱和生殖原基前的末端膨大部分。它是一个被覆内胚层的腔室，在泄殖腔膜处与外胚层表面相连（图12-21A 和 B）。泄殖腔膜由泄殖腔内胚层和肛窝外胚层构成（图12-21C 和 D）。泄殖腔接纳尿囊，它是位于腹侧的指样憩室。

泄殖腔分区

泄殖腔被间质（**尿直肠隔**）分隔成背侧和腹侧部分，尿直肠隔在尿囊和后肠之间的夹角内发育形成（图12-21C 和 D）。*在尿直肠隔形成中需要内胚层 β-连环蛋白信号*。当分隔向泄殖腔膜生长时，类似叉样延伸形成泄殖腔侧壁内褶（图12-21B$_1$）。这些褶皱相向生长并融合，形成分隔，将泄殖腔分成三部分（图12-21D 和 E）——**直肠**、**肛管头端**和**尿生殖窦**。

在肛直肠发育中，泄殖腔起关键作用。新的信息显示尿直肠隔没有和泄殖腔膜融合，因此肛膜并不存在。泄殖腔膜通过**细胞凋亡**破裂后，**肛直肠腔**暂时被**上皮栓**关闭，它可能被当成肛膜（图12-21E）。

间质增生导致肛门上皮栓周围外胚层表面抬高。在胚胎发育第8周，肛管通过上皮栓凋亡发生再管化形成**肛窝**（图12-21）。

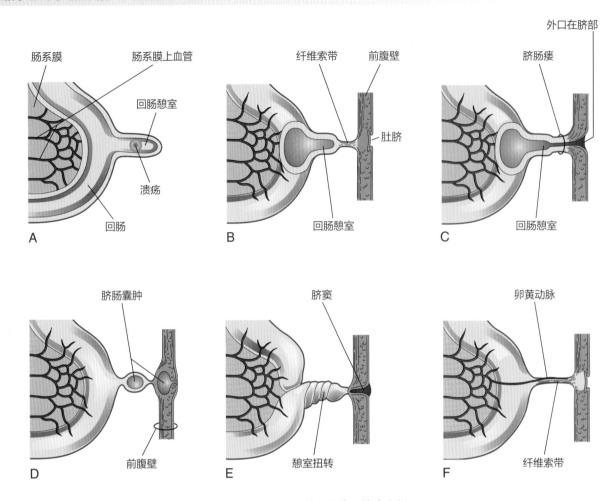

图 12-20 回肠憩室和脐肠管残余物

A. 部分回肠和一个伴有溃疡的憩室。**B.** 憩室通过脐肠管残余纤维索带与脐部连接。**C.** 由于脐肠管腹腔内未退化导致脐肠瘘。**D.** 脐部的脐肠囊肿和脐肠管残余纤维索带。**E.** 回肠憩室扭转和由于脐肠管在脐部未退化导致的脐窦。**F.** 脐肠管未退化呈纤维索带样连接回肠和脐部。未退化的卵黄动脉沿着纤维索带进入脐部。动脉从胚胎前腹壁携带血液供应脐囊。

肛管

成人肛管上 2/3 起源于**后肠**，下 1/3 发育自肛窝（图 12-22）。上皮交界来自肛窝外胚层和后肠内胚层，表现为不规则的粗糙的**齿状线**，位于**肛瓣**的下限。大约在肛门上方 2 cm 为**肛管皮肤线**（白线）。这是肛管上皮构成从柱状转为复层鳞状细胞的部位。

由于是后肠起源，肛管上 2/3 主要通过发自**肠系膜下动脉**（后肠动脉）的*直肠上动脉*供血。它的神经支配来自自主神经系统。肛管下 1/3 由于起源于肛窝，主要由阴部内动脉分支的*直肠下动脉*供血。肛管下部由直肠下神经支配，对疼痛、温度及触摸和压力敏感。

肛管的血供，神经支配和静脉淋巴引流的差异在临床上很重要，比如当考虑癌细胞转移时，累及肛管两个不同部位的**癌症**的特点（癌起源于上皮组织）是有差异的。来自肛管上部的肿瘤是无痛的，起源于柱状上皮；而肛管下部肿瘤是疼痛的，起源于鳞状上皮。

肠神经系统

胃肠系统有很多功能，包括运输、分泌、消化和防护。所有这些功能均由肠神经系统（ENS）控制，肠道内在系统在没有大脑和脊髓支配的情况下可以维持自主功能。肠神经系统由神经丛和肠神经元组成，是高度复杂的。在胚胎发育期间，神经脊细胞迁移至

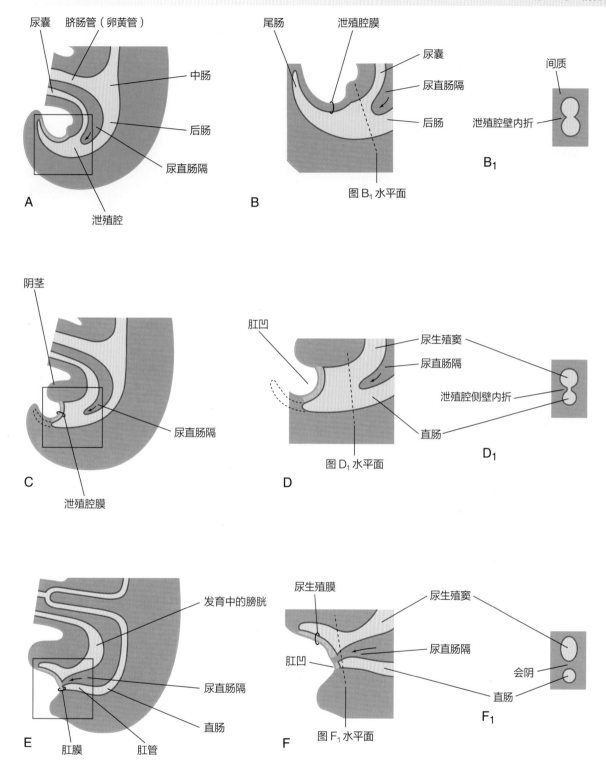

图 12-21　泄殖腔被尿直肠隔分隔成直肠和尿生殖窦的持续期

A、**C** 和 **E.** 胚胎第 4、第 6 和第 7 周分别从左侧观。**B**、**D** 和 **F.** 泄殖腔区域扩大。**B₁**、**D₁** 和 **F₁.** 分别为在图 **B**、**D**、**F** 中显示的泄殖腔横切面。特别指出尾肠部分（显示在图 **B**）作为直肠形式退化和消失。图 A~E 的箭头指示尿直肠隔的生长。

前肠，然后沿着发育的肠道长轴行进定植，分化成神经元和其他肠神经系统细胞类型。肠道被这些细胞定植发生在胚胎第 3~7 周。*研究显示 RET 和 EDNRB 信*

号通路在肠神经系统发育中起关键作用。相关神经节在形成过程中的缺陷可能导致先天性巨结肠（图 12-23）。

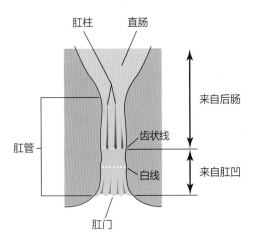

图12-22 显示直肠和肛管的发育起源

特别指出肛管上2/3起源于后肠，而下1/3起源于肛窝。由于它们不同的胚胎起源，肛管上部和下部由不同的动脉和神经支配，有不同的静脉和淋巴引流。

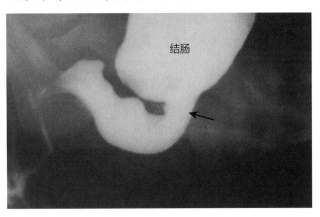

图12-23 1个月患有先天性巨结肠的婴儿钡灌肠后结肠的X线片

末端无神经节肠段是狭窄的，近端扩张的结肠充满粪便。特别指出移行段交界区域（箭头）。(Courtesy Dr. Martin H. Reed, Department of Radiology, University of Manitoba and Children's Hospital, Winnipeg, Manitoba, Canada.)

先天性巨结肠

患有**先天性巨结肠**的婴儿（图12-23），部分结肠扩张是由于结肠扩张段远端肌间神经丛内自主神经节细胞缺如导致。扩张的结肠有正常数量的神经节细胞。尽管远端结肠是最受影响的区域，但更多近端和更长长度的肠管可能也受到影响。由于无神经节细胞肠段蠕动障碍阻止了肠内容物的通过，导致近端肠管扩张。

男性患病率是女性的4倍。先天性巨结肠是由于在胚胎发育第5~7周，神经嵴细胞迁移至结肠壁失败导致。涉及先天性巨结肠发病机制的基因，RET（癌基因产物）原癌基因是大多数病例的致病基因。先天性巨结肠是最常见的导致新生儿结肠梗阻的原因，占所有新生儿肠梗阻的33%；这种疾病发病率为1/5 000新生儿。

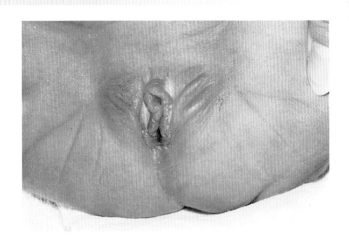

图12-24 女性新生儿患有肛门膜状闭锁

这种闭锁的大部分病例为一层薄的组织将肛管与外界分隔。肛门闭锁的一些类型发生率约为1/5 000新生儿，更长见于男性。(Courtesy A. E. Chudley, MD, Section of Genetics and Metabolism, Department of Pediatrics and Child Health, Children's Hospital, Winnipeg, Manitoba, Canada.)

肛直肠出生缺陷

肛门闭锁发病率约为1/5000新生儿，男性比女性更常见（图12-24，图12-25C）。大多数肛直肠畸形是由于异常的尿生殖隔发育导致泄殖腔形成尿生殖部和肛直肠部的分隔不完全（图12-25A），病变分为低位和高位，取决于是否直肠末端在耻骨直肠肌的上方或者下方，耻骨直肠肌维持胎儿大便控制，松弛引起排便。

低位肛直肠出生缺陷

肛门发育不良伴或不伴瘘

肛管可以为盲端、异位肛门或者为开口于会阴的**肛门会阴瘘**（异常通道）（图12-25D和E）。异常的管道在女性可能开口于阴道，在男性开口于尿道（图12-25F和G）。大多数低位肛直肠畸形伴有一个外瘘。**肛门发育不良伴有瘘**是由于泄殖腔被尿直肠隔不完全分隔导致。这些畸形被发现与β-连环蛋白信号破坏有关。

肛门狭窄

肛门狭窄中，肛门位置正常，但肛门和肛管狭窄（图12-25B）。这种畸形可能是由于**尿直肠隔**向尾侧生长时轻微背侧偏离导致（图12-21D）。

肛门膜状闭锁

在这种畸形中，肛门位于正常位置，但有一薄层组织从外部分隔肛管（图12-24，图12-25C）。上皮栓残余物很薄，导致用力时外凸，由于**胎粪积聚其上方可以呈蓝色**。这种畸形是由于在胚胎第8周末上皮栓穿孔失败导致。

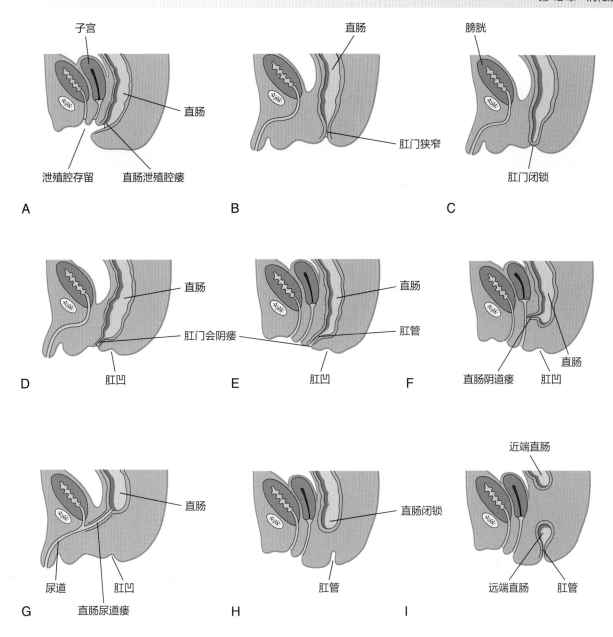

图 12-25 不同类型的肛直肠出生缺陷

A. 泄殖腔存留。特别注意肠管，泌尿和生殖道共同开口。**B.** 肛门狭窄。**C.** 一种肛门闭锁。**D 和 E.** 肛门发育不良伴会阴瘘。**F.** 肛门发育不良伴直肠阴道瘘。**G.** 肛门发育不良伴直肠尿道瘘。**H 和 I.** 直肠闭锁。

高位肛门出生缺陷

肛门直肠发育不良伴或不伴瘘

在肛直肠区域高位畸形中，当肛直肠发育不良时，直肠盲端位于耻骨直肠肌上方。这是最常见的肛直肠畸形类型，在肛直肠畸形中大约占 2/3。尽管直肠为盲端，在男性通常有一个瘘管开口于膀胱（**直肠膀胱瘘**）或者尿道（**直肠尿道瘘**）。在女性瘘管开口至阴道（**直肠阴道瘘**）或者至阴道前庭（**直肠前庭瘘**）（图 12-25F 和 G）。肛直肠发育不良伴有瘘管是由于来自尿生殖窦的泄殖腔被尿

直肠隔不完全分隔导致（图 12-21C～E）。

直肠闭锁

这种畸形中，肛管和直肠存在，但被分隔（图 12-25H 和 I）。有时两段肠管通过一个纤维条索相连，它是直肠闭锁部分的残余物。导致直肠闭锁的原因可能是结肠再管化异常，或者更可能是血供缺乏导致。

临床导向提问

1. 大约出生后 2 周，一个新生儿开始喂养后不久呕吐。每次呕吐喷出约 2 英尺。医生告诉母亲，目前她的孩子由于胃出口狭窄导致良性生长停滞。这种缺陷有胚胎基础吗？

2. 患有唐氏综合征的婴儿患十二指肠闭锁的概率有增加吗？这种情况能被纠治吗？

3. 一个人宣称他的阑尾位于左侧腹部。这种情况可能吗？如果可能，它是怎么发生的？

4. 一名患者报告她有两个阑尾，分别被手术切除。人类确实可能有两个阑尾吗？

5. 什么是先天性巨结肠？一些研究表明它是一种由于大肠梗阻导致的先天性疾病。这正确吗？如果是，它的胚胎学基础是什么？

6. 一名护士观察一个婴儿脐部有粪样物排出。这是怎么发生的？如果确实这样，将可能出现什么样的情况？

答案见附录。

（周莹　译）

第 13 章

泌尿生殖系统

泌尿生殖系统在功能上分为泌尿系统和生殖系统。这两个系统密切相关，特别是在它们生长的早期阶段。

泌尿生殖系统是从起源于胚胎体壁背侧（图13-1A和B）的中间间充质（中胚层的胚胎结缔组织）中形成的（图13-1A和B）。在胚胎水平层面的折叠过程中，间充质移向腹腔，同时失去了与体节的连接（图13-1C和D）。在背主动脉的两侧间充质纵向升高形成了尿生殖嵴。形成泌尿系统的这部分称为生肾索（图13-1C和D）；形成生殖系统的这部分为生殖嵴（图13-18C）。

泌尿系统的发育

泌尿系统早于生殖系统发育，由肾脏、输尿管、膀胱和尿道组成。

肾和输尿管的发育

在人类胚胎中会发育出三组连续的肾脏。第一组前肾是未分化的、非功能性的。第二组中肾在早期很发达，并且功能短暂。第三组后肾形成永久性肾脏。

前肾

两侧的暂时性的前肾出现在胚胎早期第4周，它们起源于颈部区域的一些细胞簇（图13-2A），前肾导管向尾端延伸开口于泄殖腔。前肾很快就会退化，但是大部分前肾导管持续存在并被第二组肾脏使用。

中肾

这个大而细长的排泄器官出现在第4周的后期，位于前肾后尾（图13-2）。中肾由大约40个肾小球和中肾小管组成（图13-3C~F）。中肾小管通向中肾管，后者起源于前肾管。中肾管开口于泄殖腔（见第12章，图12-21A）。中肾在第6~10周产生尿液，直到永久性的肾脏开始起作用（图13-3）。中肾在胚胎的第3月末退化；但是，中肾管之后会变成睾丸的输出小管。中肾管在男性中有几种变异（表13-1）。

后肾

发育为永久性肾脏的后肾原基在第5周的早期开始发育（图13-4），并在约4周后开始变得有功能。在胎儿的整个生命过程中尿液持续生成，尿液排泄到羊膜腔中，并形成一部分羊膜液。永久性肾脏有两个来源（图13-4A）：

- 输尿管芽（后肾憩室）。
- 后肾胚芽（间充质中的后肾团）。

输尿管芽是中肾管的一个外生性憩室，靠近中肾管入口进入泄殖腔。输尿管芽是输尿管、肾盂、肾盏（肾盂的组成部分）以及集合小管的原基（图13-4B~E）。伸长的输尿管芽穿过后肾原基——起源于生肾索的细胞团，形成肾单位，输尿管芽的茎分化为输尿管，憩室的头端反复分支，分支分化为后肾的集合小管（图13-4C~E，图13-5)。

直的集合小管反复分支，形成连续枝干样的集合小管。前4代的小管扩大结合形成肾大盏（图13-4C~E）；第5~8代的小管结合形成肾小盏。每个拱形的集合小管末端诱导后肾间充质中的间充质细胞簇分化为小的后肾囊泡（图13-5A）。这些囊泡伸长、分化为后肾小管（图13-5B和C）。之后肾小球嵌入这些后肾小管的近段。肾小体（肾小球及其肾小球囊）和它的近曲小管，肾单位袢（亨利袢），以及远曲小管构成一个肾单位（图13-5D）。每个远曲小管与一个弓形集合小管相接。集合小管汇合形成一个泌尿小管。

后肾憩室的分支依赖于后肾中胚层的诱导信号——肾单位的分化依赖于集合小管的诱导。后肾间充质和集合小管的相互作用的分子层面机制如图13-6所示。

胎儿的肾脏为分叶状，通常在婴儿期随着肾单位的增大而消失。肾单位大约在第36周完全形成——每个肾脏包含20万~200万个肾单位。胎儿出生以后肾脏功能成熟，但不会再形成其他的肾单位。

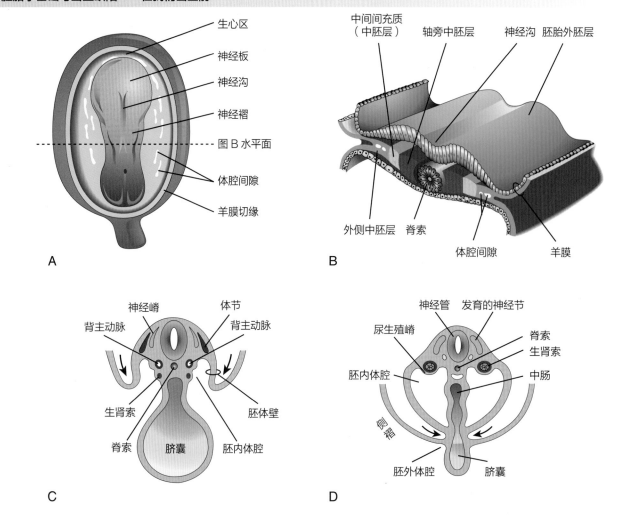

图 13-1　A. 在第 3 周（约 18 天）的胚胎背视图。B. 显示发生侧向折叠之前中间间充质位置的胚胎的横切面。C. 折叠开始后胚胎的横切面，显示生肾索。D. 胚胎的横切面，显示横向皱褶在腹面相遇

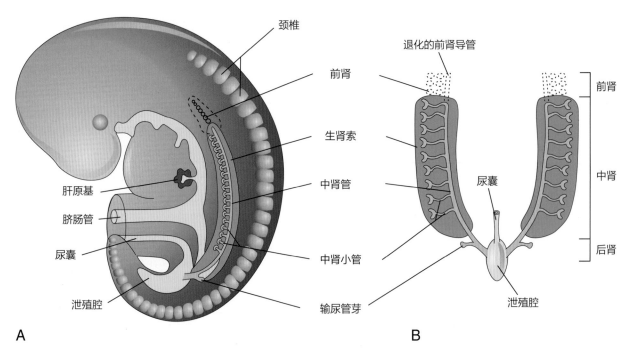

图 13-2　第 5 周胚胎三套肾脏系统的示意图
A. 侧视图；B. 腹侧视图；中肾小管被拉向侧面，它们的正常位置见图 A。

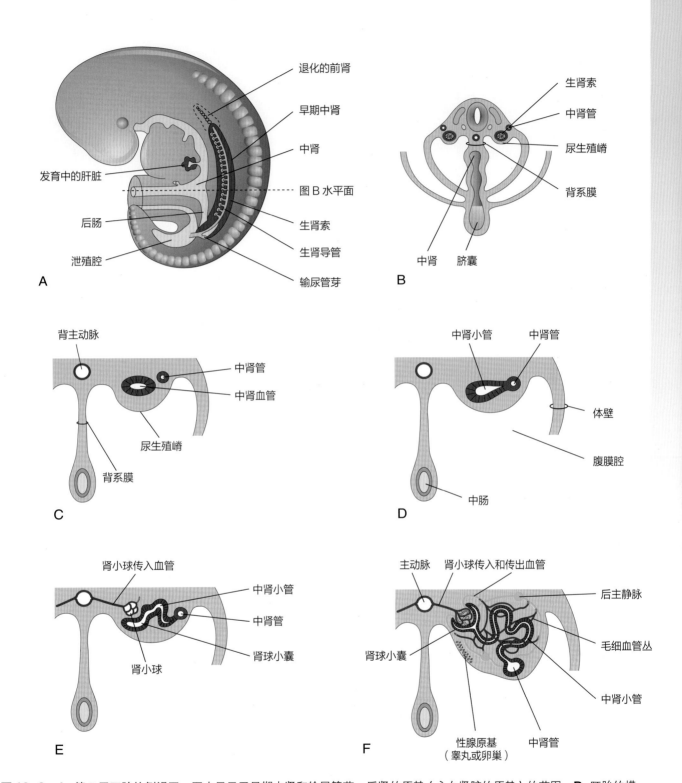

图 13-3 **A.** 第 5 周胚胎的侧视图，图中显示了早期中肾和输尿管芽，后肾的原基（永久肾脏的原基）的范围。**B.** 胚胎的横切面，图中显示了生肾索和从其中发育而来的中肾小管。**C~F.** 显示了第 5~11 周间中肾小管发育的连续过程。血管陷入中肾小管扩张的内侧端，形成肾球小囊

表 13.1　胚胎泌尿生殖结构的成人衍生物和残余物 *

胚胎结构	女性	男性
未分化性腺	*卵巢*	*睾丸*
皮质	*卵巢卵泡*	*曲线精管*
髓质	*卵巢网*	*睾丸网*
引带	*卵巢韧带*	*睾丸引带*
	子宫圆韧带	
中肾小管	卵巢冠	*睾丸输出小管*
中肾管	卵巢旁体	附睾
	囊状附件	附睾附件
	卵巢冠纵管（加特纳管）	附睾管
		输精管
		射精管和精腺
输尿管芽柄	*输尿管、肾盂、肾盏和集合小管*	*输尿管、肾盂、肾盏和集合小管*
副中肾管	卵巢管囊状附件	睾丸附件
	输卵管	
	子宫、子宫颈	
泌尿生殖窦	*膀胱*	*膀胱*
	尿道	*尿道（舟状窝除外）*
	阴道	前列腺囊
	尿道和尿道旁腺	*前列腺*
	前庭大腺	*尿道球腺*
窦结节	处女膜	精阜
原始阴茎	*阴蒂*	*阴茎*
	阴蒂头	*阴茎头*
	阴蒂海绵体	*阴茎海绵体*
	前庭球	*尿道海绵体*
泌尿生殖褶	*小阴唇*	*阴茎腹侧*
阴唇阴囊突	*大阴唇*	*阴囊*

* 功能衍生物为斜体

肾脏位置的变化

　　发育中的后肾在骨盆中彼此靠近（图 13-7A）。随着腹部和骨盆的生长，肾脏逐渐移至腹部并逐渐分开（图 13-7B 和 C）。它们在第 9 周到达在脊柱两侧的成年位置（图 13-7D）。这种"上升"主要是由于胚胎的尾部相对于肾脏的相对生长。当肾脏改变位置时，它们也会向内旋转近 90°。在第 9 周时，肾脏到达成人肾脏的位置并与**肾上腺**接触（图 13-7D）。

肾脏血供的改变

　　最开始，**肾动脉**是髂总动脉的分支，之后肾脏从**主动脉**获得血供（图 13-7C）。肾脏大部分动脉来源于头端，并最终形成**肾动脉**。一般情况下，尾端的血管支将退化并消失（图 13-7C 和 D）。

副肾动脉

　　肾脏血液供应的常见变化反映了胚胎期和胎儿早期血液供应持续变化的方式（图 13-7）。大约 25% 的成人肾脏有 2~4 条肾动脉。副（多）肾动脉通常起源于主动脉，位于肾主动脉的上方或下方（图 13-8A 和 B）。下极的副动脉（肾极动脉）可能穿过输尿管前方并阻塞输尿管，导致肾盂、肾盏扩张积水（图 13-8B）。副肾动脉是终末动脉，因此，如果副肾动脉受损或结扎，其供应的肾脏部分就会缺血。副肾动脉的发生大约是副肾静脉的 2 倍。

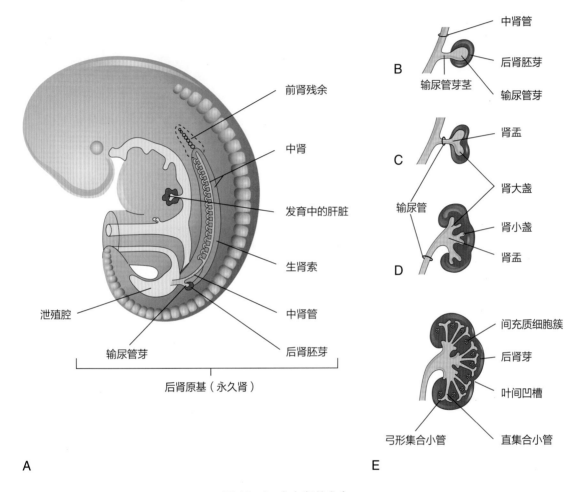

图 13-4 永久肾的发育

A. 第 5 周胚胎的侧视图显示输尿管芽，后肾原基。**B~E.** 输尿管芽发育的连续阶段（第 5~8 周）。观察肾脏的发育：输尿管、肾盂、肾盏和集合小管。

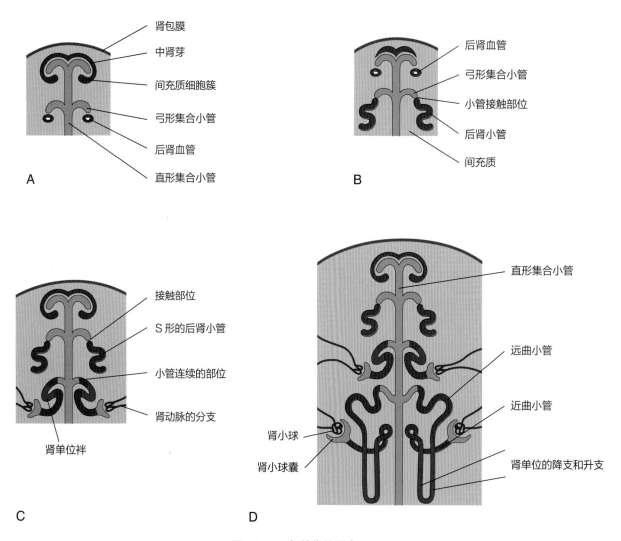

图 13-5 肾单位的发育

A. 肾形成大约在第 8 周开始。**B** 和 **C.** 注意后肾小管，即肾单位的原基，与集合小管连接形成肾小管。**D.** 观察肾单位来源于后肾胚芽，集合小管来源于输尿管芽。

图 13-6　肾脏发育的分子控制

A. 调节肾单位祖细胞的诱导。自我更新的肾单位祖细胞通过 Six2 和 Cited1 的表达来区分。除了来自输尿管芽的 Wnt9b 信号外，Six2 还促进自我更新，这直接促进了诸如 Cited1 等祖细胞基因的表达。nYap 信号传导也可能与 Wnt9b 信号诱导的 β-连环蛋白协同作用，从而促进祖细胞的自我更新。Bmp7-SMAD 信号促进肾单位祖细胞转化为 Six2 + Cited1- 状态，它们可以被 Wnt9b 诱导并开启分化标记 Lef1 和 Wnt4。这些细胞通过表达关键分化因子 Fgf8、Wnt4 和 Lhx1 而分化形成前肾小管聚集物。Foxd1 + 基质细胞通过抑制 Bmp7 活性的拮抗剂 Dcn 来促进肾单位祖细胞中的 Bmp7-SMAD 信号传导。基质脂肪 4 通过诱导核分泌和 Yap 磷酸化来调节诱导过程，从而允许 Wnt9b 诱导信号促进肾单位祖细胞的分化。NP，肾单位祖细胞；UB，输尿管芽；SM，基质间质；PTA，前肾小管聚集体；虚线箭头表示自我更新的促进。**B.** 肾单位的调剂机制。在肾小泡近端和远端建立了极性，并通过几个基因的表达来划分界限，包括三个 Notch 配体：Dll1、Lfng 和 Jag1。Notch 通路建立了近端极性，该极性通过逗号形和 S 形主体传递，并且是近端肾小管和足细胞发育必不可少的部分。Wt1 还通过拮抗 Pax2 并与 Notch 途径组份和 Foxc2 协同作用来促进足细胞发育所必需的基因，从而促进近端的发育，特别是足细胞的发育。发育中的足细胞的 S 形主体型信号募集了内皮细胞。Hnf1b 通过调节 Notch 配体表达和其他因素（例如 Irx1 / 2）来促进近端和过渡段 / 中段的发育，这种机制可能在中间节段分化中起作用。中段和远端发育受 Brn1 调节，Brn1 从肾小泡阶段开始建立远端极性。Lgr5 在逗号形主体的远端部分以及 S 形主体的远端和中间部分表达；但是，Lgr5 在建立或维持这种状态中的直接作用还未被揭示。近端极性形成肾小球和近端小管的 S1~S3 节段。中间段形成髓袢。远端段形成远端小管，该小管通过连接节段钩接到集合管上。Prox，中级；接近，近端；Podo，足细胞；未建立直接作用，虚线箭头 = 配体-受体结合。（摘自 O'Brien LL, McMahon AP: Induction and patterning of the metanephric nephron, *Semin Cell Devel Biol* 36：31-8, 2014.）

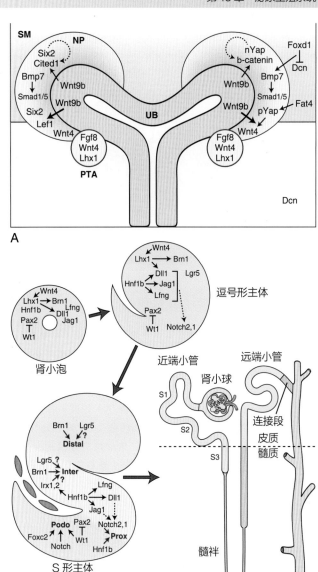

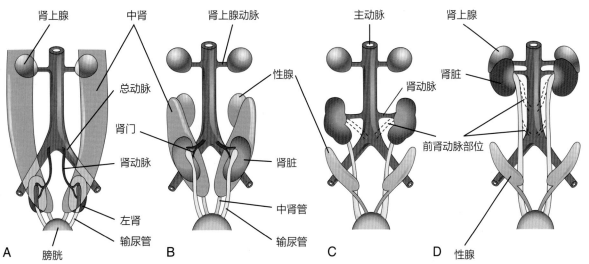

图 13-7　**A~D.** 胚胎和胎儿（第 6~9 周）腹腔肾盂区域的腹侧示意图，显示了肾脏从骨盆到腹部的内旋和重新定位。**C** 和 **D.** 应注意随着肾脏的重新定位（上升），它们血供由连续的更高水平的动脉供应，肾门（血管和神经进入的地方）朝向前内侧

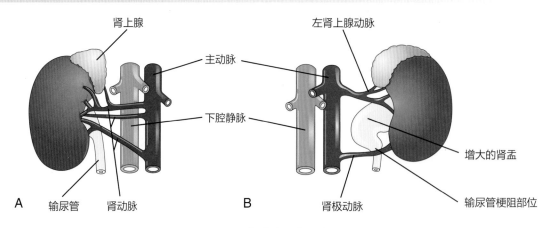

图 13-8 肾动脉的常见变异

A 和 **B.** 多根肾动脉。图 B 所示的肾极动脉阻塞了输尿管，导致肾盂增大。

肾脏和输尿管的先天性异常

大约 1/1 000 的新生儿发生**单侧肾发育不全（肾缺失）**（图 13-9A）。男性比女性更易受累，左肾缺如的概率高于右肾。另一侧肾脏通常会代偿肥大增生，肾功能的缺失。

双侧肾脏发育

不全往往表现羊水过少（羊水量少），因为很少或没有尿液排入羊膜腔。这种情况大约每 3 000 例中就有 1 例发生，无法满足出生后的要求。这种缺陷男性是女性的 3 倍。这些婴儿还患有**肺发育不全（肺不完全发育）**。输尿管芽不能穿透生后肾原基将导致没有肾脏发育，因为集合小管不会诱导肾单位发育为胚芽。

囊性肾病

常染色体显性遗传性多囊肾（ADPKD）是所有遗传性囊性肾疾病中最常见的（1/500）。最常见的是 *PKD-1* 和 *PKD-2* 突变。它们分别编码多囊蛋白 1 和 2。这两个分子是定位于肾脏原发纤毛的机械感受器，它们可以检测肾小管中的尿流。ADPKD 的主要临床发现小于 5% 的肾单位出现囊肿样变。这些囊肿可以扩大并影响正常的肾功能。

肾旋转不良

如果肾脏不旋转，则肾门面向前方（即胚胎位置）（图 13-9C）。如果肾门朝后，则旋转过度；如果面朝外侧，则发生了内旋。肾脏的异常旋转常伴随异位肾。

异位肾

单肾或双肾均可出现位置异常（图 13-9 B 和 E）。异位肾多位于骨盆内，也有部分位于下腹部。盆腔肾脏和其他形式的异位是肾脏上升失败的结果。

融合异常

有时，肾脏穿过中线到另一侧，导致肾脏交叉异常，伴或不伴有融合。异常肾缺损为**单侧融合肾**（图 13-9D）。在这种情况下，发育中的肾脏在骨盆中融合，一侧肾脏在迁移到正常位置时携带另一侧肾脏。

马蹄肾

马蹄肾是最常见的肾融合畸形。人群发病率 0~2%，为肾脏的两极（通常是双侧下极）融合（图 13-10）。大的 U 型（马蹄形）肾脏通常位于下位腰椎前方的骨盆区域。在 60% 的病例中，融合肾脏未正常上升，并且位于**肠系膜下动脉**下方。这些肾脏的功能得以保留，每个肾脏都有正常的输尿管和血液供应。马蹄肾可能没有任何症状，但有增加肾结石和感染的倾向。特纳（Turner）综合征患者中约有 15% 患有马蹄肾（见第 19 章，图 19-3）。

尿路重复

输尿管腹段和肾盂的重复比较常见，但超过正常数量的肾（**额外肾**）是罕见的（图 13-9C 和 F）。这类重复通常是由于输尿管芽分叉造成的。部分分叉导致肾分裂合并分枝型输尿管（图 13-9B）。完全分叉则导致肾重复合并分枝型输尿管或输尿管重复（图 13-9C）。带有输尿管完全重复的额外肾可能是由两个输尿管芽形成所致（图 13-9F）。

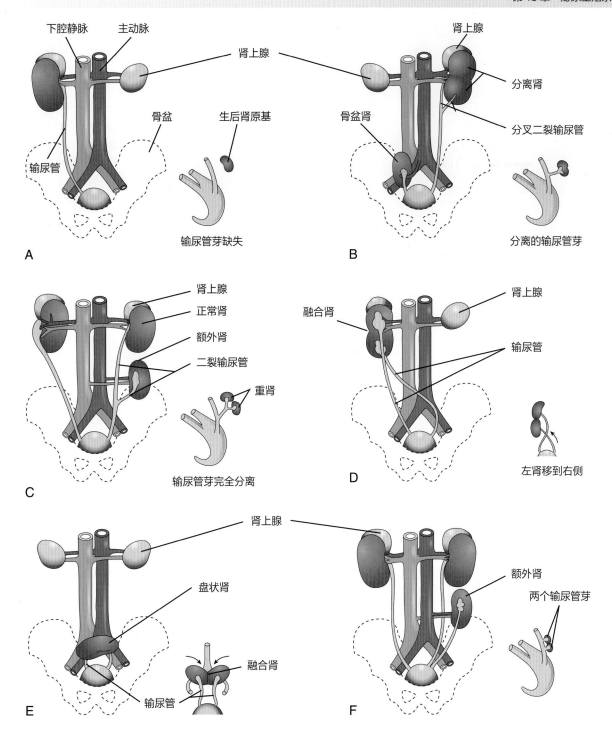

图 13-9 泌尿系统的各种先天性缺陷。每张图右下方的简图说明了缺陷可能的胚胎学基础
A. 单侧肾缺如。**B.** 右侧骨盆肾；左侧肾分裂合并分枝型输尿管。**C.** 右侧，肾脏旋转不良；肾门面向侧面。左侧，双输尿管及正常肾脏和额外肾。**D.** 交叉性肾异位。左肾向右交叉并与右肾融合。**E.** 骨盆肾或盘状肾，是由于肾脏在骨盆中融合而产生的。**F.** 由于两个输尿管芽的发生而造成的左侧额外肾。

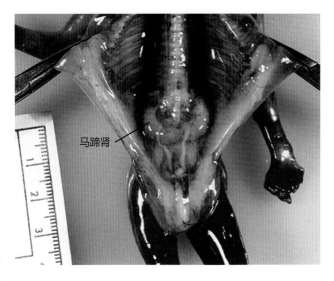

马蹄肾

图13-10 13周女性胎儿下腹部的马蹄肾

这种异常是由于肾脏在骨盆时下极融合引起的。（Courtesy Dr. D. K. Kalousek, Department of Pathology, University of British Columbia, Children's Hospital, Vancouver, British Columbia, Canada.）

膀胱的发育

泌尿生殖窦分为三部分 (图 13-11C)：

• 膀胱部分形成大部分的膀胱并与尿囊相连续。

• 骨盆部分变成膀胱颈部的尿道，男性的尿道前列腺部分，以及女性的尿道全部。

• 生殖器部分发育为生殖结节——阴茎或阴蒂的始基。

膀胱主要从**泌尿生殖窦**的膀胱部分发育而来，但是**膀胱三角区** (两输尿管开口之间的膀胱底部三角区域) 起源于中肾管的尾部 (图 13-11A 和 B)。最初，膀胱与**尿囊**相连 (图 13-11C)。后来尿囊收缩变成一根粗的纤维索带，即**脐尿管** (图 13-11G 和 H)。成人的脐尿管被**脐正中韧带**替代。随着膀胱的增大，中肾管的远端合并入背侧体壁 (图 12-11B~H)。这些导管有利于*膀胱三角区*结缔组织的形成。整个膀胱的上皮细胞起源于泌尿生殖窦的内胚层。膀胱壁的其他层次结构从邻近的内脏间充质发育而来。随着中肾管被吸收，输尿管独立开口于膀胱 (图 12-11C~H)。在男性中，中肾管的开口相互靠近并进入*尿道前列腺部* (图 13-22C)，这些导管的尾部分化为射精管 (图 13-22A)。在女性中，中肾管的远端退化消失。

异位输尿管

异位输尿管不会进入膀胱。在男性中，异位输尿管可能会伸入膀胱颈部或尿道的前列腺部分。它也可能进入输精管、前列腺或精腺 (图 13-22)。在女性中，异位输尿管可能会进入膀胱颈部、尿道、阴道或阴道前庭。当输尿管由中肾管携带至人体尾部并插入到泌尿生殖窦膀胱部分的尾部时，就会产生异位输尿管。男性可能会导致**尿失禁**，尿液从尿道漏出，女性则可能导致尿液从尿道和 / 或阴道漏出。

脐尿管异常

残余的脐尿管腔可能会持续存在，通常在**脐尿管**的下部。在大约 50% 的案例中，脐尿管腔与膀胱腔相连。脐尿管内上皮细胞的残留可能会引起脐尿管囊肿 (图 13-12A)。持续开放的脐尿管下段可能形成与膀胱相通的**脐尿管窦道**。脐尿管上部的管腔也可以保持开放，形成在脐部开口的脐尿管窦道 (图 13-12B)。极少数情况下，整个脐尿管仍处于开放状态，并形成**脐尿瘘**，该瘘管可使尿液从其脐孔中逸出 (图 13-12C)。

膀胱外翻

膀胱外翻是一种严重的出生缺陷，每 30 000~50 000 例出生中约有 1 例发生，好发于女性 (图 13-13)。膀胱后壁黏膜表面的暴露和突出是这种先天缺陷的特征。膀胱和输尿管口的三角骨暴露在外，尿液间歇性从外翻的膀胱漏出。

尿道上裂是一种先天性缺陷，尿道开口于阴茎的背侧。尿道上裂和耻骨的广泛分离与膀胱完全外翻有关。在某些情况下，疾病出现阴茎和阴囊分裂。**膀胱外翻**被认为是胚胎第 4 周时间充质细胞在腹壁的外胚层和内胚层 (**泄殖腔膜**) 之间迁移障碍造成 (图 13-14B 和 C)。结果，在膀胱上方的腹壁中没有肌肉或结缔组织覆盖。**泄殖腔膜破裂**导致膀胱的外部和黏膜之间的广泛连接。泄殖腔在被直肠隔分开之前破裂会导致**泄殖腔外翻**，造成膀胱和后肠均暴露在外。

尿道的发育

男性尿道的大部分以及女性的全部尿道的上皮细胞起源于**泌尿生殖窦**的内胚层 (图 13-11A 和 B，图 13-15)。**龟头**部分的远端尿道起源于外胚层细胞

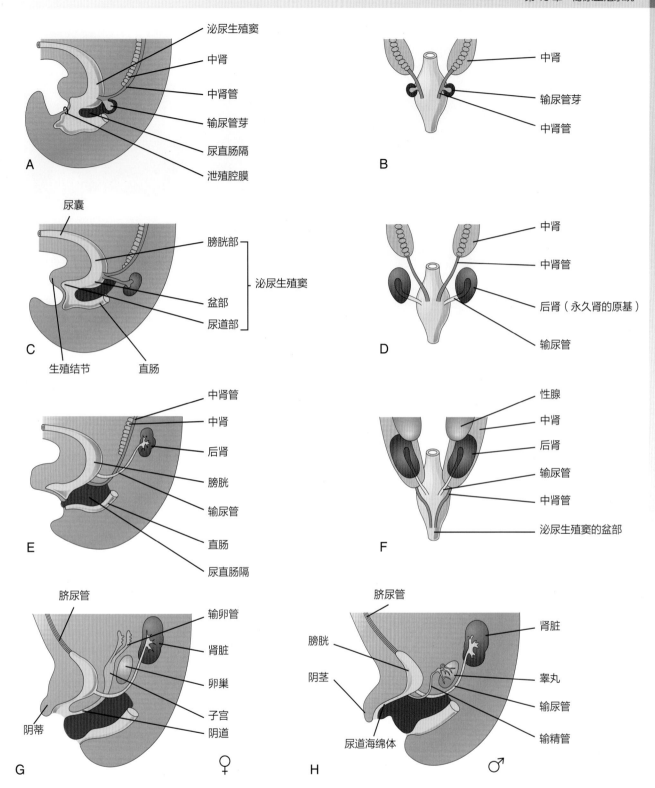

图 13-11 **A.** 胚胎 5 周时的侧面图，显示泄殖腔被尿直肠隔分为泌尿生殖窦和直肠。**B、D** 和 **F.** 背面图显示肾脏和膀胱的发育以及肾脏位置的变化。**C、E、G** 和 **H.** 侧面图。**G** 和 **H** 中显示的是胎儿第 12 周

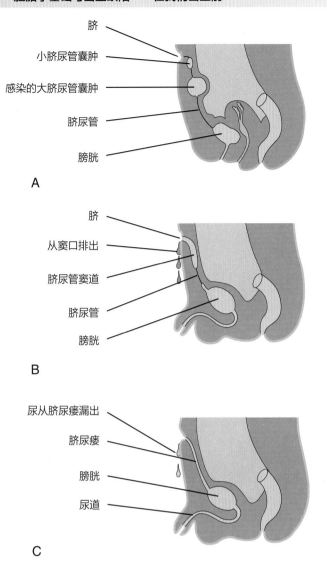

图13-12 脐尿管畸形

A. 脐尿管囊肿；均位于脐尿管的上端，即脐下。**B.** 显示了两种类型的脐尿管窦道：一种与膀胱相通；另一种与脐孔相通。**C.** 连接膀胱和脐之间的脐尿瘘。

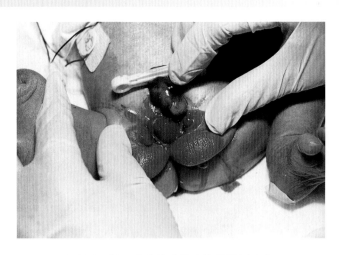

图13-13 患有膀胱外翻的男性新生儿

由于前腹壁下部和膀胱前壁闭合不良，膀胱表现为脐部下方外翻、突起的肿块。（Courtesy A. E. Chudley, MD, Department of Pediatrics and Child Health, University of Manitoba, Children's Hospital, Winnipeg, Manitoba, Canada.）

的实性条索。这些外胚层细胞从龟头的顶端开始生长并与尿道海绵体部相连（见第2章，图2-1B，图13-15A~C）。因此，尿道末端部分的上皮细胞起源于外胚层表面。所有人的尿道的结缔组织和平滑肌起源于内脏间充质。

肾上腺的发育

肾上腺的**皮质和髓质**起源不同（图13-16）。**皮质**起源于尿生殖嵴的间充质，**髓质**起源于**神经嵴细胞**（图13-16A 和 B）。在第6周，位于胚胎两侧肠系膜根部背侧和发育中的性腺之间的间充质细胞开始聚集，

形成皮质（图13-18C）。*目前已证明 DAXI，Sf1 和 Pbx1 对于皮质发育至关重要*。胎儿后期，肾上腺皮质开始出现特征性分化（图13-16C~E）。在出生时**球状带**和**束状带**就已经存在，但**网状带**直到3岁末才可以观察到（图13-16H）。

相对于体重，胎儿的**肾上腺**比成人的腺体大10~20倍。并且由于肾上腺的皮质很大，所以胎儿肾上腺比肾脏大。髓质在出生之前一直很小（图13-16F）。在婴儿出生的第一年，随着皮质的萎缩，肾上腺迅速变小（图13-16G）。

先天性肾上腺增生

先天性肾上腺增生（CAH）代表一组常染色体隐性遗传疾病，其中肾上腺皮质细胞异常增加导致胎儿期**雄激素产生过多**。在女性中，这通常导致外生殖器的男性化（图13-17）。患病的男婴的外生殖器正常，婴儿早期可能未发现这种疾病。在男女两性的幼年期后，雄激素过多会导致生长迅速和骨骼成熟加速。

CAH 最常见的原因是由于 *CYP21A2* 基因突变引起的类固醇21-羟化酶缺乏症，导致肾上腺皮质酶缺乏。这些酶对于各种甾体激素的生物合成是必需的。激素输出减少导致垂体前叶释放促肾上腺皮质激素增加，导致肾上腺皮质增生以及继发的雄激素分泌亢进。在某些 CAH 病例中，醛固酮也可能受到影响，导致失盐。

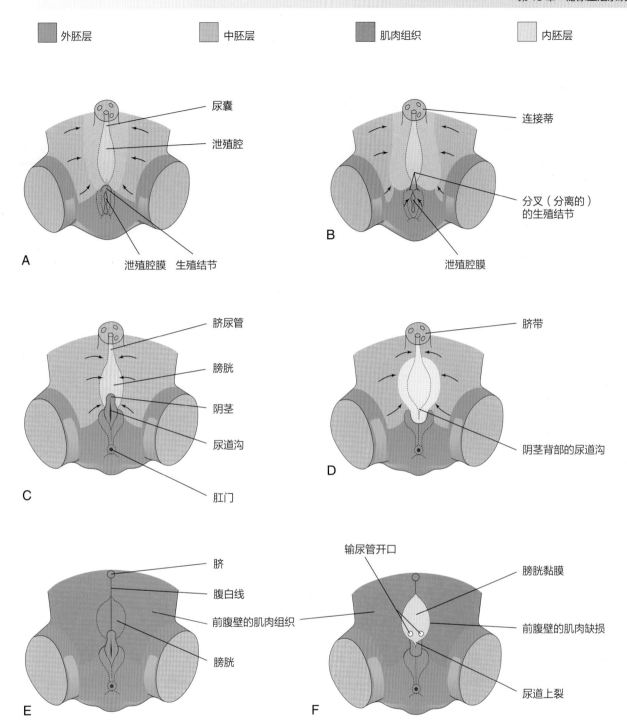

图 13-14　**A、C** 和 **E.** 在第 4~8 周脐下腹壁和阴茎发育的正常阶段。**B、D** 和 **F.** 伴发或不伴发膀胱外翻的尿道上裂可能的发展阶段。**B** 和 **D.** 注意中胚层发育障碍造成膀胱前的前腹壁缺损。还要注意：生殖器结节的位置比平时更靠近尾端，并且在阴茎的背面表面形成了尿道沟。**F.** 表面外胚层和膀胱的前壁破裂，导致膀胱的后壁暴露。注意：前腹壁两侧的肌肉组织均存在缺损。（Modified from Patten BM, Barry A: The genesis of exstrophy of the bladder and epispadias, Am J Anat 90:35, 1952.）

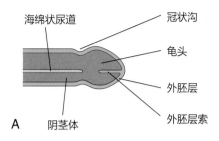

A 阴茎体
海绵状尿道
冠状沟
龟头
外胚层
外胚层索

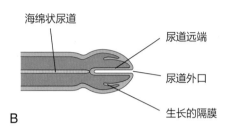

B
海绵状尿道
尿道远端
尿道外口
生长的隔膜

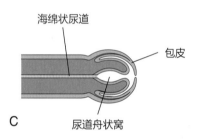

C
海绵状尿道
包皮
尿道舟状窝

图 13-15 阴茎发育的纵剖面示意图

图中说明了包皮和尿道海绵体远端的发育。**A.** 第 11 周。**B.** 第 12 周。**C.** 第 14 周。尿道海绵体的上皮有双重起源。它的大部分来自尿生殖窦的外生殖器部分的内胚层；尿道远端舟状窝处的上皮来自外胚层表面。

生殖系统的发育

早期生殖系统的发育在两性中是相似的；因此生殖系统发育的早期被称为*性发育的不分化阶段*。

性腺的发育

睾丸、卵巢分别是产生精子和卵子的器官。性腺的形成有三个来源（图 13-18）：

- 腹壁后壁的间皮组织（中胚层上皮）。
- 底层间充质组织（胚胎结缔组织）。
- 原始生殖细胞（最早的未分化性细胞）。

未分化的（两性）性腺

性腺的发育开始于第 5 周**中肾**中部增厚的间皮组织的生长（图 13-18A~C）。上皮组织和底层的间充质的增殖，在中肾中部产生一个隆起——**性腺嵴**（图 13-18A~C）。手指状的上皮索——**性腺索**，迅速生长进入其底层的间充质（图 13-18D）。此时**未分化的性腺**包含外面的皮质和里面的髓质（图 13-19）。*FOG2，WT1 和 NR5A1* 的参与似乎是未分化性腺形成的必要条件。

在 **XX 染色体**的胚胎中，未分化性腺的皮质开始分化为卵巢，髓质开始退化。在 **XY 染色体**的胚胎中，髓质分化为睾丸，皮质开始退化（图 13-18D）。

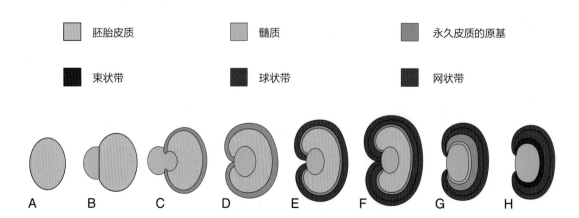

胚胎皮质　　髓质　　永久皮质的原基

束状带　　球状带　　网状带

A B C D E F G H

图 13-16 肾上腺发育的示意图

A. 第 6 周，显示胚胎皮质的中胚层原基。**B.** 第 7 周，增加了神经嵴细胞。**C.** 第 8 周，胎儿皮质和早期永久皮质开始包裹髓质。**D** 和 **E.** 皮质包裹髓质之后的阶段。**F.** 新生儿的腺体，显示胎儿皮质和永久皮质的两个区域。**G.** 在 1 岁时，胎儿皮质几乎消失。**H.** 在 4 岁时皮质呈现成人类型。可以观察到胎儿皮质已消失，腺体小于出生时的腺体（F）。

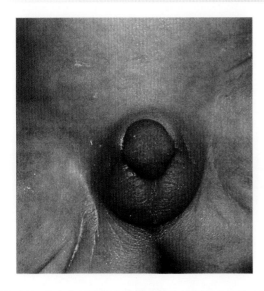

图13-17 患有先天性肾上腺增生的女性新生儿的外生殖器 男性化是由胎儿时期肾上腺产生的过量雄激素引起的。注意阴蒂增大与大阴唇融合形成阴囊。（Courtesy Dr. Heather Dean, Department of Pediatrics and Child Health, University of Manitoba, Winnipeg, Manitoba, Canada.）

原始生殖细胞

原始生殖细胞起源于脐囊壁（来源于外胚层），并沿着后肠的肠系膜背侧，迁移到生殖嵴（图13-18D）。早期通过干细胞因子(SCF)的趋化信号，后期通过神经束引导来帮助细胞迁移到生殖嵴。在第6周，原始生殖细胞进入下层的间充质并整合到**性腺索**中（图13-18D），最终分化为卵细胞或精子。

性别决定

染色体和基因的性别在受精时确定，取决于是携带 X 染色体的精子还是携带 Y 染色体的精子与携带 X 染色体的卵细胞结合。通常，胚胎的**性染色体** (XX 或 XY) 决定了性腺发育的类型。第7周前，不同性别的性腺在外形上是相同的，所以称为**未分化性腺**（图13-19）。

男性表型（特征）的发展需要功能性 Y 染色体。女性表型的发育需要两个 X 染色体。

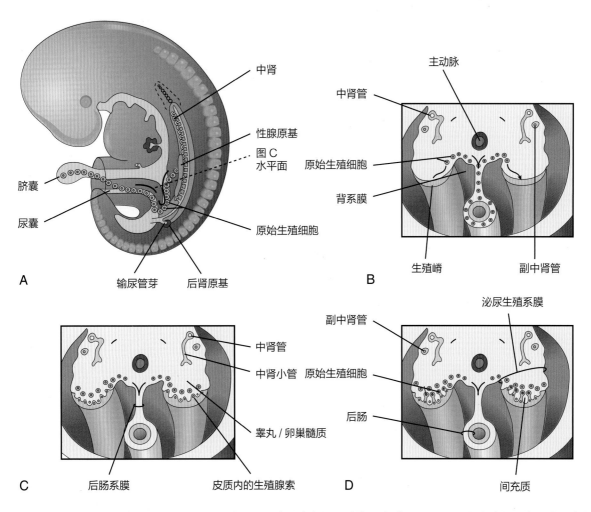

图13-18 **A.** 胚胎第5周的示意图，显示了原始生殖细胞从脐囊向胚胎的迁移过程。**B.** 显示生殖嵴和原始生殖细胞向发育中的性腺的迁移。**C.** 胚胎第6周的横切面显示性腺索。**D.** 同一水平显示后期未分化的性腺和副中肾管

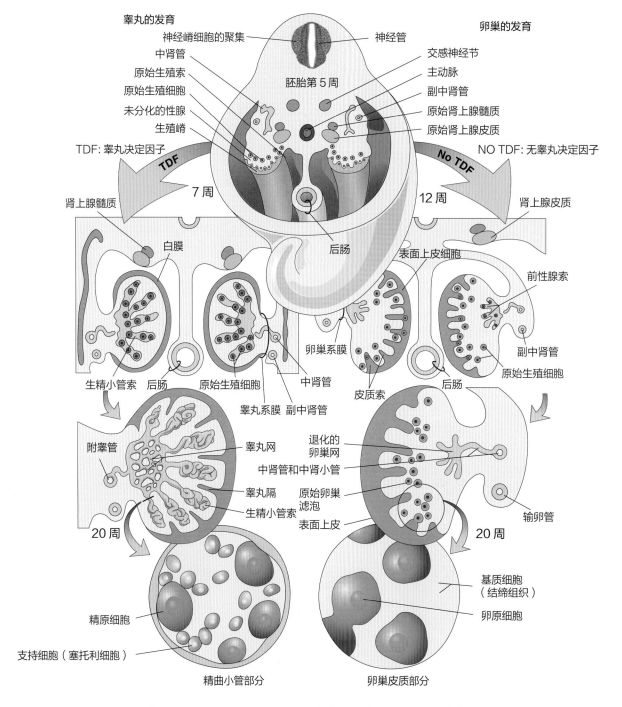

图 13-19 胚胎第 5 周（上图）中未分化性腺分化为卵巢或睾丸

图的左侧显示了由于 Y 染色体上的睾丸决定因子（TDF）的影响而导致的睾丸发育。注意这里的性腺索变成了生精小管索，即精曲小管的原基。进入睾丸髓质的性腺索部分形成睾丸网。在左下角的睾丸部分，这里有两种细胞：精原细胞，起源于原始生殖细胞；以及间充质来源的支持细胞或称为塞托利（Sertoli）细胞。右侧显示在没有 TDF 的情况下卵巢的发育。皮质索从性腺的表面上皮延伸，原始生殖细胞进入皮质索。它们是卵原细胞的原基。滤泡细胞来自性腺的表面上皮细胞，原始生殖细胞已进入其中，它们是卵原细胞的原基。滤泡细胞来源于卵巢的表面上皮。箭头指示随着性腺（睾丸和卵巢）发育而发生的变化。

性染色体复合体异常

在性染色体异常（例如XXX或XXY）的胚胎中，X染色体的数量似乎对性别确定并不重要。如果存在正常的Y染色体，则胚胎发育为男性。如果不存在Y染色体，或者如果Y染色体的睾丸决定区域丢失，则会发生女性发育。一条X染色体的丢失似乎不会干扰原始生殖细胞向性腺嵴的迁移，因为在45例患有Turner综合征的XO型女性的胎儿性腺中已经观察到一些生殖细胞（见第19章，图19-3）。但是，卵巢发育需要两个X染色体才能完整实现。

睾丸的发育

基因的调节序列诱导睾丸的发育。作为睾丸决定因子的**SRY基因**(Y染色体的性别决定区域)对未分化性腺发育成睾丸起到开关作用。TDF介导性索凝聚并延伸至未分化性腺的髓质，在髓质中分支吻合形成**网状睾丸**（图13-19）。当白膜形成时，突出的性腺索（**生精索**）与表面上皮的连接就消失了。这种厚的致密的纤维囊样的外膜是睾丸发育的特征。睾丸逐渐与退化的中肾分离，并被其自身的系膜——**睾丸系膜**所包绕悬浮。生精索发育成精曲小管、精直小管和睾丸网。

精曲小管被间质隔开，产生间质细胞（Leydig细胞）。到第8周，这些细胞会分泌雄激素——**睾酮**，从而诱导中肾管和外生殖器的男性分化。**人绒毛膜促性腺激素**刺激睾酮的产生并在第8~12周达到峰值。从第8周开始，胎儿的睾丸还会产生糖蛋白，**抗米勒管激素（AMH）**或米勒管抑制物（MIS）。AMH是由**支持细胞（Sertoli细胞）**产生的，一直持续到青春期，之后激素水平降低。转录因子**SOX9**的表达对于睾丸支持细胞的分化至关重要。AMH抑制副中肾管发育为子宫和输卵管。精曲小管直到青春期时管腔才开始发育。除了支持细胞外，**精曲小管**的管壁还由以下组成（图13-19）：

- **精原细胞**，源自原始生殖细胞的原始精子细胞。
- **睾丸支持细胞**，构成胎儿睾丸中大部分的生精上皮（图13-19）。

睾丸网与15～20个中肾小管相连，这些中肾小管最后变成传出小管。这些小管与中肾管相连，最终形成**附睾管**（图13-19，图13-20A）。

卵巢的发育

卵巢发育比睾丸发育晚约3周（到第10周）。X染色体上含有促进卵巢发育的基因（例如DAX-1）。常染色体基因似乎也在**卵巢器官生长**中起作用，涉及的因素包括**FOXL2**，**WNT**和**Iroquois-1**。直到大约第10周才能通过组织学检查鉴定卵巢。**性索**伸入卵巢的髓质并形成初级的**卵巢网**（图13-18D，图13-19）。

这种髓质和性索的网络通常会退化并消失。在胎儿早期，皮质索从发育中的卵巢的表面上皮延伸到下面的间充质。随着**皮质索**的增大，**原始生殖细胞**被整合入其中。在大约第16周，这些索带开始分解成孤立的细胞簇——**原始卵泡**，每个卵泡都包含一个**卵原细胞**（源自原始生殖细胞）。卵泡周围有一层来自表面上皮的滤泡细胞（图13-19）。在胎儿期活跃的有丝分裂会产生许多卵原细胞。

胎儿出生之后无卵原细胞形成。尽管许多卵原细胞在出生前就退化了，但在出生前大约有200万个卵原细胞增大成为**初级卵母细胞**（见第2章，图2-5）。出生后，卵巢表面上皮扁平，形成单层细胞，与腹膜间皮相连续。上皮与皮质内的滤泡被一层薄的纤维囊，即**白膜**分离。卵巢与退化的中肾分离后，悬浮于**卵巢系膜**内。

生殖导管的发育

男性和女性胚胎都有两对生殖导管：中肾管（wolffian导管）和**副中肾管**——米勒导管（图13-21A）。中肾管在男性生殖系统的发育中起着重要作用（图13-20A），副中肾管在女性生殖系统的发育中起着重要作用（表13-1，图13-20 B和C）。在中肾管和副中肾管转变为成年结构的过程中，导管的某些部分保留为**残留结构**（图13-20A，B和C）。这些残留很少出现，除非它们发生了病理变化（例如，Gartner导管囊肿，图13-20C）。

男性生殖管道和性腺的发育

胎儿的睾丸会在第8周开始产生睾丸激素并在大约第12周达到峰值，AMH在6~7周达到峰值。**睾酮**刺激中肾管形成男性生殖管道，而AMH则通过上皮－间质化使副中肾管消失。随着中肾的退化，一些中肾小管持续存在并转化为**输出小管**（图13-20A）。这些小管开口于中肾管，而中肾管已经转化为附睾的导管。在附睾的远端，中肾管平滑肌增厚成为**输精管**（图13-20A）。

精囊腺：每个中肾管尾端的侧向生长物分化为**精腺**（囊泡）。这对腺体的分泌物可以滋养精子。

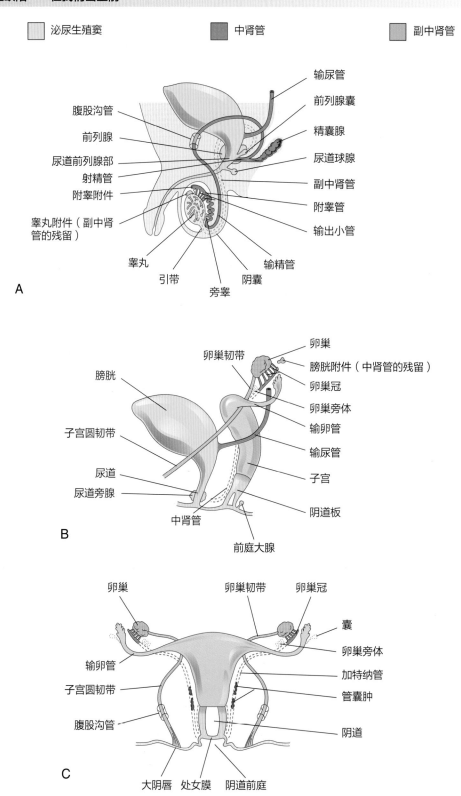

图13-20 生殖管和泌尿生殖窦发育为男性和女性生殖系统的过程示意图，同样显示了胚胎发育的残留结构
A. 男性新生儿的生殖系统。**B.** 第12周女性胎儿的生殖系统。**C.** 女性新生儿的生殖系统。

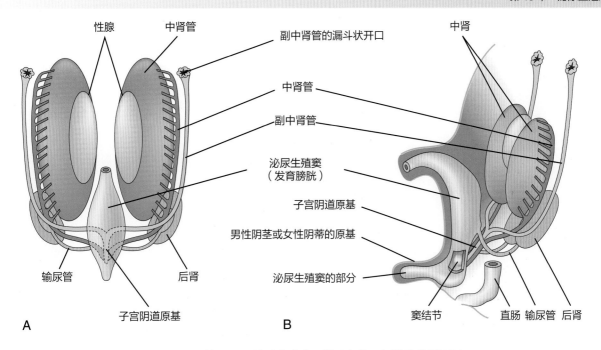

图 13-21 第 7 周胚胎后腹壁腹面视图和第 9 周胎儿的侧面图

A. 第 7 周胚胎后腹壁腹面视图，图中展示了在性发育的未分化阶段存在的两对生殖导管。**B.** 第 9 周胎儿的侧面图，图中展示了泌尿生殖窦后壁上的窦结节。它之后变成了女性的处女膜（图 13-20C）和男性的精阜

该腺管与尿道之间的中肾管部分成为射精管（图 13-20A）。

前列腺：从尿道的前列腺部分产生多个内胚层生长物，并生长到周围的间充质中（图 13-22）。前列腺的腺上皮是从这些内胚层细胞分化而来，而相关的间充质分化为前列腺的致密基质和平滑肌。前列腺分泌物组成精液。

尿道球腺：尿道球腺是由尿道海绵状部分的成对生长的豌豆状结构（图 13-20A）。平滑肌纤维和间质从相邻的间充质分化而来。这些腺体的分泌物也组成精液。

女性生殖管道和性腺的发育

由于缺乏睾酮，女性胚胎的**中肾管**退化。由于缺乏 AMH，因此会导致**副中肾管**的生长。女性的性发育直到青春期才依赖于卵巢或激素的存在。副中肾管形成女性生殖道的大部分。输卵管从副中肾管的未融合部分发育而来（图 13-20B 和 C）。这些导管的尾部融合部分形成**子宫阴道原基**，形成子宫和阴道的上半部

分（图 13-21）。*Hox* 基因在副中肾管中的表达调节女性生殖导管的发育。子宫内膜间质和子宫肌层来源于内脏间充质。副中肾管的融合还形成腹膜褶皱变成**子宫阔韧带**，并形成两个腹膜间隙——**直肠子宫间隙和膀胱子宫间隙**（图 13-23B~D）。

阴道的发育：阴道上皮来源于泌尿生殖窦的内胚层。阴道的纤维肌壁从周围的间充质发育而来。**子宫阴道原基**与**泌尿生殖窦**的接触形成**窦结节**（图 13-21B），诱导成对的内胚层增生物——窦阴道球的形成（图 13-23A），它们从泌尿生殖窦延伸到子宫阴道原基的尾端。两个窦阴道球融合形成阴道板（图 13-20B），该板的中央细胞破裂，形成阴道管腔。平板的周围细胞形成阴道上皮或衬里（图 13-20C）。直到胎儿晚期，阴道腔与泌尿生殖窦腔之间都有一层膜——**处女膜**（图 13-20C，图 13-24H）。处女膜是由泌尿生殖窦后壁的内陷形成的。处女膜通常在围产期（出生后的前 28 天）破裂，并保留在阴道口内，呈薄黏膜状。

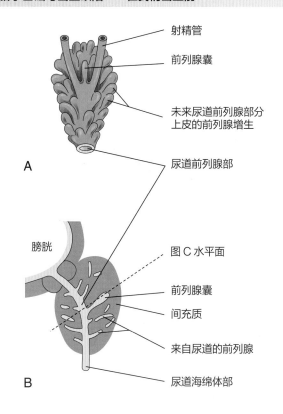

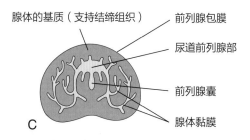

图 13-22 **A**. 第 11 周胎儿发育中的前列腺背视图。**B**. 发育中的尿道和前列腺的中间部分的示意图，图中展示了从尿道前列腺部长出的许多内胚层外生物。还展示了残留的前列腺囊。**C**. B 切面中所示的前列腺（第 16 周）

女性辅助生殖腺：从尿道向周围间充质生长的外生物形成双侧黏液分泌型尿道腺和**尿道旁腺**（图 13-20B）。泌尿生殖窦的外生物在**大阴唇**下 1/3 形成**前庭大腺**（图 13-24F）。这些管泡状腺也分泌黏液，并且与男性的尿道球腺同源（表 13-1）。

外生殖器的发育

直到第 7 周，不同性别的外生殖器均未分化（图 13-24A 和 B）。在第 9 周开始出现明显的性特征，但直到第 12 周才完全分化外部生殖器。在第 4 周初，男性

和女性的泄殖腔膜的头端都会出现间充质增生，产生**生殖结节**（图 13-24A）——**阴茎或阴蒂的原基**。在外生殖器的早期发育中，FGF8 参与了信号通路。

在泄殖腔膜的两侧，阴唇阴囊隆起和尿生殖褶很快开始发育。生殖器结节很快伸长形成原始的外生殖器——阴茎或阴蒂（图 13-24B）；在女性胎儿中，尿道和阴道通向共同的腔，即**阴道的前庭**（图 13-24B 和 H）。

胎儿性别的确定

经腹超声评估胎儿性别至关重要，尤其是在有严重 X 连锁出生缺陷风险的孕妇中。评估基于直视所见的外生殖器的类型。到妊娠第 12 周，原始外生殖器已分化形成阴茎（图 13-24G）。多项研究表明，只要没有外生殖器畸形，13 周之后大部分的性别检测都是非常准确的（99%～100%）。诊断的准确性随胎龄的增加而增加，并取决于超声医师的经验、设备、胎儿的位置以及羊水的量。分子遗传学和诊断检测（微阵列和下一代测序）的进步已经使人们对性发育障碍有了更好的理解。

男性外生殖器的发育

未分化生殖器的雄性化是由双氢睾酮诱导的，双氢睾酮是由睾丸间质细胞的 5α-还原酶转化睾酮产生的（图 13-24C，E 和 G）。**原始的外生殖器**增大并伸长成为阴茎。在阴茎的腹侧部分形成**尿道板**。尿道板增宽并打开以形成**尿道沟**。这条沟的边界是**尿道褶皱**。这条沟内衬来自**尿道板**的增殖的内胚层细胞（图 13-24C），其从泌尿生殖窦的阴茎部分延伸出来。在雄激素的作用下，**尿道皱褶**沿阴茎腹面相互融合，形成**尿道海绵体**（图 13-24E$_1$～E$_3$）。表面的外胚层在阴茎的正中平面融合，形成**阴茎嵴**并将海绵状尿道封闭在阴茎内。在**龟头**的尖端，外胚层向内生长，形成一个细胞外胚层索并向着阴茎的根部延伸，到达海绵状尿道（图 13-15A）。这条索形成导管并连接先前形成的海绵状尿道（图 13-15B）。这个连接完成了尿道的末端部分，并将**尿道外口**移至龟头的阴茎末端（图 13-15C，图 13-24G）。在第 12 周，外胚层在阴茎龟头的外围形成环状内生长（图 13-15B）。当这种向内生长分解时形成**包皮**（图 13-24G）。**阴茎海绵体**和**尿道海绵体**从阴茎的间充质发育而来。**阴茎阴囊突**彼此靠近并融合形成**阴囊**（图 13-24E）。这些褶皱的融合线清晰可见，即**阴囊沟**（图 13-24G）。

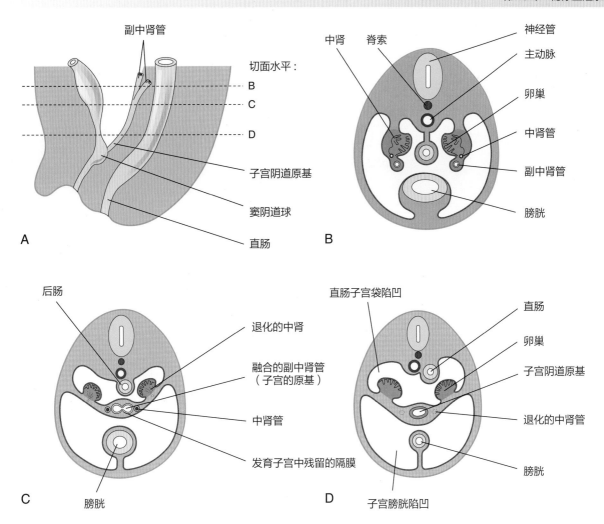

图 13-23　卵巢和子宫的早期发育

A. 第 8 周的女性胚胎尾部矢状切面示意图。**B.** 横切面显示副中肾管彼此靠近。**C.** 更靠近尾部水平的截面显示了副中肾管的融合。残留的隔膜将副中肾管分成两部分。**D.** 展示出了子宫阴道原基、阔韧带以及盆腔陷凹。注意这里的中肾管已经退缩。

女性外生殖器的发育

　　女性胎儿的原始阴茎逐渐减小最后变成了**阴蒂**（图 13-24D，E 和 H）。阴蒂在第 18 周时仍相对较大（图 13-24)。阴蒂的发育与阴茎相似，不同之处在于泌尿生殖道的褶皱不融合，只在后面融合形成**小阴唇的系带**。泌尿生殖道褶皱的未融合部分形成**小阴唇**。阴唇褶皱向后融合形成**阴唇后联合**，向前融合形成**阴唇前联合**和**阴阜**。**阴唇褶皱**大部分保持未融合状态，并形成两个大皱纹的皮肤，即**大阴唇**（图 13-24H）。

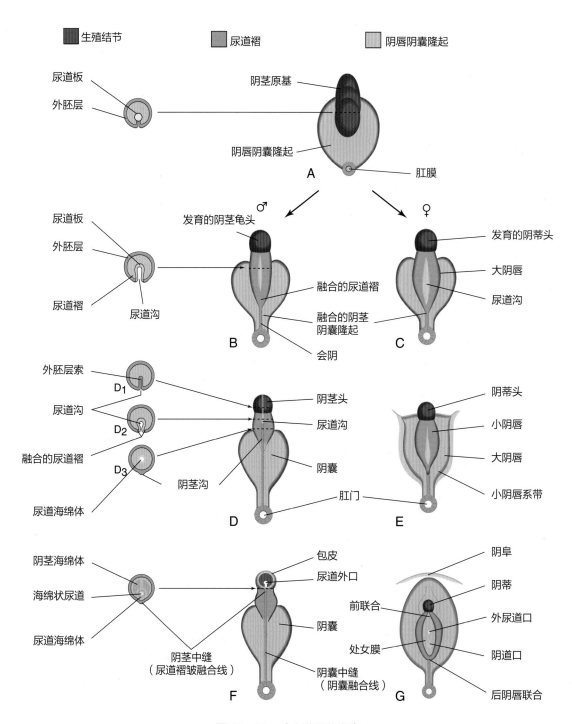

图13-24 外生殖器的发育

A. 图解说明在胚胎不同阶段（第4~7周）生殖器的出现。**B、D**和**F.** 分别在胎儿第9周、第11周和第12周男性外生殖器的发育阶段。左侧是发育中的阴茎的横切面示意图，说明海绵状尿道和阴囊的形成。**C、E**和**G.** 分别在胎儿第9周、第11周和第12周女性外生殖器的发育阶段。阴阜是耻骨联合上方的脂肪组织垫。

性染色体 DSD

在有**异常性染色体**（例如 XXX 或 XXY）的胚胎中（见第 19 章，图 19-7），X 染色体的数目似乎对性别确定并不重要。如果存在正常的 Y 染色体，则胚胎发育为男性；如果不存在 Y 染色体，或者 Y 染色体上不存在睾丸决定基因，则会发生女性发育。X 染色体的丢失似乎不会干扰原始生殖细胞向性腺的迁移，因为在 45 位**特纳综合征**女性的性腺中已经观察到一些生殖细胞（见第 19 章，图 19-3）。但是，需要两个 X 染色体才能实现正常的卵巢发育。

性腺发育不全

卵睾性 DSD

患有**卵睾性 DSD**（一种罕见的两性情况）的人通常具有**染色质阳性细胞核**。这些人中约有 70% 为 46，XX 染色体组成；20% 的人具有 46，XX/46，**XY 镶嵌**（两个或多个细胞系的存在），而 10% 的人具有 46，XY 染色体组成。卵睾性 DSD 的原因仍知之甚少。

患有这种情况的人的一侧或两侧性腺里既有睾丸又有卵巢（**卵睾**）。这些组织通常不起作用。卵睾性 DSD 源于性别决定错误。该表型可以是男性或女性，但外生殖器总是难以分辨的。

睾丸性 DSD

XX 睾丸性 DSD 患者具有染色质阳性核和 46，XX 染色体组成。当一些 *SRY* 基因易位到 X 染色体上时会导致这种异常，这种异常将导致出现男性生殖器外观。尽管有些人的外生殖器难以分辨。

XY 性腺发育不全

患有这种双性状态的人具有**染色质阴性核**（无性染色质）和 46，XY 染色体组成。外生殖器和内生殖器的发育不定，这是由于副中肾管的发育程度不同。这些异常是由胎儿睾丸产生的睾丸激素和 AMH 不足引起的。

男性化 CAH

CAH 指的是与肾上腺类固醇合成相关的常染色体缺陷引起的临床状况。在超过 90% 的情况陷是由于缺乏 21- 羟化酶。通常，存在肾上腺功能不全。垂体通过增加 ACTH 的产生来应对这种不足，导致肾上腺产生过量的雄激素。在女性中，这通常导致外生殖器的男性化（图 13-25）。通常，**有阴蒂肥大**、大阴唇部分融合和持续的泌尿生殖窦。患病的男婴具有正常的外部生殖器，并且该综合征可能在婴儿早期未被发现。在两性的儿童期，雄激素过多会导致快速生长和加速骨骼成熟。

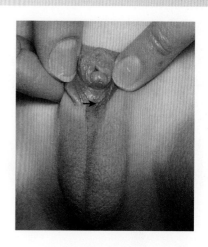

图 13-25　一个 6 岁女孩的外生殖器，图中显示阴蒂增大，大阴唇融合形成阴囊状结构

箭头指示泌尿生殖窦开放（图 13-11C）。这种极端的男性化是先天性肾上腺增生的结果。（Courtesy Dr. Heather Dean, Department of Pediatrics and Child Health, University of Manitoba, Winnipeg, Manitoba, Canada. ）

雄激素作用障碍

雄激素不敏感综合征

尽管存在睾丸和 46，XY 染色体构成，但雄激素不敏感综合征患者（每 20 000 例活产儿中有 1 例发生）为**外观正常的女性**。外生殖器是女性；但是阴道通常以盲袋结束，子宫和输卵管不存在或不完整。在青春期，乳房和女性特征正常发育，但是不会发生月经。

睾丸通常在腹部或腹股沟管内，但也可能在大阴唇内。这些人无法进行男性化，是由于生殖结节以及阴唇阴囊突和尿道褶处细胞水平上的睾丸激素抵抗性增强。

患有部分雄激素不敏感综合征的人在出生时会出现一些男性化现象，例如无法分辨性别的外生殖器，并且他们可能会有增大的阴蒂。雄激素不敏感综合征遵循 X 连锁隐性遗传，编码雄激素受体的基因已被定位。

尿道下裂

尿道下裂有 4 种类型：阴茎头型（最常见的类型）、**阴茎体型、阴茎阴囊型和会阴型**。尿道下裂是涉及阴茎的最常见异常，每 125 名男婴中有 1 人发病。在阴茎头型尿道下裂中，尿道外口位于龟头阴茎的腹面。在阴茎尿道下裂中，尿道外口在阴茎头的腹面。在阴茎型尿道下裂中，尿道外口开口于阴茎体腹侧。

尿道下裂的阴茎头型和阴茎体型是常见类型（图 13-26）。在阴茎阴囊型尿道下裂中，尿道口位于阴茎和阴囊的交界处。在会阴型尿道下裂中，尿道外口位于阴囊未融合的两半之间。**尿道下裂是由于胎儿睾丸分泌雄激素不足引起的。**人们相信环境因素可能破坏睾丸激素相关基因的表达。

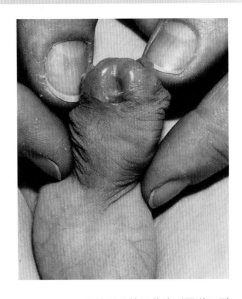

图13-26 男性婴儿的阴茎头型尿道下裂

在尿道口的通常部位，阴茎龟头上有一个浅坑。(Courtesy A. E. Chudley, MD, Department of Pediatrics and Child Health, University of Manitoba, Children's Hospital, Winnipeg, Manitoba, Canada.)

尿道上裂

每30 000名男性新生儿中有1名患儿的尿道口开口于阴茎背侧。尽管尿道上裂可能单独发生，但它通常与膀胱外翻伴行（图13-13）。生殖结节发育期间外胚层 - 间充质间相互作用不足可能导致尿道上裂。结果，生殖结节比正常胚胎在背侧发育得更多。因此，当泌尿生殖膜破裂时，泌尿生殖窦在阴茎的开口于阴茎背面。尿液从畸形的阴茎根部排出。

女性生殖道的出生缺陷

在发育的第8周，子宫阴道原基的发育停滞导致了各种类型的子宫重复和阴道缺陷（图13-27B~G）。主要的发展缺陷是：①副中肾管的不完全融合；②一条或两条副中肾管发育不全；③形成阴道的阴道板不完全再通。

在某些情况下，子宫在内部被隔膜隔开（图13-27F）。如果仅发生子宫上半部的重复，则为**双角子宫**（图13-27D 和 E）。如果一个副中肾管的发育停滞，并且不与另一副中肾管融合，**双角子宫一侧的角不发育**（图13-27E），这个角可能不与子宫腔连通。当一个副中肾管不发育时，就会形成单角子宫；这导致形成**一个只有一根输卵管的子宫**（图13-27G）。这种情况下，许多个体是能够生育的，但早产的可能性可能会增加。双子宫是由于副中肾管下部融合失败而导致的。它可能与双重或单个阴道有关（图13-27B 和 C）。

阴道的发育不全是由于窦阴道球无法发育并形成阴道板（图13-20B）。当阴道不存在时，子宫也通常不存在，因为发育中的子宫（子宫阴道原基）诱导窦阴道球的形成，后者融合形成**阴道板**（图13-24C）。阴道板的管道化失败会导致阴道阻塞。阴道板下端未贯通会导致**处女膜闭锁**（图13-20C）。

腹股沟的发育

腹股沟管形成了睾丸从腹壁背侧穿过前腹壁下降到阴囊的通道。因为性发育过程中存在形态未分化阶段，腹股沟管在两性中均会发育。间充质聚集后，两侧性腺下极分别发出一条结缔组织——**引带**（纤维索）（图13-28A）。引带斜穿过发育中的前腹壁，即未来腹股沟管的所在（图13-28B~D）。这条引带的头端与中肾的间充质相关联。

鞘状突是腹膜的一个外延部分，生长到引带的腹侧，并沿引带形成的路径穿过腹壁（图13-28B~E）。鞘状突的前面带着延伸着的几层腹壁，形成了腹股沟管壁。这些层次结构也形成了精索和睾丸的外覆结构（图13-28E 和 F）。在腹横筋膜上由鞘状突形成的开口为**腹股沟深环**，在腹外斜肌腱膜上形成的开口为**腹股沟浅环**。

睾丸与卵巢的再分布

睾丸的下降

26周时，睾丸已经从后腹壁下降到腹股沟深环（图13-28B 和 C）。造成上述位置变化的原因是胎儿骨盆增大，以及胚胎的躯干伸长。睾丸的穿腹的移位在很大程度上是一种相对运动，这是由于腹部头侧部分的生长远离了未来的骨盆区域。腹部压力增加也可能起作用。

睾丸下降通过**腹股沟管**进入阴囊是由胎儿睾丸产生的雄激素（例如，睾丸激素）控制的。**引带**在下降过程中引导睾丸。睾丸通过腹股沟管进入阴囊的迁移通常在第26周开始，可能需要2~3天。在第32周时，大多数案例中双侧睾丸在第32周全部下降至阴囊。足月产的患儿中，97%的患儿双侧睾丸进入阴囊。在生后的前3个月内，大多数未降的睾丸下降至阴囊。当睾丸下降时，它们携带着输精管和血管一起下降。当睾丸和**输精管**下降时，它们被延伸的腹壁筋膜所包裹

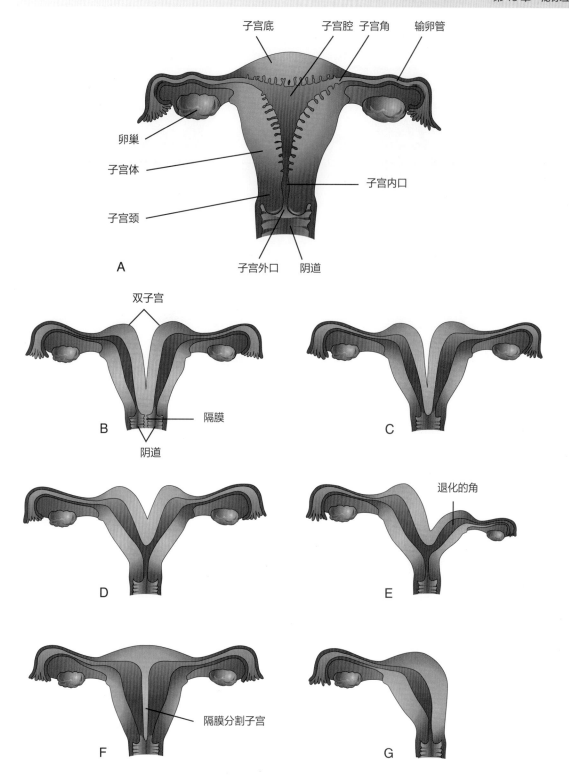

图 13-27 各种类型的先天性子宫出生缺陷
A. 正常子宫和阴道。**B.** 双子宫和双阴道。注意分隔阴道的隔膜。**C.** 双子宫单阴道。**D.** 双角子宫（两个子宫角）。**E.** 双角子宫，左角发育不良。**F.** 子宫分隔。注意该隔膜分隔子宫。**G.** 单角子宫。注意只有一半子宫存在。

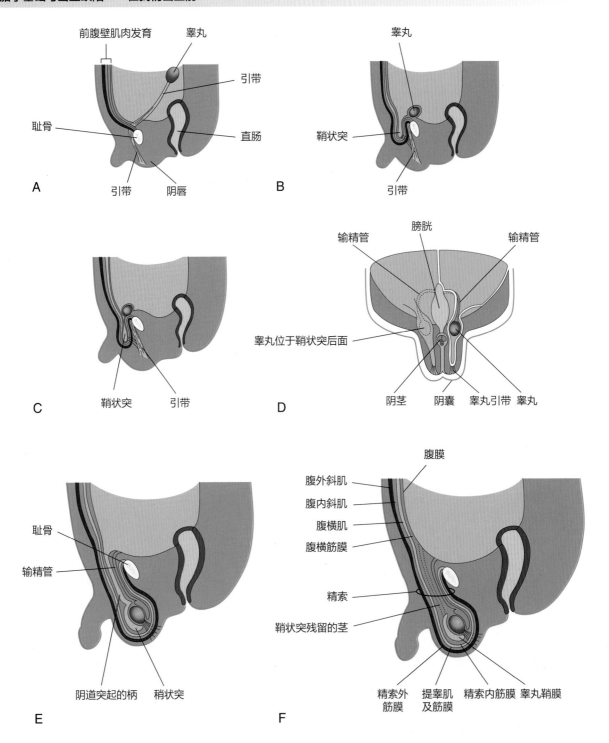

图 13-28 腹股沟管的形成和睾丸的下降

A. 胚胎第 7 周的矢状切面显示从腹壁背侧下降之前的睾丸。**B** 和 **C.** 大约第 28 周时的同一切面，图中显示鞘状突和睾丸开始穿过腹股沟管。注意鞘状突前部有腹壁筋膜层。**D.** 大约 3 天后胎儿的额面观，显示睾丸位于鞘状突后侧。切开左侧的鞘状突显示睾丸和输精管。**E.** 男婴的矢状切面显示鞘状突通过狭窄的蒂柄与腹膜腔连通。**F.** 同一切面，新生儿鞘状突闭塞后的图示。注意腹壁延伸的筋膜层现在形成了精索的覆盖层。

(图 13-28F)：

- 腹横筋膜的延伸变成**精索内筋膜**。
- 腹内斜肌和腱膜延伸变成**提睾肌**和**筋膜**。
- 腹外斜肌和腱膜延伸变成精索外筋膜。

在阴囊内，睾丸伸向**鞘状突**的远端。在围产期（前4周），鞘状突的连接蒂通常会消失，形成覆盖睾丸前部和两侧的浆膜——鞘膜（图 13-28F）。

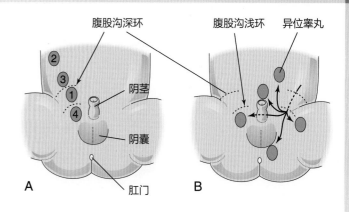

图 13-29 隐睾和异位睾丸的可能位置
A. 隐睾的位置，从 1~4 按频率递增顺序排列。**B.** 异位睾丸的通常位置。

隐睾症

隐睾症（隐睾或睾丸未降）是新生儿中最常见的先天缺陷，大约 30% 的早产男性和大约 3%~4% 的足月男性发生。隐睾症可以是单侧的也可以是双侧的。在大多数情况下，睾丸会在第一年末降入阴囊。如果两个睾丸都留在腹腔内或腹腔外，它们就不会成熟而且以后往往会发生不育。如果不加以纠正，则**生殖细胞肿瘤**发生的风险会大大提高，尤其是在腹腔型隐睾症的情况下，**隐睾的睾丸**可能在腹腔内或沿睾丸下降的路径中的任何地方，但它们通常在腹股沟管内（图 13-29A）。大多数隐睾症的病因尚不清楚，但胎儿睾丸中雄激素生成的缺乏是一个重要因素。

异位睾丸

穿过腹股沟管后，睾丸可能会偏离其正常的下降路径，并停留在各种异常的位置（图 13-29B）：

- 间质（腹外斜肌腱膜外）。
- 在大腿内侧近段。
- 阴茎背侧。
- 对侧（交叉异位）。

所有类型的异位睾丸均很少见，但间质性异位最常发生。当部分引带穿到异常部位时睾丸随之而动，发生异位。

卵巢的下降

卵巢也是从腰部的后腹壁下降至骨盆；但是，它们没有穿过骨盆进入腹股沟。子宫引带在输卵管附近与子宫相连。引带的头部成为**卵巢韧带**，尾部形成**子宫圆韧带**（图 13-20C）。子宫圆韧带穿过腹股沟管终止于大阴唇。女性相对较小的鞘状突通常是消失的，并且在出生前就消失了。胎儿的未闭合的鞘状突被称为**腹膜鞘状突**（Nuck 管）。

先天性腹股沟疝

如果鞘膜和腹膜腔之间的通道没有关闭，则会出现**持续的鞘状突开放**。肠袢可能会疝入阴囊或大阴唇（图 13-30A 和 B）。腹股沟疝囊中经常出现类似于输精管或附睾的胚芽残留物。先天性腹股沟疝在男性中更为常见，尤其是在睾丸未降的情况下。疝在异位睾丸和**雄激素不敏感综合征**中也很常见（图 13-25）。

鞘膜积液

有时鞘状突的腹部末端保持开放，但因通道狭窄没有肠袢疝出（图 13-30D）。腹膜液流入开放的鞘状突并形成**阴囊鞘膜积液**。如果仅鞘状突中段保持开放，则液体可能积聚并引起**精索的鞘膜积液**（图 13-30C）。

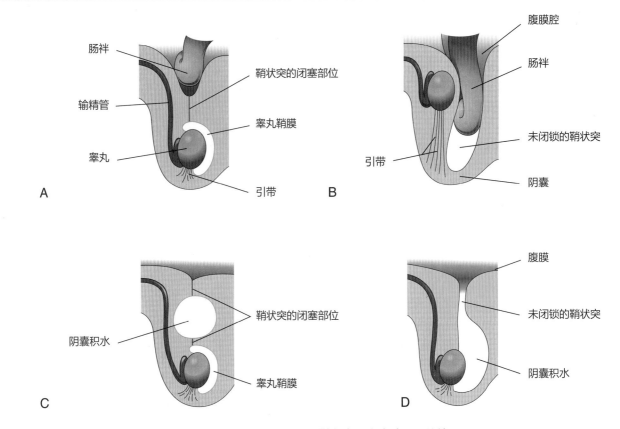

图 13-30 矢状切面图说明鞘状突闭合失败出现的情况

A. 由于鞘状突近端的持续开放，导致不完全的先天性腹股沟疝进入阴囊。**B.** 完全的先天性腹股沟疝进入阴囊内未闭塞的鞘状突的过程。图中还显示了隐睾症，一种常见的先天性缺陷。**C.** 巨大鞘膜积液，是未闭锁的鞘状突引起的。**D.** 由于腹腔液进入而引起的睾丸和精索的鞘膜积液。

临床导向提问

1. 马蹄形肾通常功能正常吗？这种异常可能会出现什么问题？如何纠正这些问题？

2. 一名男子被医师告知，他的一侧有两个肾脏，另一侧却一个都没有。这种先天缺陷是如何发生的呢？这种情况会有什么问题吗？

3. 卵睾的 DSD 患者是否有生育能力？

4. 当一个婴儿出生时外阴不清，需要多长时间来确定合适的性别？医师告诉父母什么？如何确定适当的性别？

5. 产生外生殖器不明确的常见疾病类型有哪些？胎儿发育期间给予的男性化或雄激素会导致女性外生殖器的不确切吗？

答案见附录。

（孙杰　译）

第 14 章

心血管系统

心血管系统是胚胎中第一个发挥功能的主要系统。胚胎发育的第 3 周出现原始的心血管系统（图 14-1）。心脏在第 22~23 天开始搏动（图 14-2）。仅靠扩散无法满足快速发育的胚胎对营养和氧气的需求，因此心血管系统需要早期发育。心血管系统衍生自形成心原基的脏壁中胚层（图 14-1A 和 B）以及听板附近的轴旁中胚层和侧中胚层盘状增厚的部分（见第 17章，图 17-9A 和 B）。

心脏和血管的早期发育

心脏由心多能祖细胞发育而来，包括几类不同的中胚层细胞群：第一心场细胞（FHF）、第二心场细胞（SHF）和神经嵴细胞。来自原条的中胚层细胞迁移形成双侧成对的链条状结构（FHF）。第二心场来自咽中胚层，位于第一心场内侧。这些呈链条状排列的细胞形成两条细心管，而后由于胚胎折叠的作用，于第 3 周末尾融合成一条心管（图 14-5）。前内胚层在心脏形成早期参与诱导刺激。心脏的形态发生受到调节基因和转录因子的级联控制。经典 Wnt 信号通路、β - 链蛋白信号通路在心脏发生中的作用现已得到广泛承认。

与胚胎期心脏相关的血管发育

胚胎第 4 周，共有三对血管汇入管状的心脏（图14-2）：

- 卵黄静脉接受来自脐囊的低氧合血液。
- 脐静脉从绒毛膜囊携带充分氧合的血液。
- 总主静脉将胚胎体内低氧合的血液回流入心。

卵黄静脉在始基心脏的静脉端——静脉窦入心（图14-2，图 14-3，图 14-4A 和 B）。在肝原基生长进入

横膈时，肝索围绕事先存在的内皮细胞间隙相互吻合。这些间隙是原始的肝血窦，未来会与卵黄静脉相连。肝静脉由发育中肝脏区域中的右卵黄静脉形成。围绕十二指肠的卵黄静脉发育成为门静脉（图 14-4B）。现将脐静脉的转化总结如下（图 14-4B）：

- 右脐静脉以及位于肝脏和静脉窦之间的左脐静脉退化。
- 左脐静脉尾侧部持续存在，成为脐静脉，将充分氧合的血液从胎盘输送到胚胎。
- 肝脏内部形成较大的静脉分流——静脉导管，连接脐静脉和下腔静脉（IVC）。

主静脉（图 14-2，图 14-3A）组成胚胎主要的静脉回流系统。前主静脉和后主静脉分别引流胚胎颅侧和尾侧的血液（图 14-3A）。它们汇合于总主静脉进入静脉窦（图 14-4A）。在胚胎第 8 周中，两侧前主静脉由斜向的吻合相连，将左前主静脉向右分流。这一分流吻合口在左前主静脉颅侧退化时形成头臂静脉（图14-3D，图 14-4C）。右前主静脉和右总主静脉形成上腔静脉。后主静脉仅有的成年期衍生是奇静脉干和髂总静脉（图 14-3D，图 14-4C）。上主静脉和下主静脉逐渐取代、补充后主静脉。

下主静脉最先出现（图 14-3A），形成左肾静脉干、肾上静脉干、性腺静脉（睾丸或卵巢）的主干以及下腔静脉的一个段节（图 14-3D）。上主静脉在肾区中断（图 14-3C）。在这一区域的颅侧，中断的节段相互吻合形成奇静脉和半奇静脉（图 14-3D，图 14-4C）。在肾脏尾侧，左上主静脉退化，但是右上主静脉成为下腔静脉的下半部分（图 14-3D）。胚胎尾侧的血液回流经过的下腔静脉形成从身体左侧向右侧的分流。

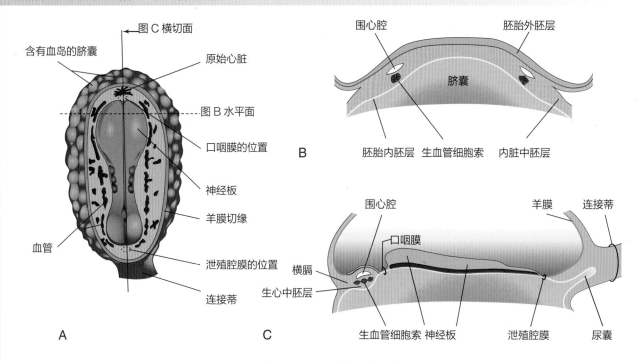

图 14-1 心脏的早期发育

A. 约 18 天的胚胎背面示意图。**B.** 胚胎横切面示意图,显示了生心中胚层内的生血管细胞索及其与围心腔的位置关系。**C.** 胚胎纵切面示意图,显示了生血管细胞索和口咽膜,围心腔以及横膈的位置关系。

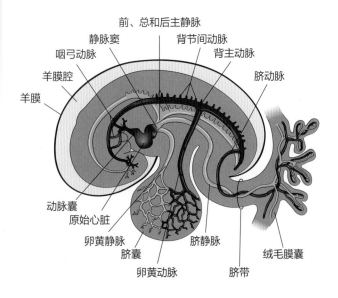

图 14-2 约第 26 天的胚胎心血管系统示意图

该图仅绘出左侧的血管。脐静脉从绒毛膜囊携带充分氧合并含有营养物质的血液进入胚胎。脐动脉将低氧合的以及含有胚胎代谢产物的血液携带入绒毛膜囊(最外层的胚膜,见第 8 章,图 8-1A 和 B)。

腔静脉异常

最常见的腔静脉异常是永存左上腔静脉。最常见的下腔静脉异常是腹腔段下腔静脉离断。在这种情况下,下肢、腹部和盆部的血液通过奇静脉系统回流心脏(图14-3)。

咽弓动脉和其他背主动脉分支

咽弓在胚胎第 4~5 周的时期形成,由咽弓动脉供血。**咽弓动脉**起源于**动脉囊**最终汇入背主动脉(图 14-2)。从神经管分层形成的神经嵴细胞参与心脏流出道和咽弓的形成。最初,一对背主动脉流经胚胎全长。随后,该对背主动脉尾侧部分相互融合形成一条较低位的胸主动脉或腹主动脉。这对背主动脉残余部分右侧退化,左侧形成原始主动脉。

节间动脉

背主动脉发出约 30 条分支,称为**节间动脉**。节间动脉从体节(细胞团)及其衍生物之间穿过为之供血(图 14-2)。颈部的节间动脉相互汇合形成**椎动脉**。绝大多数节间动脉与背主动脉之间的原始连接最终消失。

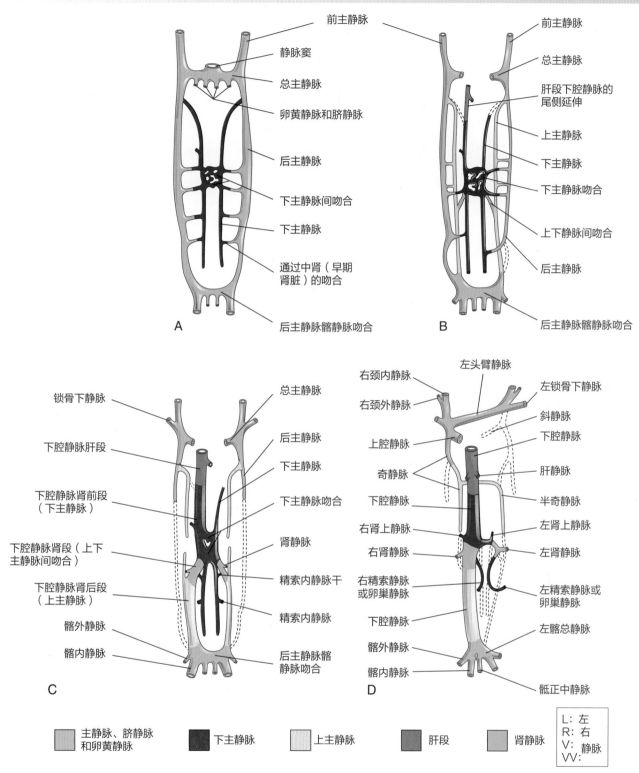

图 14-3　胚胎主干部分原始静脉示意图（腹面观）

最初同时存在如下三个静脉系统：源自卵黄囊的脐静脉、源自脐囊的卵黄静脉，以及源自胚体的主静脉。而后，下主静脉出现。最后上主静脉发生。**A.** 胚胎第 6 周。**B.** 胚胎第 7 周。**C.** 胚胎第 8 周。**D.** 图片展示了形成与成人相同的静脉构型过程中发生的改变。（Modified from AreyLB:Developmental anatomy, ed 7, Philadelphia, 1974 Saunders）

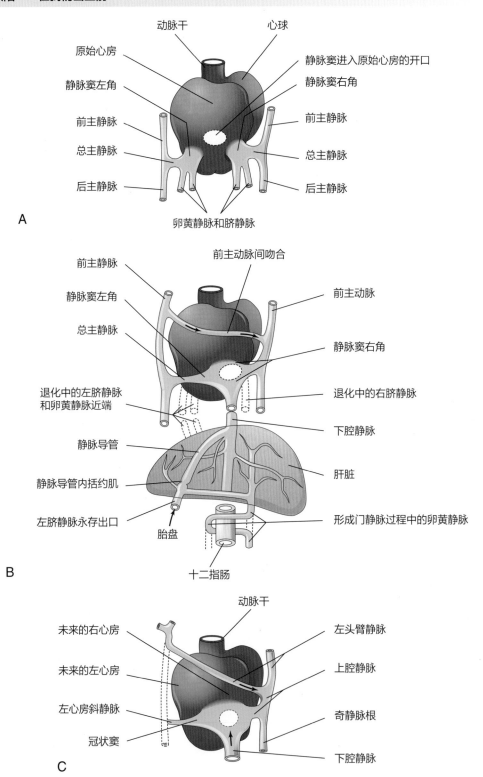

图 14-4 发育中的心脏背面观

A. 第 4 周（约第 24 天）的原始心房、静脉窦以及汇入血管的示意图。**B.** 第 7 周，扩大的静脉窦右角以及通过肝脏的静脉循环示意图。器官并非按照比例绘制。**C.** 第 8 周，衍生自图 A 和图 B 所示主静脉的成年期血管示意图。箭头提示血流方向。

留存在胸腔中的节间动脉成为**肋间动脉**。绝大多数腹腔内的节间动脉形成**腰动脉**，然而，第 5 对腰节间动脉以**髂总动脉**的形式得以保留。位于骶骨区域的节间动脉形成**骶侧动脉**。

卵黄动脉和脐动脉的预期演化

不成对的背主动脉腹支为脐囊、尿囊以及绒毛膜供血（图 14-2）。**卵黄动脉**供应脐囊，随后还为脐囊融合部分形成的原始肠道供血。

卵黄静脉形成三个结构得以保留：往前肠的**腹腔动脉干**，往中肠的**肠系膜上动脉**，以及往后肠的**肠系膜下动脉**。

成对的**脐动脉**穿过连接蒂（原始脐带）后汇入绒毛膜内的血管。脐动脉的作用是运输胎儿的低氧合血液进入胎盘（图14-2）。成对脐动脉的近端形成**髂内动脉**和**膀胱上动脉**，远端在出生后闭锁形成**脐内侧韧带**。

心脏的晚期发育

围绕心包腔的内脏中胚层形成了胚胎心管的外层——**原始心肌**（第一心场相关的前体心脏）（图14-5，图14-6B和C）。在这一阶段，发育中的心脏是一个薄壁管状结构，与胶状基质结缔组织——心胶质形成的较厚的原始心肌相分离（图14-6C和D）。

内皮管形成了心脏内侧的内皮质——**心内膜**。原始心肌形成心脏的肌性外壁——**心肌层**。心包起源于第二心场，是由来自静脉窦外表面的间皮细胞沿心肌扩散分布形成的（图14-6F）。

胚胎头部区域发生折叠后，心脏和心包腔出现在前肠的腹侧，口咽膜的背侧（图14-7A~C）。

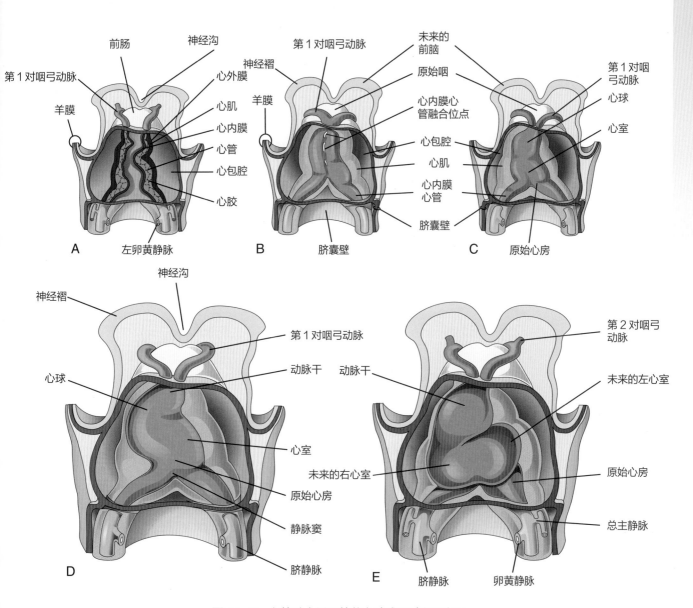

图14-5 心管融合以及管状心脏成环过程示意图

A~C. 发育中的心脏以及心包区域腹侧面示意图（第22~35天）。为了显示发育中的心肌以及两心管融合形成管状心脏的过程，腹侧的心包外壁没有画出。心管的内皮形成心内膜。**D**和**E.** 平直的心管在伸长的过程中逐渐弯曲，成环。形成的D环产生S形的心脏。

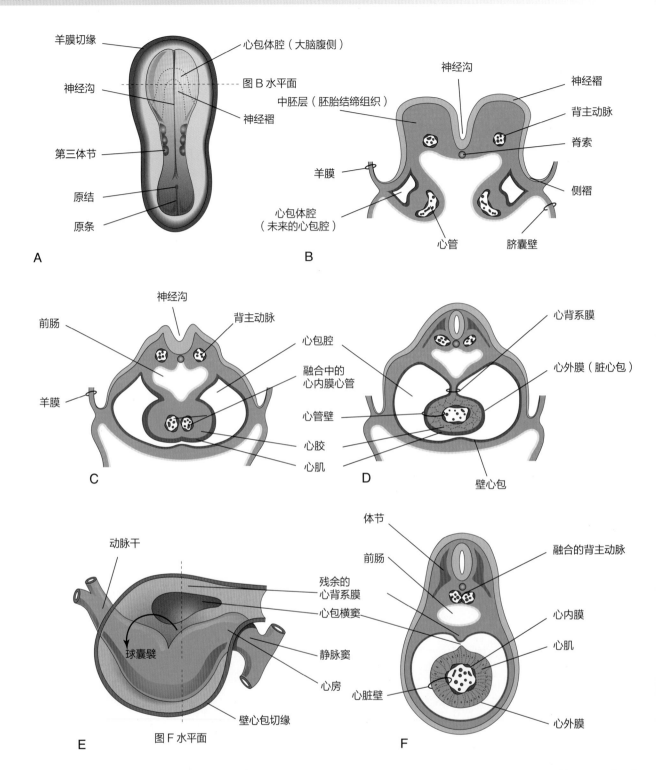

图 14-6 **A.** 约第 20 天的胚胎背侧面示意图。**B.** 图 A 的胚胎心脏区域横切面示意图，显示了两个心内膜心管以及胚胎胚体的侧褶。**C.** 发育时间较图 A 稍长的胚胎横切面，显示了心包腔的形成以及心管的融合。**D.** 约第 22 周的胚胎在相近切面的示意图，显示管状心脏由心背系膜固定。**E.** 约第 28 天的心脏示意图，显示了心背系膜中央部分的退化以及心包横窦的形成。箭头提示原始心脏的弯曲方向。此时管状心脏已形成 D 环。**F.** 图 E 虚线所示水平横切面，显示心脏外壁的分层

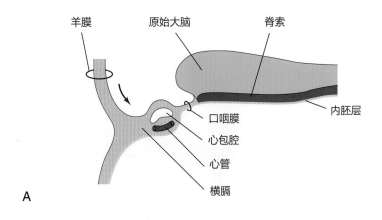

A

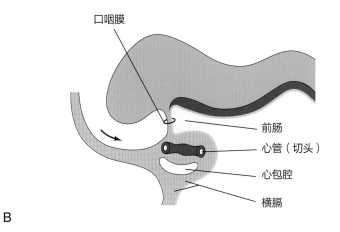

B

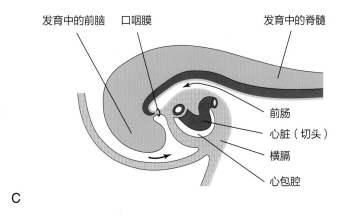

C

图 14-7 通过第 4 周胚胎颅侧半的纵切面示意图，显示了头褶（箭头处）在心脏和其他结构定位过程中发挥的作用 **A** 和 **B.** 在头褶发育过程中，心管和围心腔移动至前肠的腹侧，口咽膜的尾侧。**C.** 注意心包腔和横膈的位置已经相对倒转。横膈现在位于心包腔后侧，并将在此处形成膈中心腱。

同时，心管延长，形成扩张和缩窄交替的形态（图 14-5C 和 E）。

心球（由**动脉干**、**动脉圆锥**和**心尖**组成），心室、心房和静脉窦。心包背侧壁中胚层分化成的心肌细胞逐渐增多，使得心管生长。

管状动脉干在颅侧与动脉囊相连（图 14-8A）。咽弓动脉起源于动脉囊。来自第二心场的祖细胞参与形成原始心脏的动脉端和静脉端。**静脉窦**接受来自绒毛膜的脐静脉，来自脐囊的卵黄静脉以及来自胚胎的主静脉（图 14-4A）。

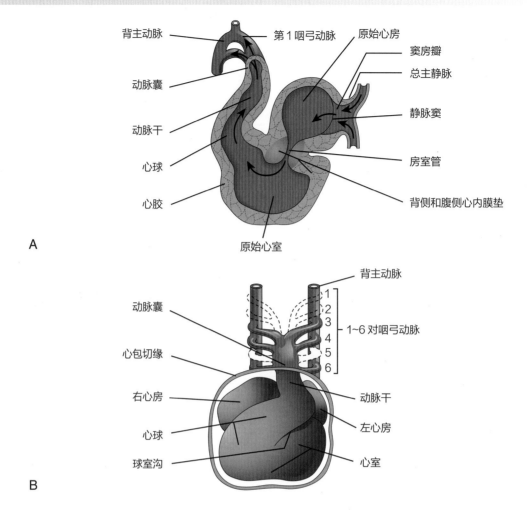

图 14-8 **A.** 约 24 天的原始心脏矢状切面，箭头显示血流方向。**B.** 约 35 天的心脏和咽弓动脉腹面观。为了显示心脏和心包腔，心包囊的腹侧外壁没有画出

心脏的动脉端和静脉端分别由咽弓和横膈固定位置。由于**心球**和心室较其他区域生长快，心脏发生折叠，形成 U 型的**球室袢**（图 14-6E）。*涉及 BMP, Notch，Wnt 和 SHH 的复杂信号通路是心管重塑的基础调控通路。属于转换因子 β 超家族的 Nodal 参与心管的成环。*

在原始心脏屈曲的过程中，心房和静脉窦位于动脉干、心球和心室的背侧面（图 14-8A 和 B）。在这一阶段，静脉窦向两侧扩展，形成**静脉窦的右侧和左侧角**。

随着心脏的发育，最终将内陷入**心包腔**（图 14-6C 和 D，图 14-7C）。心脏最初是由称为心背系膜的系膜结构（双层腹膜）悬于背侧壁。然而，**心背系膜**的中央部分退化，在左右心包腔之间形成联通——**心包横窦**（图 14-6E 和 F）。在这一阶段心脏仅在颅侧和尾侧两端固定位置。

通过原始心脏的血液循环

血液通过以下结构进入静脉窦（图 14-8A 和 14-4A）：

- **总主静脉**接受来自胚胎胚体的血液。
- **脐静脉**接受来自发育中胎盘的血液。
- **卵黄静脉**接受来自脐囊的血液。

窦房（SA）瓣控制由**静脉窦**进入**原始心房**的血流（图 14-8A）。然后，血液由**房室管**流入**原始心室**。当心室收缩时，血液经过**心球**和**动脉干**泵入**动脉囊**，并从动脉囊分流入各咽弓动脉（图 14-8B）。血液而后进入背主动脉分流向胚胎、脐囊和胎盘（图 14-2）。

原始心脏的分隔

房室管、原始心房、心室和流出道的分隔从第 4

周中开始，直到第 8 周末基本完成。

临近第 4 周末，**房室心内膜垫**开始在房室管背侧和腹侧壁上形成（图 14-8A）。这些心内膜垫相互靠近并融合，将房室管分为左右两部分（图 14-9B）。房室管将原始心房和心室不完全分离，同时心内膜垫发挥房室瓣的功能。心内膜垫由与心肌细胞和神经嵴细胞相关的特化细胞外**基质**发育形成。其生成与转化生长因子 *TGF-β2* 以及骨形态发生蛋白 2A、骨形态发生蛋白 4 的表达相关。

原始心房的分隔

随着两个隔膜，即第一房间隔和第二房间隔的形成、随后的修饰和融合，原始心房被其分隔为左心房和右心房（图 14-9A~E，图 14-10）。**第一房间隔**向原始心房上壁融合中的心内膜垫方向生长，部分地将心房分隔为左右两半。随着这一幔状肌性隔膜的发育，在其游离缘和**心内膜垫**之间形成一较大开口，称为第一房间孔（原发孔）（图 14-9C，图 14-10A~C）。经过氧合的血液经此处从右心房向左心房分流。此房间孔逐渐缩小，直到第一房间隔的间充质帽与形成原始房室隔的心内膜垫相融合时消失（图 14-10D 和 D₁）。分子生物学的研究显示，来自第二心场的一组独立的心外祖细胞群，经过心背系膜迁移入心构成完整的心房中隔。*SHH* 信号通路在这一过程中至关重要。

在原发孔消失之前，第一房间隔中央的细胞发生**凋亡（程序性细胞死亡）**形成一些开孔。随着第一房间隔与心内膜垫融合，原发孔关闭（图 14-9D 和 14-10D）。这些开孔融合形成第一房间隔上的另一个开口，称为**继发孔**（图 14-10C）。继发孔确保经过氧合的血液得以继续从右心房分流到左心房。

第二房间隔生长自腹颅侧的心房肌性内壁，紧邻**第一房间隔**右侧（图 14-10D₁）。随着这一厚隔膜在第 5~6 周的生长，它最终完全覆盖第一房间隔上的**继发孔**（图 14-10E 和 F）。由于存在卵圆孔，第二房间隔在心房间形成不完全的分隔。第一房间隔的颅侧部分最终消失（图 14-10G₁），与心内膜垫相连的残余部分最终形成**卵圆孔瓣**。

出生前，绝大多数由下腔静脉进入右心房的高氧合血液由可通过卵圆孔进入左心房（图 14-10H₁）。第一房间隔可以与相对强度更高的第二房间隔贴合关闭卵圆孔，从而阻止血液逆向通过（图 14-10G₁）。

出生后，由于左心房的压力高于右心房，卵圆孔功能性关闭。在大约出生后 3 个月，卵圆孔瓣与第二房间隔融合，形成**心卵圆窝**。至此，房间隔正式将两

侧心房完全分开（图 14-10G）。

静脉窦的改变

最初，静脉窦开口于原始心房后壁中央。在第 4 周末，静脉窦右角开始大于左角（图 14-11A 和 B）。在这时，窦房口移动到右侧，此开口处的原始心房在未来将成为成人的右心房（图 14-11C）。随着静脉窦右角的扩张，它通过上腔静脉接受来自头颈部的全部血液，通过下腔静脉接受来自胎盘和身体尾侧区域的血液。

静脉窦左角将成为**冠状窦**，**静脉窦右角**最终融合进右心房壁，形成右心房内壁的光滑部分，称为**腔静脉窦**（图 14-11B 和 C）。右心房壁前内表面的其余部分称为右心耳，具有粗糙的，小梁样的外观（图 14-11C）。这样的外观结构衍生自原始心房。右心房内壁光滑部分和粗糙部分在内侧由垂直的右心房界嵴分界（图 14-11C），在外侧由称为右心房界沟的浅沟分界（图 14-11B）。

界嵴源自**右窦房瓣**的颅侧部分（图 14-11C），**右窦房瓣**的尾侧部分发育成为下腔静脉瓣和冠状窦。**左窦房瓣**与第二房间隔连接，一同融合参与形成房间隔。

原始肺静脉及左心房的形成

左心房内壁绝大部分是光滑的，因为它是由原始肺静脉逐渐融入而形成（图 14-12A）。**原始肺静脉**以心房背侧壁赘生物的形式发育，紧邻第一房间隔的左侧。随着心房扩大，原始肺静脉及其主要分支最终融入左心房壁（图 14-12B），最后形成 4 支肺静脉（图 14-12C 和 D）。左心耳很小，是原始心房的衍生结构，其内表面具有粗糙的，小梁样的外观（图 14-12D）。

原始心室的分隔过程

原始心室分隔成为双侧心室的过程最初表现为近心尖的心室底部出现一正中嵴，称为**肌性室间隔**（图 14-9B）。此皱襞上游离缘呈一凹面（图 14-13A）。最初，其高度的增长是由于肌性室间隔两侧的心室逐渐扩张（图 14-13B）。左右两侧原始心室的肌细胞均参与**室间隔肌部**的形成。

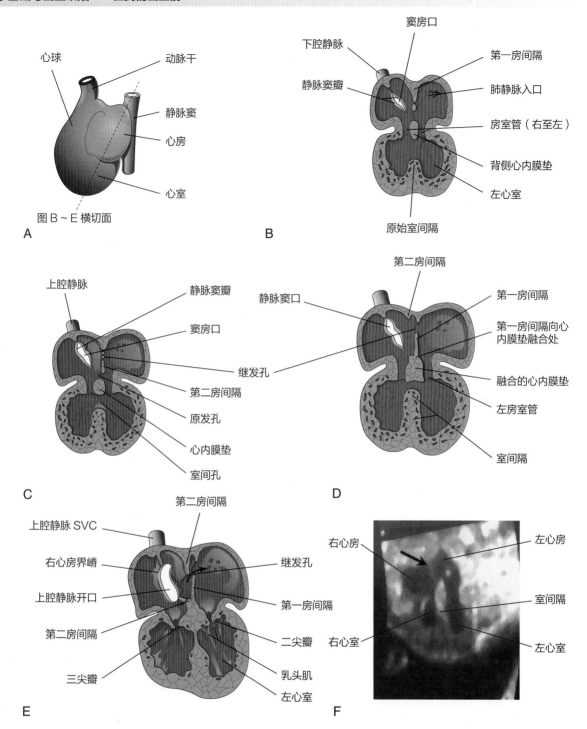

图 14-9 房室管、原始心房和心室分隔的过程示意图

A. 虚线为图 B ~ E 切面所在平面。**B.** 第 4 周（约 28 天）心脏额切面，显示了第一房间隔、室间隔和背侧心内膜垫的早期形成。**C.** 约 32 天的心脏额切面，显示了第一房间隔背侧部分的开孔。**D.** 约 35 天的心脏额切面，显示第二房间孔（继发孔）。**E.** 约第 8 周，心脏分隔为 4 个腔室。箭头显示了高氧合的血液从右心房流向左心房的路径。**F.** 中期妊娠的胎儿四腔心脏超声图像。注意箭头所示的第二房间隔。（Courtesy Dr. G.J. Reid Department of Obstetrics, Gynecology and Reproductive Sciences, University of Manitoba, Women's Hospital, Winnipeg, Manitoba, Canada.)

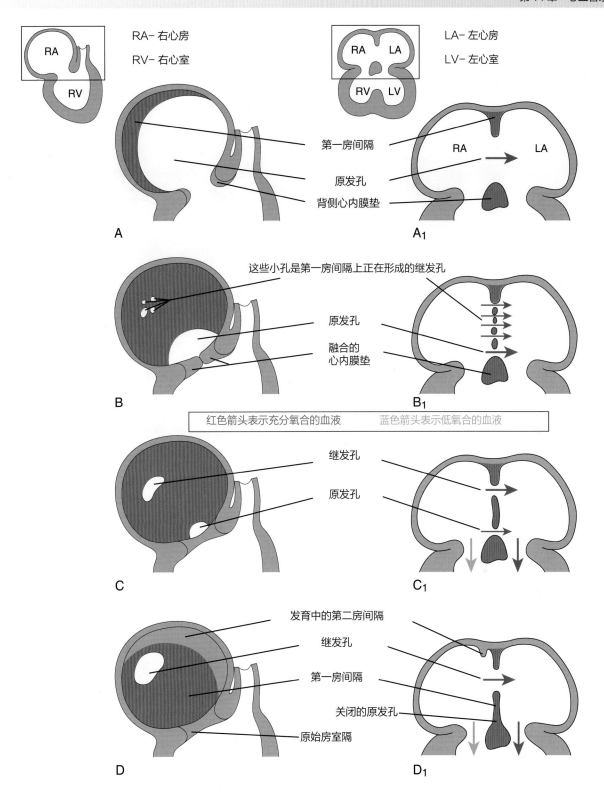

图 14-10　原始心房分隔过程的示意图

A~H 为从右侧观察发育中的房间隔示意图。**A₁~H₁** 是发育中的房间隔冠状切面示意图。注意到在第二房间隔发育过程中，逐渐覆盖第一房间隔的开口——第二房间孔。观察图 **G₁** 和 **H₁** 的卵圆孔瓣，当左心房的压力等于或高于右心房时，这一瓣膜使卵圆孔关闭。

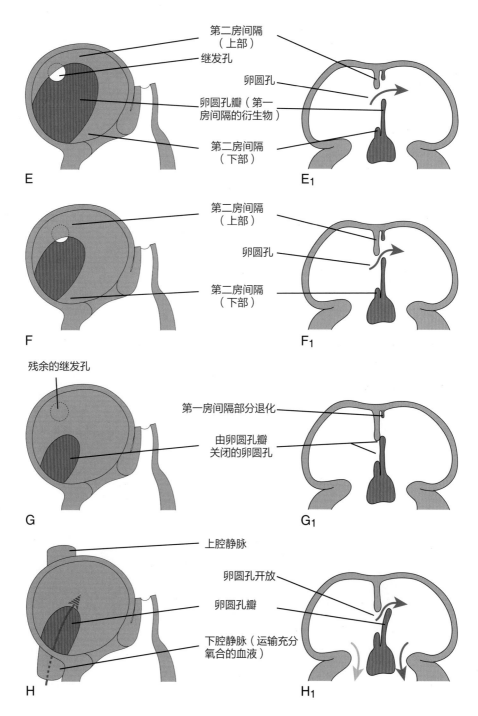

第二房间隔
（上部）

继发孔

卵圆孔

卵圆孔瓣（第一
房间隔的衍生物）

第二房间隔
（下部）

E   E₁

第二房间隔
（上部）

卵圆孔

第二房间隔
（下部）

F   F₁

残余的继发孔

第一房间隔部分退化

由卵圆孔瓣
关闭的卵圆孔

G   G₁

上腔静脉

卵圆孔开放

卵圆孔瓣

下腔静脉（运输充分
氧合的血液）

H   H₁

图 14-10 续图

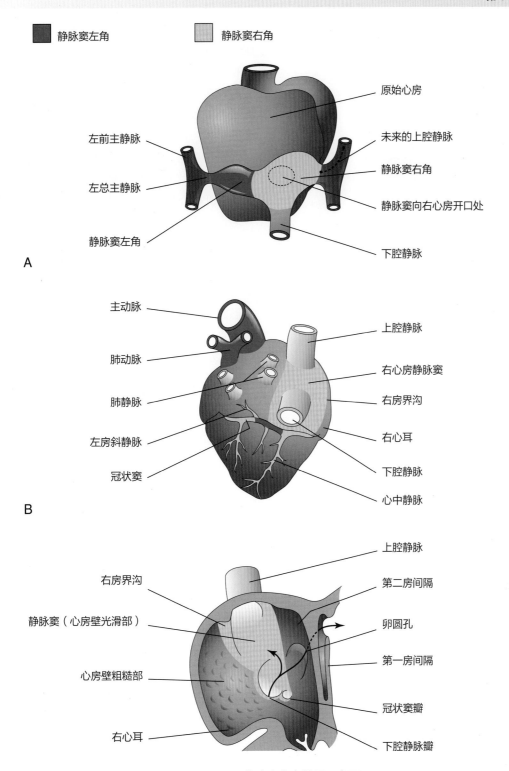

静脉窦左角　　　　静脉窦右角

A

- 左前主静脉
- 左总主静脉
- 静脉窦左角
- 原始心房
- 未来的上腔静脉
- 静脉窦右角
- 静脉窦向右心房开口处
- 下腔静脉

B

- 主动脉
- 肺动脉
- 肺静脉
- 左房斜静脉
- 冠状窦
- 上腔静脉
- 右心房静脉窦
- 右房界沟
- 右心耳
- 下腔静脉
- 心中静脉

- 右房界沟
- 静脉窦（心房壁光滑部）
- 心房壁粗糙部
- 右心耳
- 上腔静脉
- 第二房间隔
- 卵圆孔
- 第一房间隔
- 冠状窦瓣
- 下腔静脉瓣

图 14-11　静脉窦发育结局示意图

A. 约 26 天的心脏背面观。显示了原始心房和静脉窦。**B.** 第 8 周的心脏背面观，在静脉窦右角融合进入右心房后。此时左角已经形成冠状窦。**C.** 胎儿右心房内部示意图。可以看到：①右心房内壁的光滑部分（腔静脉窦），由静脉窦的右角发育而来。②右窦房瓣的衍生结构：界嵴、下腔静脉瓣和冠状窦。原始右心房成为一个圆锥形肌性陷窝，称为右心耳。箭头提示血流方向。

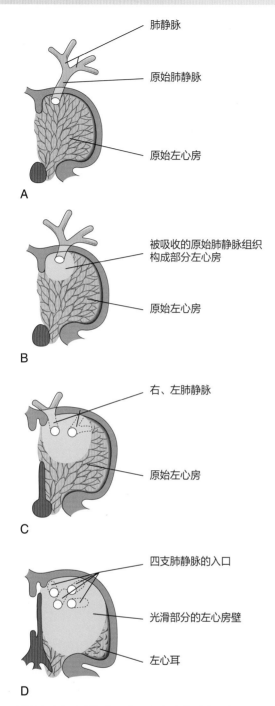

图14-12 肺静脉回流入左心房的过程图解

A. 第5周，原始肺静脉开口在原始左心房。**B.** 后一阶段，原始肺静脉部分融合。**C.** 第6周，由于原始肺静脉的连接，形成两支肺静脉开口入左心房。**D.** 第8周，显示了有四支分别在心房开口的肺静脉。原始左心房成为心房的一个管状陷凹称为左心耳。左心房绝大部分形成自原始肺静脉及其分支的吸收。

直到第7周，在室间隔游离缘和**融合的心内膜垫**之间存在一个新月形开口——**室间孔**。室间孔使左右心室得以联通（图14-13B，图14-14B）。室间孔通常在第7周末，球嵴和心内膜垫融合时关闭（图14-14C~E）。

由以下三个来源的组织相互融合**关闭室间孔**并形成室间隔的膜部：右球嵴，左球嵴和心内膜垫。室间隔膜部是由心内膜垫右侧的组织向室间隔肌部扩展形成的。这一组织与主动脉肺动脉隔和较厚的室间隔肌部结合（图14-15A和B）。随着室间孔关闭，**室间隔膜部**形成，使得肺动脉干与右心室，主动脉与左心室之间相互连通（图14-14E）。心室壁空腔形成产生了海绵样的团状心肌束，称为**心肉柱**。其他的心肌束成为**乳头肌和心肌腱索**。腱索始于乳头肌而终于房室瓣。

心球和动脉干的分隔

第5周，**心球**的壁内间充质细胞活跃增殖形成**球嵴**（图14-14C和D，图14-16B和C）。在动脉干中亦形成类似的嵴结构，与球嵴相连续。球嵴和动脉干嵴主要由神经嵴间充质分化而来。*第二心场中的骨形态发生蛋白和其他信号传导系统，例如Wnt和成纤维细胞生长因子，参与神经嵴细胞通过原始咽和咽弓的诱导和迁移。*

同时，球嵴和动脉干嵴发生180°的螺旋旋转。球嵴和动脉干嵴的螺旋样定向可能与来自心室的血流有一定关系，当嵴融合时，形成螺旋状的**主动脉肺动脉间隔**（图14-6D~G）。这一间隔将心球和动脉干分隔为**主动脉**和**肺动脉干**两个动脉脉管。由于主动脉肺动脉间隔是螺旋形的，使得肺动脉干沿升主动脉盘绕（图14-16H）。

心球通过如下几种途径融合进入永久心室壁（图14-14A和B）：

• 右心室内心球转化为**动脉圆锥**（漏斗），成为肺动脉干的起源。

• 左心室内心球形成**动脉前庭壁**，即紧邻主动脉瓣下方的心室内壁。

胎儿心脏超声

心回波图和多普勒超声检查可以帮助超声医师识别正常和异常的胎儿心脏解剖结构。绝大多数研究最初在妊娠第18~22周，心脏体积便于检查识别时开始进行。然而，从妊娠第16周起即可观察到胎儿心脏的实时超声影像。

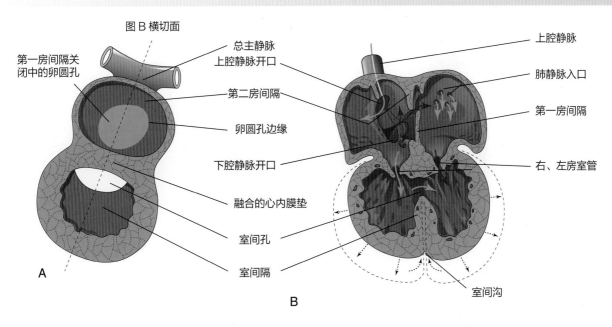

图 14-13 原始心脏分隔示意图

A. 第 5 周末的矢状切面，显示了心脏的间隔及开孔。**B.** 稍晚阶段心脏的额切面，蓝色箭头提示通过心脏的血流，黑色箭头提示心室的扩张方向。

心脏瓣膜的发育

半月瓣发育自主动脉和肺动脉干开口附近的三处心内膜下组织隆凸（图 14-17B~F）。来自神经嵴细胞的心脏前体细胞也参与这一过程。这些隆凸向外形成中空并重塑成为三片薄壁的瓣尖。**房室瓣**（二尖瓣和三尖瓣）的发育与此相似，它们来自房室管周围组织的原位增殖。

心脏传导系统

最初，心房和心室的肌层是连续的。在心脏各腔形成时，其中的心肌较其他部分能更快地传导去极化冲动。在发育过程中，冲动始终从心脏的静脉端向动脉端传导。*起初心房作为心脏的临时起搏点，而后由静脉窦接替*。**窦房结**在第 5 周出现，位于右心房靠近上腔静脉入口处（图 14-15B）。在静脉窦融合后，在靠近冠状窦开口处的房间隔基底部可发现静脉窦左侧壁细胞。这些细胞和来自房室交界区的细胞一同组成紧邻心内膜垫上方的**房室结和房室束**（图 14-15B）。心房和心室腔之间形成纤维组织，使其电生理上相互独立，仅有房室结和房室束可以传导电冲动。起源于房室束的传导纤维从心房进入心室，而后分为**左右束支**遍布心室肌（图 14-15B）。窦房结、房室结和房室束都具有丰富的神经支配，然而心脏传导系统在神经进入心脏之前即已发育完成。心脏有赖于神经嵴细胞形成副交感神经支配。

心脏和大血管的出生缺陷

先天性心脏病（CHDs）的发病率约为每 1 000 名出生的婴儿 6~8 例，是新生儿死亡的一大主要原因。一部分先天性心脏病由单基因或染色体机制引起。其他因素还有致畸原暴露，例如感染风疹病毒（见第 19 章）。绝大多数先天性心脏病由包括基因和环境因素（例如多因子遗传）在内的多种因素诱发。实时的三维心回波描记术已经批准用于最早 16 周的胎儿先天性心脏病检测。

右位心

在心管向左而非向右折叠的情况下，心脏会移位至右侧（图 14-18）。转位体现在心脏及其附属血管均左右翻转，类似镜像。**右位心**是最常见的心脏位置病变。合并**内脏反位**（即腹腔脏器转位）的右位心病例，例如原发性纤毛运动障碍，合并其他心脏缺损的可能性较低。心脏异位不合并其他脏器位置异常的称为**单一右位心**，通常伴发严重的心脏缺损（例如单心室和大动脉转位）。

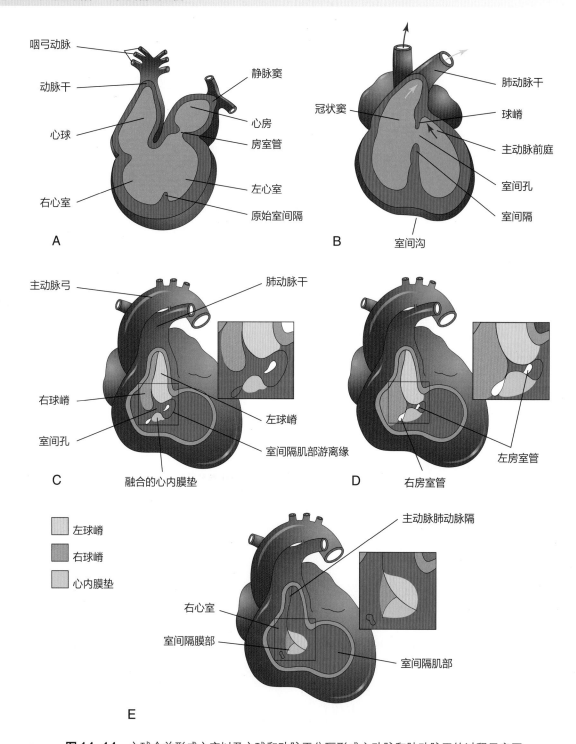

图 14-14 心球合并形成心室以及心球和动脉干分隔形成主动脉和肺动脉干的过程示意图

A. 第 5 周时的矢状切面，显示心球作为原始心脏的一个腔。**B.** 第 6 周时的冠状切面简图。此时心球融合入心室形成右心室动脉圆锥。动脉圆锥是肺动脉干以及左心室动脉前庭的起源。箭头提示血流方向。**C~E.** 室间孔闭合以及室间隔膜部形成过程示意图。动脉干外壁，心球以及右心室没有画出。**C.** 第 5 周，球嵴以及融合的心内膜垫。**D.** 第 6 周，显示了心内膜下组织增殖使室间孔减小的过程。**E.** 第 7 周，显示了融合的球嵴。心内膜垫右侧的组织扩展形成室间隔膜部，同时室间孔关闭。

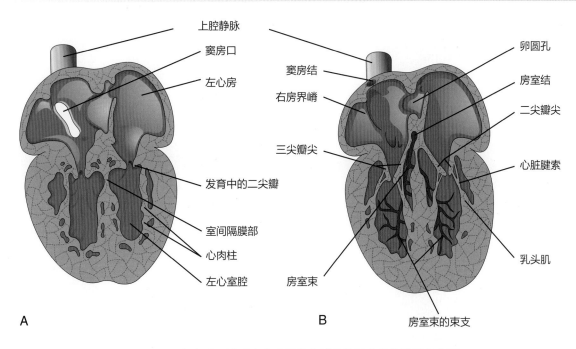

图14-15 房室瓣、界嵴和乳头肌发育过程的两个连续阶段示意图
A. 第7周。**B.** 第20周，可以观察到心脏传导系统。

异位心

异位心是一种罕见的情形，是指心脏位于异常的位置。**胸壁型异位心**是指心脏全部或部分暴露于胸廓表面。新生儿早期常因感染、心力衰竭或**缺氧**死亡。引起胸壁型异位心最常见的原因是胸骨和心包发育异常。这通常继发于胚胎发育第4周胸壁形成时外侧褶不完全融合。在心脏不存在严重缺损的情况下，外科手术常常是采用皮肤覆盖心脏。

房间隔缺损

房间隔缺损（ASD）女性发病率较高。**卵圆孔未闭**是最常见的房间隔缺损（图14-20A，图14-21A~D）。小而单发的卵圆孔未闭不具有显著的血流动力学意义。单发的房间隔缺损大多在出生后一年内关闭。然而，存在其他缺损（例如肺动脉闭锁）的情况下，血液通过卵圆孔分流入左心房，形成**发绀**。

大约25%的人存在**卵圆孔孔样未闭**，表现为心卵圆窝壁的上部存在孔样开口联通两个心房。这一病变临床意义不大，但是合并其他心脏缺损时可能因外力作用而开放。卵圆孔孔样未闭是由于出生后卵圆孔翼状阀门和第二房间隔不完全融合引起的。

具有显著临床意义的房间隔缺损主要分为以下四种（图14-21），其中前两种更加常见：

- 继发孔型房间隔缺损。
- 心内膜垫缺损合并原发孔缺损。
- 静脉窦型房间隔缺损。
- 单心房。

1. 继发孔型房间隔缺损（图14-21A~D）发生在心卵圆窝区域，包括第一房间隔和第二房间隔缺损。房间隔缺损的男女发病病例数约为1：3。此类房间隔缺损是最常见，病情最轻的先天性心脏病。第二房间隔形成过程中第一房间隔吸收异常形成未闭合的卵圆孔。若吸收位置异常，将形成有窗的或网状的第二房间隔（图14-21A）。如果第一房间隔发生过度吸收将引起第一房间隔过短，无法闭合卵圆孔（图14-21B）。若第二房间隔发育异常导致卵圆孔过大，正常的第二房间隔将无法在出生时闭合异常增大的卵圆孔（图14-21D）。较大的继发孔型房间隔缺损也可由第二房间隔过度吸收合并卵圆孔增大引起。

2. 心内膜垫缺损合并原发孔缺损较不常见（图14-21E）。第一房间隔未能与心内膜垫融合，形成开放的原发孔。通常伴发二尖瓣前尖裂。

3. 静脉窦型房间隔缺损位于心房间隔上部，靠近上腔静脉入口处（图14-21F）。病因是静脉窦未能完全吸收入右心房，或第二房间隔发育异常，或两者同时发生。

4. 单心房是指患者同时具有继发孔、原发孔以及静脉窦三种缺损。

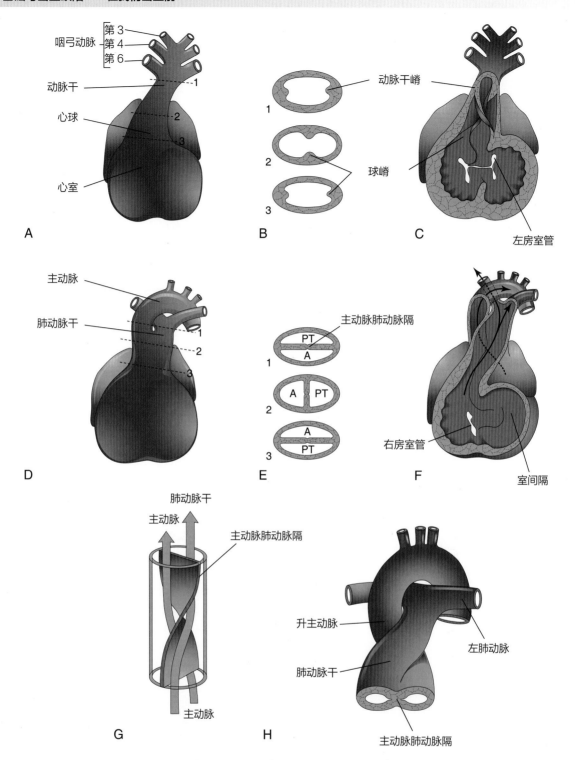

图 14-16 心球和动脉干的分隔过程

A. 第 5 周的心脏腹面观。虚线为图 B 切面所在平面。B. 动脉干和心球的横切面，可以观察到动脉干嵴和球嵴。C. 心脏前侧壁，为了显示球嵴，动脉干没有画出。D. 动脉干分隔后的心脏前侧面。虚线为图 E 切面所在平面。E. 经过新形成的主动脉（A）和肺动脉干（PT）的切面图，可以看到主动脉肺动脉隔。F. 第 6 周的心脏腹面观。为了显示主动脉肺动脉隔，心脏前侧壁和动脉干没有画出。G. 主动脉肺动脉隔螺旋结构示意图。H. 大动脉（升主动脉和肺动脉干）出心脏时相互盘绕的示意图。

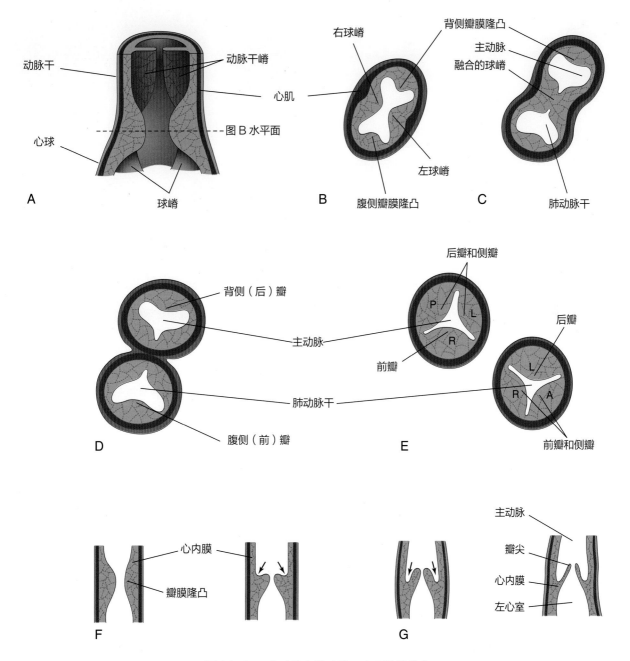

图 14-17 主动脉和肺动脉干半月瓣的发育

A. 动脉干和心球的剖面简图，可以看到瓣膜隆凸。**B.** 心球横切面。**C.** 球嵴融合后的相近切面。**D.** 主动脉和肺动脉干的外壁以及瓣膜的形成。**E.** 血管的旋转使瓣膜形成了和成年人相同的，彼此相关的位置关系。**F** 和 **G.** 主动脉心室连接处的纵切面图，显示了膨大的瓣膜隆凸逐渐形成凹陷（箭头所指）、逐渐变薄，进而形成瓣尖的数个连续阶段。A：前侧，L：左侧，P：后侧，R：右侧。

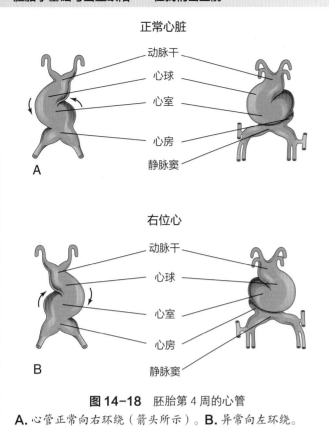

正常心脏

动脉干
心球
心室
心房
静脉窦

A

右位心

动脉干
心球
心室
心房
静脉窦

B

图 14-18 胚胎第 4 周的心管
A. 心管正常向右环绕（箭头所示）。**B.** 异常向左环绕。

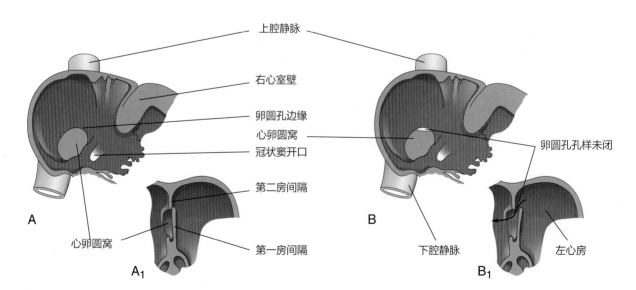

图 14-19 磁共振成像显示婴儿的心脏位于体外（*）
远离胸腔（t）内的正常位置。图中也可观察到脐膨出（箭头所示）。（From Leyder M, van Berkel K, Done E, Cannie M, Van Hecke W, Voeselmans A: Ultrasound meets magnetic resonance imaging in the diagnosis of pentalogy of Cantrell with complete ectopy of the heart, *Gynecol Obstet [Sunnyvale]* 4:200, 2014.）

上腔静脉

右心室壁

卵圆孔边缘

心卵圆窝

冠状窦开口

第二房间隔

第一房间隔

A

心卵圆窝

A₁

卵圆孔孔样未闭

下腔静脉

左心房

B

B₁

图 14-20 **A.** 产后正常心房间隔的右侧面示意图可以看到正常融合的第一房间隔和第二房间隔。**A₁.** 心房间隔的剖面示意图，可以看到右心房卵圆窝的形成。注意心卵圆窝壁是由第二房间隔形成的。**B** 和 **B₁.** 卵圆孔孔样未闭时的相同剖面示意图，可以观察到卵圆孔开放是因为第一房间隔和第二房间隔不完全融合。少量氧合良好的血液可以通过开放的卵圆孔进入右心房，但是如果开口较小通常没有显著的血流动力学改变。

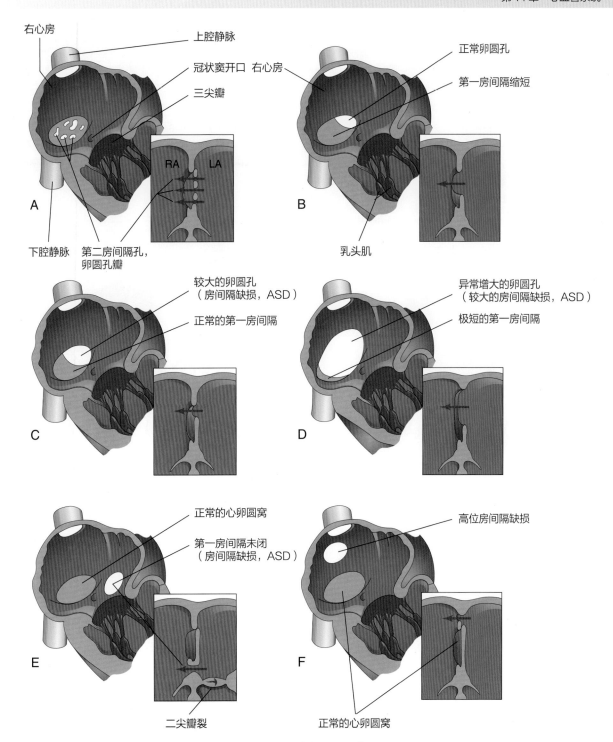

右心房

上腔静脉

冠状窦开口 右心房

三尖瓣

正常卵圆孔

第一房间隔缩短

RA LA

下腔静脉 第二房间隔孔，
卵圆孔瓣

乳头肌

较大的卵圆孔
（房间隔缺损，ASD）

正常的第一房间隔

异常增大的卵圆孔
（较大的房间隔缺损，ASD）

极短的第一房间隔

正常的心卵圆窝

第一房间隔未闭
（房间隔缺损，ASD）

高位房间隔缺损

二尖瓣裂

正常的心卵圆窝

图14-21 心房间隔右侧面观示意图

每张示意图右下角是房间隔剖面图，可以观察到不同类型的房间隔缺损。**A.** 第一房间隔吸收位置异常导致的卵圆孔未闭。**B.** 第一房间隔过度吸收导致的房间隔缺损（短翼缺损）。**C.** 卵圆孔异常增大引起的卵圆孔未闭。**D.** 卵圆孔异常增大以及第一房间隔过度吸收同时存在的卵圆孔未闭。**E.** 心内膜垫缺损合并原发孔型房间隔缺损。右下角的剖面图可以看到二尖瓣前尖裂。**F.** 静脉窦型房间隔缺损，由于静脉窦异常吸收入右心房导致的高位房间隔缺损。在图 **E** 和图 **F** 中，注意卵圆孔的形成是正常的。箭头提示血流的方向。LA：左心房，RA：右心房。

室间隔缺损

室间隔缺损是最常见的先天性心脏病，约占全部病例数的25%。室间隔缺损在男性中更加多见。大多数室间隔缺损与室间隔膜部有关（图14-22B）。很多较小的室间隔缺损可以在出生后第一年内自行关闭。绝大多数较大室间隔缺损的患者合并大量左向右分流。**室间隔肌部缺损**较不常见，缺损可能出现在室间隔肌部的任何位置。绝大多数重症先天性心脏病婴幼儿存在**大动脉转位**（图14-23）以及残遗输出腔。

永存动脉干

永存动脉干（TA）是由动脉干嵴和主动脉肺动脉隔未能正常发育，从而未能将动脉干分隔为主动脉和肺动脉干（图14-22）引起的。永存动脉干最常见的形式是**单一动脉干**，其分支形成升主动脉和肺动脉干（图14-22A和B），同时灌注体循环、肺循环和冠脉循环。永存动脉干总是与室间隔缺损相伴发，动脉干骑跨于缺损的室间隔上。

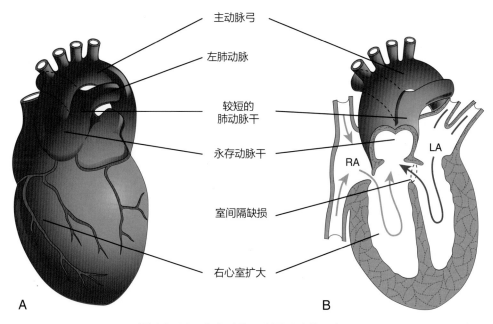

图14-22 永存动脉干主要形式的示意图

A. 共通的动脉干分支为主动脉和一个短的肺动脉干。**B.** 图A心脏的冠状切面。可以观察到心脏内的血流循环（箭头所示）以及室间隔缺损。LA：左心房，RA：右心房。

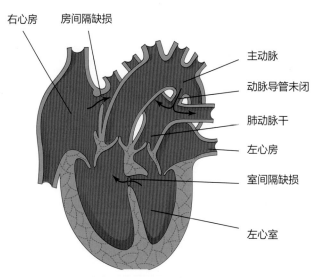

图14-23 大动脉转位（TGA）心脏示意图

动脉血和静脉血通过缺损的房间隔和室间隔相混合。大动脉转位是新生儿发绀型心脏病最常见的单一病因。如图所示，这一病变常常伴发其他的心脏缺损，例如房间隔缺损和室间隔缺损。箭头提示血流方向。当大动脉转位合并房间隔缺损时，血液从右心房流向左心房。

大动脉转位

大动脉转位（TGA）是新生儿**发绀型心脏病**的最常见病因（图 14-23）。典型病例表现为主动脉位于肺动脉干的右前侧，起源于形态学右心室前部。同时，肺动脉干起源于形态学左心室。合并房间隔缺损，伴或不伴动脉导管未闭以及室间隔缺损。这一病变是由心球合并形成心室的过程中动脉圆锥未能正常发育引起的。神经嵴细胞迁移缺陷也有可能与此病变相关。

动脉干不等分

动脉干不等分（图 14-22，图 14-24A 和 B）：由于瓣膜上方的动脉干在分隔时不均等，形成一大一小两部分大动脉。这导致主动脉肺动脉隔与室间隔不能对合，形成室间隔缺损。较大的部分血管（主动脉或肺动脉干）通常横跨室间隔缺损。

肺动脉瓣狭窄表现为肺动脉瓣瓣尖融合成穹顶状，中心开口狭窄。右心室动脉圆锥发育不全形成**漏斗部狭窄**。这两种肺动脉狭窄可以同时存在。根据血流阻塞程度，右心室可有不同程度的肥厚。

法洛四联症

法洛四联症是由如下四种的心脏缺损组成的经典症候群（图 14-24A 和 B）：

- 肺动脉狭窄（阻塞右心室流出）。
- 室间隔缺损。
- 主动脉右移位（横跨或覆盖两侧心室）。
- 右心室肥厚。

在这些心脏缺损中，肺动脉干通常较小，并且可能存在不同程度的**肺动脉狭窄**。

主动脉瓣狭窄和主动脉瓣闭锁

主动脉瓣狭窄时瓣膜的边缘常常相互粘连形成狭窄的开口。这种病变可以在出生时即存在也可能在出生后形成（获得性）。瓣膜狭窄时心脏需要额外做功，导致左心室肥大（扩张）以及异常心音（**心脏杂音**）。

主动脉瓣下狭窄时紧邻主动脉瓣下方常常有纤维组织构成的条带。形成瓣膜过程中本应正常退化的组织持续存在造成主动脉狭窄。当主动脉或其瓣膜完全阻塞时，则表现为**主动脉瓣闭锁**。

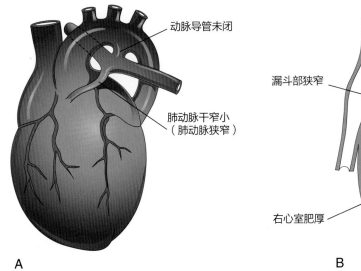

动脉导管未闭

肺动脉干窄小（肺动脉狭窄）

A

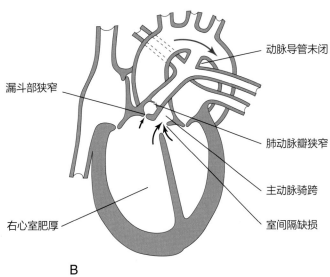

动脉导管未闭

漏斗部狭窄

肺动脉瓣狭窄

主动脉骑跨

右心室肥厚

室间隔缺损

B

图 14-24　法洛四联症示意图

A. 婴儿心脏的示意图，可以观察到由于动脉干不等分形成较小的动脉（肺动脉狭窄）和较大的主动脉。同时合并右心室肥大以及动脉导管未闭。**B.** 法洛四联症心脏额切面示意图。观察组成法洛四联症的四种心脏缺损：肺动脉瓣狭窄、室间隔缺损、主动脉骑跨以及右心室肥厚。图中同时存在漏斗部狭窄。箭头提示进入大血管（主动脉和肺动脉干）的血流方向。

咽弓动脉的分化

咽弓动脉由动脉囊发生，在第 4 周间为发育中的咽弓供血（图 14-25B）。这些动脉最终汇入同侧背主动脉。尽管通常情况下共有 6 对弓动脉相继发育，但它们不会同时存在（图 14-25B 和 C）。

第 1 对咽弓动脉的衍生

第 1 对咽弓动脉多半消失但是其残余部分发育成为供应耳、牙齿以及眼部和面部肌肉的**上颌动脉**。它们也和颈外动脉的形成有关（图 14-25B）。

第 2 对咽弓动脉的衍生

这一对动脉的背侧部分以**小镫骨动脉主干**的形式留存。这些小血管穿过中耳内的一块小骨——**镫骨**环（见第 17 章，图 17-11C）。

第 3 对咽弓动脉的衍生

这对动脉的近端形成**颈总动脉**，为头部的结构供血（图 14-26D）。远端与背主动脉汇合形成**颈内动脉**，供应中耳、眼眶、大脑和脑膜以及脑垂体。

第 4 对咽弓动脉的衍生

左侧的第 4 动脉形成**主动脉弓**的一部分（图 14-26C 和 D）。这一对弓动脉的近端部分发育自**动脉囊**，远端部分衍生自**左背主动脉**。右侧的第 4 动脉形成**右锁骨下动脉**的近端部分。右锁骨下动脉的远端来自**右背主动脉**以及右侧第 7 节间动脉。左锁骨下动脉不是咽弓动脉的衍生血管，它来自**左侧第 7 节间动脉**（图 14-26A）。随着胚胎发育，区分生长使左锁骨下动脉的起端逐渐向颅侧提升。最终，其位置靠近**左颈总动脉**的起始（图 14-26D）。

第 5 对咽弓动脉的预期演化

在约 50% 的情况下，第 5 对弓动脉由未成熟的残遗血管构成并很快退化，不存在衍生血管。在其他胚胎中，这对弓动脉不会发育。

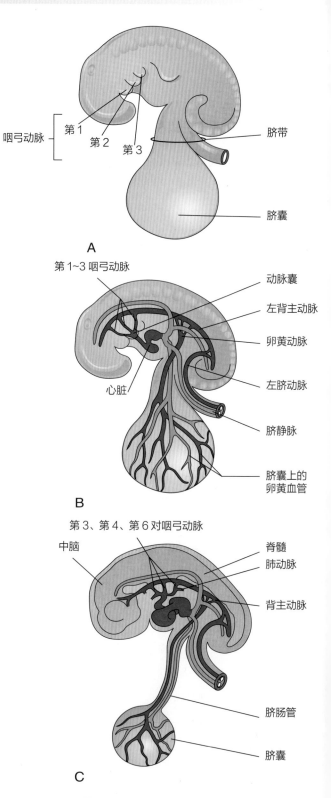

图 14-25 咽弓和咽弓动脉

A. 一个约 26 天的胚胎左侧。**B.** 此胚胎的左侧剖面示意图，可以观察到左咽弓动脉起源自动脉囊，流经咽弓，终止于左背主动脉。**C.** 一个约 37 天的胚胎，显示前 2 对咽弓动脉基本退化后的单一背主动脉。

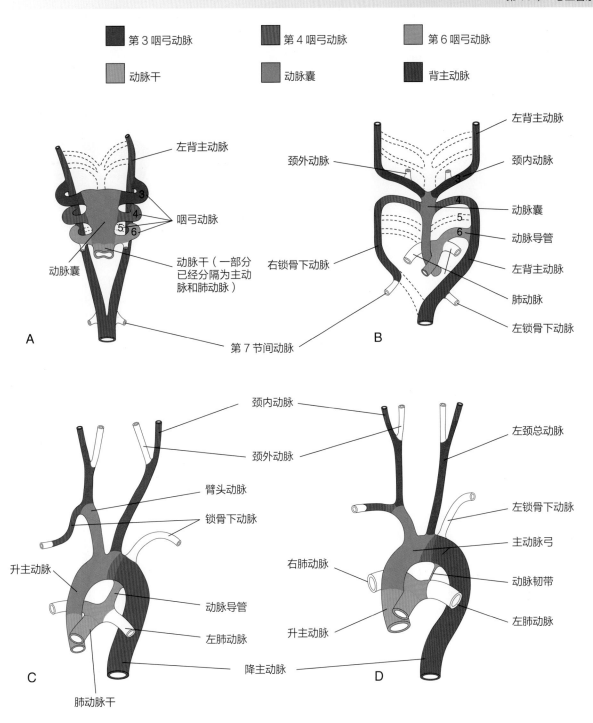

图 14-26　动脉干、动脉囊和咽弓动脉转化，以及背主动脉形成成年型动脉模式的
过程及其中发生的改变。未着色的血管并非衍生自上述结构

A. 第 6 周时的咽弓动脉。在这一阶段前两对弓动脉已经大体消失。**B.** 第 7 周的咽弓动脉。虚线指示背动脉和咽弓动脉正常情况下消失的部分。**C.** 第 8 周的动脉排列。**D.** 6 月龄新生儿的动脉血管示意图。注意图 C 中的升主动脉和肺动脉很大程度上较图 D 为小。这代表了发育不同阶段通过这些血管的相对血流量。可以观察到图 C 中很大的动脉导管，其本质上是肺动脉干的一个直接延续。动脉导管通常在出生后的最初几天内关闭。最终动脉导管成为动脉韧带，如图 D 所示。

第 6 对咽弓动脉的衍生

左侧第 6 动脉如下发育（图 14-26B、C）：

• 其近端残留形成左肺动脉近端部分。
• 其远端越过左肺动脉到背主动脉，形成一处产前分流——动脉导管。

右侧第 6 动脉如下发育：

• 近端残留成为右肺动脉的近端部分。
• 远端退化。

第 6 对弓动脉的转化解释了喉返神经两侧形态差异的原因。这一对神经存在于第 6 对咽弓，在第 6 对弓动脉往原始喉部行进的路径中形成倒钩（图 14-27A）。由于**右**侧第 6 对弓动脉的远端退化，**右喉返神经**向上移动，在第 4 对弓动脉的衍生血管——右锁骨下动脉近端附近形成倒钩。**左**侧喉返神经在第 6 对弓动脉远端形成的**动脉导管**附近形成倒钩。这一动脉分流在出生后退化，喉返神经依旧存在于**动脉韧带**（动脉导管的残余），以及主动脉弓附近（图 14-27C）。

主动脉缩窄

约 10% 的先天性心脏病患儿存在**主动脉缩窄**。缩窄表现为主动脉存在不同长度的狭窄（图 14-28）。绝大多数主动脉缩窄发生在左锁骨下动脉起始的远侧，在动脉导管入口处附近，称为**导管近旁狭窄**。

通常我们以导管前和导管后缩窄对这一病变进行分类。然而，在 90% 的病例中缩窄就发生在动脉导管的正对侧。**主动脉缩窄**男性的发生率约为女性的 2 倍，70% 的病例合并二叶主动脉瓣狭窄（图 14-15B）。

双咽弓动脉

这是一种罕见的畸形，表现为存在环绕气管和食管的血管环。右背主动脉远端未能正常退化，而是形成左右动脉弓进而成为血管环（图 14-29A）。通常，主动脉的右弓较大，从器官和食管后穿过（图 14-29B）。如果对气管的压迫和限制比较严重会出现呼吸哮鸣音，并且在哭闹、喂养和颈部屈曲时加重。

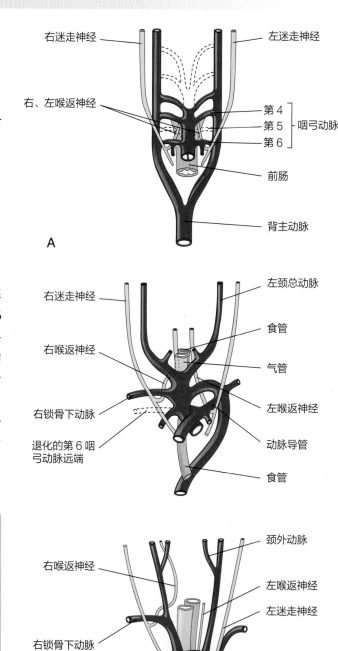

图 14-27 喉返神经和咽弓动脉的位置关系 **A**. 第 6 周，喉返神经在第 6 对弓动脉附近形成倒钩。**B**. 第 8 周，右喉返神经在右锁骨下动脉处，左喉返神经在动脉导管和主动脉弓附近形成倒钩。**C**. 出生后左喉返神经在动脉导管和主动脉弓附近形成倒钩。

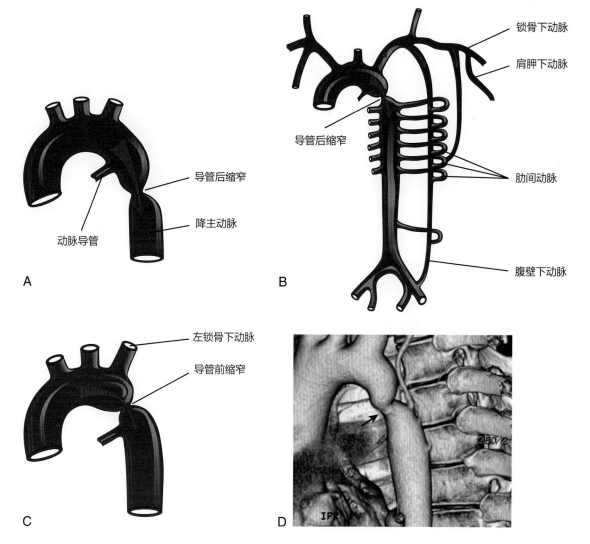

图 14-28 **A.** 导管后主动脉缩窄 **B.** 与导管后主动脉缩窄相关的常见侧支循环途径。**C.** 导管前主动脉缩窄。箭头提示血流。**D.** 成人导管前主动脉缩窄三维 CT 重建影像（箭头所示）。（**D,** Courtesy Dr. James Koenig, Department of Radiology, Health Sciences Centre, Winnipeg, Manitoba, Canada.）

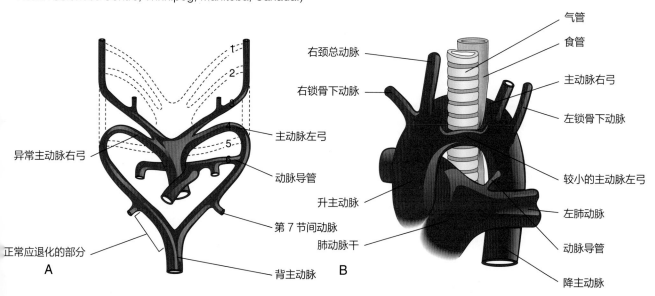

图 14-29 **A.** 胚胎咽弓动脉示意图，可以观察到主动脉的胚胎期基底（双弓主动脉）。**B.** 升主动脉形成一个较大的主动脉右弓和一个较小的左弓，组成环绕气管和食管的血管环。可以观察到血管环对气管和食管存在压迫。右颈总动脉和右锁骨下动脉分别起源于主动脉较大的右弓

右弓主动脉

如果右背主动脉持续存在（图14-30A）并且左背主动脉远端退化，则形成右弓主动脉。主要分为两类：

• 无食管后结构的右弓主动脉（图14-30B）。**动脉导管**（动脉韧带）通过右肺动脉到主动脉右弓。

• 有食管后结构的右弓主动脉（图14-30C）。起初，主动脉较小的左弓可能已经退化，仅保留食管后的主动脉右弓。动脉导管连接到主动脉弓远端进而形成一个可能压迫限制食管和气管的环状结构。

右锁骨下动脉异常

右锁骨下动脉通常起源于主动脉弓远端，从气管和食管后方经过为上肢供血（图14-31）。**食管后右锁骨下动脉**形成于第7节间动脉颅侧的右侧第4对咽弓动脉右背主动脉消失时。从而导致右侧第7节间动脉和右背主动脉远端形成右锁骨下动脉。区分生长起右锁骨上动脉的起端向颅侧抬高。直到其位于左锁骨下动脉起端附近。

尽管右锁骨下动脉异常相当常见，并且通常存在血管环（图14-31C），但是其很少具有显著的临床症状，因为形成的血管环通常不足以严重限制、压迫气管和食管。

咽弓动脉的出生缺陷

因为胚胎咽弓动脉系统发育转化形成成人动脉构型的过程涉及诸多改变，所以发生缺损是可以理解的。绝大多数缺损的原因是通常应该退化的咽弓动脉持续存在或者通常得以保留的部分异常消失。

胎儿和新生儿血液循环

胎儿的心血管系统为产前提供供给（图14-32），在出生时发生变化形成新生儿的循环模式（图14-33）。新生儿时期（1~28日龄）良好的呼吸有赖于出生时心血管系统的正常演化，使得通过胎盘的胎儿期血流终止后转由肺部进行血液氧合。在出生前，肺部不参与气体交换，肺血管处于收缩状态。以下三种血管结构在过渡时期的循环中至关重要：静脉导管、卵圆孔以及动脉导管（图14-33）。

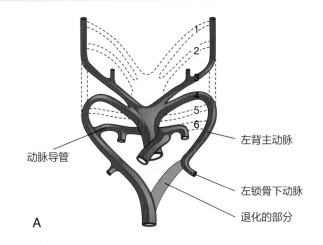

动脉导管
左背主动脉
左锁骨下动脉
退化的部分

A

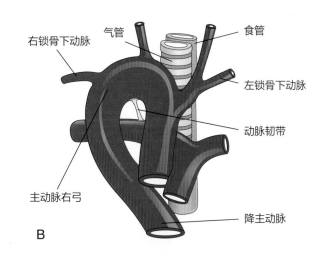

右锁骨下动脉
气管
食管
左锁骨下动脉
动脉韧带
主动脉右弓
降主动脉

B

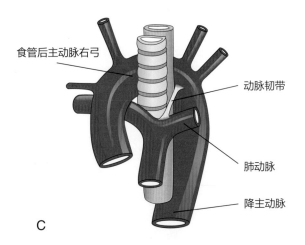

食管后主动脉右弓
动脉韧带
肺动脉
降主动脉

C

图14-30 A. 咽弓动脉示意图。可以观察到左背主动脉远端部分正常退化。右背主动脉全长和右侧第6咽弓动脉远侧部分得以保留。**B.** 无食管后结构的右咽弓动脉。**C.** 有食管后结构的右弓主动脉。可以观察到异常的主动脉右弓和动脉韧带（出生后的动脉导管残余）组成压迫气管和食管的血管环

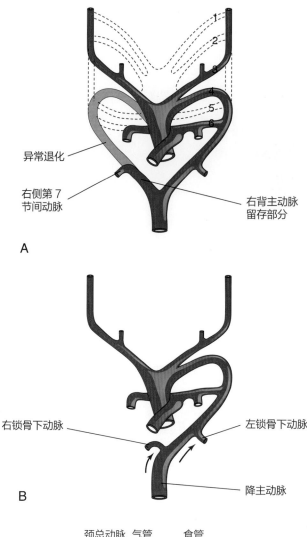

异常退化

右侧第 7
节间动脉

右背主动脉
留存部分

A

右锁骨下动脉

左锁骨下动脉

降主动脉

B

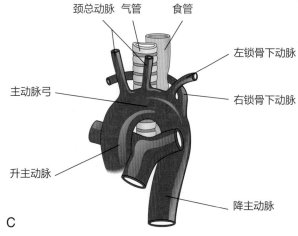

颈总动脉 气管 食管

左锁骨下动脉

右锁骨下动脉

主动脉弓

升主动脉

降主动脉

C

图 14-31 显示了右锁骨下动脉来源异常的
一种胚胎学基础的可能

A. 右侧第 4 咽弓动脉和右背主动脉颅侧部分已经退化，导
致右锁骨下动脉形成自右第 7 节间动脉以及右背主动脉远端
部分。**B.** 在主动脉弓形成时，右锁骨下动脉与左锁骨下动
脉一同向颅侧抬高（箭头所示）。**C.** 异常的右锁骨下动脉
来自主动脉，并从气管和食管后方通过。

胎儿血液循环

高度氧合且富含营养物质的血液由于较高的血压
而从胎盘通过**脐静脉**回流（图 14-32）。到达肝脏时，
约一半的血液直接通过连接脐静脉和下腔静脉的胎儿
期血管——**静脉导管**分流，使这部分血液绕过肝脏。
另一半血液流经肝血窦通过肝静脉汇入下腔静脉。静
脉导管的血流量由脐静脉附近的括约肌机械调节。快
速通过下腔静脉后，所有的血液汇入右心房。分嵴引
导下腔静脉中绝大部分血液通过**卵圆孔**进入左心房。
在这里与相对较少的低氧合血液混合。这些低氧合血
液来自肺部，通过肺静脉回流至此。胎儿的肺部是耗
氧的而不能进行气体交换。血液从左心房进入左心室
而后通过升主动脉泵出。供应心脏、颈部、头部和上
肢的动脉接受来自升主动脉的高氧合血液。*肝脏也可
以从脐静脉获取高氧合的血液。*

右心房中少量来自下腔静脉的高氧合血液与来自
上腔静脉和冠状窦的低氧合血液混合后进入右心室。
这些氧含量中等的血液通过肺动脉干泵出。因为胎儿
期肺血管阻力高，所以通过肺部的血流较少。约 10%
的血液进入肺部，绝大多数经过动脉导管进入主动脉
到全身。随后这些血液通过脐动脉返回胎盘（图 14-
32）。升主动脉中约 10% 的血液进入降主动脉供应内
脏和身体下半部分。降主动脉中绝大部分血液通过脐
动脉回到胎盘参与再氧合。

新生儿过渡性血液循环

胎儿出生时，经过胎盘的胎儿血液循环终止，新
生儿肺扩张并发挥功能。这时循环系统发生重要的改
变（图 14-33）。*在胎儿出生当时即不再需要卵圆孔、
动脉导管、静脉导管和脐血管。*静脉导管括约肌收缩
使全部血液进入肝脏流经肝血窦。这一改变与胎盘血
液循环的闭塞一同发生，导致下腔静脉和右心房的血
压迅速下降。

肺部血流增加使得左心房的压力高于右心房。**左
心房压力上升将卵圆孔的膜推向第二房间隔从而关闭
卵圆孔**（图 14-33）。而后右心室的全部输出进入肺
循环。因为肺循环的血管阻力小于体循环的血管阻力，
动脉导管的血液流向逆转，由主动脉到肺动脉干。

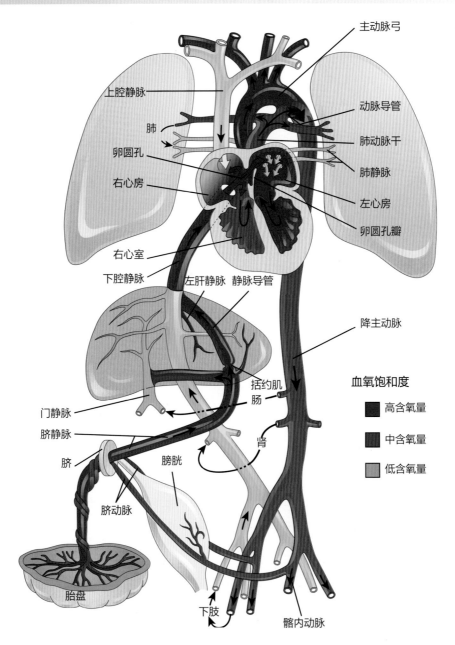

图 14-32 胎儿期血液循环

颜色表示血液的氧饱和度，箭头提示血液从胎盘到心脏的过程。各个器官并非按比例绘制。少量来自下腔静脉的高氧合血液残留在右心房，与来自上腔静脉的低氧合血液混合。混合后的中等氧合血液进入右心室。观察到以下三处分流允许血液绕过肝脏和肺：静脉导管、卵圆孔和动脉导管。低氧合的血液通过脐动脉回流到胎盘进行气体和营养物质交换。

动脉导管从出生起开始缩窄，然而，健康的足月儿也会在几天之内存在少量从主动脉到肺动脉干的血液分流。早产儿和存在持续性缺氧（低氧）的患儿的动脉导管可能存在更长时间。氧气是控制足月产儿动脉导管关闭最重要的因素，这一过程可能是由**缓激肽**（一种由肺释放的物质）以及**前列腺素**等可以作用于**动脉导管壁平滑肌**的物质介导的。

脐动脉在出生时即闭锁，避免新生儿失血。脐带在一分钟左右的时间内并未结扎，所以脐静脉还在持续将血液从胎盘输送给新生儿。

从胎儿型到成人型血液循环模式的改变不是立即完成的。一些变化伴随着初次呼吸发生，另一些则需要数小时至数天。胎儿期血管以及卵圆孔最初只是功能性关闭，随后，内皮和纤维组织增殖形成解剖关闭。

胎儿期血管及相关结构的衍生

一些血管和结构在出生时心血管系统发生改变后不再必要。在几个月的时间里，胎儿期血管逐渐形成

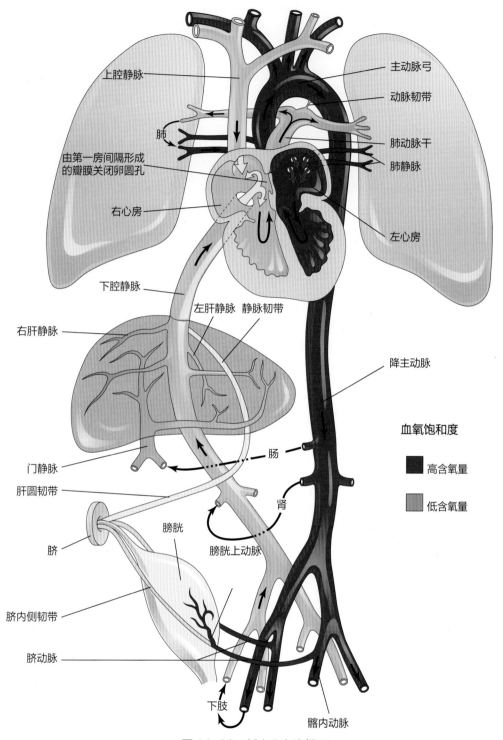

上腔静脉

主动脉弓

动脉韧带

肺

由第一房间隔形成
的瓣膜关闭卵圆孔

肺动脉干

肺静脉

右心房

左心房

下腔静脉

左肝静脉 静脉韧带

右肝静脉

降主动脉

血氧饱和度

门静脉

肠

肝圆韧带

高含氧量

脐

膀胱

肾

低含氧量

脐内侧韧带

膀胱上动脉

脐动脉

下肢

髂内动脉

图 14-33 新生儿血液循环

显示了出生时转化为无功能韧带的胎儿期血管和相关结构。箭头提示婴儿体内的血液流向。器官并非按比例绘制。出生后胎儿期的三处分流功能停止，体循环和肺循环分离。

无功能的韧带。

贫血，并预防贫血导致的脑损伤或新生儿死亡。

脐静脉和肝圆韧带

*脐静脉*在腹腔内的部分最终形成*肝圆韧带*（图 14-33）。脐静脉可以在相当长的时间内维持开放，因此可以在新生儿早期通过脐静脉输血或给药。这些途径可用于治疗疾病，例如胎儿成红细胞增多症引起的

静脉导管和静脉韧带

静脉导管转化成*静脉韧带*，然而，其关闭所需的时间远远长于动脉导管。

静脉韧带从门静脉左支到它附属的下腔静脉，穿过整个肝脏。

动脉导管未闭

　　动脉导管未闭是一种常见的出生缺陷。女性的发病率约为男性的 3 倍（图 14-34B）。开放的动脉导管通常在出生后很短时间内功能性关闭。然而，如果其维持开放导致主动脉中的血流分流进肺动脉。动脉导管未闭是最常见的，与母亲孕早期风疹感染相关的出生缺陷。早产儿和出生于高海拔地区的婴儿由于未完全发育或**缺氧**也可能存在动脉导管未闭。动脉导管在出生后未能正常退化形成动脉韧带是动脉导管未闭的胚胎学基础。

脐动脉和腹腔韧带

　　脐动脉位于腹腔内的绝大部分成为**脐内侧韧带**（图 14-33）。这些血管的近端成为供应膀胱的**膀胱上动脉**得以留存。

卵圆孔和心卵圆窝

　　卵圆孔通常在出生时即功能性关闭（图 14-33）。出生后第 3 个月，第一房间隔组织增殖并与第二房间隔左缘发生粘连形成解剖关闭。第一房间隔构成卵圆窝壁。第二房间隔下缘形成圆形褶皱，即卵圆窝的边缘，标志着原先卵圆孔的边界（图 14-20）。

动脉导管和动脉韧带

　　动脉导管通常在出生后 10~15 小时功能性关闭。在出生后第 12 周发生解剖关闭，形成动脉韧带。

淋巴系统的发育

　　在第 6 周末尾，淋巴系统开始发育。研究显示，淋巴内皮细胞的前体衍生自主静脉。淋巴管的发育方式与前述的血管十分相似，它们也同血管系统直接相连。早期的毛细淋巴管相互汇合形成淋巴网。胚胎期末尾，共存在如下 6 个原始淋巴囊（图 14-35A）：

- 位于锁骨下静脉和前主静脉（未来的颈内静脉）交汇处附近的*两个颈淋巴囊*。
- 位于髂静脉与后主静脉交汇处附近的*两个髂淋巴囊*。
- 位于腹后壁系膜根部内的一个*腹膜后淋巴囊*。
- 位于腹膜后淋巴囊背侧的*乳糜池*。

　　淋巴管随后与淋巴囊相连，并沿着主要静脉走行：从**颈淋巴囊**到头、颈以及上肢；从**髂淋巴囊**到下半部躯干以及下肢；从**腹膜后淋巴囊**以及**乳糜池**到原始肠道。两侧颈淋巴囊与乳糜池之间由两个大淋巴管——**胸导管**相连。随后两侧胸导管之间形成吻合。

　　胸导管发育自以下两种结构：

1. 右胸导管的尾侧部分。

2. 左胸导管颅侧部分和两侧胸导管间的吻合处。

　　右淋巴导管衍生自右胸导管的颅侧部分（图 14-35C）。**胸导管**和右淋巴导管在由颈内静脉和锁骨下静脉形成的**静脉角**处于静脉系统相连（图 14-35B）。

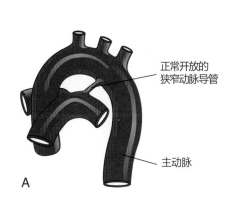
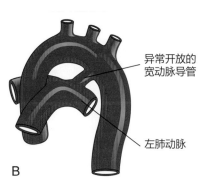
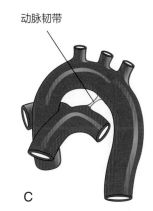

图 14-34　动脉导管的关闭

A. 新生儿的动脉导管。**B.** 6 月龄婴儿的异常动脉导管。**C.** 6 月龄婴儿的动脉韧带。

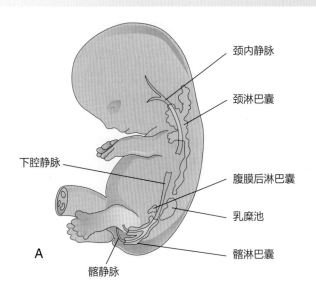

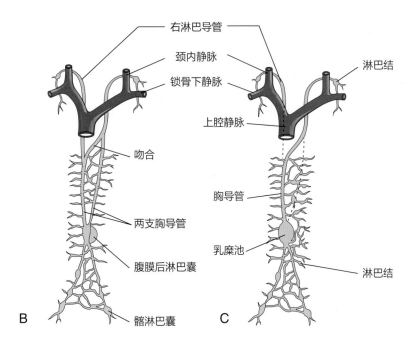

图 14-35 淋巴系统的发育

A. 第 7 周半的胚胎左侧，显示了原始淋巴囊。**B.** 第 9 周的淋巴系统腹面观，显示了成对的胸导管。**C.** 其后的胎儿期，显示了胸导管和右淋巴导管的形成。

淋巴结的发育

除了**乳糜池**的上部，淋巴囊在胎儿早期转化为成组的淋巴结。间充质细胞渗入每个淋巴囊，形成网状的淋巴管，即原始**淋巴窦**。其他间充质细胞形成淋巴结的包囊以及结缔组织骨架。

淋巴细胞最初由脐血管间充质中的**原始干细胞**衍生而来，其后主要来自**肝和脾**。早期的淋巴细胞最终进入**骨髓**，并在其中分裂形成**淋巴母细胞**。出生前淋巴结中出现的淋巴细胞分化自胸腺。胸腺是第 3 对咽囊的衍生物（见第 10 章）。小淋巴细胞离开胸腺随血液循环到达其他淋巴器官。随后，淋巴结内的某些间充质细胞也可以分化形成淋巴细胞。

派尔集合淋巴结是小肠内的淋巴组织，从第 19 周开始发育。

淋巴组织的出生缺陷

淋巴系统的出生缺陷并不常见。**先天性淋巴水肿**表现为身体某部分的弥漫性肿胀。这种情况可能是由原始淋巴管扩张或**淋巴管先天性发育不良**导致的。**囊性水瘤**为常见于颈部下外侧的较大肿胀，内由较大的、充满液体的单或多房空腔组成。**水瘤**可能在出生时即存在，但是常常在随后的婴儿期扩大而变得明显。水瘤的来源通常认为是闭塞的一部分颈淋巴囊，或者未能与主要淋巴通路建立联系的淋巴腔。

脾和扁桃体的发育

脾脏由背侧胃系膜内的间充质细胞聚生发育而来（见第 12 章）。腭扁桃体由第 2 对咽囊内胚层及邻近的间充质发育而来（见第 10 章，图 10-7）。咽鼓管扁桃体（腺样体）由鼻咽壁内的淋巴结聚生形成。**舌扁桃体**来自舌根部淋巴结的聚生。在呼吸和消化系统的黏膜内也有淋巴结发育。

临床导向提问

1. 儿科医师诊断新生儿存在心脏杂音。这意味着什么？有哪些原因？这表明什么？

2. 心脏出生缺陷常见吗？新生儿最常见的心脏出生缺陷是什么？

3. 心血管系统出生缺陷的原因是什么？母亲妊娠期间应用药物会导致心脏缺陷吗？母亲酗酒是否会导致新生儿心脏缺损？

4. 病毒感染会导致心脏疾病吗？如果母亲妊娠期患麻疹会导致新生儿心血管系统缺陷吗？妊娠期女性可以注射疫苗来保护胎儿不受特定病毒的感染吗？

5. 新生儿主动脉起源于右心室，肺动脉起源于左心室。该新生儿在出生后死亡。请问此缺陷是什么？发病率如何？这种情况可以靠外科手术纠正吗？如果可以，手术是怎样进行的？

6. 在为一对 40 岁的同卵双生姐妹进行例行体检的过程中，发现其中一位存在镜面心。这是一种严重的心脏缺陷吗？它在同卵双生的双胞胎中的发病率如何？导致此情形的原因有哪些？

答案见附录。

（徐卓明　译）

第 15 章

肌肉骨骼系统

骨骼系统

随着第 3 周脊索和神经管的形成，这些结构外侧的**胚内中胚层**增厚，形成了两个纵行柱状的**轴旁中胚层**（图 15-1A 和 B）。在第 3 周末，两个轴旁中胚层变得致密，并被分割成块状中胚层——**体节**（图 15-1C）。在外部，体节沿着胚胎的背外侧表面呈珠状隆起。每个体节分化为两个部分（图 15-1D 和 E）：

- 腹内侧部是**生骨节**：它的细胞形成椎骨和肋骨。
- 背侧部是**生皮肌节**：肌节区域的细胞形成**成肌细胞**（原始肌细胞），皮肤节区域的细胞形成**真皮**（成纤维细胞）。

颅面结构的骨骼和结缔组织是由**脑神经嵴细胞**衍生的头部间充质形成的。

软骨和骨骼的发育

软骨组织的发生

软骨组织在第 5 周由间充质细胞发育而来。在软骨发育的区域，间充质增殖形成**软骨化中心**。间充质细胞分化为**软骨母细胞**，分泌胶原纤维和**细胞外基质**。随后，胶原纤维和／或弹性纤维沉积在细胞间物质或**基质**中。

根据形成的基质类型，*主要分为三种类型的软骨*：

- **透明软骨**，分布最广的类型（如关节滑膜）。
- **纤维软骨**（如椎间盘）。
- **弹性软骨**（如外耳郭）。

骨的组织发生

骨主要在两种结缔组织中发育，即间充质和软骨，但它也可以在其他结缔组织中发育（例如，髌骨在肌腱中发育）。**大多数扁平骨**在原有膜鞘内的间质中发育，这种类型的成骨发育叫**膜内成骨**。大多数四肢骨由间充质转化为软骨，软骨后来因**软骨内骨**形成而骨化。和软骨一样，骨组织也是由细胞和骨基质组成，而**骨基质**由嵌入在无定形成分的胶原纤维组成。

对胚胎骨形成过程中发生的细胞和分子事件的研究表明，成骨和软骨形成是在血管发育的影响下完成的，并且在发育早期就被编程。

HOX 基因、骨形态发生蛋白 5 和 7（BMP-5,7）、生长分化因子 5（TDF5，TGF-β 的超家族成员之一）和血管内皮生长因子（VEGF）等信号分子，被认为是软骨发生和骨骼发育的内源性调节因子。骨骼前体细胞对软骨细胞和成骨细胞谱系的形成是由 β-连环蛋白水平决定的。

膜内成骨

间充质开始密集并大量血管化；一些细胞分化为**成骨细胞**（骨形成细胞），并开始沉积未矿化的基质，形成含有高浓度的 I 型胶原的**类骨质**（图 15-2）。*Wnt* 信号是成骨细胞分化的关键因素。**磷酸钙**随后沉积在**骨样组织**中，并被组织成骨。**成骨细胞**被困在基质中，成为骨细胞。针骨很快组织起来，并结合成片层。

血管周围生层形成同心圆板，形成**骨质**（哈弗系统）。一些成骨细胞保留在骨的外围，并继续沉积，在表面形成致密的骨板。在**骨板**之间的骨为针状或海绵状。海绵状骨在某种程度上因破骨细胞重吸收作用而得到加强。在骨松质的间隙中，间充质分化成**骨髓**。在胎儿和出生后，通过*破骨细胞和成骨细胞*的协调作用，骨发生持续重塑。

软骨内骨化

软骨内骨化（软骨骨形成）是发生在软骨内的骨形成（图 15-3A~E）。在长骨中，**骨化中心**出现在**骨干**中，骨干形成**骨轴**（例如肱骨）。软骨细胞的体积增大（肥大），它们合成富含 X 型胶原的细胞外基质，然后基质钙化，细胞凋亡（图 15-3B）。同时，一层薄薄的骨层沉积在**软骨膜**下，因此软骨膜变成了骨膜（图 15-

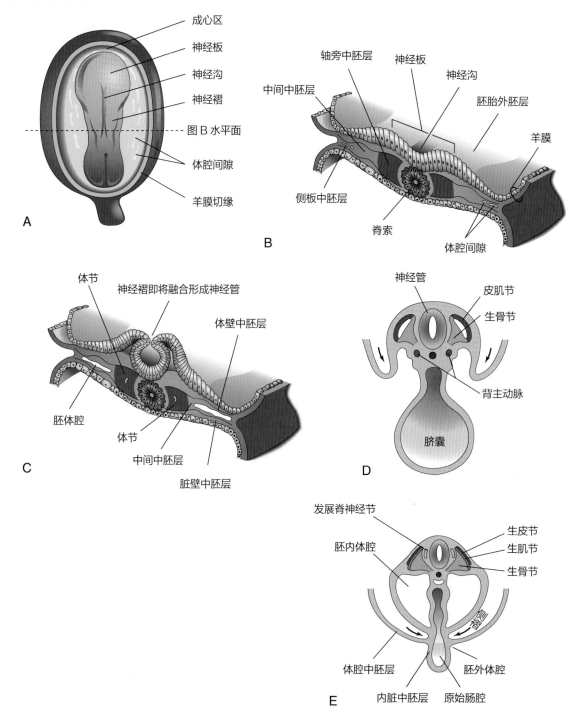

图 15-1 体节的形成和早期分化图

A. 大约 18 天的胚胎背面图。**B.** 如 A 中所示的胚胎横切面，显示体节来源的轴旁中胚层。**C.** 大约 22 天的胚胎横切面，显示早期体节的出现。注：神经褶即将融合形成神经管。**D.** 大约 24 天的胚胎横切面，显示胚胎在水平面上折叠（箭头）。体节的皮肌层区产生皮肌层和肌层。**E.** 大约 26 天的胚胎横切面，显示体节的皮区、肌层和巩膜层。D 和 E 中的箭头表示身体侧面褶皱的运动。

3)。骨膜周围的血管侵入血管结缔组织，破坏软骨。一些入侵的祖细胞分化成**造血细胞**（骨髓血细胞）。这个过程一直持续到**骨骺**（骨头的末端）。骨针在破骨细胞和成骨细胞的作用下被重塑。

长骨的延长发生在骨干–骨骺连接处。骨的延长依赖于**骺软骨板**（生长板）的软骨细胞增殖以及软骨内骨形成（图 15-3D 和 E）。接近**骨干**端的软骨细胞增大，基质钙化。骨针通过来自骨髓或**长骨髓腔**的血管侵入而彼此分离（图 15-3E）。骨组织由成骨细胞沉积在这些骨针上；这种骨的再吸收使松质骨的长度保持相对

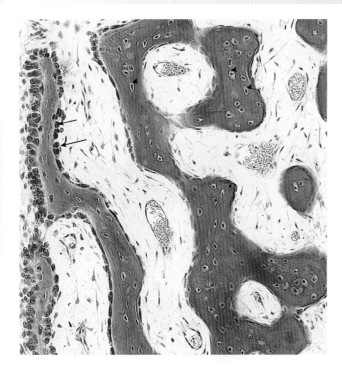

图 15-2　膜内骨化的光学显微照片 (132 倍放大)

骨小梁是由排列在其表面的成骨细胞形成的 (箭头)。骨细胞陷在腔隙 (箭头) 中，原始骨开始形成。骨刺 (管) 包含毛细血管。(From Gartner LP, Hiatt JL: *Color textbook of histology*, ed 2, Philadelphia, 2001, Saunders.)

佝偻病

佝偻病是一种儿童疾病，可归因于**维生素 D 缺乏**。这种维生素是肠道吸收钙所必需的。由此导致的钙缺乏可进一步导致骨骺软骨板的骨化障碍 (即它们没有充分钙化)，**干骺端存在细胞定向障碍** (图 15-3D)。四肢缩短变形，四肢骨骼严重弯曲。佝偻病也可能延迟婴儿颅骨的**囟门**的闭合 (图 15-8)。

恒定，并扩大了髓腔。

四肢骨骼化始于胚胎末期 (受精后 56 天)。此后，大约 8 周开始对母体钙和磷的供应产生需求。出生时，骨干大部分骨化，但大多数骨骺仍然是软骨。出生后最初几年骨骺出现**继发性骨化中心**。骨骺软骨细胞肥大，并有血管结缔组织侵入。骨化呈放射状扩散，只有关节软骨和**骺软骨板**保持软骨性 (图 15-3E)。生长完成后，软骨板被松质骨替代，骨骺和骨干融合，骨无法进一步生长、延长。

在大多数骨骼中，骨骺在 20 岁时已经与骨干融合。骨直径的增长源于骨在**骨膜**上的沉积 (图 15-3B) 和髓内表面的再吸收。沉积和吸收的速率是平衡的，以调节致密骨的厚度和髓腔的大小 (图 15-3E)。骨骼的动态重组在一生中持续存在。

关节的发育

关节开始随着连续软骨骨模型中**中间带**的出现而发展。中间带的细胞开始变平，并在接合处分离。影响中间带形成的早期因素可能是 *Wnt-14* 和 *Noggin*。在第 6 周 (图 15-4A) 到第 8 周结束时，它们类似成人的关节 (图 15-4B)。

纤维连结

在纤维连结的发育过程中，发育中的骨骼之间的**带状间充质**分化为致密的纤维组织 (图 15-4D)。颅骨的骨缝连接即属于纤维连结 (图 15-8)。

软骨关节

在软骨关节的发育过程中，发育中的骨骼之间的**带状间充质**分化为**透明软骨** (如肋软骨关节) 或**纤维软骨** (如耻骨联合，图 15-4C)。

滑膜关节

在滑膜关节 (如膝关节) 的发育过程中，发育中的骨骼之间的带状间充质的分化如下 (图 15-4B):

• 外周，带状间充质形成**关节囊韧带**和其他韧带。
• 中央，间充质在发育后期和出生后经历空泡化。由此产生的空间成为**关节腔**或滑液腔。
• 间质排列在关节囊和关节表面，形成**滑膜**，分泌滑液。

中轴骨骼的发育

中轴骨骼由颅骨、脊柱、肋骨和胸骨组成。在第 4 周，生骨节细胞包围神经管 (脊髓原基) 和脊索 (椎骨原基围绕其发育的结构)。骨节细胞的位置变化受周围结构生长速度的影响，而不受细胞迁移的影响。*TBX 6*、*Hox* 和 *Pax* 基因调控脊椎骨前后轴的形态发育。

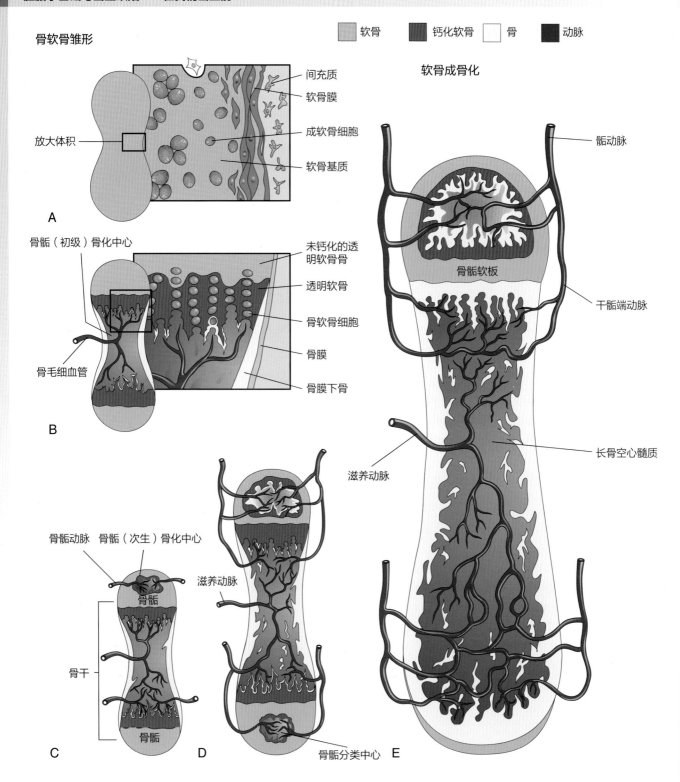

骨软骨雏形

软骨　钙化软骨　骨　动脉

软骨成骨化

间充质

软骨膜

成软骨细胞

软骨基质

放大体积

A

骨骺（初级）骨化中心

未钙化的透明软骨骨

透明软骨

骨软骨细胞

骨膜

骨膜下骨

骨毛细血管

B

髂动脉

骨骺软板

干骺端动脉

长骨空心髓质

滋养动脉

骨骺动脉　骨骺（次生）骨化中心

滋养动脉

骨骺

骨干

骨骺

C　　　D　骨骺分类中心　E

图 15-3　A~E，胚胎第 5 周纵向切面示意图，显示发育中的长骨中的软骨内骨化

脊柱的发育

　　在软骨前或间充质阶段，来自**生骨节**的间充质细胞存在于 3 个主要区域（图 15-5A）：脊索周围、神经管周围和体壁。在一个第 4 周胚胎的前部，**生骨节**表现为成对的脊索周围的间充质细胞（图 15-5B）。每个骨节由头部排列松散的细胞和尾部密集排列的细胞组成。

　　一些密集的细胞向头骨移动，与形成**椎间盘**的肌瓣中心相对 (IV)（图 15-5C 和 D）。剩余的密集细胞与紧接尾部的骨节融合形成间充质**椎体**，即椎体的原基。因此，每个椎体由两个相邻的骨节发育而成，并形成

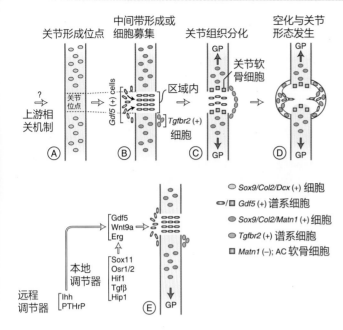

图 15-4　肢体关节形成和形态发生模型

A. 在早期发育阶段，未知的上游机制将通过表达 Sox9/Col2/Dcx 的原基确定关节位置。**B.** 不久之后，Gdf5 的表达将与其他区间特异性基因（见 E）一起被激活，这些基因将定义 Sox9/Col2/Matn1 阳性的软骨原基中最初的间充质。这将伴随着细胞从侧面迁移，位于背侧和腹侧的细胞将激活 TGFBR2 的表达。**C.** Gdf5 阳性细胞邻近其各自的软骨原基（Sox9/Col2 表达阳性，但 matrixin-1 表达阴性）可分化为关节软骨细胞。**D.** 其他的分化过程和机制，如肌肉运动，会导致其他关节组织，如韧带和半月板的空化和发生（涉及 GDF5 和 TGFBR2 阳性和阴性的细胞后代）。请注意，上述不同时间的步骤是为了说明目的而呈现的，实际上可能发生得更近，甚至发生时间有所重叠。此外，该模型可能不完全适用于其他关节，包括椎间关节和颞下颌关节，这些关节涉及其他不同的机制。**E.** 在关节形成的早期阶段，局部和远程调节因子汇聚在一起调节中间带基因表达的示意图。请注意，此列表并不详尽。(From: Decker RS, Koyama E, Pacifici M: Genesis and morphogenesis of limb synovial joints and articular cartilage, *Matrix Biology* 39:5, 2014.)

节间结构。

　　脊神经与第 IV 椎间盘关系密切，**节间动脉**位于椎体两侧。在胸部，背段节间动脉成为**肋间动脉**。*研究表明脊柱的区域性发育是由同源盒（HOX）和成对盒（PAX）基因沿前后轴调控的。*

　　发育中的椎体包围着脊索，随后脊索退化并消失。

脊索在椎骨之间扩张，形成第 IV 椎间盘的胶状中心——**髓核**（图 15-5D）。髓核后来被环状排列的纤维包围，形成**纤维环**。髓核和纤维环共同构成第 IV 椎间盘。围绕神经管的间充质细胞形成**神经弓**，即椎弓的原基（图 15-5C，图 15-6D）。体壁的间充质细胞形成**肋突**，肋突形成胸部的肋骨。

脊柱发育的软骨阶段（软骨性脊椎阶段）

　　在第 6 周，每个间质椎体均出现**软骨化中心**（图 15-6A 和 B）。在胚胎期末，每个椎体两个软骨化中心相互融合形成软骨性椎体。同时，椎体和两侧神经弓以软骨相连，称为神经弓中心软骨结合；位于两侧神经弓的软骨中心扩展形成横突和棘突。软骨化过程向头尾侧延伸直至软骨性脊柱形成。

脊柱发育的骨性阶段（脊椎骨化阶段）

　　典型的椎骨骨化开始于胚胎期，通常在 25 岁前结束。在椎体的腹侧和背侧有两个**初级骨化中心**（图 15-6C），它们很快融合形成一个骨化中心。到第 8 周，共存在三个初级骨化中心，分别位于椎体和两侧神经弓。

　　第 8 周时，**神经弓**处骨化较为明显。在出生时，每节脊椎由三个通过软骨连接的骨性部分（图 15-6D）。椎弓的骨性部分通常在 3~5 岁时融合。**椎弓**首先在腰椎区融合并向头端延伸。椎弓与椎体形成软骨性椎体弓连接，这使得椎弓可以随着脊髓的生长而延展。第 3~6 年时，椎弓椎体融合，这些软骨性连接消失。

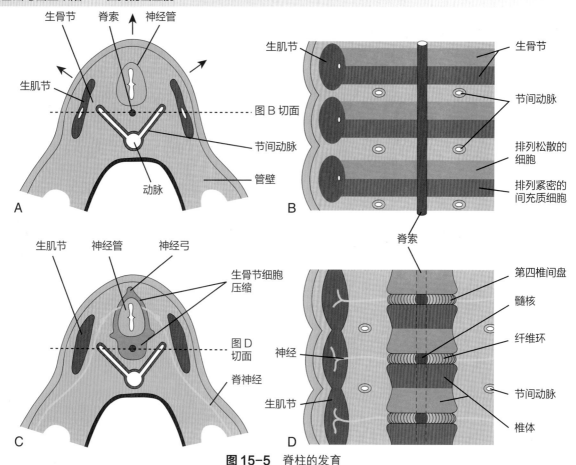

图 15-5　脊柱的发育

A. 胚胎第 4 周的横切面。箭头显示了神经管的背侧生长和残体的背外侧运动，留下生骨节细胞的痕迹。B. 同一胚胎的前侧切面图显示，脊索周围生骨节细胞节段包括排列松散的细胞组成的头端和排列密集的细胞组成的尾端。C. 胚胎第 5 周的横切面。图示脊索和神经管周围的生骨节细胞节段，形成间充质脊椎。D. 图示的前侧切面图显示椎体由两个连续生骨节的头端和尾端形成。图示节间动脉穿过椎体，脊神经位于椎体间。除了椎间盘区域的脊索形成髓核，其余脊索均在退化。

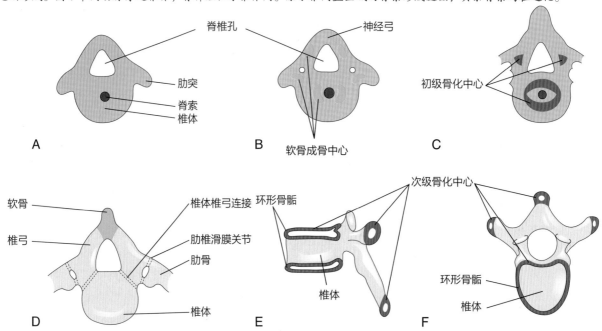

图 15-6　脊椎发育阶段

A. 第 5 周时，为间充质脊椎。B. 第 6 周时，间充质脊椎出现软骨化中心，神经弓是脊椎椎弓的原基。C. 第 7 周时，软骨性脊椎的初级骨化中心。D. 出生时的胸椎由椎弓、椎体和横突三个骨性部分组成。注意两侧椎弓部分以及椎弓与椎体（椎体椎弓连接）处软骨。E 和 F. 两个典型胸椎图（青春期时）显示次级骨化中心的定位。

青春期后出现在脊椎的**五个次级骨化中心**(图 15-6 E 和 F):

- 一个位于棘突尖。
- 两个位于双侧横突。
- 两个位于环形骨骺,分别位于椎体上下边缘。

椎体是由环状骨骺及其之间的骨质组成。所有的次级骨化中心在大约 25 岁时与其余的椎骨结合。在 C₁(寰椎)、C₂(枢椎)和 C₇ 椎体以及腰椎、骶骨和尾骨中都存在脊椎骨化的变异。

椎骨数量的变化

大多数人有 7 块颈椎骨,12 块胸椎骨,5 块腰椎骨,5 块骶椎骨。小部分人存在额外的 1 块或 2 块椎骨或缺失 1 块椎骨。脊柱节段内增加(或缺失)的椎体可以由相邻节段内缺失(或增加)的椎体来代偿。

Klippel-Feil 综合征(短颈畸形)

该综合征的主要特征是颈部短,发际线低,颈部活动受限,颈椎椎体融合,以及脑干和小脑异常。由于出生前椎骨融合,大多数病例的颈椎椎骨数目较正常少;在某些病例中存在脊柱颈段分节不全。颈神经根和椎间孔的数目可能正常,但形态均小于正常。患者可能还会伴有其他出生缺陷,包括脊柱侧凸(脊柱侧弯和旋转弯曲异常)和尿路异常。

肋骨的发育

肋骨由胸椎**间充质肋突**发育而来(图 15-6A)。它们在胚胎期发生软骨化,在胎儿期发生骨化。原肋突与椎体结合的位置被**肋椎滑膜关节**取代(图 15-6D)。7 对肋骨(第 1~7 对,**真肋骨**)通过软骨与胸骨连接。5 对肋骨(第 8~12 对,**假肋骨**)通过其他肋骨的软骨与胸骨连接。最后 2 对**浮肋**(第 11~12 对)不与胸骨相连。

胸骨的发育

在体壁腹外侧发育有一对垂直的间充质带(**胸骨板**)。胸骨板向中间移动时发生**软骨化**(**转变为软骨**)。*两个胸骨板在中线相互融合*,形成胸骨柄、胸骨节(胸骨体部分)和剑突的软骨模型。除了剑突骨化中心出现在儿童时期,其余胸骨的骨化中心出现于出生前。剑突可能永远不会完全骨化。

颅骨的发育

颅骨由发育中的大脑周围的间充质发育而来。颅骨包括:

- **脑颅骨**,包围大脑的颅骨。
- **面颅骨**,来源于咽弓,构成面部骨架的骨骼。

软骨化脑颅骨(软骨骨化)

脑颅骨的软骨内骨化形成颅底骨。脑颅骨的骨化模式有明确的顺序,开始于枕骨、蝶骨体和筛骨。**索旁软骨**或基板形成于脊索的头端周围(图 15-7A),并与源自枕骨生骨节区的软骨融合。这个软骨块形成**枕骨底部**;随后,扩展至脊髓头端形成**枕骨大孔**(枕骨基底部的一个大开口)边界(图 15-7C)。

垂体软骨形成于发育中的垂体腺周围并可互相融合形成蝶骨体(图 15-7B)。颅小梁可融合形成筛骨体,眶翼形成蝶骨小翼。听软骨囊在听泡(内耳的原基)周围发育(见第 17 章),并形成颞骨的岩部和乳突部分。鼻甲(nasal capsules)在鼻液囊(nasal sacs)周围发育(见第 10 章),并与筛骨的形成有关。

膜化脑颅骨(膜性骨化)

膜性骨化发生在大脑两侧和顶部的**头部间充质**,形成**头盖骨**(skullcap)。在胎儿时期,扁平的**头盖骨**由致密的结缔组织膜形成的纤维连接分隔(**颅骨缝合线**)(图 15-8)。6 处大块的纤维区域(**囟门**)位于数条缝线的接合处。由于骨质的柔软和疏松的连接,使在出生时颅骨能发生形状的变化(**胎儿颅骨的成型**):额骨变平,枕骨拉长,一侧顶骨略盖过另一侧。在出生后的几天内,头盖骨的形状就会恢复正常。

软骨化面颅

软骨化面颅来自前两对咽弓的**软骨性骨骼**(参见第 10 章)。大部分颅面骨骼来自神经嵴细胞。*神经嵴细胞按照既定的位置和模式信息迁移到咽弓。*

- 第 1 咽弓软骨的背侧形成中耳的锤骨和砧骨。
- 第 2 咽弓软骨的背侧形成了中耳镫骨和颞骨茎突。它的腹侧骨化形成舌骨的**小角**。
- 第 3、第 4 和第 6 咽弓软骨仅在咽弓的腹侧部分形成。第 3 咽弓软骨形成舌骨的大角和甲状软骨的上角。
- 第 4 咽弓和第 6 咽弓融合形成喉部软骨(除会厌外)(见第 10 章)。

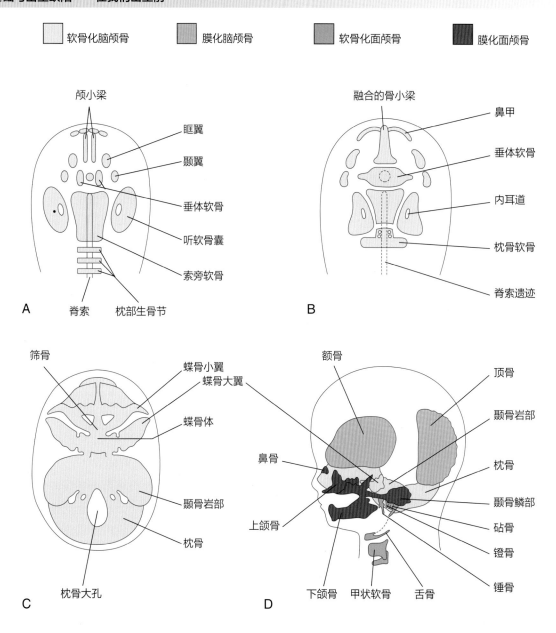

图 15-7 颅骨发育阶段

从上面 (A~C) 和侧面 (D) 观察正在发育的颅骨基部。**A.** 显示 6 周时,融合形成软骨性颅骨的各种软骨。**B.** 显示 7 周时,部分成对软骨融合后。**C.** 显示 12 周时,由各种软骨融合形成的颅骨的软骨性基部。**D.** 显示第 20 周时,胎儿颅骨的骨骼来源。

膜化面颅

膜性骨化发生于第 1 咽弓的上颌突 (见第 10 章),随后形成颞骨鳞部、上颌骨和颧骨。**颞骨鳞部骨骼**成了脑颅骨的一部分。**下颌突**形成下颌骨。一些软骨内骨化发生在下巴正中平面和下颌髁突。

新生儿颅骨

新生儿颅骨较其他骨骼所占比例大,与头盖骨 (颅骨顶部) 相比,面部相对较小。颅骨的面部区域小是由于颌骨尺寸小、鼻旁窦几乎缺失以及面部骨骼尚未发育完全。

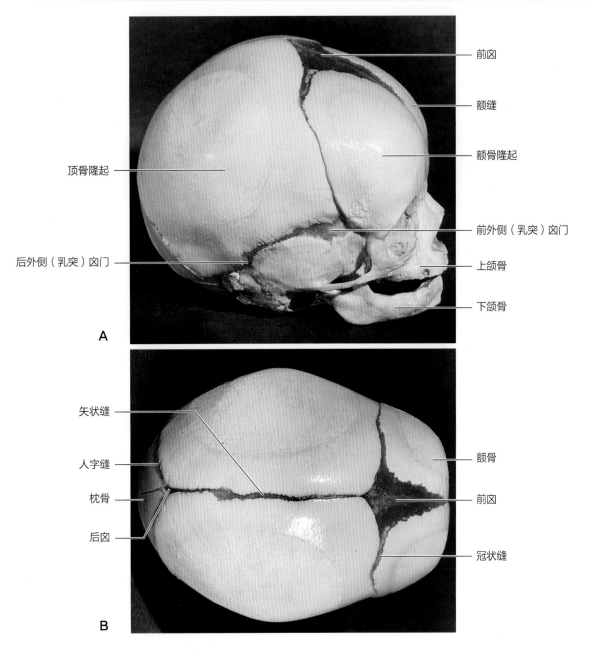

顶骨隆起

后外侧（乳突）囟门

A

前囟

额缝

额骨隆起

前外侧（乳突）囟门

上颌骨

下颌骨

矢状缝

人字缝

枕骨

后囟

B

额骨

前囟

冠状缝

图 15-8 　胎儿颅骨，显示骨、囟门和缝合线

A. 侧面观。**B.** 顶面观。由于周围骨骼的生长，后囟门和前外侧囟门在出生后 2~3 个月消失，但它们作为骨缝合线保留数年。后外侧囟门在第 1 年末消失，前囟门在第 2 年末消失。额骨的两半通常在第 2 年开始融合，额缝通常在第 8 年消失。

出生后颅骨生长

从出生时变形的颅骨形态恢复后，新生儿的颅骨相当圆且骨质薄。在婴儿期和儿童期，纤维骨缝合线使得大脑和头盖骨能够扩大。出生后前 2 年是大脑发育最快的时间，此时大脑体积的增大最为明显，此时头盖骨会随着大脑的生长而持续扩张，这些变化一直持续到约 16 岁。之后的 3~4 年，由于骨质变厚，头盖骨的大小通常会略有增加。

随着乳牙的长出，面部和口部也迅速生长。这些面部变化在第二恒牙长出后更为明显（见第 18 章）。由于鼻旁窦（如上颌窦）的增大，额部和面部区域同时增大。这些鼻窦的生长对增强声音共振有重要作用。

附肋

肋突通常只在胸部形成。肋突在颈椎或腰椎异位发育可导致**副肋**（图 15-6A）。最常见的副肋是**腰椎肋骨**（1%），但其临床表现通常不明显。0.5%~1% 的人发生**颈椎肋骨**（图 15-9A），此肋骨常与第 1 肋骨融合，它通常附着于胸骨柄或第 7 颈椎。副肋可为单侧或双侧。颈肋压迫在臂神经丛（如颈部、腋窝，或锁骨下动脉的神经）常可产生神经血管症状（如上肢麻痹和瘫痪）。

半椎体畸形

发育中的椎体通常有两个能很快互相融合的软骨化中心。半椎体畸形是由于其中一侧软骨中心未能出现，随后导致这一侧椎体形成障碍。半椎体畸形是造成**先天性脊柱侧弯**（侧弯和旋转）最常见的原因（图 15-9B）。

脊柱裂

脊柱裂是一组复杂的脊柱异常（**脊柱闭合不全**），其主要影响轴向结构（图 15-10）。在新生患儿中，常由于潜在脊索的错误诱导或致畸剂的使用致使神经襞不能正常融合。

无脑畸形

无脑畸形是指脑颅骨缺失，其是主要的致死性脊柱出生缺陷（图 15-10）。无脑畸形与脑裂畸形和**脊柱裂**有关。新生儿出现脑裂畸形的比例约为 1/1 000。脑裂畸形是由于在发育的第 4 周时神经管头端未闭使头盖骨形成障碍所致。

颅缝早闭

一些出生缺陷是由产前颅缝融合引起的（图 15-11）。颅缝早闭的原因尚不清楚，但遗传因素有重要作用。同源异形盒基因（*MSX2* 和 *ALX4*）突变在颅缝早闭和其他颅脑缺损的病例中都有发现。这些缺陷在男性中比女性中更常见，而且通常与其他骨骼缺陷有关。

颅骨变形的类型取决于哪条颅缝过早闭合。颅缝闭合阻止骨垂直生长而促进骨平行生长。如果矢状缝提前闭合，颅骨会变长，形成楔形的**舟状头**（图 15-11A 和 C），这种类型的颅脑畸形约占颅缝早闭病例的一半。另外 30% 的病例为冠状缝过早闭合，导致高且塔状的**平头畸形**（图 15-11B）。如果仅有一侧的冠状缝过早闭合，则致颅骨扭曲且不对称的**斜头畸形**。**额缝**过早闭合（图 15-8）会导致额骨缺损和其他缺损的三角头畸形。

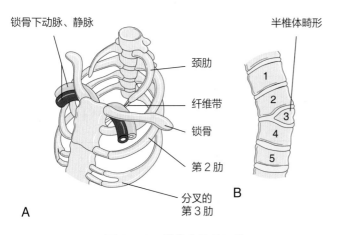

A

锁骨下动脉、静脉　　　　　半椎体畸形

颈肋

纤维带

锁骨

第 2 肋

分叉的
第 3 肋

B

1
2
3
4
5

图 15-9 脊椎和肋骨异常

A. 颈肋骨和叉状肋骨。可见左侧颈肋有一条纤维带，它穿过锁骨下血管后与胸骨相连。**B.** 脊柱前视图：显示半椎体畸形。右侧第 3 胸椎缺失，并可见与之相关的脊柱侧弯。

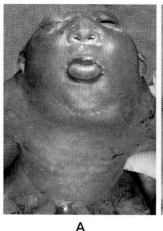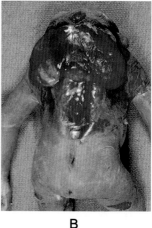

A　　　　　　　　　　B

图 15-10 患有严重缺陷的 20 周龄胎儿的前视图 (A) 和后视图 (B)

包括无脑畸形（头盖骨缺失）、颈椎脊柱裂（椎弓广泛裂）、脑退行性变（部分脑畸形）和枕骨裂脑露畸形（颅骨后枕骨缺损）。[Courtesy Dr. Marc Del Bigio, Department of Pathology（Neuropathology）, University of Manitoba, Winnipeg, Manitoba, Canada.]

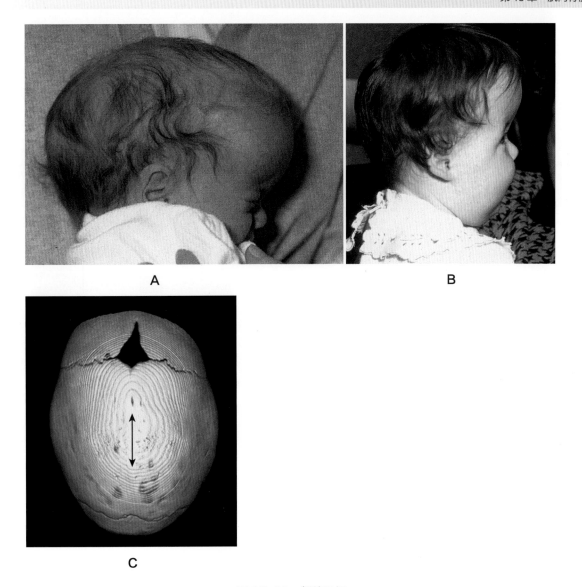

图 15-11 颅缝早闭

A. 因矢状缝过早闭合而导致的新生儿舟状头畸形（长而窄的头）。**B.** 双侧冠状缝过早闭合导致新生儿平头畸形（高、塔状前额）。**C.** 计算机断层重建图像示：因矢状缝过早闭合（双箭头示矢状缝闭合）导致的 9 月龄婴儿舟状头畸形。(**A** and **B**, Courtesy Dr. John A. Jane, Sr., Department of Neurological Surgery, University of Virginia Health System, Charlottesville, VA. **C**, Courtesy Dr. Gerald S. Smyser, Altru Health System, Grand Forks, North Dakota.）

肢体骨骼的发育

肢体骨骼由胸及骨盆骨和肢骨组成。第 6 周，肢体间充质骨模型发生软骨化，形成**透明软骨模型**（图 15-12）。**锁骨**最初是由膜内化骨形成，而后在两端形成生长软骨。胸骨和上肢骨模型的生发略早于骨盆骨和下肢骨模型。骨模型的生发由肢体近端到远端。*肢体形态发生的分子机制是由三个发育轴（近端／远端，腹侧／背侧，前／后）的特殊信号中心调控。肢体发育的模式是由 Hox 和其他复杂的信号通路调控*（见第 20 章）。

第 8 周时，长骨开始骨化（图 15-3B 和 C）。至第 12 周，几乎所有肢体骨骼都出现了*初级骨化中心*（图 15-13）。锁骨在其他骨骼之前开始骨化，随后是股骨。几乎所有原始骨化中心（骨干）在刚出生时都已存在。

股骨远端和胫骨近端的次级骨化中心通常出现于胎儿在宫内的最后一个月 (34~38 周)，其他骨骼的次级骨化中心在出生后出现。次级骨化中心是**骨骺**，到骨生长到成年长度后，从骨干的初级骨化中心形成的骨才会与**骨骺软骨板**与骨骺的次级骨化中心形成的骨融合（图 15-3E）。这一阶段使骨骼持续生长，直至最终的尺寸。

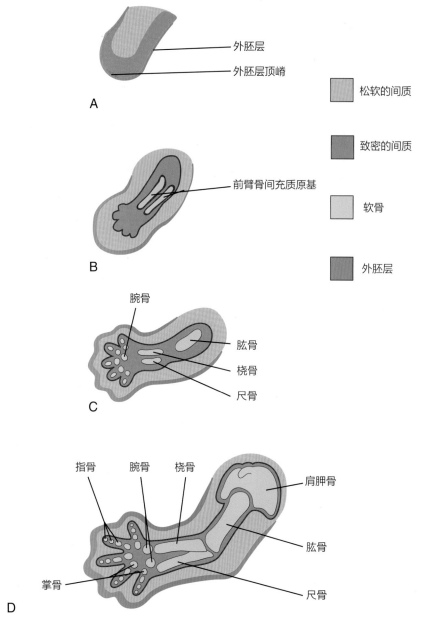

外胚层

外胚层顶嵴

A

松软的间质

致密的间质

软骨

外胚层

前臂骨间充质原基

B

腕骨

肱骨

桡骨

尺骨

C

指骨　腕骨　桡骨

肩胛骨

肱骨

掌骨

尺骨

D

图 15-12 胚胎上肢芽的纵切面，显示软骨的发育
A. 第 28 天。**B.** 第 44 天。**C.** 第 48 天。**D.** 第 56 天。

骨龄

　　骨龄是反映全面成熟程度的良好指标。放射科医师可以通过以下两种标准来评估骨化中心来确定骨龄：

　　•钙化物质在骨干、骨骺或两者中出现的时间，这在每个骨干和骨骺以及每种骨骼和性别都有特异性关系。

　　•X 线上代表骨骺软骨板的暗线消失，表明骨骺已与骨干融合。

　　骨干–骨骺中心的融合发生于每种骨骼的特定时间，在女性中发生的时间要早 1～2 年。在胎儿中，超声用于评估和检测骨骼。

全身性骨骼畸形

　　软骨发育不全是**侏儒症**的最常见原因（见第 19 章，图 19-9）。这种疾病在新生儿中发病率约为 1/15 000。胎儿时期，骺软骨板（特别是长骨）的软骨内骨化紊乱导致四肢弯曲而短（图 15-14）。患儿通常鼻子很短，头部胀大，前额突出，鼻呈"勺状"（扁平鼻骨）。

　　软骨发育不全是一种**常染色体显性遗传疾病**，约 80% 的病例源自新的突变；这一比率随着父亲年龄的增长而增加。大多数病例是由于成纤维细胞生长因子受体 3（*FGFR3*）基因的点突变引起，其导致正常软骨内成骨的抑制作用增大，特别是在软骨细胞增殖的区域。这导致骨骼纵向短，而不影响骨横向生长（骨膜生长）。**致死**

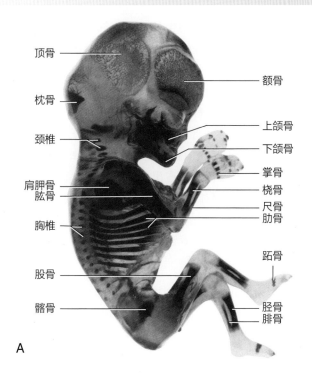

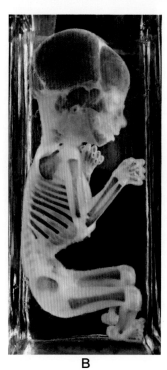

图 15-13 **A.** 茜素染色，第 12 周胎儿。**B.** 茜素染色，第 20 周胎儿
从初级骨化中心观察骨化的进展程度，除了绝大部分颅骨，这些骨化中心在骨骼的四肢和中轴部分是由软骨内骨化形成的。注意，在这个阶段，腕骨和跗骨完全都是软骨，并且所有长骨的骨骺也是如此。（**A,** Courtesy Dr. David Bolender, Department of Cell Biology, Neurobiology, and Anatomy, Medical College of Wisconsin, Milwaukee, Wisconsin. **B,** Courtesy Dr. Gary Geddes, Lake Oswego, Oregon.）

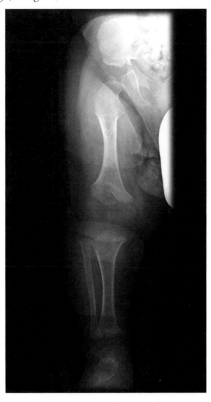

图 15-14 2 岁软骨发育不全儿童的骨骼系统 X 线片显示股骨近端缩短伴干骺端扩张。（Courtesy Dr. Prem S. Sahni, formerly of the Department of Radiology, Children's Hospital, Winnipeg, Manitoba, Canada.）

性骨发育不全是一种短肢侏儒综合征，与 *FGFR3* 基因突变有关。大多患有这种疾病的胎儿在围生期死于呼吸衰竭。

垂体功能亢进

先天性婴儿垂体功能亢进，导致婴儿异常快速生长，实属罕见，这可能会导致**巨人症**（身高和身体比例过大）。在成人，垂体功能亢进导致**肢端肥大症**（软组织、内脏器官以及面部、手和脚的骨骼增大）。在肢端肥大症中，长骨的骨骺和骨干的骨化中心融合，从而阻止骨骼的延伸。巨人症和肢端肥大症都是由于生长激素的过度分泌造成的。

肌肉系统

除了虹膜的肌肉是从**神经外胚层**发育而来外，肌肉系统是由**中胚层**发育而来。肌纤维母细胞——胚胎肌细胞，来源于**间叶细胞**。

221

骨骼肌的发育

形成躯干骨骼肌的成肌细胞来自肌节区的间叶细胞。肢体肌肉则是由肢芽中的**肌前体细胞**发育而来。研究表明，这些细胞起源于**体节的腹侧生皮肌节**，由附近组织的分子信号诱导 (图 15-15)。肌前体细胞迁移到肢芽中，而后进行上皮间充质转化。**肌发生** (肌肉形成) 的第一个迹象是间充质细胞向成肌细胞分化时其细胞核和胞体的伸长。

成肌细胞很快融合，形成拉长、多核、圆柱形的结构——**肌管**。分子水平上，在这之前，肌前体细胞中 MyoD 家族的肌肉特异性碱性螺旋 – 环 – 螺旋转录因子 (MyoD, myogenin, Myf-5 和 MRF4) 被激活和表达。已有研究表明，来自腹神经管 (SHH)、脊索 (SHH)、背神经管 (Wnt, BMP-4) 和上覆的外胚层 (Wnt, BMP-4) 的信号分子调控肌生成的开始和肌节的诱导。

肌肉的生长是成肌细胞和肌管不断融合的结果。肌丝在成肌细胞融合过程中或融合后的肌管的胞质中形成。此后不久，**肌原纤维**和其他具有横纹肌细胞特征的细胞器发育起来。因为肌细胞又长又窄，所以被称为**肌纤维**。肌管分化时，被外板包裹，与周围结缔组织分离。成纤维细胞产生纤维鞘的肌膜周层和肌膜外层 ; 肌内膜由肌纤维衍生的外板和网状纤维组成。大多数骨骼肌在出生前就开始发育，几乎所有其余的肌肉都在出生一年后形成。一年后肌肉尺寸的增加是由于形成更多肌丝导致的肌纤维直径的增大。肌肉的长度和宽度随着骨骼的生长而增加。

肌节

每一个肌节部分分为一个**背侧的轴裂**和一个**腹侧的轴裂** (图 15-16)。每根发育中的**脊神经**也分裂并向每个轴裂发出一个分支，脊神经的**背侧主支**发出分支

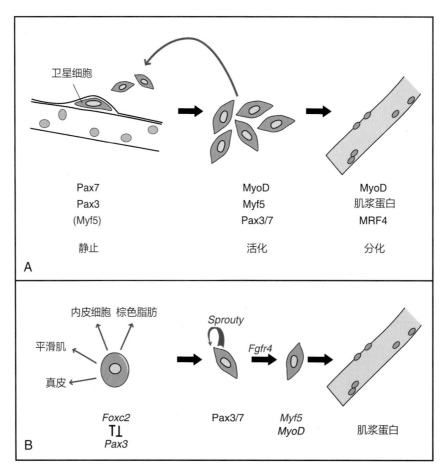

图 15-15 肌祖细胞向骨骼肌分化的过程

A. 成年肌卫星细胞形成新的肌纤维。在静止状态下，Myf5 以红色显示，表明存在转录本，但没有该蛋白的表达。**B.** 体细胞向肌纤维形成的过程，以及 Pax3 如何激活调控这一过程中不同阶段的靶基因。Pax3 靶基因以红色表示。（From Buckingham M, Rigby PWJ: Gene regulatory networks and transcriptional mechanisms that control myogenesis, *Dev Cell* 28:225, 2014.）

分向背侧轴裂，**腹侧主支**发出分支分向腹侧轴裂。一些肌肉，如肋间肌，保持节段性排列，但大多数成肌细胞离开肌节，形成非节段性肌肉。

肌节外轴分裂的衍生物

肌节外轴分裂产生的成肌细胞形成主体轴的节段肌、颈部和脊柱的伸肌 (图 15-17)。起源于骶肌和尾骨肌节的胚胎期伸肌退化；它们的成体衍生物是骶尾骨背侧韧带。

肌节近轴分裂的衍生物

颈肌细胞的近轴分裂形成了斜角肌、椎前肌、颏

舌骨肌和舌骨下肌 (图 15-17A)。胸部肌节形成了脊柱的侧屈肌和腹屈肌，而腰椎肌节形成了腰方肌。四肢的肌肉、肋间肌和腹肌也来源于肌节的下轴分裂。骶尾骨肌节形成了骨盆横膈膜的肌肉，可能还形成了肛门和性器官的横纹肌。

咽弓肌

来自咽弓的成肌细胞形成咀嚼肌、面部表情肌以及咽、喉肌 (见第 10 章)。这些肌肉由咽弓神经支配。

眼部肌

索前板区域的中胚层产生了三种*前成肌细胞*，其分化为成肌细胞 (图 15-17B)。每一组成肌细胞群都由自己的脑神经 (CN Ⅲ、CN Ⅳ 或 CN Ⅵ) 支配，构成眼睛的外源性肌肉。

舌肌

来自枕骨 (后) 肌节的成肌细胞形成舌肌，受舌下神经 (CN，Ⅻ) 支配。

四肢肌

四肢的肌肉组织由围绕在骨骼周围的成肌细胞发育而来 (图 15-16)。肢芽中的**肌原细胞**来源于体节，这些细胞起初位于皮细胞组的腹侧，属于上皮细胞 (图 15-1D)。**上皮间充质转化后**，该种细胞迁移到肢体的原基。

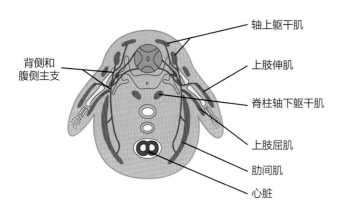

图 15-16　胚胎横切面显示肌节的外轴和近轴衍生物

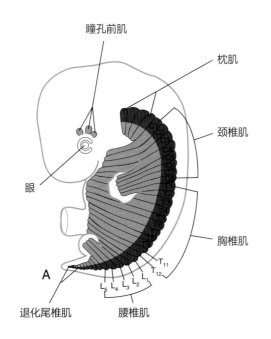

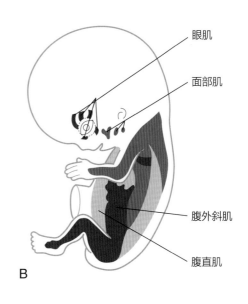

图 15-17　肌肉系统发育示意图
A. 第 6 周胚胎，产生大部分骨骼肌的肌节区。**B.** 第 8 周胚胎，发育中的躯干和四肢肌肉组织。

平滑肌的发育

部分平滑肌纤维由围绕原始肠组织及其衍生物的**内脏间叶细胞**分化形成（图 15-1E）。而许多血管和淋巴管管壁上的平滑肌起源于体细胞中胚层。虹膜肌肉（瞳孔括约肌和开大肌）以及乳腺和汗腺中的**肌上皮**细胞来自外胚层的间叶细胞。

平滑肌分化的第一个迹象是纺锤状成肌细胞中细长细胞核的发育。在发育早期，新生的成肌细胞继续从间叶细胞分化，但不融合，维持着单核状态。在发育后期，现有成肌细胞的分裂逐渐取代新的成肌细胞的分化，从而产生新的平滑肌组织。它们的细胞质中有丝状但不是肌节的收缩成分，每个分化的细胞外表面都有一个外部板。随着平滑肌纤维发育成片状或束状，它们接受自主神经支配。成纤维细胞和肌细胞合成并释放胶原纤维、弹性纤维和网状纤维。

心肌发育

外侧内脏中胚层形成围绕发育心管的间叶细胞（见第 14 章）。**心肌成肌细胞**是由间叶细胞分化和单细胞生长而来，不像横纹肌纤维通过细胞融合而成。其成肌细胞像骨骼肌发育一样相互黏附，但中间的细胞膜不解体，连接区域形成**闰盘**。心肌纤维的生长是由于新**肌丝**的形成。在胚胎后期，有特殊的肌细胞束发育，其肌原纤维相对较少，直径相对较大。这些细胞由原心肌小梁发育而来，有快速传导的缝隙连接，形成心脏传导系统（见第 14 章）。

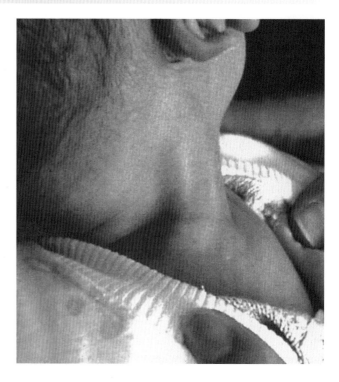

图 15-18 2 个月婴儿先天性肌性斜颈（斜颈），显示左侧胸锁乳突肌广泛受累。(Courtesy Professor Jack C. Y. Cheng, Department of Orthoapaedics & Traumatology, The Chinese University of Hong Kong, Hong Kong, China.)

副肌

偶尔会出现。例如，大约 3% 的人有副比目鱼肌。有人认为比目鱼肌原基可能于早期发生分裂形成副比目鱼肌。

肌肉异常

身体的任何肌肉偶尔都可能消失；常见的例子有胸大肌胸肋头、掌长肌、斜方肌、前锯肌和股方肌。胸大肌（通常是胸骨部分）的缺失通常与并指（指融合）有关。这种缺陷是**波兰综合征**的一部分，它还包括乳房和乳头发育不全或发育不全，腋毛和皮下脂肪不足，手臂和手指短。胸锁乳突肌有时在出生时受伤，导致**先天性斜颈**。由于伴随肌肉纤维化和一侧胸锁乳突肌缩短，头部出现固定的旋转和倾斜（图 15-18）。出生创伤通常被认为是先天性斜颈的原因之一，其也可能是由于胎儿子宫内位置不正造成的。

四肢的发生

早期四肢发生

第 4 周末，胚体侧体壁出现小突起，即**肢芽**（limb bud）（图 15-19，第 5 周）。四肢的发生始于位于侧中胚层的间充质细胞活化。*第 26 天或第 27 天时，可看见上肢芽，1~2 天后出现下肢芽。*每个肢芽由大量被外胚层覆盖的间充质组成（图 15-12A 和 B）。间充质来源于侧中胚层的体壁层。

随着间充质的增殖，肢芽开始延长。尽管上下肢的早期发生过程相似（见第 6 章，图 6-11），上下肢的形成和功能上仍存在不同。**上肢芽**位于颈尾段两侧，**下肢芽**位于腰部和骶部上段两侧。

在肢芽的顶端，外胚层增厚形成**外胚层顶嵴**（apical ectodermal ride，AER）（图 15-12A）。AER 是一种特

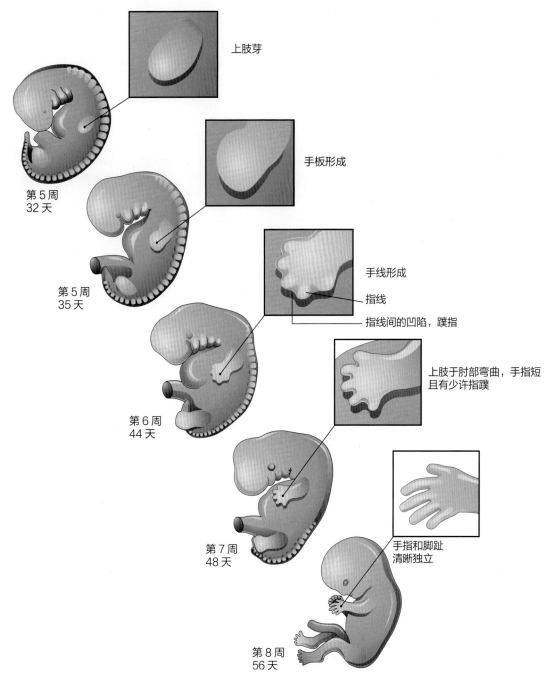

上肢芽

手板形成

手线形成

指线

指线间的凹陷，蹼指

上肢于肘部弯曲，手指短且有少许指蹼

手指和脚趾清晰独立

第 5 周
32 天

第 5 周
35 天

第 6 周
44 天

第 7 周
48 天

第 8 周
56 天

图 15-19　胚胎（32~56 天）四肢的发育
需注意上肢的发育早于下肢。

殊多层上皮结构，通过与肢芽的间充质相互作用，促进肢芽的生长，而 BMP 在这一过程中发挥重要作用。视黄酸通过抑制成纤维细胞生长因子 8（FGF8）的信号传导，促进肢芽的形成。AER 诱导肢体间充质，启动肢体近轴的生长发育。间充质细胞在肢芽后缘聚集形成**极性活化区**（zone of polarizing activity）。来自 AER 的成纤维生长因子激活极性活化区，使得音猬因子（sonic hedgehog，SHH）表达，从而控制肢体沿前后轴的形成。

来源于肢芽背侧上皮的 Wnt7 和来源于腹侧的 engrailed-1（En-1）参与了背腹轴的形成。AER 本身是由 SHH 和 Wnt7 的诱导信号维持的。与 AER 相邻的间充质由能够快速增殖的未分化细胞组成，而近端间充质分化为血管及软骨。转化生长因子 β（TGF-β）在软骨形成中发挥重要作用。肢芽的末端最终扁平化形成手板和足板。（图 15-19）。

至第 6 周末，**手板**（hand plates）中的间充质组织已经凝结成指芽——**指线**（digital rays）（图 15-19，

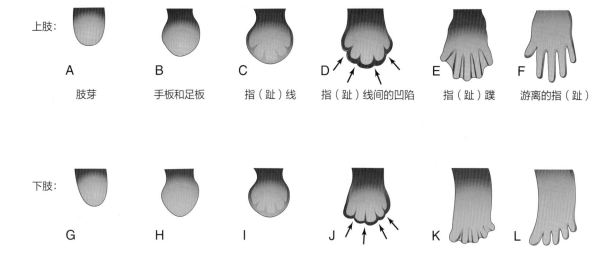

上肢：

A 肢芽　B 手板和足板　C 指（趾）线　D 指（趾）线间的凹陷　E 指（趾）蹼　F 游离的指（趾）

下肢：

G　H　I　J　K　L

图15-20 第4~8周手和脚的发育

早期肢体发育是相似的，只是手的发育比脚早约1天。**A.**27天。**B.**32天。**C.**41天。**D.**46天。**E.**50天。**F.**52天。**G.**28天。**H.**36天。**I.**46天。**J.**49天。**K.**52天。**L.**56天。D和J中的箭头表示手指和脚趾间的组织分解过程。

图15-20A~C）勾勒出手指的图案。在第7周，足板中类似的间充质形成趾芽——趾线（图15-20G~I）。在每条指（趾）线的顶端，一部分AER诱导间充质进入指（趾）成为指（趾）骨的间充质原基。指（趾）线之间的间隔被疏松的间充质占据。随后，间充质的中间区域发生**凋亡**，*在指线之间形成凹陷*（图15-19，图15-20D~J）。随着组织的分解，至第8周末，产生了游离的指（趾）（图15-19）。分子研究表明，视黄酸与TGF-β之间的拮抗作用控制指（趾）间细胞的凋亡。在这一过程中阻断细胞和分子事件可能导致**并指症**（图15-25C~D）。

末期四肢发生

肢芽中的间充质分化成了骨骼、韧带和血管（图15-12）。在第5周早期肢芽的延伸中，骨骼的间充质是由细胞聚集而成的。（图15-12A和B）。第5周后期出现**软骨化中心**（Chondrification centers）。至第6周末，整个肢体骨架都由软骨组成（图15-12C和D）。

第7周，**长骨成骨**（Osteogenesis of the long bones）从骨骺的初级骨化中心开始。第12周，所有**长骨都出现了骨化中心**（Ossification centers）。腕骨的初级骨化中心出现于生后第1年。

肌源性前体细胞也从躯体的皮肌区（dermomyotome regions of the somites）迁徙至肢芽，后分化为成肌细胞，即肌细胞的前体。随着长骨形成，成肌细胞聚集，并在每个肢芽中形成巨大的肌肉群（图15-16）。一般来说，这个肌肉群分为背侧（伸肌）和腹侧（屈肌）两部分。

在第7周早期，四肢向腹侧伸展，前轴和后轴的边界分别为颅骨和尾骨（图15-22A和D）。*上肢在其纵轴上横向旋转90°*，从而使得肘部指向背侧，而伸肌位于肢体的外侧和后侧。*下肢向内侧旋转近90°*，使得膝关节面向腹侧，伸肌位于下肢的前侧（图15-21A~D）

如拇指与拇趾是同源骨，桡骨和胫骨，尺骨和腓骨也是同源骨。**滑膜关节**（synovial joint）出现于胎儿期，与肢体的肌肉及其神经支配的功能分化相吻合。

四肢的皮肤神经支配

脊髓产生的**运动轴突**（motor axon）在第5周时进入肢芽，长入背、腹侧肌群中。**感觉轴突**（sensory axon）在运动轴突之后进入肢芽，并利用运动轴突作为引导。**神经嵴细胞**（neural crest cell）是施万细胞的前体，包围着四肢的运动和感觉神经纤维，形成神经膜和髓鞘（见第16章）。

皮节（dermatome）是指由单一脊神经及其脊神经节支配的皮肤区域。在第5周，周围神经从发育中的**臂丛**和腰骶丛长入肢芽的间充质中（图15-22.A~B）。脊神经呈节带状分布于肢芽的背侧和腹侧。随着

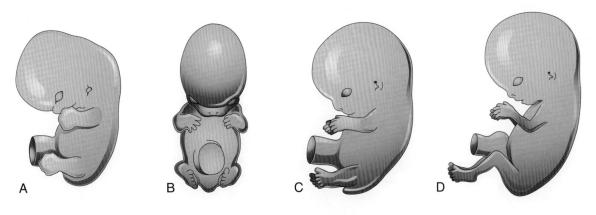

图15-21　胚胎肢体发育过程位置的变化

A. 约48天，四肢向腹侧伸展，手板和脚板相对。**B.** 约51天，上肢肘部弯曲，手弯曲在胸前。**C.** 约54天，脚底朝内侧。**D.** 约56天，肘部指向尾端，膝关节指向头端。

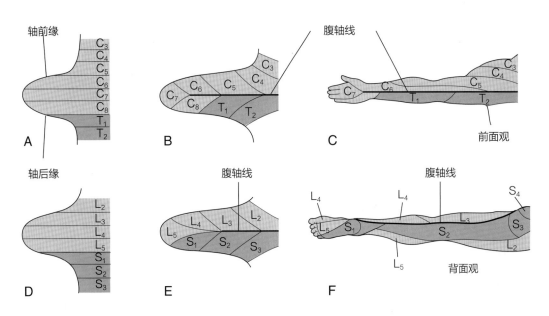

图15-22　四肢皮节的发育。轴线提示没有感觉重叠区

A和D. 第5周早期，肢芽腹侧区，此阶段皮节模式为原始阶段排列。**B和E.** 第5周后期提示皮节排列方式的改变。**C和F.** 成人上下肢的皮节模式。原始的皮节模式已经消失，但仍可以识别出有序的皮节排列。在F中，大部分原本位于下肢腹侧的皮节，在成人期位于肢体背侧。这是由于胚胎末期下肢发生内旋转。在上肢，腹轴线沿着前臂的前表面延伸。在下肢，腹轴线沿着大腿和膝盖的内侧延伸至外侧，直到足跟。

肢体的延长，皮下分布的神经也沿四肢迁徙，不久便到达远端肢体的表面。虽然在四肢的发生过程中，原有的**皮节分布**（dermatomal pattern）发生了变化，但在成人身上仍可以识别出有序的分布顺序（图15-22C和F）。在上肢，C_5和C_6支配的区域与T_2、T_1和C_8支配的区域相邻，但在腹轴线上，它们之间极少重叠。

由于皮节存在重叠，所以某一特定的皮肤区域并不完全由单一的节段神经支配。肢体的皮节可沿上肢外侧逐渐向下，再沿内侧向上。下肢也有类似的皮节分布，可沿下肢腹侧向下，再沿下肢背侧向上。当肢体伸展或旋转时，皮节分布区域随之改变，这解释了臂丛和腰骶丛发出的神经为斜形走向。

四肢的血液供应

肢芽由**节间动脉**（intersegmental arteries）的分支供血（图15-23A），节间动脉由背主动脉分出，并在整个间质中形成细密的毛细血管网。原始的血管模式包括一条**主轴动脉**及其分支（图15-23B和C），它们引流入周围边缘窦，窦中的血液引流入外周静脉。

血管模式随着肢体的发育改变，主要是由现有血管萌发出新的血管（**血管生成** angiogenesis）。新生血管与其他萌芽的血管合并形成更大的血管。主轴动脉

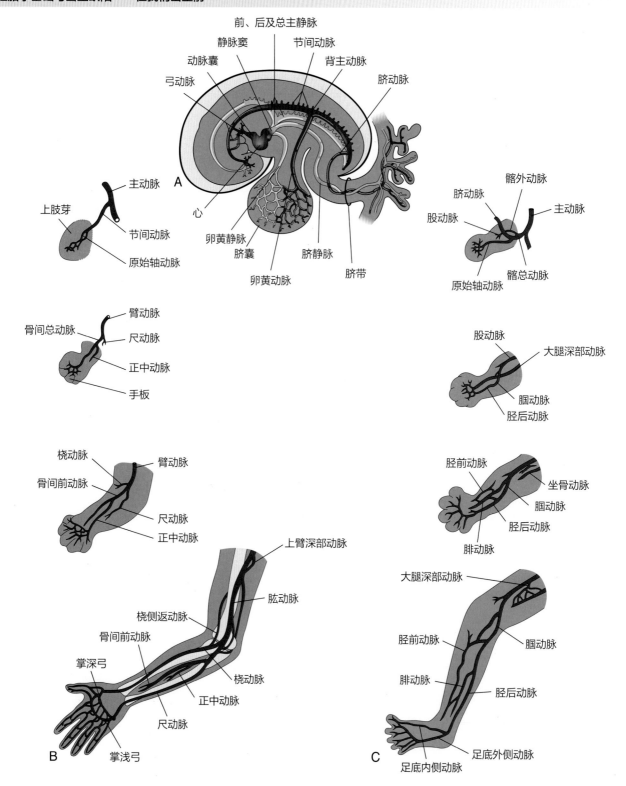

图15-23 肢体动脉的发育

A和**B.**上肢动脉的发育。**C.**为下肢动脉的发育情况。

在上臂成为**肱动脉**，在前臂的末端分支成为**尺动脉**和**桡动脉**（图 15-23B）。随着指（趾）的形成，边缘窦破裂并最终形成以基底静脉、头静脉及其分支为代表的静脉模式。在大腿处，主轴动脉以**股深动脉**（profunda femoris artery）为代表。小腿处，主轴动脉以胫前、胫后动脉为代表（图 15-23C）。

手足裂

手足裂畸形比较罕见，一个或多个中间部位手指（足趾）缺失，也称**缺指（趾）**畸形，由一个或多个指（趾）发育缺失导致（图 15-24A 和 B）。手或足被分成两个相对的部分，其余手指部分或完全融合（**并指**）。

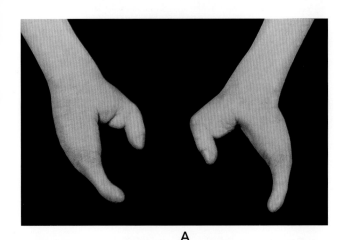

A

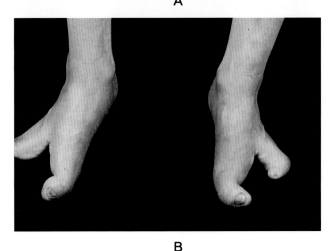

B

图 15-24 手和足出生缺陷

A. 儿童缺指畸形，手掌当中手指缺失，导致手分裂。B. 足部相似的缺失畸形，表现为常染色体显性遗传。(Courtesy A. E. Chudley, MD, Section of Genetics and Metabolism, Department of Pediatrics and Child Health, University of Manitoba, Children's Hospital, Winnipeg, Manitoba, Canada.)

先天性桡骨缺如

有些人的桡骨部分或完全缺失。手向外侧（放射状）偏移，尺骨弯曲，前臂外侧凹陷。这种缺陷是由于在胚胎发育第 5 周时桡骨间充质原基未能形成所致。桡骨缺如通常是由遗传因素引起。

多指（趾）畸形

多指（趾）比较常见（图 15-25A 和 B）。通常，多余的手指（足趾）发育不完全，并且缺乏相应的肌肉，因此无功能。手部的多指通常在手内侧或外侧，足部的多趾通常在足外侧。多指（趾）具有遗传特征。

并指（趾）畸形

这种出生缺陷发病率约 1/2 200。**皮肤并指**（蹼状指）是最常见的手指缺陷（图 15-25C），足部比手部更多见（图 15-25C 和 D）。并指最常见于第 3 和第 4 手指之间，第 2 和第 3 脚趾之间（图 15-25D）。呈常染色体显性或隐性遗传特征。皮肤并指由于两个或多个手指间的蹼间隙形成失败，部分病例合并关节早闭（骨融合）。**骨性并指**发生在胚胎发育第 7 周，手指线分隔失败，指骨分离失败形成。

关节挛缩

先天性多发性关节挛缩是指一种异质性的肌肉骨骼疾病，其特征是出生时两个或多个关节出现多发性挛缩和不可活动。这种出生缺陷的发生率约 1 / 3 000；男性更容易感染与性别相关的病例。其原因可能是神经系统因素（中枢和周围神经系统缺陷）和非神经系统因素（软骨缺陷和子宫内活动受限）。

先天性足内翻

足内翻的发病率约为 1/1 000。马蹄内翻足是最常见的一种，男性的发病率大约是女性的 2 倍。表现为足底向内侧翻转，足背倒立（图 15-26）。足内翻的病因还不是很明确。有些病例涉及遗传因素，而大多数病例涉及环境因素。足内翻似乎遵循一种**多因素的遗传模式**；因此，任何宫内体位如果导致足部畸形，都可能导致胎儿先天性足内翻。

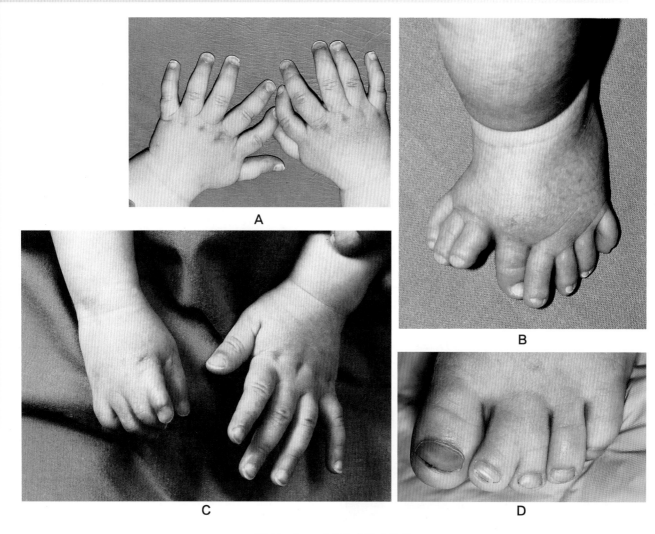

图 15-25 手指出生缺陷分类

A. 手多指；**B.** 足多趾，由于胚胎期形成一条或多条额外的足趾线。**C** 和 **D.** 各种形式的并指，包括手指和足趾。皮肤并指（C）可能是由胚胎期指间组织的不完全凋亡（程序性细胞死亡）引起的。**D.** 第二和第三脚趾并趾，骨性并趾是由于缺乏细胞凋亡，趾线融合，导致骨融合。(Courtesy A. E. Chudley, MD, Section of Genetics and Metabolism, Department of Pediatrics and Child Health, University of Manitoba, Children's Hospital, Winnipeg, Manitoba, Canada.)

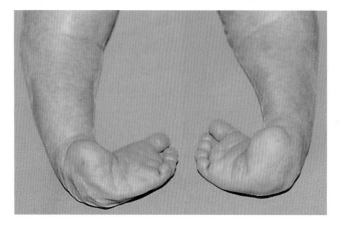

图 15-26 新生儿双侧马蹄内翻足畸形（畸形足）

这是典型的出生缺陷，其特征是足底内翻和内旋。(Courtesy A. E. Chudley, MD, Section of Genetics and Metabolism, Department of Pediatrics and Child Health, University of Manitoba, Children's Hospital, Winnipeg, Manitoba, Canada.)

肢体畸形

肢体畸形主要分两类:

• **无肢畸形**, 肢体完全缺失;

• **残肢畸形**, 如半肢畸形, 部分肢体缺失 (例如, 腿部腓骨缺失); **短肢畸形**, 双手和双足紧贴躯干。

四肢畸形起源于胚胎不同的发育阶段。在胚胎发育第 4 周, 肢体芽早期发育障碍导致了无肢畸形 (图 15-27A)。在胚胎发育第 5 周, 肢体分化或生长停止或障碍会导致残肢畸形 (图 15-27B 和 C)。部分肢体缺损是由以下原因引起的:

• **遗传因素**, 如与 18 三体相关的染色体异常 (见第 19 章)。

• **基因突变**, 如骨骼发育不良 (软骨发育不全)、短指症 (手指短) 或成骨不全 (结缔组织疾病)。分子研究表明, 基因突变 (*HOX, BMP, SHH, WNT7, EN1, FGFR3* 等) 存在于某些肢体异常病例中。

• **环境因素**, 如致畸剂 (如沙利度胺)。

• **遗传和环境因素的结合** (多因素遗传), 如先天性髋关节脱位。

• **血管中断和缺血** (血液供应减少), 如肢体复位缺陷。

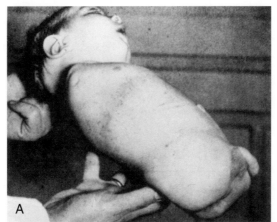

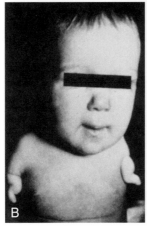
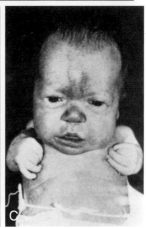

图 15-27 孕妇服用沙利度胺引起的出生缺陷
A. 四肢无肢 (上肢和下肢无肢)。**B.** 上肢的残肢畸形 (部分缺失); 四肢表现为未发育的残肢。**C.** 未发育的上肢直接附在躯干上的残肢畸形。(From Lenz W, Knapp K: Foetal malformations due to thalidomide, Ger Med Mon 7:253, 1962.)

临床导向提问

1. 副肋有时与第 7 颈椎和第 1 腰椎相连。这些副肋是否具有临床重要性？

2. 哪些椎骨缺损会导致脊柱侧弯？椎骨缺损的胚胎学基础是什么？

3. 术语颅骨前突症是什么意思？这种发育异常会导致什么？给出一个常见的例子并对其进行描述。

4. Klippel-Feil 综合征的患儿通常会有什么特征？会出现哪些椎骨缺损？

5. 新生儿出生时患有梅干腹综合征。您认为会导致这种先天缺陷的原因是什么？前腹壁异常发育会导致哪些泌尿系统缺陷？

6. 男孩的一个乳头比另一个低得多。您如何向父母解释乳头的异常低位？

7. 一个 8 岁的女孩问她的医师，为什么脖子一侧的肌肉如此突出。你会告诉她什么？如果不治疗会怎样？

8. 经过剧烈运动后，一名年轻运动员抱怨脚踝后内侧疼痛。有人告诉他，他的小腿有附肢肌肉。如果是这样的话，这种缺陷的胚胎学基础是什么？

9. 婴儿的四肢短。他的躯干通常是成比例的，但是头部比正常人稍大。父母双方肢体正常，这些问题在婴儿父母的两个家庭中都从未发生过。母亲在怀孕期间摄入药物是否会引起这些异常？如果没有，那么这些骨骼疾病的可能原因是什么？如果夫妻再要孩子，这种情况会再次发生吗？

10. 一个男人的手指很短（短指症）。他说，他的两个亲戚的手指都很短，但是他的兄弟姐妹都没有。如果他的妻子手指正常，他的孩子患有短指症的可能是多少？

11. 一个妇女生了一个没有右手的孩子。在怀孕的第 10 周（受精后 8 周），她服用了一种含有多西拉敏和二氯丁胺的药物来缓解恶心。该女子正在对制药公司提起法律诉讼。这种药物会引起肢体缺陷吗？如果是这样，是否可能导致孩子的手发育不良？

12. 一名婴儿存在左手并指，没有左胸大肌胸骨头。该婴儿其他方面正常，只是左侧的乳头比另一侧低约 5.08 cm。这些缺陷的原因是什么？可以纠正吗？

13. 最常见的足内翻类型是什么？有多普遍？患有这种缺陷的新生儿的脚是什么样子的？

答案见附录。

（姜大朋　译）

第 16 章

神经系统

神经系统由三个主要区域组成：

- **中枢神经系统**（central nervous system，CNS）由大脑和脊髓组成，受颅骨和脊柱的保护。
- **周围神经系统**（peripheral nervous system，PNS）包括中枢神经系统外的神经元，以及连接大脑和脊髓与周围结构的颅神经和脊神经（及其相关神经节）。
- **自主神经系统**（autonomic nervous system，ANS）是中枢神经系统（CNS）和周围神经系统（PNS）的一部分，这类神经元支配平滑肌、心肌、腺上皮以及上述组织的复合活动。

神经系统的发育

神经系统发育雏形始于胚胎第 3 周，即由三层胚胎的后部**神经板**和**神经沟**发育而形成（图 16-1A）。中枢神经系统由外胚层的增厚部分神经板分化而来（图 16-1A 和 B）。脊索和近轴中胚层诱导上覆的外胚层分化为**神经板**。神经皱襞、神经嵴和神经管的形成如图 16-1B~F 所示。**神经管**分化进入中枢神经系统，包括大脑和脊髓。**神经嵴**产生形成大多数 PNS 和 ANS 的细胞。

神经胚形成——神经板和神经管的形成。从胚胎第 4 周（22~23 天）开始，位于第 4~6 对体节区域（图 16-1C）。**神经皱襞的融合**在许多区域进行，直到只有神经管的一小部分在两端保持开放（图 16-2A 和 B）。在这些开放的部位，**神经管**的管腔与羊膜腔自由沟通（图 16-2C）。头颅开口——头端神经孔大约在第 25 天关闭，2 天后尾侧神经孔关闭（图 16-2D）。

神经孔的闭合与神经管血管循环的建立同时发生。*分子研究表明 syndecan4 和 Vangl2 参与了这一过程。*神经管壁的神经元细胞增殖形成大脑和脊髓（图 16-3）。神经管形成大脑的脑室系统和脊髓的中央管。*神经管的背侧发育模式似乎涉及音猬（SHH）基因、Pax 基因、骨形态发生蛋白和转化生长因子（TGF-β）。*

脊髓的发育

原始脊髓由神经板的尾部和尾端隆起发育而来。神经管的尾端至第 4 对体节发育成脊髓（图 16-3）。神经管的侧壁变厚，同时神经管的管腔逐渐减小，形成一个微小的**中央管**（图 16-4A~C）。最初，神经管壁由厚的假复层柱状**神经上皮**组成（图 16-4D）。

这些神经上皮细胞构成**脑室区**（室管膜层），并产生脊髓中所有神经元和大胶质细胞（图 16-5）。不久之后，出现了由神经上皮细胞外部组成的**边缘区**（图 16-4E）。当轴突从脊髓、脊神经节和大脑的神经细胞体长入脊髓时，这个区域逐渐成为**脊髓的白质**。

脑室区一些分裂的神经上皮细胞分化为原始神经元——**神经母细胞**。这些胚胎细胞在脑室和边缘区之间形成一个**中间区**（外套层）。*当神经母细胞形成胞质突起时，即成为神经元*（图 16-5）。

胶质母细胞（海绵母细胞）是中枢神经系统的支持细胞，主要在神经母细胞的形成停止之后由神经上皮祖细胞分化而来。胶质母细胞（少突胶质祖细胞）从腹侧区迁移到中间区和边缘区。一些胶质母细胞变成**星形细胞**，然后形成**星形胶质细胞**，而其他胶质母细胞形成少突胶质母细胞，最后变成**少突胶质细胞**（图 16-5）。当神经上皮细胞停止产生神经母细胞和胶质母细胞时，它们分化为室管膜细胞，形成位于脊髓中央管内的**室管膜**（室管膜上皮）。

分布在脊髓灰质和白质的**小胶质细胞**是来源于**间充质细胞的小细胞**（图 16-5）。小胶质细胞进入中枢神经系统的时间在胎儿期很晚，在血管穿入中枢神经系统之后。小胶质细胞起源于骨髓，是单核吞噬细胞群的一部分。

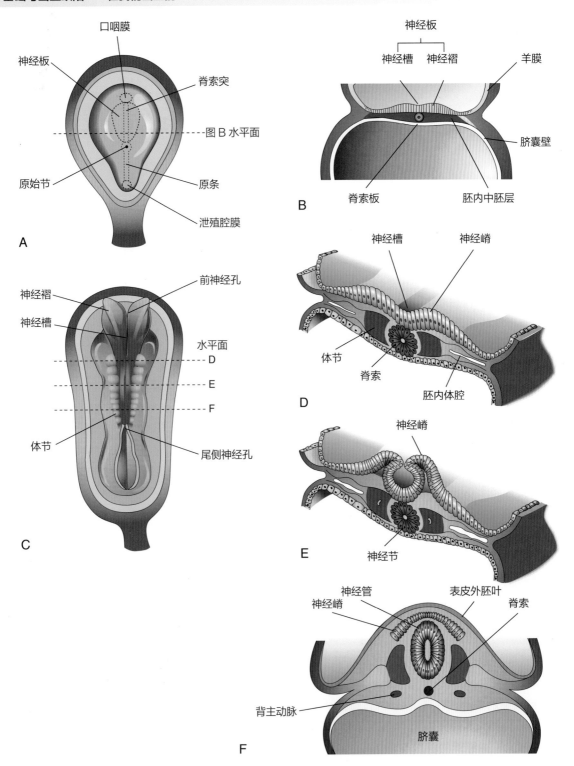

图 16-1　神经板及其折叠形成神经管示意图

A. 大约胚胎 17 天时移除羊膜后的背侧视图。**B.** 胚胎横切面显示神经板和神经沟、神经褶的早期发育。**C.** 大约第 22 天的胚胎背侧视图，神经褶在第 4~6 节相对融合，但两端开放。**D ~ F.** 如图 C 所示水平的胚胎横切面，说明神经管的形成及其外胚表层的脱落。注意，一些神经外胚层细胞不包括在神经管中，而是作为神经嵴保留在它和表面外胚层之间。

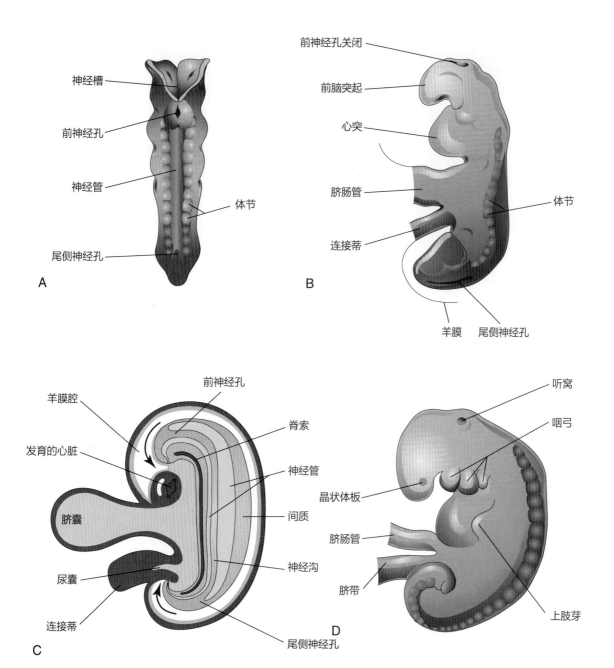

图 16-2　神经板及其折叠形成神经管示意图

A. 大约 23 天的胚胎背侧视图，显示神经褶的融合，形成了神经管。**B.** 大约 24 天的胚胎侧视图，显示前脑突出和前神经孔的闭合。**C.** 胚胎矢状切面图。显示神经管与羊膜腔的短暂连接。**D.** 大约 27 天的胚胎侧视图。注意 B 所示的神经孔是闭合的。

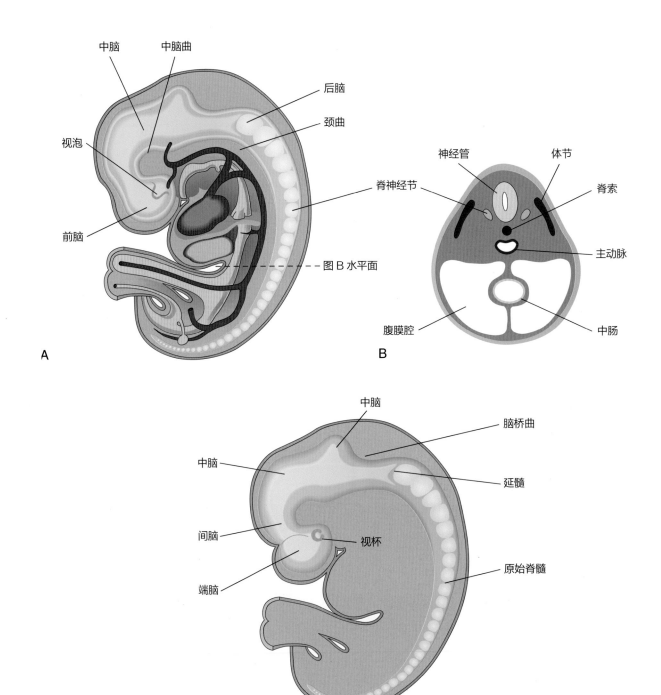

图 16-3 神经系统发育

A. 大约 28 天胚胎侧视图显示 3 个初级脑泡：前脑、中脑和后脑。大脑的主要部位有两处弯曲。**B.** 胚胎横切面，显示神经管将在这个区域发育成脊髓，来自神经嵴的脊神经节也显示出来。**C.** 胚胎第 6 周的中枢神经系统侧视图显示随着大脑快速生长而发生脑泡和脑桥曲。

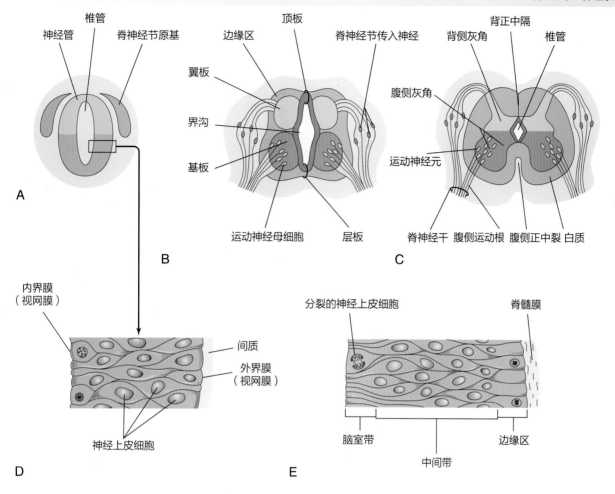

图 16-4 脊髓发育示意图

A. 大约胚胎 23 天时神经管的横切面。**B、C.** 分别为第 6 周、第 9 周时相似断面。**D.** 神经管管壁的截面，如图 A、E，发育中的脊髓管壁截面，显示了它的 3 个区域。在图 A~C 中，注意神经管中的椎管转变成脊髓的中央管。

脊髓的发育过程中，神经上皮细胞的增殖和分化产生厚壁、薄顶板和底板（图 16-4B）。脊髓侧壁分化增厚很快在每侧产生一个浅的纵沟，即**界沟**（图 16-4B 和图 16-5）。界沟将背侧部分（**翼板**）和腹侧部分（**基板**）分开。翼板和基板产生纵向隆起，延伸至发育中脊髓的大部分长度。这种区域性分界是非常重要的，因为随后的发育过程中，翼板和基底板分别与传入和传出功能相关。

翼板中的细胞体形成**背侧灰柱**，由此脊髓长度得到延长。在脊髓的横切面上，这些柱状物是**背侧灰角**（图 16-7）。这些神经柱中的神经元构成传入核团，它们成群地形成背灰质柱。随着翼板的扩大，形成**背侧正中隔**。基板中的细胞体形成腹侧和外侧的灰柱。

在脊髓横切面上，分别是**腹侧灰角**和**外侧灰角**（图 16-7C）。腹侧角细胞的轴突由脊髓中伸出，形成**脊神经腹侧根**。随着基板的扩大，正中面两侧向腹侧隆起。同时，**腹侧正中隔**形成，脊髓腹侧表面形成一条纵深沟（**腹侧正中裂**）（图 16-4C）。

脊神经节发育

脊神经节单极神经元（背根神经节）来源于**神经嵴细胞**（图 16-7）。**脊神经节细胞**的轴突最初是双极性的，但这两个突起很快就以 T 形的方式结合在一起。脊神经节细胞的两个突起都具有轴突的结构特征，但周围突起是向胞体传导的树突。脊神经节细胞的外周突从躯体或内脏结构的感觉末梢传入脊神经（图 16-7）。中央突起进入脊髓，构成**脊神经背根**。

脊膜发育

脑脊膜（覆盖脑和脊髓的膜）由神经嵴和间充质细胞在 20~35 天发育而成。细胞迁移到神经管周围（大脑和脊髓的原基），形成原始脑脊膜（图 16-8A 和 B）。

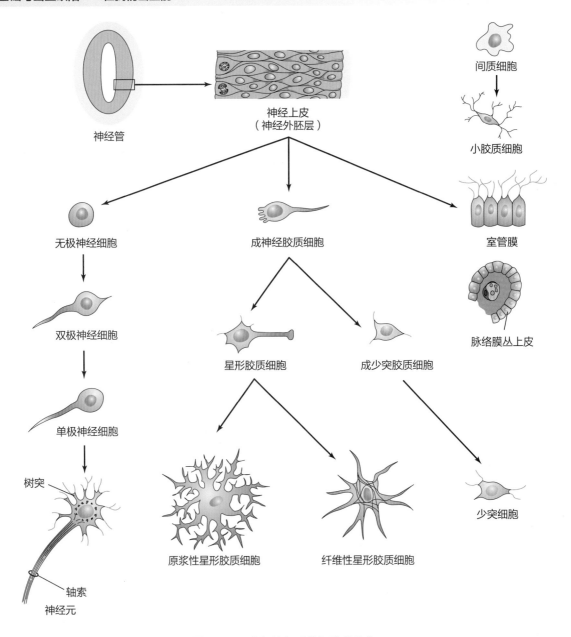

间质细胞

小胶质细胞

神经管

神经上皮
（神经外胚层）

无极神经细胞

成神经胶质细胞

室管膜

双极神经细胞

脉络膜丛上皮

单极神经细胞

星形胶质细胞

成少突胶质细胞

树突

轴索

少突细胞

神经元

原浆性星形胶质细胞

纤维性星形胶质细胞

图 16-5 中枢神经系统细胞的进化

经过进一步的发展，多级神经母细胞成为一个神经细胞或者神经元。神经上皮细胞产生了所有神经元和大胶质细胞。小胶质细胞来源于间质细胞，这些细胞散布在带有血管正在发育的神经系统里。

这些膜的外层增厚形成**硬膜**（图 16-8 A），内层**软膜**和**蛛网膜**由神经嵴细胞演变而来。充满液体的腔隙，很快合并形成**蛛网膜下隙**（图 16-9A）。**脑脊液**（CSF）在第 5 周开始形成。

脊髓位置改变

胚胎 8 周时，脊髓延伸的长度为椎管的整个长度（图 16-8A）。脊神经穿过椎间孔，它们的起始位置相对应。因为脊柱和硬膜的生长速度比脊髓快，所以脊神经的这种位置关系在生长过程中逐渐不对应。胎

儿脊髓末端逐渐升至相对较高的水平。24 周胎儿的脊髓末端位于第一骶椎的水平面（图 16-8 B）。

新生儿的脊髓末端位于第 2 或第 3 腰椎（图 16-8 C）。成人**脊髓**末端通常位于第 1 腰椎的下缘（图 16-8D）。脊神经根，特别是腰段和骶段的脊神经根，从脊髓向相应的脊柱水平倾斜。脊髓末端（**脊髓圆锥**）下方的神经根形成一束称为**马尾**的脊神经根，马尾来自由腰骶部膨大和脊髓圆锥（图 16-8C 和 D）。

成人硬脊膜和蛛网膜通常止于 S_2 椎体，但软脊膜却不同。在脊髓尾端的远端，软脊膜形成一条细长纤

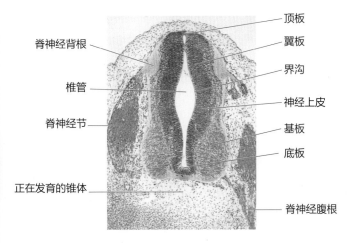

图 16-6 卡耐基 16 期（约 40 天）胚胎的横切面

脊神经腹根是由来自基板上神经母细胞形成的神经纤维组成的（发育脊髓前角），而脊神经背根则由脊神经节上的神经母细胞形成的神经突起组成。（From Moore KL, Persaud TVN, Shiota K: *Color atlas of clinical embryology*, ed 2, Philadelphia, 2000, Saunders.）

维线，即**终丝**，代表胚胎脊髓尾端的原始水平位置（图 16-8C 和 D）。终丝由脊髓圆锥延伸并附着在第一尾椎骨的骨膜上（图 16-8D）。

神经纤维髓鞘形成

　　胎儿晚期，脊髓内神经纤维的周围开始成形**髓鞘**，并在出生后第 1 年髓鞘继续形成。一般，纤维束大约在周围髓鞘形成时才具有神经传导功能。运动神经根的髓鞘形成先于感觉神经根。神经纤维周围的髓鞘由**少突胶质细胞**形成。髓鞘围绕着神经纤维的轴突，由类似**少突胶质细胞（施万细胞）**的神经鞘膜的细胞质膜形成。*Profilin 1（Pfn1）*蛋白在促进少突胶质细胞骨架变化的微丝聚合中是必不可少的。神经鞘膜细胞来源于**神经嵴细胞**，当神经嵴细胞离开 CNS 时，便向外周迁移并把自己包裹在躯体运动神经元和节前自主运动神经元轴突周围（图 16-7）。这些细胞也环绕着躯体运动神经元和内脏感觉神经元的中央和外周突起，以及突触后自主运动神经元的轴突。

脊髓先天性缺陷

　　大多数**脊髓先天性缺陷**是由于在胚胎第 4 周发育过程中，椎体部位的一个或多个神经弓融合失败所造

成（图 16-9A）。NTD 影响覆盖在脊髓上的组织：脑膜、神经弓、肌肉和皮肤（图 16-9B~D）。NTD 的严重程度和类型决定了其亚型的分型；涉及胚胎神经弓发育的缺陷称为**脊柱裂**。

隐性脊柱裂

　　隐性脊柱裂是一类 NTD，由于一个或多个两侧神经弓未能在正中面融合而导致（图 16-9A）。这种 NTD 常发生在 L_5 或 S_1 椎骨，大约有 10% 的患者表现正常。缺陷程度较轻时，仅有的证据可能只有一个小凹陷或只有一簇毛发（图 16-10）。多毛（毛发增多）的病因尚未确定。隐性脊柱裂通常不产生症状。

囊性脊柱裂

　　严重的脊柱裂涉及脊髓和／或脑膜从椎弓根缺损处膨出，是由于胚胎椎体发育第 4 周一个或多个神经弓融合失败所导致，因此这些有囊肿样的严重 NTD 称为**囊性脊柱裂**（图 16-9B~D，图 16-11）。大约 1 000 例新生儿中有 1 例囊状脊柱裂。当膨出的囊内容物包含脑膜和脑脊液时，称为**脊柱裂伴脑膜膨出**（图 16-9B）。脊髓和脊神经根位置正常，但可能伴有脊髓缺陷。如果脊髓、神经根或两者都包含在膨出的囊内，则为**脊柱裂伴脑膜脊髓膨出**（图 16-9C，图 16-11）。脊柱裂伴脑膜脊髓膨出累及多个椎体时，常伴有部分脑缺失——**脑裂**（图 16-12）。

神经管缺陷病因分析

　　营养和环境因素无疑对 NTDs 的发生起着重要作用。大多数情况下可能涉及基因－基因和基因－环境的相互作用。怀孕前以及在怀孕期间至少前 3 个月服用叶酸和含叶酸强化补充剂的食物，可降低 NTDs 的发病率。某些药物（如丙戊酸钠）会增加脊膜脊髓膨出的风险。如果妊娠早期，即神经褶融合期，服用这类抗惊厥药物可导致 1%~2% 的 NTDs 发生。

大脑发育

　　大脑在胚胎第 3 周开始发育，此时神经板和神经管由神经外胚层发育而来（图 16-1）。从头端到第 4 对体节的**神经管**发育成大脑。神经元细胞增殖、迁移

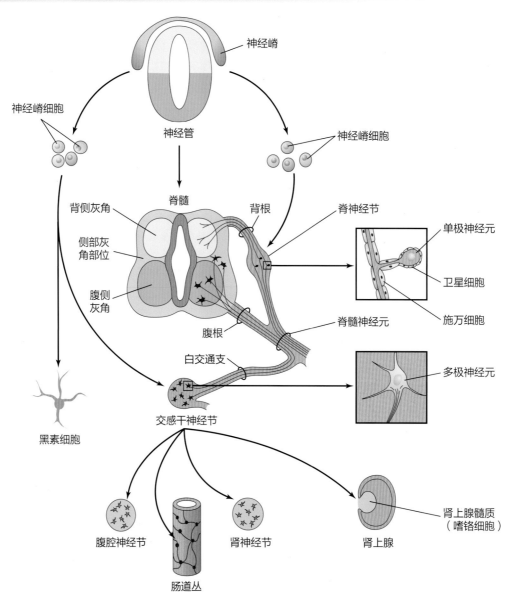

图 16-7 神经嵴细胞的衍生物
神经嵴细胞也分化为脑神经传入神经节和许多其他界沟中的细胞。也显示了脊神经的形成。

和分化形成大脑的特定区域。头端神经褶融合以及头端神经孔闭合形成了三个主要脑泡，大脑由此发育（图16-13）。从头端到尾端，这些**初级脑泡**形成**前脑、中脑和后脑**（菱脑）。

在胚胎发育第5周，前脑分裂成两个**次级脑泡**，即端脑和间脑；中脑不分裂。后脑分为**两个小泡**、菱脑和脑脊髓。因此，有5个次级脑泡。

脑弯曲

在胚胎发育第4周，大脑迅速发育并随着头褶向腹侧弯曲。中脑区域产生了**中脑弯曲**，后脑和脊髓连接处产生**颈曲**（图16-14A）。*在发育早期，中脑和后脑之间形成一个狭窄的峡部组织。显然，它起着信号中心的作用。这个区域的 Wnt 和 Fgl 信号与邻近中脑和后脑的形成有关。后来，这些弯曲之间大脑发育不*

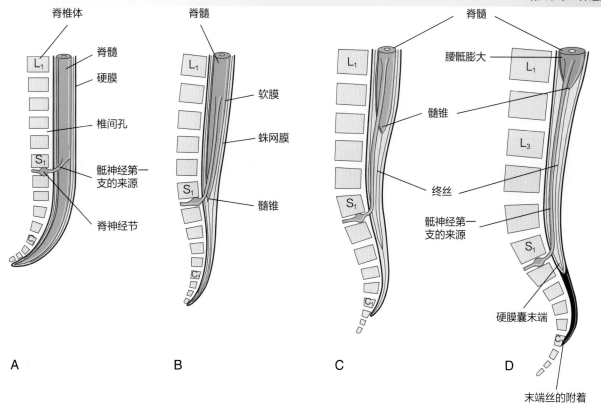

图 16-8 不同发育阶段脊髓尾端相对于脊柱和脊膜位置图

第一骶神经根的倾斜度也在增加，**A.** 第 8 周。**B.** 第 24 周。**C.** 新生儿期。**D.** 成人期。

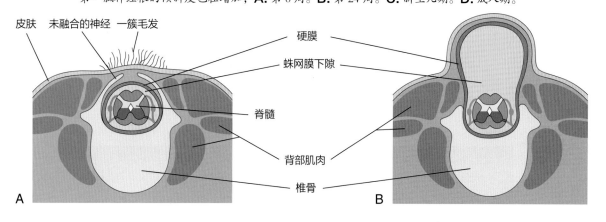

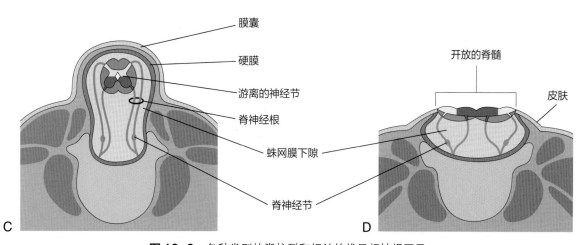

图 16-9 各种类型的脊柱裂和相关的椎弓根缺损图示

A. 隐匿性脊柱裂。可见未融合的椎弓。**B.** 脊柱裂伴脊膜膨出。**C.** 脊柱裂伴脊髓脊膜膨出。**D.** 脊柱裂伴脊髓裂。B~D 所示的类型统称为囊性脊柱裂，因为与之相关的是囊样袋、CSF、脑脊液。

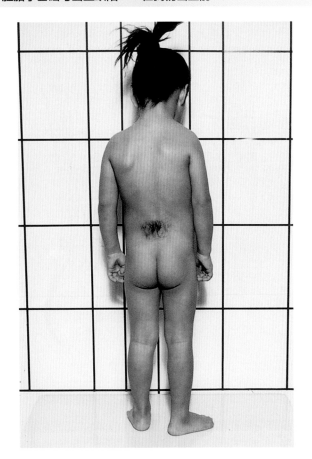

均衡产生了相反方向的**脑桥曲**。这种弯曲导致后脑顶部变薄（图 16-14 C）。**界限沟**向颅骨方向延伸至中脑和前脑的交界处，鼻翼和基底板仅能于中脑和后脑辨认（图 16-14C）。

后脑

后脑与脊髓交界于**颈椎弯曲**（图 16-14A）。*脑桥曲*将后脑分为尾部（脑脊髓）和头部（后脑）两部分。脑脊髓变成**延髓**，后脑变成脑桥和小脑。后脑腔成为**第 4 脑室**和延髓的**中央管**（图 16-14 B 和 C）。

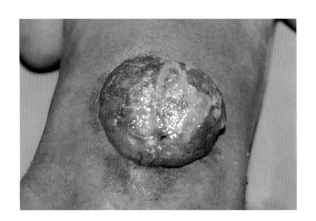

图 16-10　隐性脊柱裂

女孩腰骶区一处小凹陷（脊柱缺损区）上有一簇毛发，显示隐性脊柱裂的部位。（Courtesy A. E. Chudley, MD, Section of Genetics and Metabolism, Department of Pediatrics and Child Health, Children's Hospital and University of Manitoba, Winnipeg, Manitoba, Canada.）

图 16-11　囊性脊柱裂

新生儿背部腰椎大的脊髓脊膜膨出，神经管缺损处覆盖着一层薄膜。（Courtesy A. E. Chudley, MD, Section of Genetics and Metabolism, Department of Pediatrics and Child Health, Children's Hospital and University of Manitoba, Winnipeg, Manitoba, Canada.）

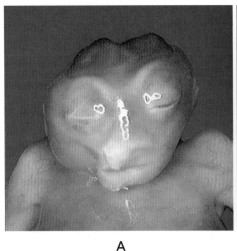
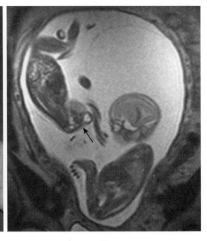

A　　　　　　　　　　B

图 16-12　脑裂

A. 患有髓脑畸形的患儿。**B.** 双胎单绒毛双胞胎的磁共振成像，其中一个患有无脑畸形。注意异常双胞胎的头颅（如箭头所示）和正常双胞胎的羊膜的缺失。（**A**, Courtesy Wesley Lee, MD, Division of Fetal Imaging, Department of Obstetrics and Gynecology, William Beaumont Hospital, Royal Oak, Michigan. **B**, Courtesy Deborah Levine, MD, Director of Obstetric and Gynecologic Ultrasound, Beth Israel Deaconess Medical Center, Boston, Massachusetts.）

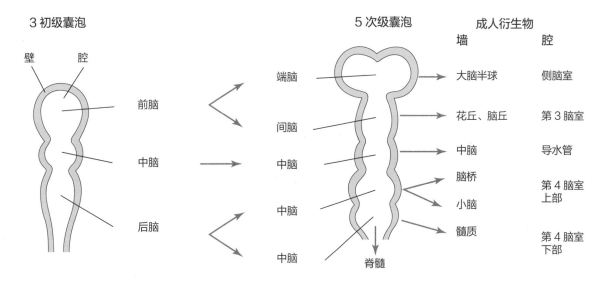

图 16-13　脑室示意图

提示了脑腔和壁的成体衍生物。第 3 脑室后部来源于端脑腔形成的，而这个腔大部分来源于间脑腔。

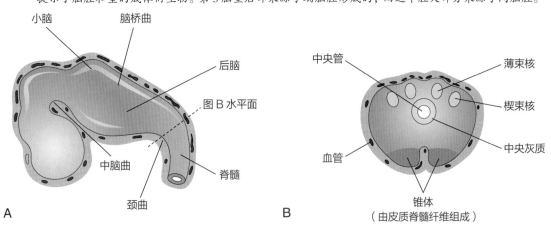

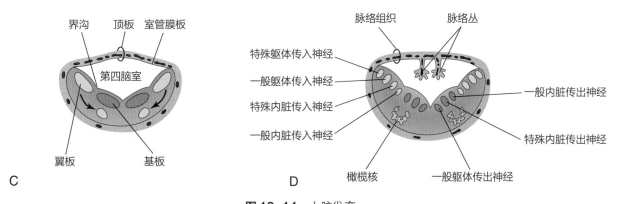

图 16-14　大脑发育

A. 第 5 周末期大脑发育示意图，显示了大脑的 3 个主要部分和大脑弯曲。**B.** 脊髓尾部横切面（正在发育的髓质封闭部分）。**C** 和 **D.** 类似的脊髓尾部切片（正在发育的髓质开放部分），显示了的基板和翼板在位置和连续性的分化阶段。C 中的箭头显示了神经母细胞从鼻翼板形成了橄榄核的途径。

脑脊髓

　　脑脊髓翼板的**成神经细胞**迁移到边缘区，形成灰质的孤立区域：内侧的**股薄核**和外侧的**楔形核**（图 16-14B）。这些细胞核与相应名称的神经束有关，这

些神经束从脊髓进入髓质。髓质的腹侧区域包含一对纤维束——**椎体**，该纤维束由从发育中的大脑皮质下行的皮质脊髓纤维组成（图 16-14B）。

　　脑脊髓的头端部分宽而平，特别是在脑桥曲的

对侧面（图 16-14C 和 D）。脑桥的弯曲形成时，髓质壁向外侧移动并且翼板变为基底板的外侧（图 16-14C）。随着板的位置变化，通常运动核位于感觉核的内侧。

髓质底板中的神经母细胞和脊髓中的神经母细胞一样，发育成运动神经元。成神经细胞形成细胞核团（神经细胞群），并在每侧形成 3 个细胞柱（图 16-14D）。从内侧到外侧，这些柱的名称如下：

- *一般躯体传出神经*，以舌下神经的神经元为代表。
- *特殊内脏传出神经*，以支配咽弓肌肉的神经元为代表（见第 10 章）。
- *一般内脏传出神经*，以迷走神经和舌咽神经的一些神经元为代表。

髓质翼板内的神经母细胞形成神经元，每侧排列成 4 个细胞柱。从内侧到外侧，这些柱的名称如下：

- *一般内脏传入*，接收来自内脏的冲动。
- *特殊内脏传入*，接收来自味觉纤维的冲动。
- *一般躯体传入*，接收来自头部表面的冲动。
- *特殊躯体传入*，接收来自耳的冲动。

一些来自翼板的神经母细胞向腹侧迁移并在**橄榄核**形成神经元（图 16-14 C 和 D）。

后脑

后脑壁形成**脑桥**和**小脑**，后脑腔形成第 4 脑室的上部（图 16-15A）。与脑脊髓的头端部分一样，**脑桥曲**导致脑桥侧壁分叉，从而使第 4 脑室底部的灰质分散（图 16-15B）。

小脑从翼板的背侧发育而来（图 16-15A 和 B）。最初，**小脑膨胀**伸入第 4 脑室（图 16-15B）。当膨大在正中面扩大并融合时，小脑在第 4 脑室的头侧半部

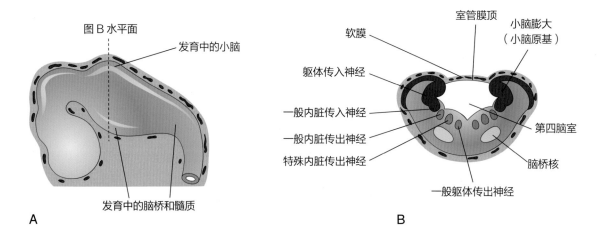

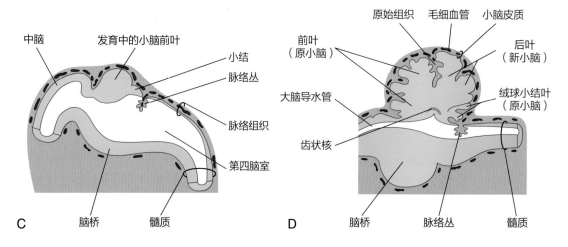

图 16-15 大脑发育

A. 第 5 周末大脑发育示意图。**B.** 后脑（发育中的脑桥和小脑）横切面显示了鼻翼和基板的衍生物。**C** 和 **D** 分别是第 6 周和第 17 周后脑矢状面，显示了脑桥和小脑发育的连续阶段。

分过度生长，并与脑桥和髓质重叠（图 16-15D）。翼板中间区的一些成神经细胞迁移到边缘区，分化为**小脑皮质**的神经元。来自翼板的其他神经母细胞产生**中央核**，其中最大的中央核是**齿状核**（图 16-15D）。翼板的细胞也产生脑桥核、耳蜗核和前庭核以及三叉神经的感觉核团。*转录因子 pax6 在小脑发育中起着重要作用。*连接大脑和小脑皮质与脊髓的神经纤维穿过后脑腹侧区的边缘层。在脑干该区域由神经纤维的加强带穿过正中面的形成脑桥（图 16-15C 和 D）。

脉络丛和脑脊液

第 4 脑室的室管膜顶覆盖了薄薄的一层**软膜**。血管膜与室管膜顶一起构成了脑室的**脉络膜**（图 16-15C 和 D）。由于软脑膜增殖活跃，软膜的脉络膜动脉皱褶凹陷，在脉络膜末端第 4 脑室向内凹陷处分化成**脉络丛**（图 16-14C，图 16-15 C 和 D）。第 3 脑室顶部和侧脑室内侧壁也有类似的脉络丛。

脉络丛分泌液体进入脑室，即**脑脊液**。脑脊液和脉络丛中的各种信号因子是大脑发育所必需的。第 4 脑室的薄顶有三处外翻，破裂处分别形成孔道，**中央孔和侧孔**。这些孔允许脑脊液从第 4 脑室进入**蛛网膜下隙**。研究表明，特定的神经源性分子，如维 A 酸，控制神经原细胞的增殖和分化。因此脉络丛的上皮来源于神经上皮（图 16-15），间质来源于间充质细胞。

中脑

在发育过程中，中脑的变化比脑的其他部分少。神经管变窄，成为连接第 3 和第 4 脑室的**中脑导水管**（图 16-15D）。**神经母细胞**从中脑的翼板迁移到**顶盖**，聚集形成四大组神经元——成对的**上丘和下丘**（图 16-16B），分别与视觉和听觉反射有关。来自基底板的神经母细胞可能在**中脑背盖部**（红核、第 3 和第 4 脑神经核以及网状核）产生神经元群。**黑质**是大脑脚附近的一层广泛的灰质（图 16-16D 和 E），也可能由基底板分化而来，但一些专家认为黑质是来源于向腹侧迁移的翼板细胞。

从大脑（脑的主要部分，包括间脑和大脑半球）生长的纤维形成了**大脑前脚**（图 16-16B）。随着更多的下行纤维群（皮质脑桥、皮质延髓和皮质脊髓）穿过发育中的中脑进入脑干和脊髓，大脑脚变得更加突出。

前脑

当头端神经孔闭合时，出现两个向外侧生长的**视小泡**（图 16-13A），前脑两侧各一个。视小泡是视网膜和视神经的原基（见第 17 章）。第二对小泡很快出现在背侧和头侧，代表**端脑小泡**（图 16-16C）。它们是大脑半球的原基，它们的腔将成为**侧脑室**（图 16-19B）。

前脑的头端（前）部分，包括**大脑半球**的原基，是**端脑**；前脑的尾端（后）部分是**间脑**。端脑和间脑的空腔利于**第 3 脑室**的形成（图 16-17D 和 E）。

间脑

第 3 脑室的侧壁有三个膨胀，后来变成*丘脑、下丘脑和上丘脑*（图 16-17C 至 E）。**丘脑**在两侧迅速发育，并膨出到第 3 脑室的脑室中，第 3 脑室最终缩小为一个狭窄的裂口。**下丘脑**是由间脑壁中间区的神经母细胞增殖引起的。**乳头体**是位于下丘脑腹侧表面豌豆大小隆起的一对细胞核团（图 16-17C）。

上丘脑从间脑外侧壁的顶部和背侧部分发育而来。最初，上丘脑膨胀得较大，但后来变得相对较小（图 16-17C 至 E）。

松果体发育为中央憩室，位于间脑顶部的尾端（图 16-17D）。细胞在憩室壁上的很快增殖，并将松果体转化为坚固的锥形腺体。

脑垂体起源于外胚层（图 16-18 和表 16-1）。它有两个来源：

• 从外胚层顶部的缺口向上生长——**垂体憩室**（Rathke 囊）。

• 从间脑的神经外胚层向下生长——**神经垂体憩室**。

这种双重胚胎起源解释了脑垂体由两种不同类型组织组成的原因：

• **腺垂体**（腺体部分），或垂体前叶，起源于口腔外胚层。

• **神经垂体**（神经部分），或垂体后叶，起源于神经外胚层。

在胚胎第 3 周，**垂体憩室**从缺口顶（原始口腔）伸出，并位于间脑底（脑室壁）附近（图 16-16A 和 B）。到第 5 周，垂体憩室附着于口腔上皮拉长并收窄，呈现乳头状外观（图 16-18C）。到了这个阶段，间脑的腹侧向下生长接触到下丘脑**漏斗**（源于神经垂体的憩室）（图 16-16C 和 D，图 16-8）。垂体憩室

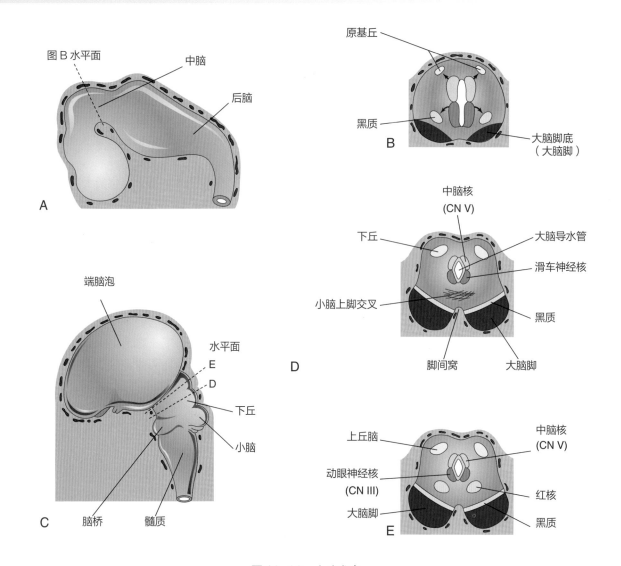

图 16-16 大脑发育

A. 第 15 周末大脑发育示意图。**B.** 发育中的中脑横切面显示细胞早期从底板和鼻翼板迁移。**C.** 第 11 周时大脑发育示意图。**D** 和 **E.** 发育中的中脑在上丘和下丘水平的横切面。CN，脑神经。

柄逐渐退化（图 16-18C~E）。部分脑垂体（前部、中间部和结节部），从胚胎的外胚层发育而来形成**腺垂体**（表 16-1）。

　　垂体憩室前壁细胞增生，形成**脑垂体的前部**。后来，在**漏斗柄**周围长出了一个外伸结构，即**结节部**（图 16-18F）。垂体憩室前壁的广泛增生使其内腔缩小成狭窄的裂缝（图 16-18E）。垂体憩室后壁的细胞不增殖，形成薄而界限不清的**中间部**（图 16-18F）。脑垂体一部分是由大脑的神经外胚层（漏斗）发育而来，这部分是**神经垂体**（图 16-18B~F，表 16-1）。漏斗形成**正中隆起、漏斗干**和**神经部**。

　　在垂体前叶和中叶的形成过程中，比如 FGF8，BMP4 以及 WNT5A，间脑区的 Ephrin-B2 和其他信号分子起着重要作用。LIM 同源框基因 LHX2 可能控制后叶的发育。

　　端脑

　　端脑由一个中央憩室和两侧侧憩室（**脑小泡**）组成（图 16-16C，图 16-18A）。这些小泡是**大脑半球**的原基，可在胚胎 7 周时辨别（图 16-19A）。端脑正中部分的腔形成第 3 脑室的最前面部分。首先，大脑半球通过**室间孔**与第 3 脑室腔有广泛的联系（图 16-

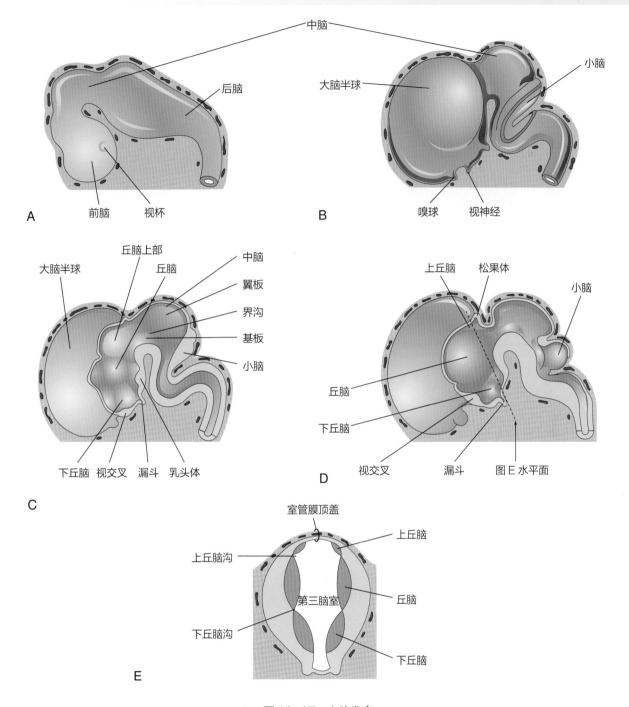

图 16-17 大脑发育

A. 第 5 周末大脑外观图。B. 第 7 周时相同视野。C. 大脑的正中切片显示前脑和中脑的内侧表面。D. 第 8 周时相同视野。
E. 间脑的横切面显示背侧的上皮，外侧的丘脑和腹侧的下丘脑。

19B）。随着大脑半球的扩张，依次覆盖间脑、中脑和后脑。两个半球最终在中线相遇，使中线侧的大脑表面变平。

在胚胎第 6 周，每侧大脑半球的底部开始出现**纹状体**（图 16-20B）。由于有相当大的纹状体存在，因此每侧大脑半球的底部的扩张比薄的皮质壁更慢；由此，大脑半球变成 C 形（图 16-21）。

大脑半球的生长和弯曲也会影响侧脑室的形状，使之变成大致 C 形的充满脑脊液的空腔。每个大脑半球的尾端转向腹侧，然后转向头侧，形成**颞叶**；同样，形成脑室（**颞角**）和脉络膜裂（图 16-21）。在这里，大脑半球的薄内侧壁沿着**脉络膜裂**内陷，通过血管软膜形成侧**脑室颞角的脉络丛**（图 16-20B，图 16-21B）。

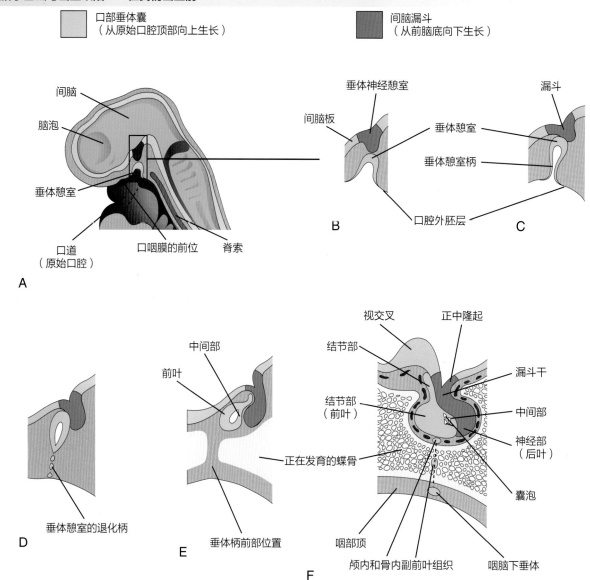

图 16-18　脑下垂体发育示意图

A. 大约 36 天时胚胎头端矢状切面显示垂体憩室。从口部开始向上生长，神经垂体憩室从前脑向下生长。从 B~D 显示的是一个连续的发育阶段。B 到第 8 周时，憩室与口腔失去联系，与垂体的漏斗部和后叶（即神经垂体）保持着密切的联系。从 E~F 后发育阶段显示了垂体憩室前壁增生，形成了垂体前叶（即腺垂体）。

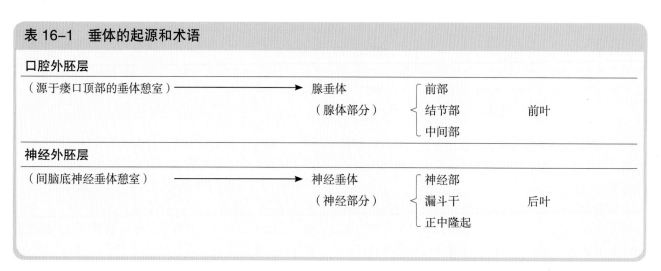

表 16-1　垂体的起源和术语

口腔外胚层			
（源于瘘口顶部的垂体憩室）———————————→	腺垂体（腺体部分）	前部 结节部 中间部	前叶

神经外胚层			
（间脑底神经垂体憩室）———————————→	神经垂体（神经部分）	神经部 漏斗干 正中隆起	后叶

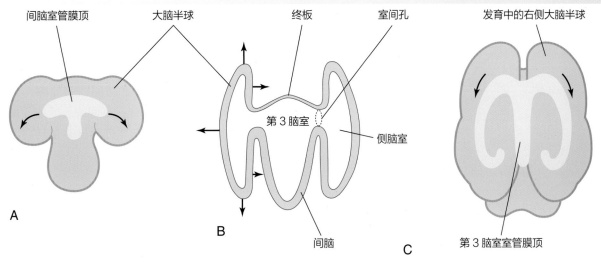

图 16-19 前脑发育

A. 前脑背侧示意图，显示间脑室管膜顶如何延伸到大脑半球背脊骨面。**B.** 前脑示意图，显示发育中的大脑半球如何从前脑侧壁生长，并向各个方向扩展，直到覆盖间脑。前脑的后侧壁，即终板，非常薄。**C.** 前脑示意图显示了脑室管膜顶是如何最终进入颞叶的，这才是大脑半球 C 形生长模式的结果。箭头指示了两个半球膨胀的方向。

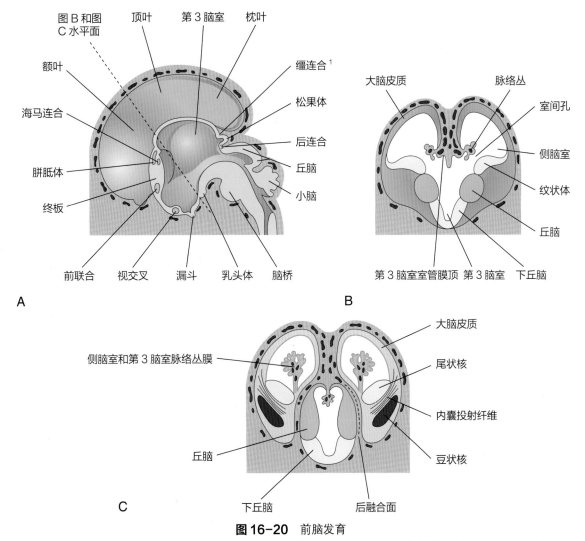

图 16-20 前脑发育

A. 胚胎第 10 周前脑内侧表面图，显示间脑衍生物、主要合缝和扩张的大脑半球。**B.** 前脑横切面室间孔水平显示大体，侧脑室的纹状体和脉络丛。**C.** 大约第 11 周的示意图显示纹状体由内囊分裂成尾状核和豆状核。也阐明了大脑半球与间脑的发育关系。

1　缰核发出的神经纤维聚合成为缰连合，脊椎动物共有的称为"缰核"的大脑部位，在调节昼夜节律中起到联系作用，也能够基于过去的恐怖经验对行动选择作出指令。——译者注

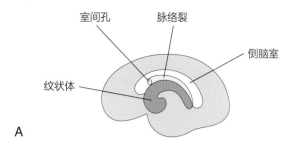

A

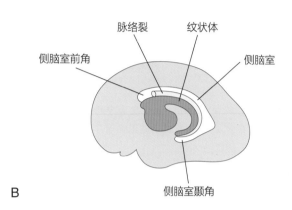

B

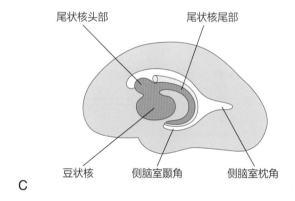

C

图16-21 发育的右脑半球内侧表面示意图
显示了侧脑室、脉络裂和纹状体的生长过程。**A.** 第13周。
B. 第21周。**C.** 第32周。

随着大脑皮质的分化，进出大脑皮质的纤维穿过纹状体，并将**纹状体**分成**尾状核**和**豆状核**。当大脑半球呈现这种形态时，**内囊**纤维通路变成C形（图16-20C）。**尾状核**变长呈C形，与侧脑室轮廓一致（图16-21A~C）。尾状核的梨形头部和细长的体部位于前角和侧脑室体的底部；它的尾部形成U形转弯，从而达到颞角的顶部。

大脑连合

随着大脑皮质的发育，神经纤维群——**大脑连合**——将大脑半球的相应区域相互连接起来（图16-20A）。这些最重要的连合在**终板**处交叉，位于前脑的头端。该薄板从间脑的顶板延伸到**视交叉**（视神经纤维交叉）。

前连合将嗅球和大脑半球相关区域与另一侧大脑相关区域相联系。**海马连合**连接海马结构。**胼胝体**是最大的大脑连合，连接着新皮质区域（图16-20A）。其余的**终板**被拉伸形成**透明隔**，即一层薄的脑组织板。

出生时，胼胝体延伸到间脑顶部。由视网膜内侧的纤维组成的**视交叉**在终板腹侧发育（图16-20A），交叉至对侧的视束并与之会合。

最初，大脑半球的表面是光滑的（图16-22）；然而，随着逐渐生长，**脑沟**（位于脑回之间）和**脑回**（迂曲的卷曲）逐渐发育（图16-22）。在不需要大量扩大颅内容积的前提下，脑沟和脑回使大脑皮质的表面积显著增加。生长高峰时期，每分钟约1 000 000个神经细胞增加，大约每分钟发生40 000个新的突触连接。随着每个大脑半球的生长，覆盖纹状体外表面

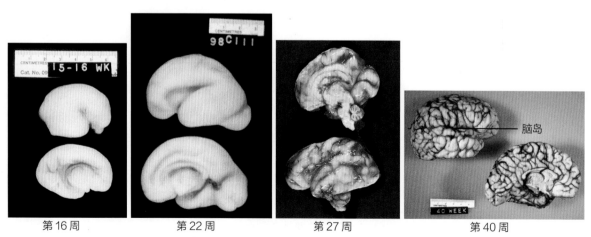

第16周　　　　第22周　　　　第27周　　　　第40周

图16-22 分别在妊娠第16周、第22周、第27周、第40周时人类胎儿大脑侧面和内侧面的示意图

[Courtesy Dr. Marc R. Del Bigio, Department of Pathology (Neuropathology), University of Manitoba and Health Sciences Centre, Winnipeg, Manitoba, Canada.]

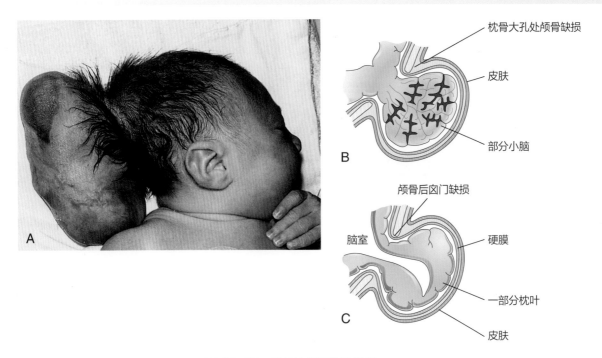

图 16-23　颅骨缺损和脑脊膜疝

A. 婴儿枕部有较大的脑膜膨出。**B.** 脑膜膨出，包括被脑膜和皮肤覆盖的小脑突出部分。**C.** 脑膜及脑脊液膨出，包括部分枕叶突出，其中也包括侧脑室后脚部分。（**A**, Courtesy A. E. Chudley, MD, Section of Genetics and Metabolism, Department of Pediatrics and Child Health, Children's Hospital and University of Manitoba, Winnipeg, Manitoba, Canada. ）

的皮质生长相对缓慢，很快就会长满。这个埋藏在大脑半球**外侧沟**（裂缝）深处的皮质，是**脑岛**。

先天性脑畸形

　　颅脑畸形很常见，大约每 1 000 个新生儿中就有 3 个颅脑畸形。大多数主要的出生缺陷，如**脑裂**和**脑膜脑膨出**，是由于发育第 4 周时*头端神经孔闭合不全（神经管缺陷 [NTD]）*（图 16-23A），并累及上覆组织（脑膜和颅骨）。磁共振成像（MRI）通常用于有胎儿缺陷风险孕妇胎儿大脑的评估（图 16-24）。造成非传染性疾病的因素是遗传、营养和（或）环境因素。

咽垂体和颅咽管瘤

　　垂体憩室柄可能会残留在口咽顶部并形成**咽垂体**（图 16-18E 和 F）。偶尔，良性肿瘤**颅咽管瘤**（由垂体憩室柄的残余物形成）形成于咽部或基底蝶骨（蝶骨的后部），但大多数情况下，它们形成于颅骨的蝶鞍内和 / 或上方（图 16-24）。

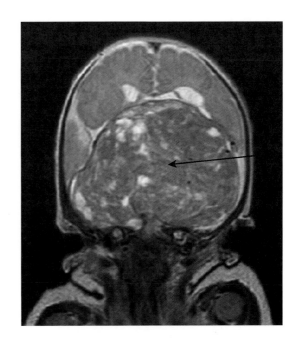

图 16-24　大脑咽管瘤磁共振成像

注意箭头所示位置（Courtesy Dr. R. Shane Tubbs and Dr. W. Jerry Oakes, Children's Hospital, Birmingham, Alabama. ）

颅裂

颅骨形成的缺陷——**颅裂**，通常与出生时的脑和/或脑膜缺陷有关。颅骨缺损通常累及颅骨正中部。缺损通常位于枕骨鳞部，可能包括枕骨大孔的后部。当缺损颅骨较小时，通常缺损部位只有脑膜膨出。约2 000例新生儿中有1例颅裂，与脑疝和/或脑膜缺陷有关。当颅骨缺损较大时，脑膜和部分脑疝出形成**脑膜脑膨出**（图16-23A和B）。如果突出的脑包含部分脑室系统，则为**脑膜脑室膨出**（图16-23C）。

小头畸形

在小头畸形（一种神经系统发育障碍）中，颅骨和大脑都很小，但面部大小正常。小头畸形患儿通常因为颅骨和大脑发育不全患有严重的智力障碍。小头畸形是神经发生变性和大脑发育减缓的结果。有些**小头畸形**是遗传的（通常染色体隐性遗传）；其他则是由环境因素引起的，如宫内巨细胞病毒感染（见第19章）。在某些情况下，胎儿期暴露于大量电离辐射、传染性病原体和某些药物也可能是诱发因素。

脑裂

脑裂畸形是一种严重的头颅先天缺陷，其病因是第4周口侧神经孔无法闭合（图16-12）。因此，前脑、中脑、大部分后脑和颅骨都缺失。**脑裂**是一种常见的致命缺陷，每1 000个新生儿中至少有1个脑裂患儿。女性的发病率是男性的2~4倍。脑裂通常与遗传因素有关。

脑积水

脑积水患儿头部明显增大，但面部大小正常。通常这种缺陷与智力缺陷有关。脑积水是由脑脊液循环和吸收受损引起的，在罕见的病例中，是由脑脊液分泌增加引起的。脑室系统脑脊液过量（图16-25）。脑脊液循环障碍常由**先天性导水管狭窄**引起。脑脊液循环阻塞导致梗阻的近端脑室扩张和大脑半球压力增加。脑室液和颅骨之间的大脑组织受到挤压。在婴儿时期，因为颅缝尚未融合，颅内压过高导致头颅明显扩张增大。

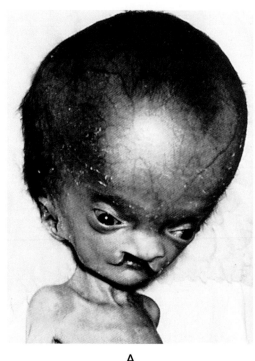
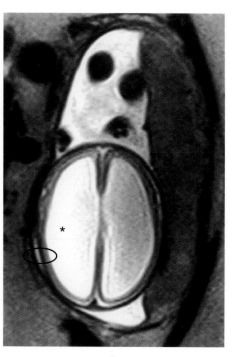

A   B

图16-25 脑积水

A.患有脑积水和双侧腭裂的婴儿。脑积水常导致颅骨变薄，前额突出，并使大脑皮质和白质萎缩。**B.**大约孕29周时发生X连锁脑积水的胎儿的轴向磁共振成像（横切面），显示显著增大的脑室和变薄的皮质（椭圆形）。（Courtesy Dr. E. H. Whitby, Magnetic Resonance Imaging Unit, University of Sheffield, United Kingdom.）

Chiari 畸形

Chiari 畸形（CM）是一种小脑的结构缺陷。其特征是小脑扁桃体通过枕骨大孔下移位至椎管，髓质呈舌状突出。后颅窝通常异常狭小，从而对小脑和脑干造成压力。这种情况下，可能导致非交通性脑积水，阻碍脑脊液的吸收和流动，最终导致整个脑室系统扩大。由于可以通过 MRI 诊断 CM，与过去相比更多 CM 病例得到了确诊。有这几种 CM 类型：Ⅰ型，小脑下部突出通过枕骨大孔。这是最常见的形式，通常是无症状的，多在青春期发现。Ⅱ型，也称为 Arnold-Chiari 畸形，表现为小脑和脑干向枕骨大孔疝出，常伴有枕部脑膨出和腰椎脊髓脊膜膨出（图 16-26）。Ⅲ型，是最严重的 CM 类型，小脑和脑干经枕骨大孔进入脊柱，有严重的神经系统损害。Ⅳ型，小脑可能缺失或发育不全，结果导致该型患儿无法存活。

周围神经系统的发育

周围神经系统（PNS）是由脑神经、脊髓神经和内脏神经，以及颅神经神经节、脊髓神经神经节和自主神经节组成。PNS 的所有感觉细胞（体细胞和内脏细胞）都来自**神经嵴细胞**。这些感觉细胞的细胞体位于中枢神经系统之外。每个传入神经元的细胞体都被施万细胞像囊一样紧密地温和地包裹着（图 16-7），这些细胞来源于神经嵴细胞。此囊与包围传入神经元轴突的**施万细胞的神经膜鞘**相连。

发育中的大脑神经嵴细胞迁移到三叉神经（CN Ⅴ）、面神经（CN Ⅶ）、前庭耳蜗（CN Ⅷ）、舌咽神经（CN Ⅸ）和迷走神经（CN Ⅹ）的感觉神经节。神经嵴细胞也分化为**自主神经节**的多极神经元（图 16-7），包括位于椎体两侧的交感干神经节；胸腹神经丛中的侧支或椎前神经节（如心脏、腹腔和肠系膜神经丛）；副交感神经或末梢神经节位于脏器内或附近（如黏膜下或迈斯纳神经丛）。

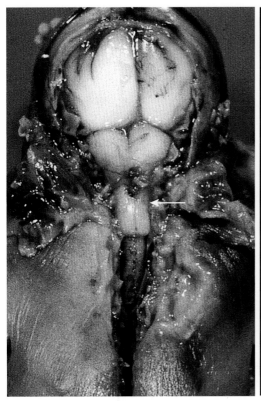

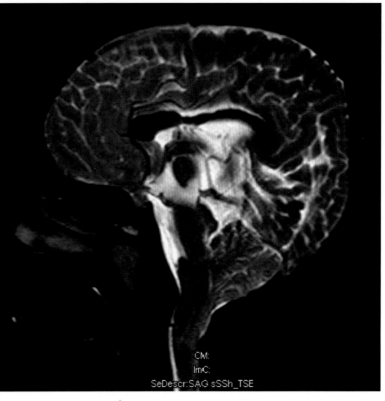

图 16-26 Chiari 畸形

A. 第 23 周胎儿患有 Arnold-Chiari 畸形。后脑原位暴露显示枕骨大孔水平以下的小脑组织，**B.** 青少年脊髓脊膜膨出的正矢状位 T2 加权 MRI。根据定义，这些患者也类似的有 Chiari 畸形。注意小脑蚓部和脑干通过枕骨大孔的尾侧下降。[Courtesy A, Dr. Marc R. Del Bigio, Department of Pathology (Neuropathology), University of Manitoba and Health Sciences Centre, Winnipeg, Manitoba, Canada; B. Courtesy Dr. R. Shane Tubbs, Professor, Chief Scientific Officer and Vice President, Seattle Science Foundation, WA.]

副神经节细胞——**嗜铬细胞**也来自神经嵴。**副神经节**包括几类分布广泛的细胞群，它们特点是在许多方面与肾上腺髓质细胞相似。这些细胞群大多位于腹膜后，常与交感神经节有关。颈动脉体和主动脉体也有与之相关的嗜铬细胞小岛。这些分布广泛的嗜铬细胞群构成了**嗜铬细胞系统**。

脊神经

脊髓的运动神经纤维在第 4 周末开始出现（图 16-4）。神经纤维起源于发育中的脊髓**基板**的细胞，并沿脊髓腹外侧表面形成一系列连续的细根。支配特定肌肉群的神经纤维成束状排列，形成了**腹侧神经根**（图 16-6 和图 16-7）。**背侧神经根**的神经纤维来自迁移到脊髓背外侧的神经嵴细胞，在那里它们分化成**脊神经节细胞**（图 16-7）。

脊神经节中神经元的中央突起形成单一的神经束，延伸至脊髓，位于脑灰质背角的顶端对侧（图 16-4B 和 C）。脊神经节细胞远端突起向腹侧神经根生长，最终与腹侧神经根结合形成**脊神经**（图 16-7）。

随着肢芽的发育，来自与之相对应的脊髓节段的神经伸长并长入肢体。与来自体节的肌源性细胞不同（见第 15 章），神经纤维分布在对应的肌肉中。发育中的四肢皮肤也受到节段性的神经支配。

脑神经

在第 5 和第 6 周形成了 12 对脑神经。根据胚胎起源，可分为三组。

躯体传出神经

滑车神经（CN Ⅳ）、外展神经（CN Ⅵ）、舌下神经（CN Ⅻ）和大部分动眼神经（CN Ⅲ）与脊神经的腹侧神经根同源（图 16-27A）。这些神经起源于脑干*躯体传出柱的细胞*（源自基底板）。它们的轴突分布在头肌节（前颈和枕部）衍生的肌肉上（图 16-17A）。

滑车神经（CN Ⅳ）起源于中脑后部躯体传出柱的细胞。虽然它是运动神经，但它从脑干背面发出，并从腹侧支配眼睛的上斜肌。

外展神经（CN Ⅵ）起源于后脑基板上的神经细胞。从它的腹侧表面穿过，到三个耳前肌节的后缘，眼外直肌被认为起源于此。

舌下神经（CN Ⅻ）是由 3~4 条枕神经的腹根纤维

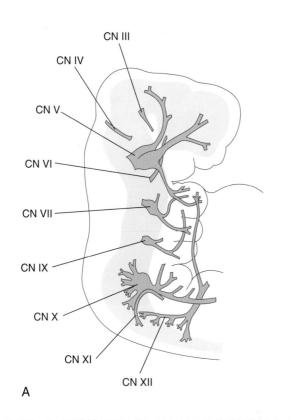

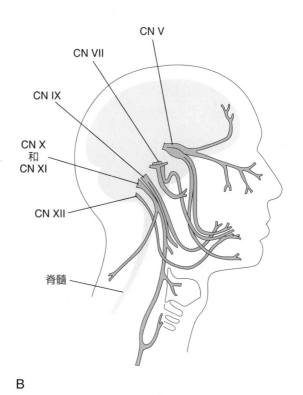

图 16-27 **A.** 胚胎第 5 周示意图显示了大部分脑神经的分布，特别是支配咽弓的脑神经。**B.** 成人头颈部示意图，显示许多脑神经的分布。CN，脑神经

融合而成（图 16-27A）。与脊神经背根相对应的感觉根缺失。躯体运动纤维起源于*舌下神经核*。这些纤维在几组*舌下神经根*中离开髓质的腹外侧壁，汇聚形成 CN XII 总干（图 16-27B）。向吻侧生长，最终支配源于枕部肌节的舌肌。（图 16-17A）。

动眼神经（CN III）支配眼睛的上、下、内登肌和下斜肌。

咽弓神经

脑神经 V、VII、IX 和 X 支配胚胎咽弓；因此，咽弓结构的发育由这些脑神经支配（图 16-27A 和表 16-1）。

三叉神经（CN V）是第 1 咽弓的神经，但它的眼分支不是咽弓的组成部分。CN V 是头部的主要感觉神经。**大三叉神经节**的细胞来自神经嵴的最前部。神经节细胞的中央突起形成巨大的 CN V 感觉根，进入脑桥的外侧。神经节细胞的外周突起分为三大类（眼神经、上颌神经和下颌神经）。它们的感觉纤维支配脸部皮肤以及口鼻内壁。CN V 的运动纤维起源于*后脑特殊内脏传出柱*最前部的细胞。这些纤维通过咀嚼肌和第 1 咽弓下颌突发育而来的其他肌肉成（表 10.1）。CN V 的中脑核与中脑细胞不同。

面神经（CN VII）是第 2 咽弓的神经。它主要由运动纤维组成，运动纤维主要来自*脑桥尾部特殊内脏传出柱*的核群。这些纤维分布在面部表情肌和第 2 咽弓间叶发育的其他肌肉中（表 10.1）。CN VII 的小的一般内脏传出成分终止于头部的周围自主神经节。CN VII 的感觉纤维起源于膝状神经节的细胞。这些细胞的中央突起进入脑桥，外周突起到达岩浅大神经，通过鼓膜索，到达舌头前 2/3 处的味蕾。

舌咽神经（CN IX）是第 3 咽弓的神经。它的运动纤维产生于特殊内脏神经，小部分源于脊髓前部的一般内脏传出柱。CN IX 由数个小细根形成，这些小细根从髓质的后部到正在发育的内耳。来自特殊内脏传出柱的所有纤维都分布到茎突咽肌，茎突咽肌来源于第 3 咽弓的间充质（表 10-1）。一般传出纤维分布于耳神经节，突触后纤维从耳神经节进入腮腺和后舌腺。CN IX 的感觉纤维分布于舌头后部，分为一般感觉纤维和*特殊内脏传入纤维*（味觉纤维）。

迷走神经（CN X）是由第 4 咽弓和第 6 咽弓的神经融合而成（表 10-1）。第 4 咽弓的神经成为喉上神经，支配环甲肌和咽缩肌。第六咽弓的神经成为喉返神经，支配着喉部的各个肌肉。

脊髓副神经（CN XI）起源于颈髓的 5 节段或 6 节段（图 16-27A）。传统意义上的 CN XI 神经根的纤维现在被认为是 CN X 的一部分，这些纤维支配胸锁乳突肌和斜方肌。

特殊感觉神经

嗅觉神经（CN I）起源于嗅觉器官。嗅细胞与原始鼻囊上皮细胞不同，是双极性神经元。嗅细胞的轴突聚集成 18~20 束，周围是筛骨的筛板。这些无髓神经纤维的末端是**嗅球**。

视神经（CN II）是由 100 多万根神经纤维组成的，这些神经纤维由原始视网膜的成神经细胞发育而来进入颅脑。因为视神经起源于前脑的外侧壁，所以它确实代表了大脑的神经纤维束。视神经的发育将在第 17 章中描述。

前庭蜗神经（CN VIII）由两种感觉纤维组成，分为两束，这些纤维被称为*前庭神经和耳蜗神经*。**前庭神经**起源于半规管，**耳蜗神经**来自耳蜗管，**螺旋器官**（Corti）在耳蜗管中发育（见第 17 章）。前庭神经双极神经元的胞体位于**前庭神经节**。这些细胞的中央突起终止于第 4 脑室底部的前庭核。耳蜗神经双极神经元的胞体位于**螺旋神经节内**。这些细胞的中央突起终止于延髓的耳蜗腹侧核和背侧核。

自主神经系统发育

在功能上，ANS 可分为交感神经系统（胸腰椎）和副交感神经（颅骶）部分。

交感神经系统

在第 5 周，胸椎区域的神经嵴细胞沿着脊髓两侧的每一侧迁移，在主动脉背外侧形成成对的细胞团（神经节）（图 16-7）。所有这些节段性排列的**交感神经节**都由纵向神经纤维连接成一条双侧神经链。**交感神经干**位于椎体的两侧。一些神经嵴细胞向腹侧移行至主动脉，并在**主动脉前神经节**形成神经元，如腹腔神经节和肠系膜神经节（图 16-7）。其他神经嵴细胞迁移到心脏、肺和胃肠道，在这些器官附近或内部的**交感器官丛**中形成末梢神经节。

交感干形成后，位于脊髓胸腰椎段**中间外侧细胞柱**（侧角）的交感神经元轴突穿过脊神经腹根和**白色交通支**一同进入椎旁神经节（图 16-7）。在这里，它们可能与神经元形成突触，或在交感神经干中上升或下降，形成其他层次的突触。其他突触前神经纤维通过**椎旁神经节**而不发生突触，形成内脏神经到达内脏。

突触后纤维经过**灰质交通支**，从交感神经节进入脊神经；因此，交感干由上升和下降的纤维组成。

副交感神经系统

突触前副交感神经纤维起源于脑干核和脊髓骶部的神经元。脑干的纤维通过动眼神经（CN Ⅲ）、面神经（CN Ⅶ）、舌咽神经（CN Ⅸ）和迷走神经（CN Ⅹ）传出。**突触后神经元**位于外周神经节或神经丛中，靠近或位于受支配的结构内（如瞳孔和唾液腺）。

临床导向提问

1. 先天性神经管缺陷是遗传的吗？一名妇女有一个患有囊性脊柱裂的孩子，她的女儿生了一个患有轻度脑裂的孩子。这个女儿有可能再怀有神经管缺陷的孩子吗？胎儿期早期能发现轻度脑裂和脊柱裂吗？

2. 有人说，孕妇酗酒可能会导致婴儿智力和生长发育缺陷，这是真的吗？有报道称，孕妇在妊娠期喝了很多酒，但孩子看起来很正常。妊娠期饮酒是否有安全阈值？

3. 一名妇女被告知，妊娠期吸烟很可能导致婴儿的轻微智力缺陷。这样的告知是否准确？

4. 所有类型的脊柱裂都会导致下肢运动功能丧失吗？对于患有囊性脊柱裂的婴儿有什么治疗方法？

答案见附录。

（邱姗姗　鲍南　译）

第 17 章

眼和耳

眼睛和相关结构的发育

眼睛有四个胚胎来源：

- 大脑神经外胚层。
- 头部表面外胚层。
- 上述各层之间的中胚层。
- 神经嵴细胞。

早期的眼睛发育由一系列的信号诱导，开始于胚胎第 4 周，此时脑神经皱襞中出现**视沟**（图 17-1A 和 B）。当神经褶融合时，视沟外翻形成中空的憩室——**视泡**，从前脑壁伸入相邻的间充质（图 17-1C）。视泡的形成是由与发育中的大脑相邻的间充质诱导的。随着视泡的扩大，它们与前脑的连接收缩，形成中空的**视柄**（图 17-1D）。

从视泡传来的诱导信号刺激表面外胚层增厚并形成**晶状体板**，即晶状体原基（图 17-1C）。晶状体板内陷并深入到外胚层表面，形成**晶状体凹**（图 17-1D 和图 17-2）。晶状体凹的边缘接近并融合形成球形**晶状体泡**（图 17-1F 和 H），很快从表面外胚层脱离。

随着晶状体泡的发育，**视泡**内陷形成双层壁的**视杯**（图 17-1F，图 17-2），晶状体被视杯边缘折叠（图 17-3A）。在这个阶段，晶状体泡已经进入视杯的空腔（图 17-4）。线性沟——**视网膜裂（视裂）**，在视杯腹侧表面和沿**视柄**发育（图 17-1E~H，图 17-3A~D）。视网膜裂含有血管间充质，玻璃体血管由此形成。**玻璃体动脉是眼动脉的一个分支**，供应视杯内层、晶状体泡和视杯内的间充质（图 17-1H，图 17-3）。当视网膜裂边缘融合时，玻璃体血管被封闭在**原始视神经**内（图 17-3C~F）。玻璃体血管的远侧部分最终退化，但近侧部分仍然作为**视网膜的中央动脉和静脉**存在（图 17-5D）。骨形态发生蛋白（BMP）、*音猬因子（SHH）和成纤维细胞生长因子（FGF）是视网膜裂视泡形成和闭合的重要信号。*

视网膜的发育

视网膜由**视杯**壁发育而来，视杯是**前脑的外生物**（图 17-1，图 17-2）。视杯壁发育成视网膜的两层：外层薄的一层成为**视网膜的色素层**，而较厚的一层分化成**神经视网膜**。两层视网膜由一层**视网膜内间隙**隔开（图 17-1H，图 17-4），该间隙来自视杯的空腔。随着视网膜的两层融合，这个间隙逐渐消失（图 17-5D）。由于视杯是前脑的一个突起，视杯的各层与脑壁是连续的（图 17-1H）。

在发育中的晶状体的影响下，视杯内层增生，形成厚的**神经上皮**（图 17-4）。随后，这一层的细胞分化成**神经视网膜**，即视网膜的感光区（图 17-7）。*Lhx2、Six2、Pax6 和 Rax 是参与视网膜神经发育的特异性转录因子。*这个区域包含**光感受器**（视杆细胞和视锥细胞）和神经元的细胞体（如双极细胞和神经节细胞）。因为视泡在形成视杯时会内陷，所以神经视网膜是"倒置"的；也就是说，感光细胞的感光部分与视网膜色素上皮后方相邻。因此，光在到达光感受器之前必须通过视网膜最厚的部分；然而，视网膜总体上是薄而透明的，它并不会阻碍光线。

神经视网膜浅层神经节细胞的轴突生长在**视柄**到大脑的近侧壁（图 17-3A）。随着神经节细胞轴突形成**视神经**，视柄的空腔逐渐消失（图 17-3F）。*视神经纤维的髓鞘形成始于孕晚期，至出生后第 10 周完成。分子研究表明同源异形基因 PAX6 和 OTX2 分别调控视网膜分化和色素形成。*

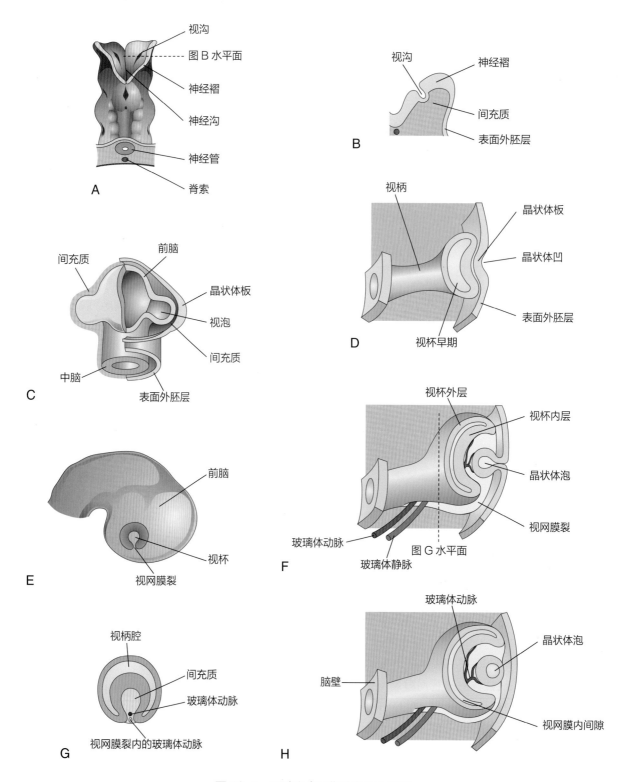

图 17-1 眼睛发育早期阶段的示意图

A. 大约 22 天胚胎头端的背面视图，显示视神经沟，这是眼睛发育的第一个迹象。**B.** 神经褶的横切面，显示其中的视沟。**C.** 大约 28 天胚胎的前脑示意图，显示其覆盖层的间充质和表面外胚层。**D、F** 和 **H.** 是眼睛发育的示意图，说明了视杯和晶状体泡发育的连续阶段。**E.** 大约 32 天胚胎大脑的侧视图，显示视杯的外观。**G.** 视柄横切面，显示视网膜裂及其内容物。注意，视网膜裂的边缘同步生长，从而形成视杯，并将视网膜的中央动脉和静脉包围在视柄和视杯中。

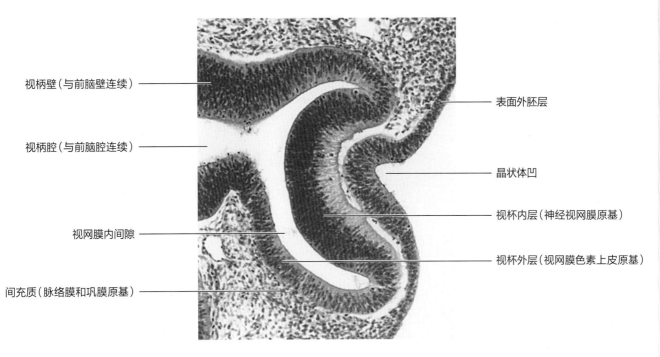

视柄壁（与前脑壁连续）

视柄腔（与前脑腔连续）

视网膜内间隙

间充质（脉络膜和巩膜原基）

表面外胚层

晶状体凹

视杯内层（神经视网膜原基）

视杯外层（视网膜色素上皮原基）

图 17-2　大约 32 天胚胎（200 倍放大）眼睛矢状面的显微照片

观察晶状体原基（内陷晶状体板）、视杯壁（视网膜原基）和视柄（视神经原基）。（From Moore KL, Persaud TVN, Shiota K: Color atlas of clinical embryology, ed 2, Philadelphia, 2000, Saunders.）

留其血液供应（视网膜中央动脉）。正常情况下，视网膜色素上皮牢固地固定在脉络膜上，但其与神经视网膜的附着并不牢固；因此，视网膜脱离并不少见。

视网膜缺损

视网膜缺损是一种先天性缺陷，其特征是视网膜上有一个局限性间隙，通常低于视盘。在大多数情况下，缺陷是双侧的。典型的缺损是由于视网膜裂闭合不全引起的。

虹膜缺损

在婴儿中，虹膜或瞳孔边缘下段的先天缺陷使瞳孔呈现锁孔状（图 17-6）。缺损可能局限于虹膜，也可能向深层延伸，累及睫状体和视网膜。一个典型的缺损是由于视网膜裂在第 6 周未能闭合所致。缺陷可能是由基因决定的，也可能是由环境因素造成的。单纯性虹膜缺损常为遗传性，表现为常染色体显性遗传。

脉络膜和巩膜的发育

视杯周围的间充质分化为内层血管层**脉络膜**和外层纤维层**巩膜**（图 17-5C，图 17-7）。在视杯边缘，脉络膜形成**睫状突**的核心，主要由毛细血管组成，毛细血管由纤细的结缔组织支撑。

睫状体的发育

睫状体是脉络膜的楔形延伸（图 17-5C 和 D）。其内表面向晶状体突出，形成**睫状突**。睫状体上皮的色素部分来自视杯的外层，与视网膜色素上皮相连。**非视觉性视网膜**是无色素的睫状上皮，是神经性视网膜前部的延长，其中没有神经成分发育。**睫状体平滑肌**负责聚焦晶状体和睫状体的结缔组织。它起源于前巩膜突和睫状体色素上皮之间的视杯边缘的间充质。

虹膜的发育

虹膜从**视杯**边缘发育而来，视杯向内生长，部分覆盖晶状体（图 17-5D）。虹膜上皮来自视杯的两层，它与**睫状体**的双层上皮、视网膜色素上皮和神经视网膜连续。虹膜的结缔组织框架（基质）来源于迁移到虹膜的神经嵴细胞。虹膜的**瞳孔扩张肌**和**瞳孔括约肌**来自*视杯的神经外胚层*，这些平滑肌由上皮细胞转化而来。

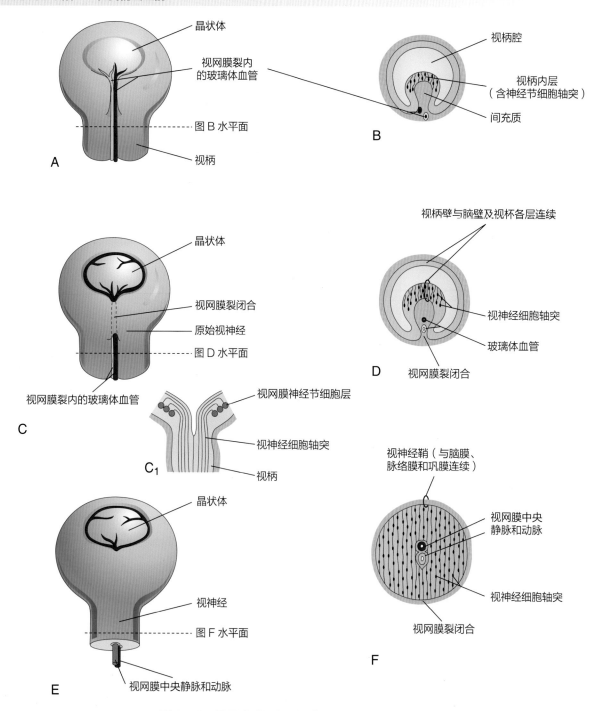

图 17-3 视网膜裂闭合和视神经形成示意图

A、C 和 E. 视杯下表面和视柄视图，显示视网膜裂闭合的进展阶段。**C₁.** 视杯和视柄部分纵切面示意图，显示视盘和视网膜神经节细胞的轴突通过视柄生长到大脑。**B、D、和 F.** 视柄横切面显示视网膜裂闭合和视神经形成的连续阶段。注意，视神经形成时，视柄的内腔随着神经节细胞轴突在视柄内层的积聚而逐渐消失。

晶状体的发育

晶状体由**晶状体泡**发育而来，是表面外胚层的衍生物（图 17-1F 和 H）。晶状体泡的前壁成为囊下**晶状体上皮**（图 17-5C）。形成晶状体泡后壁的高柱状细胞的细胞核最终溶解。这些细胞相当长，形成高度透明的上皮细胞，即**初级晶状体纤维**。随着这些纤维的生长，它们逐渐充满晶状体泡的空腔（图 17-5A~C，图 17-7，图 17-8）。晶状体**赤道区**位于晶状体前后极的中间。赤道区的细胞是立方形的；当它们伸长时，它们失去细胞核，成为**次级晶状体纤维**（图 17-8）。这些纤维添加到初级晶状体纤维的外侧。*晶状体形成涉及晶状体板和晶状体泡中 L-Maf（晶状体特异性 Maf）和其他转录因子的表达。转录因子 Pitx3*

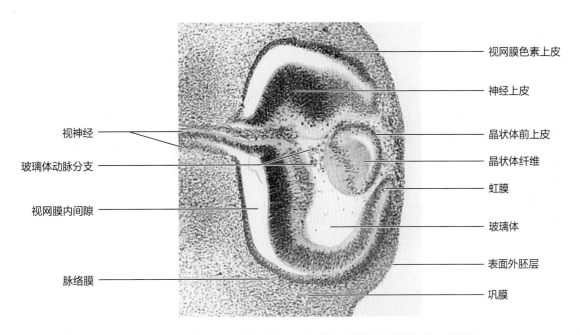

图 17-4　约 44 天时胚胎（100 倍放大）眼睛矢状截面的显微照片

观察形成晶状体纤维的是晶状体泡的后壁。前壁在变为晶状体前上皮时没有明显改变。（From Nishimura H, editor: Atlas of human prenatal histology, Tokyo, 1983, Igaku-Shoin.）

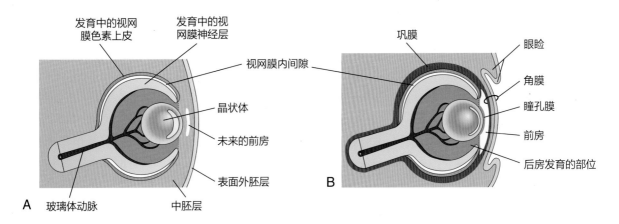

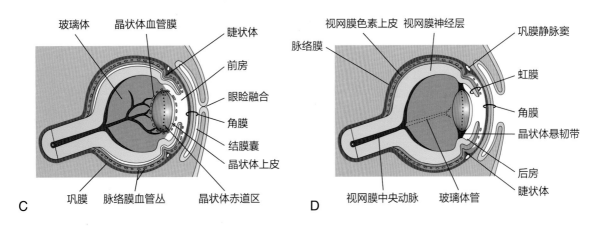

图 17-5　眼矢状切面示意图

显示晶状体、视网膜、虹膜和角膜的连续发育阶段。**A.** 第 5 周。**B.** 第 6 周。**C.** 第 20 周。**D.** 新生儿。注意，视网膜和视神经是由视杯和视柄形成的（图 17-1D）。

和 *GAT-3* 对晶状体的形成也是必不可少的。

次级晶状体纤维在成年期继续形成，晶状体直径也因此增加，但初级晶状体纤维终生不变。发育中的晶状体由**玻璃体动脉**的远端供血（图 17-4，图 17-5）；到胎儿期由于这部分动脉退化而变得无血管（图 17-5D）。此后，晶状体依赖于眼前房（图 17-5C）中的**房水（含水液体）**浸润前表面扩散供养，其他部位由玻璃体液扩散供养。**晶状体囊**由晶状体前部上皮产生。晶状体囊的基底膜增厚，呈层状结构。玻璃体

中的**玻璃体管**显示了玻璃体动脉的前段位置（图 17-5D）；该管在活体中通常不明显。

玻璃体在视杯腔内形成（图 17-4，图 17-5C）。它是由透明的、凝胶状的细胞间物质组成的无血管性**玻璃体液**。

玻璃体动脉残留

玻璃体动脉的远端通常退化，其近端成为视网膜的中央动脉（图 17-5C 和 D）。如果玻璃体动脉远端残留，它可能表现为一个自由移动的无功能血管，或从视盘突出的蠕虫状结构（图 17-3C），或是一条穿过玻璃体的细链。在其他情况下，玻璃样动脉残余物可能形成囊肿。

玻璃体形成在视杯腔内（图 17-4，图 17-5C），它由玻璃体液与一种无血管透明凝胶状细胞间质组成。

眼房的发育

眼球前房是由发育中的晶状体和角膜之间的间充质中形成的裂隙状间隙发展而来（图 17-5A~C，图 17-8）。**眼球后房**是从发育中的虹膜后面和发育中的晶状体前面的间充质形成的空间发育而来的（图 17-5D）。晶状体建立后，诱导表面外胚层发育为角膜和结膜上皮。当**瞳孔膜**消失（图 17-5B）和瞳孔形成时，眼的前后房通过**巩膜静脉窦**相互连通（图 17-5D）。这种血管结构包围着前房，使房水从前房流向静脉系统。

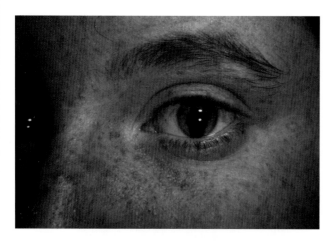

图 17-6 左虹膜缺损

观察虹膜下段缺损（6 点钟位置）这个缺损代表视网膜裂融合失败。（From Guercio J, Martyn L: Congenital malformations of the eye and orbit, Otolaryngol Clin North Am 40(1):113, 2007. ）

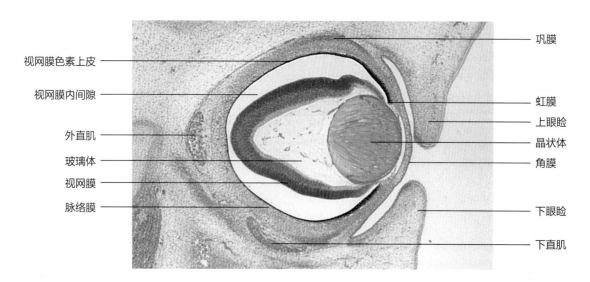

图 17-7 大约 56 天胚胎（50 倍放大）眼睛的矢状面的显微照片

观察发育中的神经视网膜和视网膜色素层。当这两层视网膜融合时，大的视网膜内间隙消失了。（From Moore KL, Persaud TVN, Shiota K: Color atlas of clinical embryology, ed 2, Philadelphia, 2000, Saunders. ）

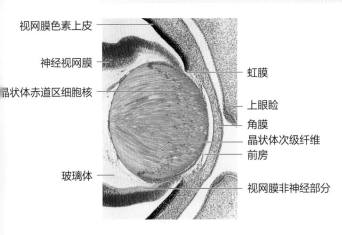

视网膜色素上皮
神经视网膜
晶状体赤道区细胞核
玻璃体
虹膜
上眼睑
角膜
晶状体次级纤维
前房
视网膜非神经部分

图 17-8 大约 56 天胚胎发育中的眼睛的一部分的矢状面的显微照片

观察到晶状体纤维已经拉长并堵塞了晶状体泡的空腔。（From Moore KL, Persaud TVN, Shiota K: Color atlas of clinical embryology, ed 2, Philadelphia, 2000, Saunders.）

先天性青光眼

新生儿的眼压（眼压异常升高）是由于房水的产生和流出之间的不平衡引起的。这种不平衡可能是由于**巩膜静脉窦**发育异常引起的（图 17-5D）。先天性青光眼（出生时存在）通常是**遗传异质性**的，但这种情况可能是由于妊娠早期胎儿风疹感染所致（见第 19 章，图 19-16B）。研究表明，*CYP1B1* 基因与大多数原发性先天性青光眼有关。

先天性白内障

在这种先天性缺陷中，晶状体是不透明的，经常呈灰白色。如果不治疗，最终导致失明。许多晶状体混浊是遗传的，显性遗传比隐性或性连锁遗传更常见。一些先天性白内障是由致畸因素引起的，特别是**风疹病毒**（见第 19 章，图 19-16A），影响晶状体的早期发育。在第 4~7 周，当初级晶状体纤维形成时，晶状体容易受到风疹病毒的感染。物理因素如**辐射**，也会损害晶状体并产生白内障（见第 19 章）。

角膜的发育

角膜由晶状体泡诱导形成，有三种胚胎来源，即：

- **外角膜上皮**，来源于**表面外胚层**。
- **间充质**，来源于中胚层，与发育中的巩膜连续。
- **神经嵴细胞**从视杯边缘迁移，形成角膜上皮以及富含胶原的细胞外基质的中间基质层。

眼睑发育

眼睑在第 6 周由神经嵴细胞衍生的间充质和生长在角膜上的两层皮肤褶皱发育而成（图 17-5B）。第 8 周时，眼睑彼此粘连，直到第 26~28 周时仍保持融合（图 17-5C）。**眼睑结膜**沿眼睑内表面排列。眼睑的**睫毛**和**腺体**来源于外胚层（第 18 章）。结缔组织和**睑板（眼睑中的纤维板）**由发育中的眼睑中的间充质发育而来。眼轮匝肌来源于第 2 咽弓的间充质（见第 10 章），并由其神经支配[脑神经（CN）Ⅶ]。

先天性上睑下垂

出生时上眼睑下垂比较常见。**上睑下垂可由上睑提肌营养不良引起。**先天性上睑下垂很少发生在产前损伤或动眼神经上支**营养不良**的情况下，而动眼神经（CN Ⅲ）上支是支配该肌肉的。先天性上睑下垂也可表现常染色体显性遗传。严重的上睑下垂会影响正常视力的发育，可能需要手术治疗。

眼睑缺损

这种出生缺陷的特点是上睑有一个小缺口，下睑缺损很少。**眼睑缺损**（Coloboma of Eyelid）可能是由于眼睑形成和发育的局部障碍导致。

泪腺发育

泪腺来源于表面外胚层的多个实质性芽。这些芽分支、加深形成**泪腺的排泄管**和小泡。**泪腺**在出生时很小，大约 6 周后才能完全发挥作用；因此，新生儿哭泣时不会流泪。眼泪在生后 1~3 个月时才产生。

耳朵的发育

耳朵由外部、中间和内部解剖部分组成。外耳和中耳调节声波从外耳到内耳的传递，将声波转化为神经脉冲。内耳与听力和平衡有关。

内耳的发育

内耳是耳朵三个部分中最先发育的。在第 4 周的早期，外胚层表面增厚（耳板）出现在胚胎两侧后脑尾部水平（图 17-9A 和 B）。来自脊索和近轴中胚层的诱导性因子刺激表面外胚层形成**听板**。成纤维细胞生长因子启动前耳板区耳鳃祖细胞的检测。听板的进一步发育涉及增殖相关基因 *Pa2GH4*、转录因子 *Fox1/3*、*Dlx*、*Pax2/8* 和 *Wnt*、*Notch* 信号通路。每个听板很快内陷，并深入到表面外胚层到下面的间充质，形成一个**听窝**（图 17-9C）。听窝的边缘结合在一起，形成一个**听泡**（图 17-9D 和 E）。听泡很快就失去了与外胚层表面的连接，一个憩室从听泡中生长出来并伸长形成**内淋巴管**和**内淋巴囊**（图 17-10A~E）。听泡可见两个区域：

- 背侧**椭圆囊**部分，小的内淋巴管、椭圆囊和半圆管由此产生。
- 腹侧**球囊**部分，产生球囊和耳蜗管。

三个盘状憩室从**原始膜迷路**的椭圆囊部分长出来。很快这些憩室的中央部分融合并消失（图 17-10B~E）。憩室周围未融合的部分成为**半圆管**，与椭圆囊相连，随后被封闭在**骨迷路**的半规管内。局限性扩张，即**壶腹**，发生在每个半圆管的一端（图 17-10E）。特殊受体区——**壶腹嵴**，在壶腹、椭圆囊和球囊（椭圆囊和球囊斑）中分化。

从听泡的腹侧囊状部分，一个管状憩室生长并卷曲形成**膜状耳蜗——耳蜗管**（图 17-10C~E）。连接耳蜗管和球囊的**连合管**迅速形成。**螺旋器**由耳蜗管壁细胞分化形成（图 17-10F~I）。**前庭蜗神经（CN Ⅷ）**的神经节细胞沿膜性耳蜗管迁移形成**螺旋神经节**。神经突起从这个神经节延伸到螺旋器，并终止于**毛细胞**。螺旋神经节细胞保持其胚胎中的双极性。

来自耳囊的诱导因子刺激耳囊周围的间充质分化成**软骨性耳囊**（图 17-10F）。软骨性耳囊随后骨化形成内耳**骨迷路**。维 A 酸和转化生长因子 *β1* 可能在调节内耳上皮间充质相互作用和诱导耳囊形成中发挥作用。

随着膜迷路扩大，软骨囊内出现空泡，并很快合并形成**外淋巴间隙**。膜迷路悬浮在**外淋巴液**中。与耳蜗管相关的淋巴管周围间隙形成两个部分，即**鼓室阶**和**前庭阶**（图 17-10H 和 I）。内耳在胎儿中期（20~22 周）达到成人的大小和形状。

中耳的发育

第 10 章描述了从第 1 咽囊形成的**鼓管隐窝**的发育（图 17-11B）。隐窝的近端形成**咽鼓管**。隐窝的远端扩张成为**鼓室**（图 17-11C），逐渐包围中耳**听骨**（锤骨、砧骨和镫骨）、肌腱和韧带以及**鼓索神经**。

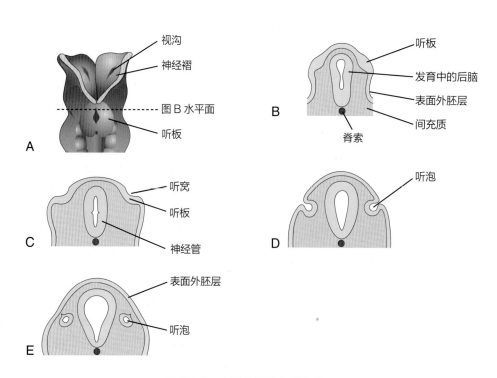

图 17-9 内耳早期发育示意图

A. 胚胎在大约 22 天时的背侧视图，显示听板。**B~E.** 图示听泡发育的连续阶段的冠状面示意图。

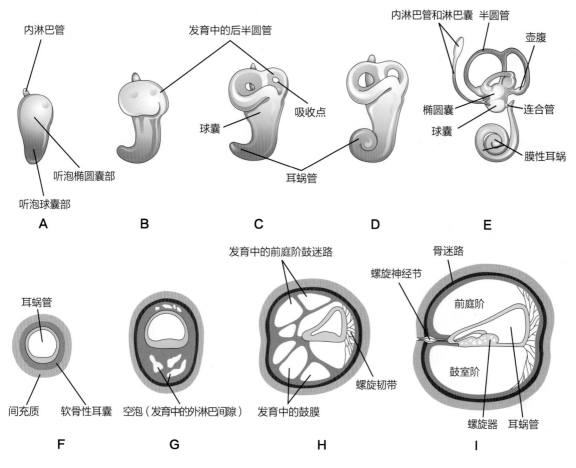

图 17-10　显示内耳膜迷路和骨迷路发育的听泡图

侧位图显示从第 5～8 周，听泡进入膜迷路的连续发展阶段。从 **A～D**，半圆管发展的示意图。**F～I**，耳蜗管切片显示螺旋器官和外淋巴间隙在第 8～20 周的连续发育阶段。

这些结构包含来自神经嵴细胞和内胚层几乎完整的上皮。神经嵴细胞进行上皮间充质转化。位于鼓管隐窝顶端的一种上皮型组织，可能通过诱导程序性细胞死亡和凋亡在中耳腔的早期发育中发挥作用。锤骨和砧骨由第 1 咽弓的软骨发育而来。镫骨有多种起源。镫骨头和镫骨脚是由神经嵴细胞形成的。镫骨底的外边界起源于间充质，镫骨曲脚环起源于神经嵴细胞。**鼓膜张肌**是附在锤骨上的肌肉，来自第 1 咽弓的间充质，**镫骨肌**来自第 2 咽弓。

在胎儿晚期，**鼓室扩张形成乳突窦**，固定于颞骨。乳突窦在出生时即达到接近成人的大小；然而，*新生儿中没有乳突细胞*。到 5 岁时，乳突细胞才发育好，产生颞骨的锥形突起，即**乳突**。中耳在青春期继续生长。

外耳的发育

外耳道是外耳通向鼓膜的通道，从第 1 咽沟的背侧发育而来。管道底部的外胚层细胞增殖形成一个坚固的上皮板，即**外耳道栓**（图 17-11C）。在胎儿期晚期，外耳道栓的中央细胞退化，形成一个空腔，成为外耳道的内部部分（图 17-11D）。

鼓膜的原基是第 1 咽膜，它将第 1 咽沟与第 1 咽囊分开（图 17-11A）。鼓膜的外覆盖层来源于表面的外胚层，而其内衬则来源于管鼓隐窝的内胚层。

耳郭从头部侧面突出，由第 1 和第 2 咽弓的间充质增生形成。第 1 咽沟周围突起形成**耳郭丘**（图 17-12A）。随着耳郭的生长，*HOXA2* 出现参与发育，第 1 咽弓的作用减弱（图 17-12B~D），22 周获得成年外耳结构。**耳垂**是耳郭发育的最后一部分。耳郭最初位于颈部底部（图 17-12A 和 B）。随着下颌骨的发育，耳郭在头部侧面逐渐呈现在正常位置（图 17-12C 和 D）。

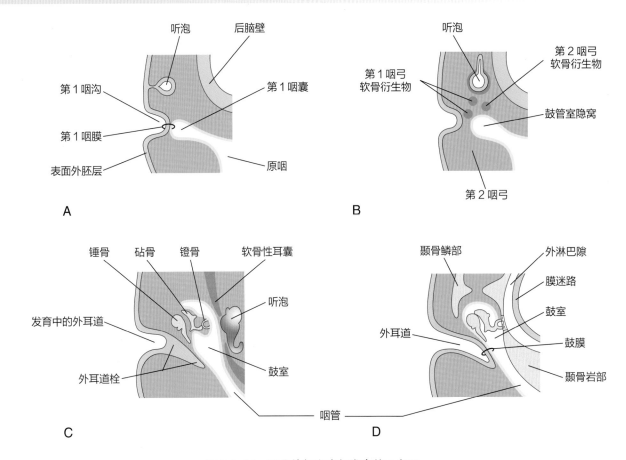

图 17-11 耳朵外部和中部发育的示意图

观察耳的这些部分与内耳原基——听泡的关系。**A.** 第 4 周，说明听泡与咽器的关系。**B.** 第 5 周，显示管鼓室隐窝和咽弓软骨。**C.** 后期，显示管鼓室隐窝（未来的鼓室和乳突窦）开始包围小骨。**D.** 耳朵发育的最后阶段，显示中耳与外淋巴间隙和外耳道的关系。注意，鼓膜由三个胚层发育而来：表面的外胚层、间充质和管鼓室隐窝的内胚层。

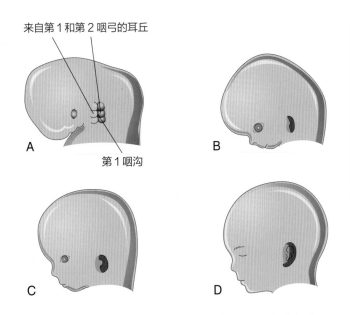

图 17-12 耳郭发育图示，耳郭是外耳不在头部的部分
A. 第 6 周。注意，3 个耳郭小丘位于第 1 咽弓，3 个位于第 2 咽弓。**B.** 第 8 周。**C.** 第 10 周后。**D.** 第 32 周。

先天性听力损失

大约每 1 000 名新生儿中就有 1.3 名患有严重的听力损失。耳聋可能是由于中耳和外耳的传声结构发育不良，或内耳的神经感觉结构发育不良所致。前庭导水管和内淋巴管增大是听力损失儿童最常见的先天性耳部缺陷（图 17-13）。典型的这种缺陷是双侧的，属**常染色体隐性遗传**。

在内耳发育的关键时期（第 4 周），**风疹感染**可导致螺旋器发育不良和耳聋。**先天性镫骨固定**导致正常耳朵的传导性耳聋。镫骨基底部附着于前庭窗的环状韧带分化失败，导致镫骨固定于骨迷路并丧失声传导功能。

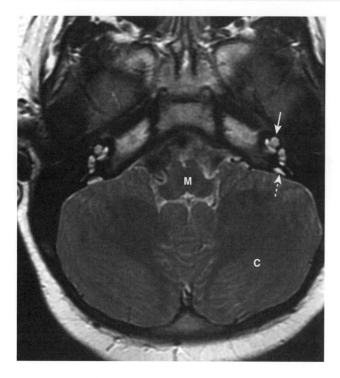

图 17-13　5 岁儿童的磁共振成像显示前庭导水管和内淋巴管的双侧增大（虚线箭头）

还要注意耳蜗（实心箭头）、髓质（M）和小脑（C）。（Courtesy Dr. G. Smyser, Altru Health System, Grand Forks, North Dakota.）

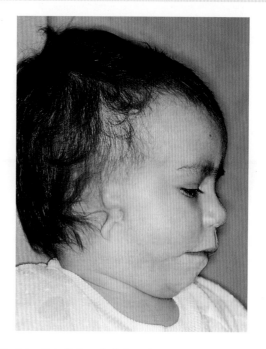

图 17-14　耳郭发育不全（小耳畸形）和耳前突的儿童

她还有其他一些先天缺陷。外耳道也不存在。（Courtesy A. E. Chudley, MD, Section of Genetics and Metabolism, Department of Pediatrics and Child Health, Children's Hospital, University of Manitoba, Winnipeg, Manitoba, Canada.）

耳郭异常

严重的外耳缺损是罕见的，但轻微畸形是常见的，可以作为一个特定的先天性缺陷模式的指标。例如，患有**染色体综合征**的婴儿，如 18 三体综合征（见第 19 章），以及因母亲摄入某些药物（如三甲二酮）而受影响的婴儿，耳郭通常较低，形状异常。

耳附属物

这些附属物很常见，可能是**副耳郭**小丘发育的结果（图 17-14）。附属物通常出现在耳郭前面，通常是单侧多于双侧。附属物通常有狭窄的蒂，由皮肤组成，但也可能含有一些软骨。

小耳畸形

小耳畸形（一种小的或未发育的耳郭）是由于间充质增生受到抑制而引起的（图 17-14）。这种缺陷通常作为相关出生缺陷的指标，如**外耳道闭锁**（80% 的病例）和中耳畸形。原因可以是遗传的，也可以是环境因素引起的。

耳前窦道

浅坑状皮肤窦道偶尔位于耳郭前面（图 10-9D）。这些窦道通常有精确的外部开口。有些窦道有残留的软骨块。这些缺陷可能与耳丘发育异常和第 1 咽沟背侧闭合不良有关。耳前窦道具有家族史，通常是双侧的。这些窦道可能与内部缺陷有关，如耳聋和肾脏畸形。

外耳道闭锁

外耳道闭锁是由于外耳道栓未能形成一条通道而引起的（图 17-11C）。通常管的深部是开放的，但浅部被骨或纤维组织阻塞。大多数病例与第 1 咽弓综合征有关（见第 10 章）。通常耳郭也受到严重影响，中耳、内耳或两者都有缺陷。外耳道闭锁可发生在双侧或单侧，通常由常染色体显性遗传引起。

外耳道缺如

外耳道（管）缺如是罕见的（图 17-14）。这种缺损是由于第 1 咽沟不能向内扩张和外耳道栓不能消失造成的。

临床导向提问

1. 如果女性在怀孕前 3 个月患风疹，胎儿的眼睛和耳朵受到影响的概率有多大？晚期胎儿风疹病毒感染最常见的表现是什么？如果孕妇接触风疹病毒，能否确定她对感染有免疫力？

2. 故意让年轻女性暴露风疹病毒是避免孕期感染风疹病毒的最佳方法吗？如果不是，如何提供避免风疹病毒感染的免疫力？

3. 据报道，儿童时期发生的耳聋和牙齿缺损可能是由胎儿梅毒感染引起的。这是真的吗？如果是这样，为什么会这样？这些先天性缺陷能预防吗？

4. 据报道，疱疹病毒感染可导致失明和耳聋。这是真的吗？如果是，涉及哪种疱疹病毒？受影响婴儿正常发育的机会有多大？

5. 据报道，子宫内接触甲基汞可导致智力缺陷、耳聋和失明。文章指出，食用受污染的鱼是造成这些异常的原因。这些出生缺陷是如何由甲基汞引起的？

答案见附录。

（施佳　译）

第 18 章

皮肤系统

皮肤系统由皮肤及其附属物组成：汗腺、指甲、毛发、皮脂腺和竖毛肌。这个系统还包括乳腺和牙齿。

皮肤和附件的发育

皮肤是人体的外层保护层，是一个复杂的器官系统，是人体最大的器官。皮肤由两层（表皮和真皮）组成，这两层来自两个不同的胚层（图 18-1）：外胚层和中胚层。

- **表皮**是一种来源于**表面胚胎外胚层**的浅表上皮组织。
- 表皮下的**真皮**是一层由致密、排列不规则的**间充质**结缔组织组成的深层组织。

外胚层（表皮）和间充质（真皮）相互作用涉及相互诱导机制。4~5 周龄的胚胎皮肤由一层覆盖在中胚层上的表面外胚层组成（图 18-1A）。

表皮

表皮的原基是表面外胚层（图 18-1A）。这一层细胞增殖并形成一层鳞状上皮（周皮）和**基底层**（图 18-1B）。细胞黏附蛋白和交联蛋白在表皮的发育过程中起着关键作用。周皮细胞不断经历**角化**（角质层的形成）和**脱皮**（鳞片状角质层的脱落），并被基底层的细胞所取代。剥落的周皮细胞形成了覆盖在胎儿皮肤上的白色油脂状物质——**胎脂**的一部分（图 18-2）。胎脂保护发育中的皮肤不受含尿液、胆盐和脱落细胞的羊水的持续暴露。

表皮的基底层为生发层（图 18-1D），产生新的细胞，这些细胞被转移到浅层中。到 11 周时，来自生发层的细胞已形成**中间层**（图 18-1C）。周皮细胞的替换一直持续到大约第 21 周；此后，周皮消失，角质层从透明层形成（图 18-1D）。

生发层中的细胞增殖也产生**表皮嵴**，延伸到发育中的真皮（图 18-1C）。表皮嵴在 10 周时开始出现在胚胎中，到 17 周时形成永久性的。手掌和脚底表面形成的表皮纹路是由基因决定的，是刑事调查和医学遗传学中**皮纹学**（检验指纹）的基础。染色体补体异常会影响纹路的形成；例如，大约 50% 的唐氏综合征新生儿的手和脚上有独特的纹路，具有诊断价值。

真皮

真皮由表面外胚层下的间充质发育而来（图 18-1A 和 B）。分化为真皮结缔组织的大部分间充质起源于中胚层侧面的体细胞层。在胚胎后期，**神经嵴细胞**迁移到发育中真皮的间充质中，并分化为**成黑素细胞**（图 18-1B 和 C）。随后，这些细胞迁移到**真皮交界处**并分化为黑素细胞（图 18-1D）。**黑素细胞**在出生前就开始产生**黑色素**，并将其分配给表皮细胞。出生后，随着紫外线的照射，黑色素的生成量增加。黑素细胞中黑色素的相对含量是造成皮肤颜色不同的原因。*分子研究表明，黑素细胞刺激素细胞表面受体和黑素体 P 蛋白通过调节酪氨酸酶的水平和活性来决定色素沉着的程度。*到 11 周时，间充质细胞已开始产生胶原和弹性结缔组织纤维（图 18-1C）。当**表皮嵴**形成时，真皮伸入表皮，形成**毛乳头**。毛细血管环在一些**真皮嵴**中发育，为表皮提供营养。**感觉神经末梢**在其他真皮嵴形成。发育中的传入神经纤维在真皮嵴形成的时空序列中起着重要作用。

真皮中的血管由间充质发育而来。随着皮肤的生长，新的毛细血管从原始血管中生长出来（**血管生成**）。一些毛细血管通过在周围间充质中发育的成肌细胞的分化获得肌膜，它们变成小动脉、动脉、小静脉和静脉。在怀孕的**头 3 个月**末，胎儿真皮的血液供应已经建立。

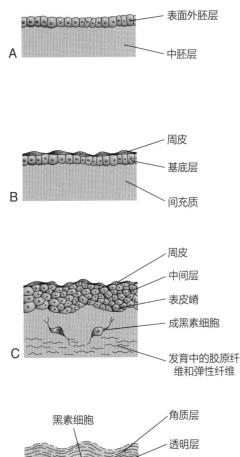

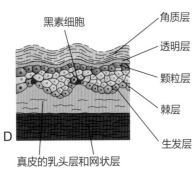

图 18-1 皮肤发育连续阶段示意图
A. 第 4 周。**B.** 第 7 周。**C.** 第 11 周。周皮细胞不断角化和脱落。剥落的周皮细胞形成了胎脂的一部分。**D.** 新生儿。注意表皮基底层的黑素细胞，以及它们的突起在表皮细胞之间延伸以供应黑素的方式。

角化障碍

鱼鳞病是由**过度角化**（角质形成）引起的一组皮肤疾病的总称。皮肤的特点是干燥和结垢，这可能涉及整个体表（图 18-3）。**丑角鱼鳞病**是一种罕见的角质化疾病，是一种常染色体隐性遗传病，由 *ABCA12* 基因突变引起。皮肤明显增厚、隆起和破裂。大多数患病的新生儿需要重症监护，即使如此，70% 的新生儿还是无法存活。火棉胶新生儿被一层厚而紧绷的膜所覆盖，类似火棉胶或羊皮纸。这层膜在第一次呼吸作用下破裂，并开始以大片的形式脱落。膜的完全脱落可能需要几周，偶尔会留下正常的皮肤。

皮肤血管瘤

这些血管异常是暂时性和 / 或过剩的血液或淋巴管持续存在造成的缺陷。血管瘤的组成主要包括动脉、静脉或**海绵状血管瘤**。由淋巴管组成的类似病变称为**囊性淋巴管瘤**或淋巴水瘤。真性血管瘤是血管内皮细胞组成的良性肿瘤，通常由实心或空心的血管索组成；空心的血管索含有血液。

鲜红痣是指扁平，粉红色或红色，火焰状斑点，通常出现在颈部后表面。**鲜红斑痣**是一种比鲜红痣更大、颜色更深的血管瘤，多位于面部、颈部。

腺体的发育

皮肤的腺体包括小汗腺和大汗腺、皮脂腺和乳腺。它们源自表皮并生长到真皮（图 18-2）。

皮脂腺

大多数皮脂腺从毛囊发育中的**表皮根鞘**两侧发育成芽状（图 18-2）。芽生长到周围的结缔组织和分支中，形成**腺泡**（空心囊）及其相关导管的原基。腺泡的中央细胞分解，形成油性分泌物——**皮脂**；这种物质被释放到毛囊并传递到皮肤表面。它与脱皮的周皮细胞混合形成**干酪样胎脂**。皮脂腺也可以独立于毛囊（例如，在龟头和小阴唇）外，以类似的方式从表皮芽侵入真皮。

汗腺

小汗腺发育为表皮向下生长的**细胞芽**，进入下层间充质（图 18-2）。当芽伸长时，它的末端卷曲形成腺体分泌部分的原基。发育中腺体的上皮附着在表皮上形成了**汗管的原基**。原始导管的中央细胞退化，形成管腔。腺体分泌部分的外周细胞分化为肌上皮细胞和分泌细胞（图 18-2）。肌上皮细胞是专门的平滑肌细胞，协助排出腺体的汗液。小汗腺在出生后不久就开始发挥作用。

大汗腺由表皮生发层向下生长形成毛囊（图 18-2）。最终，这些腺体的导管进入毛囊的上部，在皮脂腺开口的表面。这些腺体大多局限于腋窝、阴部和会阴区以及乳头周围的乳晕。腺体的分泌直到青春期才开始。

毛发的发育

毛发在第 9~12 周开始发育，但直到大约第 20 周才变得容易辨认（图 18-2）。毛发首先可以在眉毛、

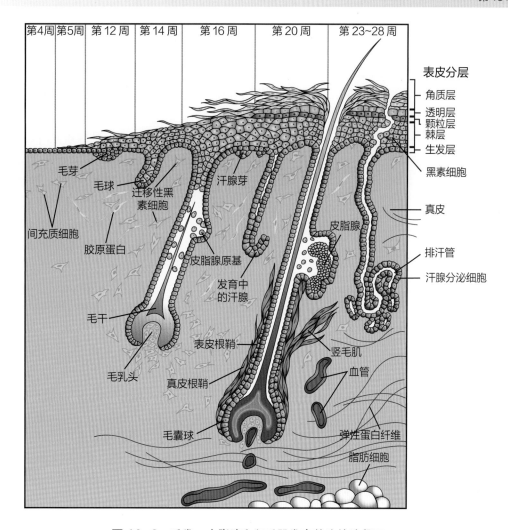

图 18-2 毛发、皮脂腺和竖毛肌发育的连续阶段图
注意，皮脂腺是从毛囊侧面生长出来的。

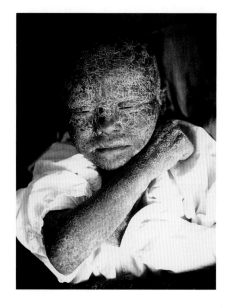

图 18-3 出生时皮肤角化严重（鱼鳞病）的儿童
这 种 特 殊 的 缺 陷 具 有 常 染 色 体 显 性 遗 传 模 式。
（Courtesy Dr. Joao Carlos Fernandes Rodrigues, Servico de Dermatologia, Hospital de Desterro, Lisbon, Portugal.）

上唇和下巴上辨认出来。毛囊开始于表皮生发层的增生，并延伸到下面的真皮。**毛芽**很快就变成了棒状的毛球。毛球的上皮细胞构成了**生发基质**，随后产生毛发。**毛球**很快被一个来自间充质的小的**毛乳头**内陷（图18-2）。发育中毛囊的外周细胞形成**表皮根鞘**，周围的间充质细胞分化为**真皮根鞘**。当生发基质中的细胞增殖时，它们被推向表面，在那里**角化**形成**毛干**。眉毛和上唇表皮上的毛发生长持续到第12周结束。

最初的毛发——**胎毛**细嫩，柔软，颜色浅。胎毛在第12周末开始出现，在第17~20周出现大量的胎毛。这些毛发有助于保持皮肤上的胎脂。胎毛在围产期被长在身体大部分部位的粗毛所取代。在腋下和阴部，胎毛在青春期被更粗的**顶生毛**（Terminal Hairs）所取代。在男性，类似的粗毛也出现在脸上，胸部也经常有。

成黑素细胞迁移到毛球中并分化成黑素细胞。这些细胞产生的黑色素在出生前几周转移到生发基质中的毛发形成细胞。黑色素的相对含量是头发颜色不同的原因。**竖毛肌**，即平滑肌纤维的小束，与毛囊周围的间充质不同，附着于真皮的真皮根鞘和乳头层（图18-2）。腋毛和脸部某些部位的竖毛肌发育不良。构成眉毛和睫毛的毛发没有竖毛肌。

白化病

　　全身性白化病是一种常染色体隐性遗传病，皮肤、头发和视网膜缺乏色素，然而虹膜通常有色素沉着。当黑素细胞由于缺乏酪氨酸酶而不能产生黑色素时，就会发生白化病。**局限性白化病——斑秃**是一种常染色体显性遗传病，皮肤、头发或两者都缺乏黑色素。

指甲的发育

　　大约10周后，趾甲和指甲开始在指（手指和脚趾）的顶端发育（图18-4）。**指甲**的发育先于**趾甲**大约4周。指甲的原基在指尖的表皮上表现为增厚的区域。随后，这些**甲区**迁移到背侧（图18-4A），神经支配来自腹侧。甲襞的侧面和近端被表皮的皱褶所包围（**甲襞**）。

　　来自近端甲襞的细胞在甲区生长并角化形成**甲盖**（图18-4B）。最初，发育中的指甲被表皮的表层覆盖，即**指甲上皮**（图18-4C）。这些上皮退化，暴露了指甲，除了在它的底部，它作为**角质层**持续存在。指甲游离缘下的皮肤是**甲下膜**（图18-4C）。指甲在大约32周到达指尖；趾甲在大约36周到达趾尖。

乳腺的发育

　　乳腺是一种高度分化的特殊汗腺。乳腺芽在第6周开始发育，表皮向下生长，进入下层间充质（图18-5C）。这些变化是对间充质诱导作用的反应。**乳腺芽**由乳腺嵴发育而来，**乳腺嵴**是外胚层的加厚条带，从腋窝延伸到腹股沟（图18-5A）。乳腺嵴出现在第4周，但通常只在胸部持续存在（图18-5B）。每一个初级乳腺芽很快就会产生几个次级乳腺芽，这些乳腺芽发育成**乳管**及其分支（图18-5D和E）。乳腺芽的管化是由进入胎儿循环的母体性激素引起的。这一过程一直持续到妊娠晚期，足月时已形成15~20个乳管。乳腺的纤维结缔组织和脂肪是由周围的间充质形成的。

　　在胎儿晚期，**原始乳腺**起源处的表皮变得凹陷，形成一个**浅乳窝**（图18-5C和E）。新生儿乳头发育不良且凹陷。出生后不久，由于**乳晕**周围结缔组织的增生，乳头通常会从乳窝中隆起（图18-5F）。在两性中，乳腺发育相似，结构相同。在女性中，腺体在青春期迅速增大，主要是因为在雌二醇的影响下乳房中脂肪和其他结缔组织的发育。由于循环中**雌激素**和黄体酮水平的增加，导管和腺叶系统的生长也会发生。

男性乳房发育症

　　男性未发育的乳腺通常不会在出生后发育。**男性乳房发育症**是指男性乳房组织发育过度。在大多数男性新生儿中发生是由于母体性激素对乳腺的刺激。这种影响几周后就会消失。在青春期中期，大约2/3的男性有不同程度的暂时性（6~24个月）**乳房增生**。大约80%患有Klinefelter综合征的男性患有乳房发育症（见第19章，图19-7）。

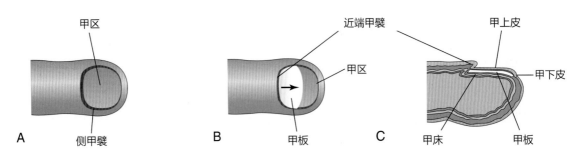

图18-4 指甲发育的连续阶段

A. 指甲的第1个迹象是指尖的表皮（甲区）增厚。**B.** 随着甲盖的发育，它慢慢向指尖生长。**C.** 指甲通常在32周前到达手指末端。

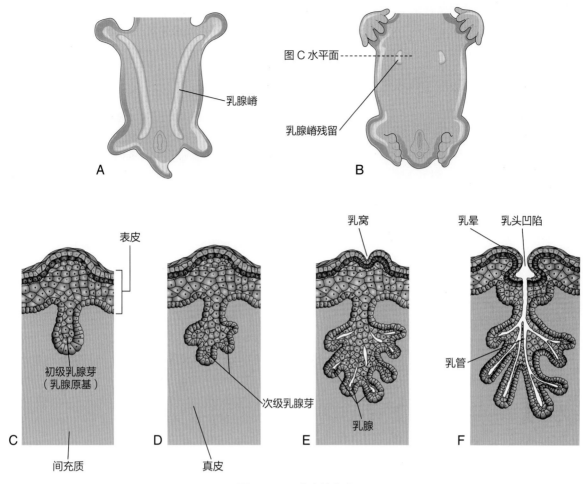

图18-5 乳腺的发育

A. 胚胎在大约28天时的腹侧视图，显示了乳腺嵴。**B.** 第6周时的类似图像显示了乳腺嵴的遗迹。**C.** 在发育中的乳腺部位的乳腺嵴的横切面。**D~F.** 类似的切面显示了从第12周到出生之间乳房发育的连续阶段。

多乳症

额外乳房（**多乳症**）或乳头（**多乳头症**）是一种遗传性疾病，占女性人口的0.2%~5.6%。**多余的乳头**在男性中也比较常见；它们经常被误认为是痣。多乳头症常与其他先天性缺陷有关，包括肾和尿路异常。少数情况下，**多余的乳房**或乳头出现在女性的腋窝或腹部。在这些位置上，乳头或乳房是由沿着乳腺嵴发育的乳腺芽形成的（图18-5A和B）。

牙齿的发育

通常有两套牙齿发育：**乳牙**和**恒牙**。牙齿由口腔外胚层、间充质和神经嵴细胞发育而来。**牙釉质**来源于口腔的外胚层；*所有其他组织都从周围的间充质和神经嵴细胞分化而来。音猬因子（SHH）信号对牙齿发育的启动至关重要，通过Wnt/β-Catenin通路调节*牙齿发育的许多阶段。

牙齿发生（牙齿发育）是由**神经嵴诱导的间充质**对上覆的外胚层的诱导作用开始的。第一个牙芽出现在下颌前部，随后的牙齿发育出现在上颌前部，并沿两侧颌骨向后发展。出生后牙齿发育持续数年（表18-1）。牙齿发育的第一个迹象是口腔上皮增厚，这是在第6周出现的表面外胚层的衍生物。这些U形带即**牙板**，沿着颌骨的曲线分布（图18-6A，图18-7A）。

牙齿发育的蕾状期

每个牙板（图18-6A）形成10个增殖中心，**牙蕾**从这些增殖中心生长到下面的间充质（图18-6B，图18-7B）。这些牙蕾发育成**乳牙**，在儿童时期脱落（表18-1）。每个下颌有10个牙蕾，每个对应一个乳牙。约10周时，**恒牙**的牙蕾开始出现在牙板的深层延续（图18-7D）。磨牙没有乳牙；它们从**牙板**的后部发育成牙蕾。恒牙的牙蕾出现在不同的时期，大多在胎儿期。第二和第三恒磨牙的牙蕾在出生后发育。

牙齿发育的帽状期

当每个牙蕾被间充质——**牙乳头**和**牙囊**的原基内陷时，牙蕾变成帽状（图 18-7C）。发育中牙齿的外胚层部分，即**造釉器**，最终产生**釉质**。每个帽

表 18-1　乳牙萌出顺序、时间及脱落时间

牙齿	萌牙时间	脱落时间
乳牙		
中切牙	6~8 个月	6~7 岁
侧切牙	8~10 个月	7~8 岁
尖牙	16~20 个月	10~12 岁
第一磨牙	12~16 个月	9~11 岁
第二磨牙	20~24 个月	10~12 岁
恒牙		
中切牙	7~8 岁	
侧切牙	8~9 岁	
尖牙	10~12 岁	
第一前磨牙	10~11 岁	
第二前磨牙	11~12 岁	
第一磨牙	6~7 岁	
第二磨牙	12 岁	
第三磨牙	13~25 岁	

数据来源于 Moore KL, Dalley AF, Agur AMR: Clinically orientedanatomy, ed 6, Baltimore, 2010, Williams & Wilkins.

状牙齿的内部，即**牙乳头**，是牙髓的原基。牙乳头和造釉器共同形成**牙胚**（原始牙）。造釉器的外细胞层是**外釉上皮**，而内衬"帽"的内细胞层是**内釉上皮**（图 18-7D）。

釉上皮质之间排列松散的细胞的中心核心是**釉网（星状网）**（图 18-7E）。随着造釉器和牙乳头的发育，发育中的牙齿周围的间充质凝结形成**牙囊**，这是一种血管化的囊膜结构（图 18-7E）。牙囊是**牙骨质**和**牙周韧带**的原基。牙骨质是覆盖在牙根上的像骨一样坚硬的结缔组织。牙周韧带来源于神经嵴细胞。它是一种特殊的血管结缔组织，包围牙根，将牙根与牙槽骨分离并附着在**牙槽骨**上（图 18-7G）。

牙齿发育钟状期

随着造釉器的分化，发育中的牙齿变成钟形（图 18-7D，图 18-8）。牙釉质内上皮附近的牙乳头间充质细胞分化为**成牙本质细胞**，产生**前牙本质素**并沉积于上皮附近。后来，前牙本质钙化，变成**牙本质**。随着牙本质增厚，成牙本质细胞向牙乳头中心退行；然而，它们的细胞质突起——**成牙本质突**仍然嵌入牙本质中（图 18-7F 和 I）。牙釉质是身体中最硬的组织。它覆盖在淡黄色的牙本质上，这是人体第二硬的组织，可以保护牙本质不被折断。

*内釉上皮细胞*分化为**成釉细胞**，在牙本质上形成棱柱状的釉质。随着釉质的增加，成釉细胞向外釉上皮退行。牙本质和釉质形成良好后，**牙根**开始发育。内、外釉上皮在牙颈部汇合，形成一个褶皱，即**上皮根鞘**（图 18-7F）。这个鞘生长到间充质中并开始牙根的形成。与上皮根鞘相邻的成牙本质细胞形成与牙冠连续的牙本质。随着牙本质的增加，牙髓腔缩小

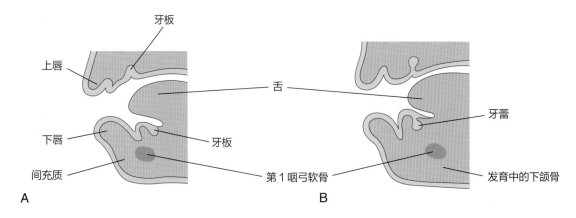

图 18-6　显示牙齿早期发育的下颌矢状面示意图
A. 第 6 周初，显示牙板。**B.** 第 6 周末，显示牙蕾从牙板上长出来。

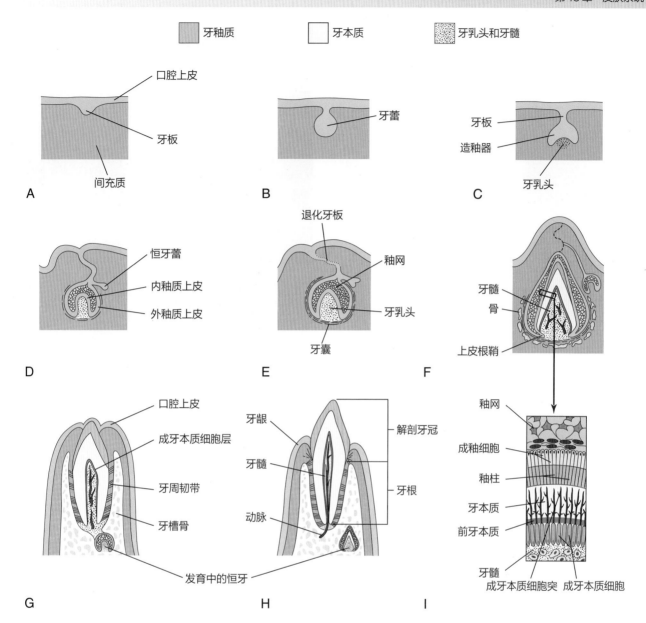

牙釉质　　牙本质　　牙乳头和牙髓

图 18-7 切牙发育和萌出的连续阶段矢状面示意图
A. 第6周时，显示牙板。**B.** 第7周时，显示牙胚从牙板开始发育。**C.** 第8周时，显示牙齿发育的帽状期。**D.** 第10周时，显示乳牙的早期钟状期和恒牙的蕾状期。**E.** 第14周时，牙齿发育进入钟状晚期。注意牙齿与口腔上皮的连接（牙板）正在退化。**F.** 第28周时，显示釉质和牙本质层。**G.** 出生后6个月，出现早期牙萌出。**H.** 出生后18个月，显示乳牙完全萌出。门牙的牙冠发育良好。**I.** 切面通过一个正在发育的牙齿，显示成釉细胞和成牙本质细胞。

成狭窄的**根管**，血管和神经通过根管。牙囊的内部细胞分化为**成牙骨质细胞**，这些细胞产生局限于牙根的牙骨质。牙骨质沉积在牙根的牙本质上，并在牙颈部与牙釉质接触。

随着牙齿的发育和颌骨的骨化，牙囊外的细胞也在骨形成中变得活跃起来。除了牙冠，每颗牙齿很快就会被骨头包围。牙齿被坚固的**牙周韧带**固定在**牙槽嵴**（骨性窝）中（图18-7G和H）。牙周韧带的一些纤维包埋在牙根的牙骨质中，其他纤维包埋在牙槽骨

壁中。牙周膜位于牙根牙骨质和牙槽骨之间。

萌牙

随着**乳牙**的发育，它们开始向口腔持续缓慢移动（图18-7F和G）。**下颌的牙齿**通常先于上颌的牙齿萌出，而女性的牙齿通常萌出得更早。一个孩子的牙列有**20颗乳牙**。随着牙根的生长，牙冠通过口腔上皮逐渐萌生。萌出的牙冠周围的口腔黏膜部分变成**牙龈**。乳牙萌出通常发生在出生后6~24个月（表18-

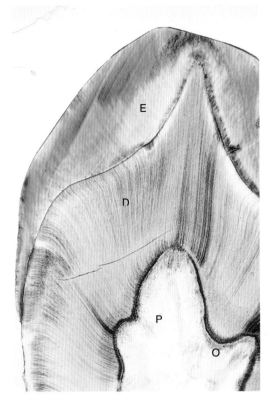

图 18-8 牙齿的牙冠和颈部截面的显微照片（17倍放大）观察牙釉质（E）、牙本质（D）、牙髓（P）和成牙本质细胞（O）。（From Gartner LP, Hiatt JL: Color textbook of histology, ed 2, Philadelphia, 2001, Saunders.）

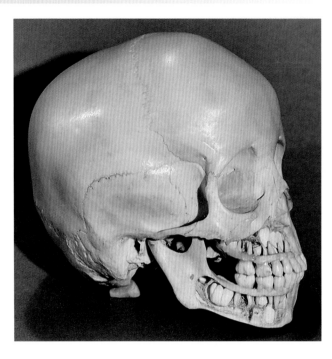

图 18-9 4岁儿童的头盖骨
从下颌取出骨头，以显示正在发育的恒牙与乳牙的关系。

1）。下颌骨内切牙或**中切牙**通常在出生后6~8个月萌出，但有些儿童可能要到12个月或13个月才会萌出。尽管如此，健康儿童的20颗乳牙通常都会在第2年末出现。

恒牙的发育方式与乳牙相似。随着恒牙的生长，相应乳牙的牙根逐渐被**破骨细胞**吸收。因此，当乳牙脱落时，它只包括牙冠和牙根的颈部或最上部。恒牙通常在第6年开始萌出，并持续到成年早期（图18-9，表18-1）。

牙釉质发育不良

有缺陷的牙釉质形成导致牙齿的牙釉质出现凹坑、裂缝或两者兼有（图18-10）。这些缺陷是由于釉质形成的暂时性干扰造成的。各种因素可损伤成釉细胞（釉质的来源），如营养缺乏、四环素治疗和传染病。在恒牙发育的关键时期（6~12周）出现的佝偻病是牙釉质发育不良最常见的原因。**佝偻病**是一种缺乏维生素D的儿童疾病，其特点是骨骺软骨骨化障碍，骨骺和骨干之间的干骺端骨细胞定向障碍（见第15章，图15-3）。

齿形变化

畸形的牙齿比较常见。有时，牙齿上附着大量的**釉质颗粒**（图18-10E）。它们是由**异常的成釉细胞群**形成的。在某些病例中，上颌侧切牙可能是细长、锥形的（**钉形门牙**）。**先天性梅毒**影响恒牙的分化，导致门牙有中央切迹。

牙数异常

表现为一个或多个**多生牙**，或者牙数量减少（图18-10D）。多生牙通常生长在上颌切牙区域，可能破坏正常牙齿的位置和萌出。多余的牙齿通常在正常牙齿后面萌出。**部分性无牙症**表现为一个或多个牙齿缺失。先天性缺失一颗或多颗牙齿（**牙齿发育不全**）通常是一种家族特征。在**完全性无牙症**中，没有牙齿发育形成；这种非常罕见的情况，通常与**先天性外胚层发育不良**（涉及起源于外胚层的组织的疾病）有关。

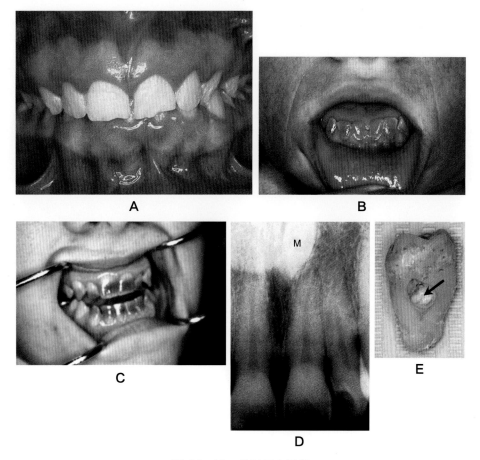

图 18-10 常见牙齿异常

A. 牙釉质发育不全。**B.** 牙本质发育不全。**C.** 四环素染色的牙齿。**D.** 中线多生牙（M，近中牙），位于中切牙的根尖附近。**E.** 带有釉质颗粒的磨牙（箭头）。（**A**, Courtesy Dr. Blaine Cleghorn, Faculty of Dentistry, Dalhousie University, Halifax, Nova Scotia, Canada. **B to D**, Courtesy Dr. Steve Ahing, Faculty of Dentistry, University of Manitoba, Winnipeg, Manitoba, Canada.）

巨牙

巨牙症（单个大牙齿）是由两个相邻的牙胚结合引起的疾病。两颗牙齿的牙冠可以部分或完全融合。这同样适用于牙根。有时，一个牙蕾分裂或两个牙蕾部分融合形成融合的牙齿。这种情况常见于乳牙的下颌切牙，但也可发生在恒牙。

牙本质发育不全

牙本质发育不全在白人儿童中比较常见（图 18-10B）。在受影响的儿童，牙齿是棕色到灰蓝色，有乳白色光泽。这是由于成牙本质细胞不能正常分化，产生钙化不良的牙本质。乳牙和恒牙通常都受累。牙釉质很快就会磨损，露出牙本质。这种缺陷作为常染色体显性遗传。

釉质发育不全

在釉质发育不全中，由于**钙化不全**，牙釉质柔软易碎，牙齿呈黄色至棕色（见图 18-10A）。*AMELX*、*ENAM*、*MMP20* 和其他编码牙釉质、牙本质和矿化的基因突变缺陷可能与此有关。牙齿上只覆盖了一层薄薄的不正常形成的牙釉质，通过这层牙釉质可以看到下面的牙本质的颜色，使牙齿的外观变暗。这种罕见的常染色体显性遗传病大约影响 1/12 000（美国）~1/700（瑞典）的儿童。

变色的牙齿

如果异物混入正在发育的牙釉质和牙本质中，会使牙齿变色。新生儿**溶血病**引起的**溶血**（见第8章）可导致牙齿从蓝色到黑色变色。所有的四环素都广泛地结合到牙齿中。乳牙的危险期从胎儿出生后14周到出生后第10个月，恒牙的危险期从胎儿出生后14周到出生后第16年。**四环素类**产生棕黄色斑点和釉质发育不良，因为它们干扰成釉细胞的代谢过程（图 18-10C）。在大约8岁时，除第三磨牙外，其他所有磨牙的釉质都已完全形成。因此，孕妇或8岁以下儿童不应服用四环素。

临床导向提问

1. 据报道，一名新生儿出生时没有皮肤。这可能吗？如果是这样，这样的婴儿还能活下来吗？

2. 皮肤黝黑的人，面部、胸部和四肢有白斑。他甚至有一个白色的额头。这种情况叫什么？它的发育基础是什么？这些皮肤缺损有什么治疗方法？

3. 有些男性在出生时乳房增大。这是性发育异常的迹象吗？

4. 一个女孩在青春期腋下长出了乳房。她胸部还多了一个乳头。这些先天缺陷的胚胎学基础是什么？

5. 一个新生儿出生时有两颗牙齿。它们是正常的牙齿吗？常见吗？它们通常需要拔除吗？

答案见附录。

（施佳 译）

第 19 章

人类出生缺陷

*出生缺陷（畸形）*是在出生时存在的发育性疾病，已确知全球每年几乎有 800 万儿童患严重出生缺陷。出生缺陷是导致婴儿死亡原因之一，且可分为结构性、功能性、代谢或者行为障碍。**出生缺陷**是一种多类型的结构异常。在临床上有四种缺陷类型：畸形、破坏、变形和发育不良。

- **畸形**（malformation）：一个器官形态缺陷，也可一部分器官或身体大部分区域导致本质上异常发育改变。
- **破坏**（disruption）：一个器官或部分器官或身体大部分区域有外在性损害或一开始外在原因干预了正常发育过程。
- **变形**（deformation）：一种异常形式，是由机械性压力使身体一部分产生形状、部位的病变。
- **发育不良**（dysplasia）：一种发育不正常的细胞、组织，导致形态结构改变的过程即组织发育不全（dyshistogenesis）。

畸形学：异常发育的研究

畸形学（teratology）是科学的一个分支，专门研究发育异常的原因、机制和类型。畸形学的基本概念是胚胎发育的某些阶段是比其他阶段发育更脆弱或完全破坏（图 19-1）。

在北美大于 20% 的婴儿死亡原因是归属于出生缺陷。近 3% 的新生儿观察到有主要的结构畸形。在出生后检查也可发现有其他畸形。出生缺陷发生率在 2 岁婴儿是 6%，5 岁儿童则达 8%。

出生缺陷的原因可以是**遗传因素**，如染色体畸形；*环境因素*，如药物。然而许多常见的缺陷是多因素的结果。它们是由遗传和环境因素结合一起的结果，表观遗传机制也可受到干扰。约 50%~60% 出生缺陷病因学尚未明确（图 19-1）。出生缺陷可以单一或涉及多个器官系统表现出主要或小的不同临床表现。

单一小的缺陷（single minor defects）14% 新生儿存在。这些缺陷中有些并没有医治的意义，但可以提示可能合伴大的缺陷。例如：存在单一脐动脉，临床医师就要警惕有否心血管和肾脏的畸形。

主要的缺陷（major defects）在胚胎早期十分常见（10%~15%），但在妊娠头 6 周，大多数胚胎自主流产。在自然流产胚胎中**染色体畸形**占 50%~60%。

遗传因素引起的出生缺陷

遗传因素是最重要的出生缺陷原因，在比例上几乎占全部出生缺陷因素的近 1/3（图 19-1）。染色体异常患者常具有特殊的表型，如唐氏综合征婴儿有特殊的身体体征（图 19-4）。任何解释的机制都是复杂的，有丝分裂或减数分裂均可偶尔发生发育故障；因而染色体异常是常见的，且存在于 6%~7% 的受精卵。改变可影响到性染色体或常染色体，或两者皆受到影响。许多早期胚胎从来没有行正常的裂解变成囊胚。

数据化的染色体畸形（numerical chromosomal abnormalities）

体细胞的染色体是正常配对的。**同源染色体**（homologous chromosomes）组成的一对是同源基因。正常女性有 22 对常染色体加 2 条 X 染色体，而正常的男性有 22 对常染色体加 1 条 X 染色体和 1 条 Y 染色体。染色体数值异常常导致细胞**不分离**或者分隔错误，即 1 个染色体配体或 2 个染色单体（chromatids）在有丝分裂或减数分裂期并不分离。结果造成染色体配对或染色单体向一个女性细胞移动，也不接受其他的细胞。

不分离现象可发生在母亲或父亲配子发生期间（gametpgemesis）（见第 2 章）。

基因失活（inactivation of genes）

在胚胎发生期，女性体细胞两个 X 染色体中一个随机失活而作为性染色质（chromatin）团块出现。女性胚胎体细胞一个 X 染色体基因失活发生在植床期。

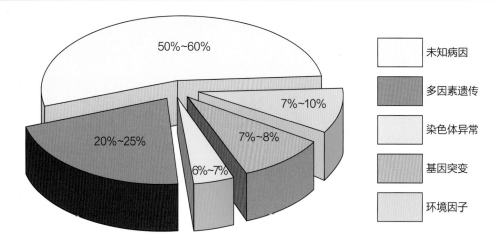

图 19-1 人类出生缺陷示意图

大多数缺陷原因是未知的，其中 20%~25% 的原因是遗传和环境因素共同引起（多因素遗传）。

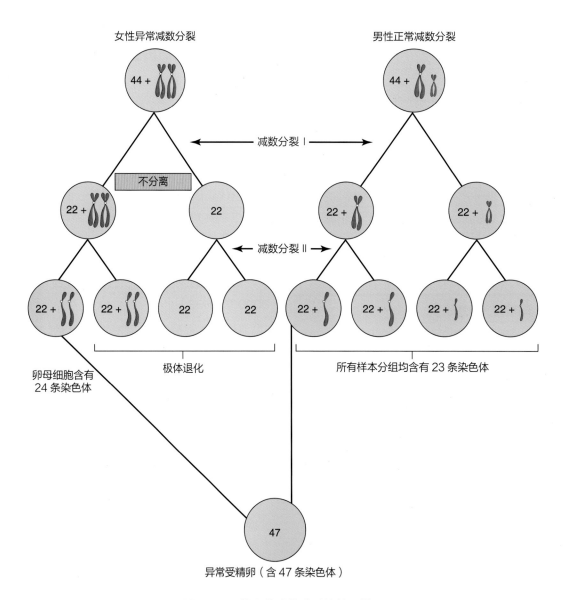

图 19-2 染色体减数分裂的数目错误

提示一个原始卵母细胞，第一次减数分裂期性染色体不分离导致一个异常含 24 条染色体的卵母细胞。随之，由正常精子受精产生一个 47 条染色体的受精卵——非整倍体——人类二倍体 46 数偏离。

基因失活

X 失活在临床上非常重要，这意味着性联遗传疾病的载体中，每一个细胞具有引起疾病的突变基因，无论是有活性的 X 染色体或失活的染色体，这些也由**性染色体**为代表。在单卵双胎的不均匀 X 失活是在各种出生缺陷的一种原因。这种不规则的遗传学基础是双胎之一优先表达父亲的 X，另一个表达母亲的 X。

特纳综合征（Turner Syndrome），又称单体性 X 染色体（Monosomy X）

仅约 1% 女性胚胎伴有单体 X（45，X：染色体总计 45 和一个 X 染色体）幸存。

45，X 或**特纳综合征**发生率在新生儿近约 1/8 000 成活儿。受累半数有 45，X；另一半有各种畸形影响到性染色体。

特纳综合征的表型是女性（图 19-3）。其**表型**描述有形态学特点，可由基因型和环境中表达。约 90% 的特纳综合征女孩儿第二性征没有发育，往往需要激素的替补治疗。

单体 X 染色体畸形是最常见的细胞遗传畸形。在成活的新生儿中观察到。胎儿自然流产；统计在全部自然流产中约有 18%，是由染色体畸形所致。近 75% 的病例，父亲的 X 性染色体是缺少的。

非整倍体和多倍体（Aneuploidy and Polyploidy）

染色体数目变化结果导致非整倍体或多倍体。**非整倍体**是从 46 染色体二倍体数出现任何的偏离，即 23 单倍数没有一个精确倍数（例如 45 或 47）。非整倍体最重要原因是在细胞分裂时期并没有分裂（图 19-2），导致一对同源的染色体不等同的破坏为女性细胞。一个细胞有两条染色体，另一个没有染色体。由于这结果胚胎细胞变成亚两倍体（例如 45，X 或者特纳综合征，图 19-3）或超二倍体（hyperdiploid）常为 47，也是 21 三体或唐氏综合征（图 19-4）。**单体**的胚胎丢失一条染色体常死亡。常染色体单体极其罕见，几乎 99% 的胚胎缺乏一条性染色体（45，X）自然流产。

三染色体型（Trisomy）

假如一种类型为常见配体中有三条染色体的畸形称之**三染色体型**。这是最常见的染色体数目的畸形。通常是由于染色体**减数分裂的数目错误**（图 19-2）导致 24 配子由 23 染色体替代，随之发生成 47 染色体的受精卵。

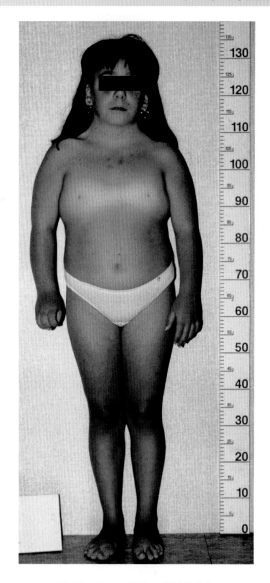

图 19-3 14 岁女孩特纳综合征

综合征典型特征：矮小身材，蹼颈、性成熟差、宽胸、乳头间距大和手、足淋巴水肿（Courtesy Dr. F. Antoniazzi and Dr. V. Fanos, Department of Pediatrics, University of Verona, Verona, Italy.）

常染色体三体型主要合伴有三种综合征（表 19-1）。

• 21 三体或唐氏综合征（Down syndrome）（图 19-4）。

• 18 三体或爱德华兹综合征（Edwards syndrome）（图 19-5）。

• 13 三体或帕托综合征（Patau syndrome）（图 19-6）。

13 三体和 18 三体的婴儿是严重畸形，均有主要的神经发育病变。这些生命有限的疾病典型造成一年存活率在 6%~12%。>50% 的三体胚胎早期即发生自然流产。常染色体三体发生率随母亲年龄增长而增加（表 19-2）。21 三体发生率在美国报道为 1/800 出生成活儿。

表 19-1 常染色体三体

染色体异常 / 综合征	发病率	常见形态学特性	图
21 三体 （唐氏综合征）*	1/800	智力障碍、短头、鼻梁平、睑裂上倾、舌伸出、猿猴纹、第 5 小指弯曲、先天性心脏缺陷	19-4
18 三体 （爱德华兹综合征）†	1/8 000	智力障碍、生长发育迟缓、枕部突出、胸骨短、室间隔缺损、小颌畸形、矮胖、畸形耳、弯曲指、指甲发育不良、船底状脚（rocker-bottom feet）	19-5
13 三体 （帕托综合征）†	1/25 000	智力障碍、严重中枢神经系统畸形、畸形耳、前额倾斜、头皮缺陷、小眼症（microphthalmia）、双侧唇裂或腭裂、多指（趾）、脚根后凸	19-6

* 21 三体在受精时发生率大于出生时，75% 受累胚胎是自然流产，至少 20% 死胎。

† 这些综合征婴儿在出生 6 个月内很少成活。

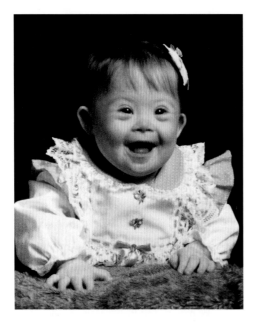

图 19-4 唐氏综合征患儿（21 三体）
圆脸、上倾睑裂和短指，且第五指弯曲。（Courtesy A. E. Chudley, MD, Section of Genetics and Metabolism, Department of Pediatrics and Child Health, Children's Hospital and University of Manitoba, Winnipeg, Manitoba, Canada.）

表 19-2 新生儿唐氏综合征的发生率

母亲年龄（岁）	发生率
20~24	1/1 400
25~29	1/1 100
30~34	1/700
35	1/350
37	1/225
39	1/140
41	1/85
43	1/50
45+	1/25

性染色体三体是常见情况（表 19-3）；然而在婴儿或儿童没有见到特征性的生理发现，这种类型缺失在青春期前常常不能检测到（图 19-7）。这种诊断最好由染色体和分子分析确立。

三倍体（Triploidy）

最常见的多倍体类型是**三倍体型**（69 染色体）。**三倍体型的特点为有严重的宫内发育迟缓**（intrauterine growth restriction, IUGR），且伴有不成比例的小躯干和其他缺陷。大多数情况，三倍体形成是在一个卵子受精几乎同时接受两个精子，又称"**双精受精**"（dispermy）。三倍体也可以发生在另一种情况即在第二次减数分裂期第二极体（polar body）不分离（见第 2 章）。三倍体型发生在几乎 2% 的胚胎，而其中大多数自然流产。特点是 20% 的染色体异常自然流产。

镶嵌现象（Mosaicism）

当一个人有至少两个细胞系伴两个或更多的不同基因型（遗传构成）时会发生镶嵌现象。不管是常染色体还是性染色体均可以受累。通常，出生缺陷与单体或三体相比不太严重，如：特纳综合征的特征在 45,X/46,XX 镶嵌型中不太严重。

镶嵌现象通常在早期合子分裂期导致不分裂（见第 3 章）。镶嵌现象也可以发生在后期出现染色体缺失；染色体正常分离，而它们中的一个在迁移过程延迟和最后丢失。

四倍体（Tetraploidy）

在第一次卵裂分裂期可能发生二倍体染色体数加倍或成 92 染色体（四倍体），这种异常合子分裂相继造成一个胚胎含有 92 条染色体。**四倍体胚胎流产很早**，通常全部恢复成一个空的绒毛膜囊。

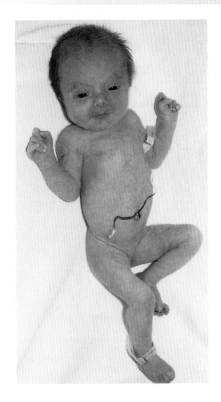

图 19-5　18 三体综合征女性新生儿

生长发育迟缓，握紧拳头特征，手指位置（第 2 和第 5 指与第 3，第 4 指重叠）、胸骨短和骨盆狭窄。（Courtesy A. E. Chudley, MD, Section of Genetics and Metabolism, Department of Pediatrics and Child Health, Children's Hospital and University of Manitoba, Winnipeg, Manitoba, Canada.）

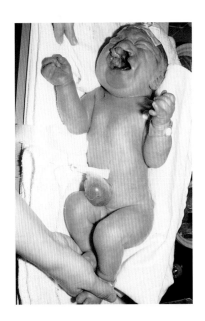

图 19-6　13 三体综合征女性新生儿

双侧唇裂、低位畸形耳和多指（额外指），也存在一个小的脐膨出（内脏散入到脐囊内）。（Courtesy A. E. Chudley, MD, Section of Genetics and Metabolism, Department of Pediatrics and Child Health, Children's Hospital and University of Manitoba, Winnipeg, Manitoba, Canada.）

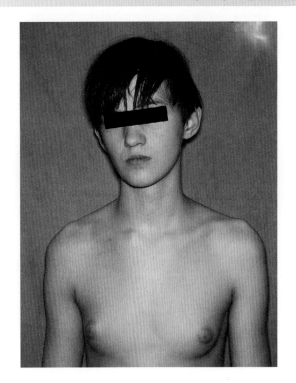

图 19-7　男性青少年克兰费尔特综合征 (Klinefelter syndrome，又名 XXY 三倍体)

出现发育的乳房，几乎这类综合征男性 40% 有类似女性乳房发育（男性乳腺过度发育）和睾丸小。（Courtesy Children's Hospital and University of Manitoba, Winnipeg, Manitoba, Canada.）

染色体结构异常

大多数染色体结构异常导致**染色体破损**，随之由一个异常的结合重组（图 19-8）。各种环境因素如：辐射、药物、化学物和病毒均可以诱发染色体破损。染色体结构异常取决于发生什么样的破损碎片。染色体结构异常现象，可能是由于父母亲传给儿童——*结构重整（structural rearrangements）*，如倒置和易位。

倒置（inversion）

倒置是一种染色体异常现象，发生染色体的节段颠倒，*近心倒置（paracentric inversion）* 是受限制染色体单臂（图 19-8E），而*中心周围倒置（pericentric inversion）* 累及两条臂与着丝粒（centromere）。中心周围倒置的载体是危险因子导致后代出现缺陷，这也由于在减数分裂不等交换和畸形分离。

易位（translocation）

易位是一组染色体转移到一个非同源染色体。如果两个非同源染色体交换，称之为**互易**（reciprocal translocation，图 19-8A）。易位不是引起异常发育必要的，一般人群中最常见的染色体结构畸形之一。罗伯逊易位（Robertsonian translocation）的患儿在染

283

表 19-3 性染色体三体

染色体	补充*	性别	发病率†	常见特征
47,XXX		女	1/1 000	表现正常、能生育、15%~25% 有轻度智力障碍、
47,XXY		男	1/1 000	克兰费尔特综合征（Klinefelter syndrome）、小睾丸、生精小管玻璃样、精子生成缺乏，通常身材高大、下肢过长、智力低于正常兄弟姐妹，几乎 40% 出现女性化乳房发育
47,XYY		男	1/1 000	正常表现，通常身材高大，有行为问题

* 数字表示染色体的总数，包括性染色体。
† 数据来源 Nussbaum RL, McInnes RR, Willard HF: Thompson & Thompson Genetics in Medicine, 8th ed. Philadelphia, 2015, Saunders.

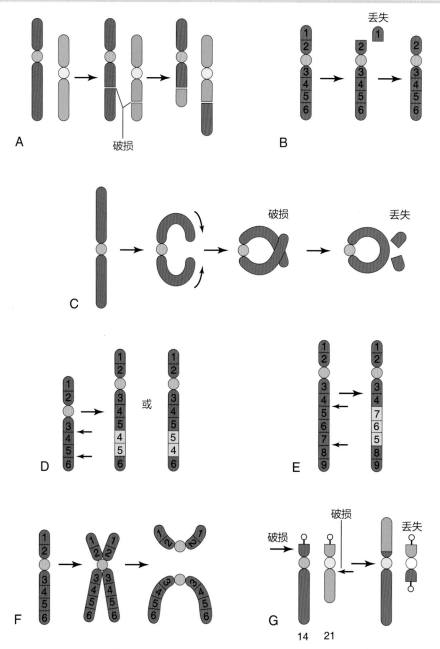

图 19-8 图解说明不同染色体结构畸形

A. 互易。**B.** 末端缺失。**C.** 环形染色体。**D.** 复制。**E.** 近心倒置。**F.** 等臂染色体（Isochromosome）。**G.** 罗伯逊易位。箭头提示结构畸形是如何产生。(Modified from Nussbaum RL, McInnes RR, Willard HE: Thomson & Thompson genetics in medicine, ed 6, Philadelphia, 2004, Saunders.)

色体 21 与染色体 14 之间，例如：图 19-8G 是正常表型。这样的人称之为"**平衡易位载体**"（balanced translocation carriers）。他们有一趋势、不取决于年龄产生的生殖细胞伴异常的易位的染色体。在 3%~4% 的唐氏综合征有易位三体，即额外染色体 21 附属在另一条染色体上。

删除（deletion）

当染色体破损其一部分丢失（图 19-8B），一部分终末部分从染色体 5 短臂中删除，形成**猫叫综合征**（cri du chat syndrome）。患儿在出生时哭声虚弱无力似猫叫声，生长发育迟缓、小头畸形、低耳位，眼距宽大、小颌畸形。他们有严重的先天性障碍和先天性心脏病。

环形染色体（ring chromosome）是一种从两个丢失的终末端删除和破损端重新形成的环形染色体（图 19-8C）。这种环形染色体非常罕见，但是也能在整条染色体中可以发现。

复制（duplications）

复制可以显现在一条染色体复制部分位于另一条染色体内 (图 19-8D)，作为复制部分属于另一条染色体或作为一分割的节段。*复制比删除更为多见，并且很少有危害。这是由于没有发生丢失遗传物质。* 复制可累积一个基因、全部基因或一系列基因。

等臂染色体（isochromosomes）

等臂染色体畸形发生在着丝粒横向分离替代了纵向分离（图 19-8F）。等臂染色体是一条染色体的一个臂丢失，另一个臂复制。这出现了最常见的 X 染色体结构异常畸形。这种染色体异常的人常常身材矮小，且有似特纳综合征特征。这些特征与 X 染色体一个臂丢失有关。

基因突变引起的出生缺陷

出生缺陷约在 7%~8%，是由**基因缺陷**所致引起的（图 19-1）。**突变**常累及一个基因功能的缺失或改变，且是发生在基因组 DNA 顺序上永久遗传性改变。由于随机变化是不可能导致在发育中的促进作用，大多数突变是有害的。有些甚至于致命。突变率可以因环境因子的数量而增加，如：大剂量照射。基因突变导致的出生缺陷按照**孟德尔定律**是可遗传的，这也是单基因特征的遗传规律，形成了遗传学基础。因此，也可预测在受累儿童及相关人群中可能发生的情况。

举一个例子，常染色体显性遗传的出生缺陷是**软骨发育不全**（achondroplasia）——一种软骨发展成骨的畸形（图 19-9），发生在染色体 4P 上的纤维母细胞生长因子受体上互补 DNA 发生突变造成。

其他出生缺陷归于常染色体隐性遗传。仅当纯合子作为结果常染色体隐性基因才表现自己，许多携带这些基因（杂合子人群）并没有鉴别出。

脆性 X 综合征（Fragile X syndrome）是最常见的先天性发育残疾遗传病因。自闭症谱系障碍疾病和多动症（ADHD）也普遍存在于这种情况（图 19-10）。脆性 X 综合征发生频率在出生男性儿童中为 1/1 500，如在智力有问题中则更多。个别几种遗传性疾病在特殊基因中连锁三核苷酸扩增，如包括强直性肌营养不良（myotonic dystrophy）、亨廷顿舞蹈病（Huntington chorea）、脊髓延髓萎缩（Kennedydisease）和弗里德赖希共济失调（Friedreich ataxia）。

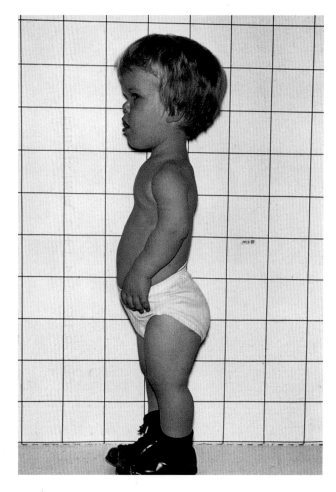

图 19-9 软骨发育不全（achondroplasia）男孩

注意：矮小、短肢和短指，正常长度躯干、相对大头颅，前额突出和低鼻梁。（Courtesy A. E. Chudley, MD, Section of Genetics and Metabolism, Department of Pediatrics and Child Health, Children's Hospital and University of Manitoba, Winnipeg, Manitoba, Canada.）

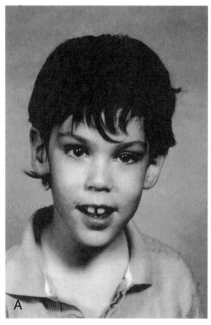
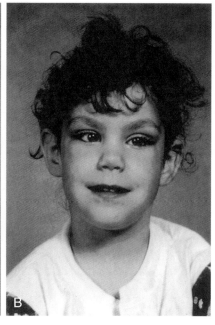

图 19-10 脆性 X 染色体综合征 (Fragile X syndrome)

一名 8 岁男孩儿患脆性 X 染色体综合征，表现正常的外形，长脸伴突出的耳朵，他也有明显的先天性智障。他另一名 6 岁妹妹也患这种综合征，她有轻度学习障碍，相似长脸面容和突出的耳。注：右眼斜视，虽为一个 X 连锁遗传性疾病。有时女性携带表达这种疾病。（Courtesy A. E. Chudley, MD, Section of Genetics and Metabolism, Department of Pediatrics and Child Health, Children's Hospital and University of Manitoba, Winnipeg, Manitoba, Canada.）

X- 连锁隐性基因通常在患有纯合子男性中出现，偶尔在*携带者杂合子女性*中（如：脆性 X 综合征）。

人类基因组学组建了每单位体系列有 20 000~25 000 个基因或 3 万亿基础配对。

由于**人类基因组学组**和**国际研究协作组**对许多疾病引起和出生缺陷引起的基因突变做了逐步的鉴别。许多基因得到分离且探究它们的特殊功能。

我们对早期发育的基因表达知识领域中对出生缺陷的理解还将需要增进。在细胞中，绝大多数基因表达变化甚广，这些**持家基因**（housekeeping genes）会影响到基础细胞代谢功能，如核酸和蛋白合成、细胞支架，细胞器生物发生和营养物转运和结构。在特殊细胞内于特定时间表达特殊基因，且识别数百个不同细胞类型构建了人类有机体。发育生物学的本质方面是调节基因表达，调节通过由转录因子实现。后者捆绑调节或特殊基因的启动因子。

基因组印记（Genomic imprinting）是在后生过程中借助女性和男性生殖系赋予特殊性标记在染色体亚区，以致仅在父亲或母亲等位基因在后代中起作用，换句话说，传输双亲的性影响后代中某些基因表达或不表达。

环境因素引起的出生缺陷

虽然在子宫内胚胎受到保护，但某些环境**致畸物**可以因母体接触它们而造成胚胎发育的破坏（表 19-4）。致畸物是*能造成出生缺陷或增加人群中缺陷的发生率任何一种因素*。环境因子如：感染和药物可以模拟遗传状况，造成正常父母的两个或更多儿童受到影响，*需记住这一条重要的原则，并不是每一种情况都是家族性遗传性的*。

在迅速分裂期胚胎的一部分和器官是对致畸物很敏感的（图 19-11）。由于胚胎分子信号通路和胚胎诱发产生结构形态学分化，故在此期对致畸物敏感常产生干扰初具发育的胚胎。在引起出生缺陷致畸物一开始不表现作用，直至细胞分化开始，它们作用早期甚至可以造成胚胎死亡，正确发生机制是多种药物、化学物和其他环境因子破坏胚胎发育，但诱发畸形仍然不十分明确。

分子生物学突飞猛进提供了另一些对遗传控制分化的信息和分子信号，即控制基因表达的因素和形成模式。目前研究增加直接对畸形发育分子机制的关注——出生缺陷的病原学。

表 19-4　某些已知可引起人类出生缺陷的致畸物

因素	大多数常见的先天性出生缺陷
药物	
酒精	胎儿酒精综合征、宫内生长发育迟缓（IUGR）、智力缺陷、小头畸形、眼部缺陷、关节畸形、短睑裂、胎儿酒精谱的疾病、先天性和神经行为障碍
雄激素和大剂量孕激素	女性胎儿不同程度女性化，外生殖器模糊（阴唇融合和阴蒂肥大）
可卡因	IUGR、未成熟，小头畸形、脑梗死、泌尿生殖道缺陷、神经行为障碍
己烯雌酚	子宫和阴道畸形，宫颈糜烂及隆起
异维 A 酸	头面畸形、神经管缺损，如囊状脊柱裂、心血管缺陷、腭裂、胸腺发育不全
碳酸锂	各种出生缺陷，通常累及头和大血管
甲氨蝶呤	IUGR、多发性出生缺陷，特别是骨骼（累及面部、头颅肢体、脊柱）和肾脏
米索前列醇	异常肢体发育、眼部缺陷、脑神经缺陷、自闭症谱系障碍
苯妥英钠 地兰丁	胎儿海因（hydantoin）综合征、IUGR、小头畸形、智力缺陷、脊状额缝、内眦赘皮、眼睑下垂、塌鼻梁、指骨发育不全
四环素	四环素牙、牙釉质不全
沙利度胺	肢体异常发育、肢体部分缺失和无知畸形、头面部缺陷、全身其他部分缺陷（如心脏、肾脏和眼部缺陷）
三甲双酮	发育迟缓、V 型眉毛、低耳位、唇裂和（或）腭裂
丙戊酸钠	颅面缺陷、神经管缺损，常有脑积水、心脏和骨骼缺陷，先天性产后发育差
华法林	鼻发育不全，鱼状骨骺（stippled epiphyses）、眼睛缺陷、发育不良的指骨、智力缺陷
化学制品	
甲基汞	大脑萎缩、痉挛、癫痫发作、智力缺陷
多氯联苯	IUGR，皮肤变色
感染	
巨细胞病毒	小脑畸形、脉络膜视网膜炎、感音神经丧失、迟发性精神运动和智力发育，肝脾肿大、脑积水、脑瘫、脑（脑室旁）钙化
乙肝病毒	早产巨大儿
单纯疱疹病毒	皮肤囊泡和瘢痕、脉络膜视网膜炎、肝大、血小板减少、瘀点、溶血性贫血、脑积水
人类微小病毒 B_{19}	胎儿贫血、非免疫性胎儿水肿
风疹病毒	IUGR、生后生长发育迟缓、心与大血管畸形、小脑畸形、感音性神经性耳聋、白内障、小眼、青光眼、色素性视网膜病、智力缺陷、新生儿出血、肝脾肿大、骨病、牙齿缺损
寨卡病毒	小头畸形和神经性疾病
弓形虫	小头畸形、智障、小眼睛、小眼症、脑积水、脉络膜视网膜炎、脑钙化、听力损失、神经障碍
梅毒螺旋体	小头畸形、先天性耳聋、智障、牙齿和骨异常
水痘病毒	皮肤瘢痕（皮肤破坏）、神经性缺陷（如肢体轻瘫、脑积水、癫痫发作）、白内障、小眼症、霍纳综合征、视神经萎缩、眼球震颤、脉络膜视网膜炎、小头畸形、智障、骨缺陷（如肢体、手指和足趾）、泌尿生殖系统缺陷
高水平的电离辐射	小头畸形、智力缺陷、骨缺陷、生长发育迟缓、白内障

IUGR：宫内生长发育迟缓

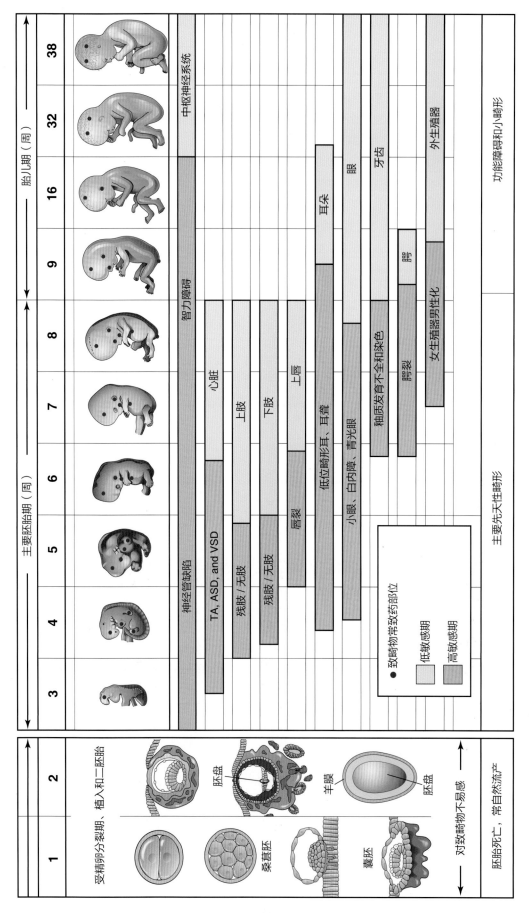

图 19-11 人类出生前发育关键期

在最初 2 周胚胎常对致畸物不易感。这一点也说明致畸物损害了全部细胞或绝大部分。导致胚胎死亡或仅损伤少数细胞，也可解释胚胎可恢复而没有出生缺陷。紫色区域表示高敏感期，此期可以发生主要缺陷，如无肢、残肢。绿色部分提示这期导致畸物敏感性低，但可发生不太严重的小的出生缺陷。房间隔缺损（ASD）、中枢神经系统疾病（CNS）、动脉干畸形（TA）和室间隔缺损（VSD）。

畸形发生的原则（principles of reratogenesis）

当考虑一种因素可能具有致畸性时，如：一种药物或一种化学物，那么请注意以下 3 点：

- 生长发育的关键时期（图 19-11）。
- 药物或化学物的剂量。
- 胚胎基因型（基因组成）。

人类发育的关键期

一个胚胎对致畸物的易感性取决于当致畸物如：药物存在胚胎的发育期。当细胞分裂和形态发育是最关键的峰期。人类发育最重要的时期是从 3~16 周（图 19-11），但由致畸物造成的发育破坏可在这期以后，这是由于在出生时快速的脑分化和生长。

牙齿发育在出生后持续很长时间，因此出自生前 18 周到长大 16 岁时牙齿也可遭受到致畸物破坏。骨骼系统有一个较长的发育关键期，一直延伸至儿童期，因而骨骼组织的生长提供了一个很好全身生长发育测量指标。在受精后最初两周期环境因素破坏可以影响到合子分裂和胚泡着床，这可以引起胚胎早期死亡和自然流产（图 19-11）。当组织和器官正形成时，胚胎发育是最容易受到破坏（图 19-11）。

在器官发生期（第 4~8 周），致畸物可以诱发主要的出生缺陷。

生理缺陷——例如外耳较小的形态学缺陷和功能性缺陷，如智力发育受限，均类似在胎儿期间发育障碍。

胚胎组织和器官每一部分在其发育阶段有一关键期，这时期易发生发育障碍（图 19-11）。产生出生缺陷类型取决于哪部分组织器官是最易发生对致畸物作用的时间段。

胚胎时间表，如图 19-11 中提出的有助于考虑引起出生缺陷的时间。然而认为缺陷始终是发生在发育关键期单一意外，或者按时间表那一天发生缺陷，这种假设是不正确的，还需了解致畸物在关键期结束前破坏哪些组织部分或器官的发育障碍。

人类致畸剂（human teratogens）

某些因素能破坏产前发育的意识提供了对某些出生缺陷预防的机会，例如成人女性意识到药物、酒精、环境化学物和病毒的有害影响，那绝大多数孕妇将避免接触这些致畸物。在这些致畸性中药物变化甚大。

某些致畸药物如反应停（thalidomide），如果胚胎某些部分（如：肢体）器官发生期服用此药会引起严重发育破坏（图 19-15）。其他致畸物引起胚胎智力行为发育和生长发育迟缓（表 19-4）。

尽管如此，<2% 的出生缺陷是由药物和化学物引起的。仅一小部分药物可能是人类致畸物，但新的药物持续被识别。对妇女最好避免在妊娠头 3 个月使用各种药物，除非因医疗原因必须应用。

吸烟（cigarette smoking）

母亲在妊娠期吸烟是一得到明确的 IUGR 病因。尽管警告吸烟对胚胎胎儿是有害的，但仍有 >25% 的妇女在妊娠期继续吸烟。严重抽烟者（>20 支 / 日）发生早产的概率是不抽烟妇女的 2 倍，另外，吸烟者的婴儿体重低于正常婴儿。

按人群病例回顾研究显示，在妊娠期头 3 个月抽烟母亲生出圆锥动脉干和房室间隔缺损婴儿发生较频繁，较不抽烟的唇腭裂发生率也较高。

尼古丁（Nicotine）收缩子宫血管，从而引起子宫血流减少，也减少了从母体胎盘绒毛膜间隙的血流，支持氧和营养物供应到胚胎或胎儿。由抽烟而致的高水平碳氧血红蛋白血症（carboxyhemoglobin）表现在母体和胎儿血容量和氧转运改变，结果又可发生胎儿慢性低氧血症，影响到胎儿生长和发育。

酒精（alcohol）

酒精影响到 1%~2% 生育年龄妇女。妊娠早期摄入中度和高浓度酒精，可以影响胎儿发生生长和形态学的改变，随浓度增加症状也更严重。

母亲慢性酒精中毒出生的婴儿表现一种特殊缺陷的模式，包括产前和产后的生长发育迟缓、智障及其他缺陷（图 19-12），在受累婴儿和儿童这种特殊类型的缺陷表现前哨面部特征，生长发育损害和智力残疾，故也称**胎儿酒精综合征**（fetal alcohol syndrome），这种占（1~2）/1 000 出生存活儿。

母亲滥用酒精目前认为是造成胎儿智障最常见的原因。甚至母亲中度酒精（如每天 1~2 盎司）也可以产生**"胎儿酒精作用"**（fetal alcohol effects, FAE），患儿也将会有行为和学习困难；特别是合伴有营养不良尤为明显。

在妊娠期**酗酒孕妇**（Binge drinking）即 1~3 天严重酗酒非常易造成"胎儿酒精作用"。

产前酒精作用范围首选术语称**"胎儿酒精谱疾病"**（fetal alcohol spectrum disorder, FASD）。FASD 在一

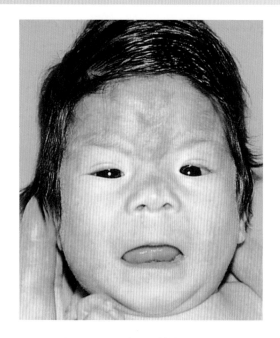

图 19-12 胎儿酒精综合征婴儿

薄薄上唇、短睑裂、扁鼻梁、短鼻子、拉长的人中（上唇正中垂直槽）。被认为母亲严重酗酒是最常见环境因素造成的智障。（Courtesy A. E. Chudley, MD, Section of Genetics and Metabolism, Department of Pediatrics and Child Health, Children's Hospital and University of Manitoba, Winnipeg, Manitoba, Canada.）

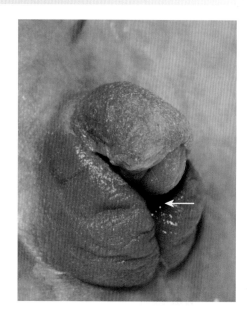

图 19-13 46,XX 染色体女性婴儿外生殖器增生

观察到阴蒂肿大，阴唇黏合。箭头提示尿生殖窦呈单孔。在胎儿期肾上腺产生过多孕激素引起男性化，即女性成熟增生的特征（先天性肾上腺增生症）。（Courtesy Dr. Heather Dean, Department of Pediatrics and Child Health and University of Manitoba, Winnipeg, Manitoba, Canada.）

般人群中高达 1%，由于脑发育易感期跨孕期主要部分，在妊娠期最安全的建议是禁酒。

雄激素和孕激素（androgens and progestogens）

雄激素和孕激素可以影响女性胎儿产生外生殖器男性化（图 19-13）。药物治疗避免含有孕激素：炔雌酮（ethisterone）或炔诺酮（norethisterone）。从实践显示这些激素致畸风险是低的。然而在发育关键期接触孕激素也会增加心血管缺陷的发生概率，如在此期男性胎儿后代生尿道下裂发生率增加 2 倍（见第 13 章，图 13-26）。

在妊娠早期尚未意识到怀孕的时候口服含有雌激素和孕激素的药物和食品被认为是致畸物摄入。

在发育关键期，孕母服用孕激素——雌激素控制药物的许多婴儿也发现表现 VATER 综合征，此征包括椎体、肛门、心脏、气管、食管、肾脏和肢体畸形。

抗生素（antibiotics）

四环素药物能透过胎盘膜，沉积在胚胎骨和牙齿钙化活跃的部位，在妊娠第 3 个月每天较小剂量 1g 四环素就能产生乳牙黄染。在妊娠 4~9 个月四环素治疗也可以引起牙齿缺陷（如：**牙釉质发育不全——牙齿**

变成黄色直至棕色和长骨增长减弱，见第 18 章，图 18-10）。

据文献报道在宫内接触过**链霉素衍生物**的婴儿至少 30 例发生听力缺损和第 8 对脑神经损伤。相比之下，**青霉素**较广，在妊娠期应用对胚胎 / 胎儿无害的。

抗凝血药（anticoagulants）

除肝素外抗凝血药物透过胎盘膜可以引起胚胎 / 胎儿出血。

华法林（warfarin）是一种抗凝血药，已明确有致畸作用。最大敏感期是在受精后 6~12 周。第 2 和第 3 个妊娠期服用此药可导致智障、视神经萎缩和小头畸形，肝素并不透过胎盘膜，故可作为妊娠期妇女抗凝血治疗的药物选择。

抗癫痫药物（anticonvulsants）

约 1/200 妊娠妇女患癫痫，这些妇女需要抗癫痫药物治疗。**苯妥英钠**（phenytoin）已明确为一种致畸物。"**胎儿海因综合征**"（Fetal hydantoin syndrome），又名"胎儿乙内酰脲综合征"，使用苯妥英钠或乙内酰脲治疗的孕妇分娩的儿童中畸形概率为 5%~10%（图 19-14）。

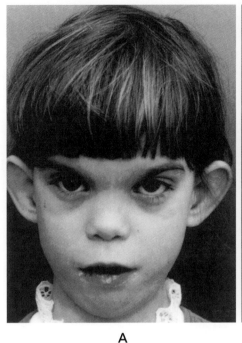
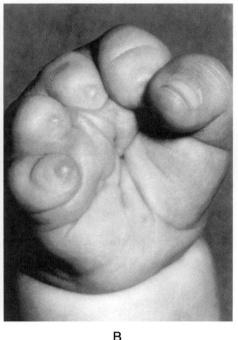

A   B

图 19-14 胎儿海因综合征 (Fetal hydantoin syndrome)

A. 年幼女孩有学习障碍。不正常耳、二眼距宽，内眦褶、短鼻和人中长。其母患癫痫，妊娠期服用过苯妥英钠。**B.** 婴儿右手臂严重手指发育不全（短指），其母在妊娠期间也服用过苯妥英钠。（**A**, Courtesy A. E. Chudley, MD, Section of Genetics and Metabolism, Department of Pediatrics and Child Health, Children's Hospital and University of Manitoba, Winnipeg, Manitoba, Canada. **B**, From Chodirker BN, Chudley AE, Persaud TVN: Possible prenatal hydantoin effect in child born to a nonepileptic mother, Am J Med Genet 27:373, 1987.）

丙戊酸钠（Valproic acid）是治疗不同类型癫痫的选择药物；然而，孕妇使用会导致出生缺陷，比如产后先天性发育差、颅面、心脏和肢体缺陷。也增加神经管缺陷的风险。**苯巴比妥**（phenobarbital）被认为在妊娠期是一种安全的抗癫痫药物。

抗肿瘤药（antineoplastic agents）

抗肿瘤药是高度致畸物。 由于这些药物抑制快速分裂细胞的有丝分裂，故建议特别在妊娠最初 3 个月避免使用抗肿瘤药物。

甲氨蝶呤（methotrexate）是一种*叶酸拮抗剂*，氨基蝶呤（aminopterin）的衍生物是一种已知烈性致畸物，产生重要组织器官先天性缺陷。

降压药（antihypertensive medications）

国家出生缺陷防治研究组提出服用某些降压药（β阻滞剂，肾素 - 血管紧张素）可以增加特殊先天性心脏病的发生风险。同样，胎儿接触血管紧张素转化酶（angiotensin-converting enzyme，ACE）抑制剂引起羊水过少，胎儿死亡，持续头盖骨发育不全、IUGR 和肾功能不全。

视黄酸（retinoic acid，vitamin A）

视黄酸是维生素 A 的代谢物。**异维甲酸**（isotretinoin）又称 13- 顺式维甲酸，用于口服治疗严重囊性痤疮（cystic acne），甚至于很低剂量便可致畸。它的作用关键期是在胚胎第 3~5 周，也就是最后一次正常月经期后 5~7 周，在接触过多量视黄酸后发生**自然流产**和出生缺陷风险高。在宫内接触过异维甲酸的儿童随访研究提示有明显的**神经精神发育障碍**。

在妊娠期服用维生素 A 是有价值的且是必需的营养素，但是长期服用大剂量维生素 A 是不明智的，因为尚不能排除其致畸的风险。

水杨酸（salicylates）

乙酰水杨酸（acetylsalicylic acid）或者**阿司匹林**（aspirin）是在妊娠期最常用的药物之一，大剂量对胚胎 / 胎儿有潜在的性损害。经研究指出低剂量使用未发生致畸作用。

对乙酰氨基酚（acetaminophen）

对乙酰氨基酚（paracetamol，扑热息痛）是一种常用非处方药物，用于治疗头痛、发热、疼痛和普通感冒症状，在妊娠早期服用此药的孕妇大范围调查研究

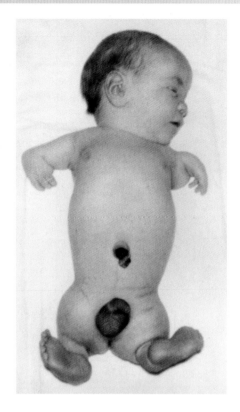

图 19-15 畸形肢体男性新生儿

残肢－先天性肢体部分残缺，是由母亲在妊娠肢体发育关键期服用利沙利度胺引起。（From Moore KL: The vulnerable embryo: causes of malformation in man, Manitoba Med Rev 43:306, 1963.）

显示她们的孩子增加了行为问题的危险性，包括注意力不集中／多动症等行为问题。

甲状腺药物（thyroid drugs）

碘化物容易透过胎盘膜、阻止甲状腺素产生。它们也可引起甲状腺肿大和**呆小症**（cretinism），其阻碍了身心发育和骨、软骨发育不良。*孕母碘缺乏和甲状腺素缺乏可以导致先天性呆小症*。孕母甲状腺疾病需服用抗甲状腺素药物治疗时，如果服用剂量过多，可以引起先天性甲状腺肿。

镇静剂（tranquilizers）

沙利度胺（thalidomide）又名反应停，**是一种强力致畸物**。服用这类药物近 12 000 名新生儿发生出生缺陷。*沙利度胺综合征引起特征性残肢*（图 19-15），临床上已很好了解到当受精后 20~36 天服用沙利度胺可引起先天性缺陷。**在生育年龄妇女服用沙利度胺是绝对禁忌证**。

精神药物（psychotropic drugs）

锂（lithium）是一种对情感障碍抑郁狂躁型忧郁

新生儿戒断综合征（neonatal abstinence syndrome，NAS)

NAS 造成新生儿在宫内接触阿片类症状包括发热、腹泻和喂养睡眠障碍，典型治疗需要阿片类单一疗法（opioid monotherapy）。

症患者长期维持治疗的选择之一；然而已了解到在妊娠期孕妇服用该药物出生的新生儿可发生出生缺陷，主要是心脏和大血管缺陷。

苯二氮䓬（Benzodiazepines）是精神活性药物，在孕妇常在处方中应用这些药物包括地西泮（安定，diazepam）、奥沙西泮（舒宁，oxazepam），易透过胎盘膜（见第 8 章，图 8-7）。在妊娠头 3 个月期间服用这些药物可出现暂时性戒断症状和新生儿颅面缺陷（transient withdrawal symptoms）。

选择性血清素再摄入抑制剂（selective serotonin reuptake inhibitors，SSRIs）用于治疗妊娠期间抑郁症。孕母服用这些药物表现出轻微增加非必要神经行为障碍的风险，如自闭症谱系疾病和婴儿顽固性肺高压。

违禁药物（illicit drugs）

可卡因（cocaine）在北美是较常见的滥用违禁药品，这也增加了社会对生育年龄妇女的服用禁品的担忧。许多报道可看到可卡因的对产前影响，包括自然流产、未成熟儿及各种出生缺陷。

美沙酮（methadone）用于治疗海洛因成瘾，这种药被考虑是一种"行为致畸物"。依赖麻醉品母亲的孩子往往出生体重较轻，接受美沙酮维持治疗的婴儿发现有中枢神经系统障碍和头围小于未接触的婴儿，这也使得人们关注到美沙酮对出生后发育的远期影响。

环境化学物致畸作用（environmental chemicals as teratogens）

现已逐步增加关注环境因子的可能致畸作用，如工业和农业的化合物、污染物和食品添加剂。绝大部分化合物不是人类致畸物。

有机汞（organic mercury）

在妊娠期食用含异常高剂量有机汞的鱼的孕妇出生的婴儿可获得"**胎儿水俣病**"（有机汞中毒）——出现神经和行为障碍，类似于脑瘫。**甲基汞**（methylmercury）是一种致畸物，可引起脑萎缩、痉

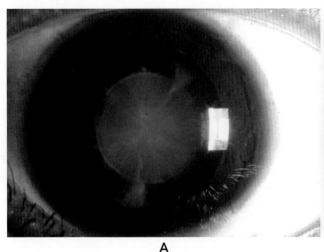 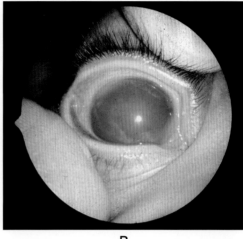

A B

图 19-16 先天性风疹综合征

A. 先天性白内障的典型表现。其可以由风疹病毒造成。这种感染还可发生心脏缺陷和耳聋及其他的畸形。**B.** 青光眼导致的角膜混浊。角膜混浊也可以由感染、创伤或代谢性疾病所致。（From Guercio J, Martyn L: Congenital malformations of the eye and orbit, Otolaryngol Clin North Am 40:113, 2007.）

挛、癫痫发作和智力低下。

铅（lead）

铅大量存在于工业场所和环境中，铅通过胎盘膜积聚在胎儿组织中，产前接触导致流产、胎儿缺陷、IUGR 和功能性缺陷。

多氯联苯（polychlorinated biphenyls）

多氯联苯（PCBs）是一种致畸形化学物，接触这类物质的胎儿产生 IUGR 和皮肤变色。在北美 PCBs 的主要饮食来源可能是服用了在污染水源捕捉的娱乐用鱼（sport fish）。

感染因子的致畸作用

风疹（rubella）

又名德国麻疹（German measles），**风疹病毒**透过胎盘膜感染胎儿 / 胚胎。在妊娠头 3 个月母亲感染的病例胚胎或胎儿感染总危险性接近 20%。**先天性风疹综合征**的临床特点是*白内障、先天性青光眼、心脏缺陷和耳聋*（图 19-16）。在妊娠期孕妇较早感染风疹病毒，最大的危险是胎儿发生畸变。

巨细胞病毒（cytomegalovirus）

这种病毒是胎儿最常见的病毒感染，由于其感染在胚胎，患病几乎是致命的。当感染发生在妊娠头 3 个月大多数终止妊娠或自然流产。妊娠晚期，*巨细胞病毒感染可以导致生长发育延迟和严重的出生缺陷*，特别值得关注的是无症状巨细胞病毒新生儿感染病例，

常会在婴幼儿期合伴听觉、神经系统和神经行为障碍。

单纯疱疹病毒（herpes simplex virus）

在妊娠早期母亲感染**单纯疱疹病毒**流产率增加 3 倍，在 20 周后感染早产和出生缺陷发生率增加，如小头畸形、智障。胎儿感染单纯疱疹病毒发现非常晚，可能大多数在分娩期。

水痘（varicella、chickenpox）

水痘和水痘带状疱疹（varicella-zoster virus）（shigles）是由水痘带状疱疹病毒引起的，具有高度感染性。

在怀孕头 4 个月期间感染水痘，令人信服的证据显示可引起严重的出生缺陷（肌肉萎缩和智障）。当在生长发育关键期时发生感染有 20% 发生率出现这样或那样的缺陷（图 19-11）。

人类免疫缺陷病毒（human immunodeficiency virus）

人类免疫缺陷病毒（HIV）是逆转录病毒，其可导致**获得性免疫缺陷综合征**（AIDS）。HIV 感染的孕妇的胎儿有一系列健康问题。关于 HIV 宫内感染和胎儿预后有些相互矛盾的报道，有些报道围产期影响包括早产、宫内发育迟缓、出生低体重、婴儿死亡。HIV 病毒传输到胎儿是在妊娠期或分娩时。

寨卡病毒（zika virus）

孕妇感染了寨卡病毒后出生的婴儿易患小头畸形和严重神经系统畸形。2015 年巴西报道了第一例寨卡胚胎病，而在其他国家也有爆发，包括西太平洋雅浦

岛和南太平洋法属波利尼西亚、南美洲、中美洲和加勒比海地区。寨卡病毒是由伊蚊传播到人类。在大多数病例中产前寨卡病毒感染和出生婴儿患小头畸形和其他畸形之间存在因果关系。疾病控制中心（CDC）从孕妇感染寨卡病毒会增加出生婴儿至儿童有小头畸形或/和其他脑畸形而得出此结论。同时 CDC 也观察到许多感染寨卡病毒的孕妇分娩出较健康的新生儿。

弓形虫病（toxoplasmosis）

母体感染细胞内寄生**弓形虫**，弓形虫常常是通过以下途径：

• 生吃或未煮熟的肉食（常见有含有弓形虫囊泡的猪肉或羊肉）。

• 密切接触感染后的家养动物（多见于猫）或感染过的土壤。

弓形虫蛋白有机物通过胎盘膜感染胎儿，引起脑的破坏性改变，导致智障和其他出生缺陷。出生缺陷婴儿的母亲通常对感染到弓形虫病不知情。

由于动物（猫、狗、兔和其他家养和野生动物）可以感染到寄生虫，孕妇应避免接触它们。另外，未经高温消毒的牛奶也应避免。

先天性梅毒（congenital syphilis）

在许多国家患梅毒的比例在增加，因此孕妇也常受感染。在美国，梅毒感染新生儿近 1/10 000。

梅毒螺旋体（Treponema pallidum）是一种小的螺旋体的微生物，造成梅毒迅速透过胎盘膜，可以发生在较早的发育期（第 6~8 周）。胎儿可在疾病任何妊娠期感染到。

原有感染的或在妊娠期获得的及未经治疗的孕妇几乎始终发生严重的胎儿感染和出生缺陷。然而，患病母亲在适当治疗后可杀灭这些梅毒螺旋体。假如未经治疗，仅 20% 孕妇可分娩出一个正常婴儿。

继发性孕妇感染（在妊娠前获得）很少造成胎儿患病和出生缺陷。

辐射的致畸作用（radiation as a teratogen）

暴露**高剂量的电离辐射**可以损害胚胎细胞，导致细胞死亡、染色体损伤、智障和生长发育缺陷。胚胎损坏程度与当发生暴露辐射时照射的剂量、剂量率和胚胎或胎儿发育阶段有关。孕妇意外暴露辐射是一种常见焦虑的原因。*没有确凿的证据人类出现先天性缺陷由达到诊断量的辐射（<10 000 毫拉德，mrad）引起*。

放射学检查身体的一部分但不接近子宫（如胸腔、

鼻窦、牙齿）的分散辐射产生很小毫拉德剂量，对胚胎没有致畸作用。

推荐限制孕妇暴露全身的电离辐射；对整个妊娠期全部辐射量是 500 毫拉德（0.05Gy）。

母亲因素发生致畸作用（maternal factors as teratogens）

母亲患**糖尿病**控制差伴持续存在高糖血症和酮症（ketosis），特别在胚胎发生期，出生缺陷发生率会比正常高出 2~3 倍。糖尿病孕妇的新生儿通常为巨大儿。常见的缺陷包括*前脑无裂*（holoprosencephaly）、*脑部分缺损*、骶骨发育不全、椎体缺陷、先天性心脏缺陷和肢体缺陷或血管破坏。

如果不治疗，孕妇对苯丙氨酸羟化酶缺乏的纯合子——**苯丙酮尿症**（phenylketonuria）和**高苯丙氨酸血症**（hyperphenylalaninemia）均增加，增加子女发生小头畸形、心脏缺陷、智力和 IUGR 的危险性。

如果患苯丙酮尿症母亲在妊娠前或妊娠期规定苯丙氨酸限制饮食，可预防这些先天性缺陷。

机械性原因的致畸（mechanical factors as teratogens）

*马蹄内翻足和先天性髋关节脱位*可以由机械性原因造成，特别是在一个有异常的子宫内，这样的出生缺陷可以由任何原因造成限制胎儿运动，形成一个在畸形姿势下长期压迫的胎儿。羊水量减少（*oligohydramnios*）可造成机械性肢体畸形，如：膝关节过度伸直。在胎儿生长发育期妊娠早期由**羊膜束带**局部环肢压迫变成**宫内截肢**（intrauterine amputations）或其他缺陷（见第 8 章，图 8-14）。

多因素遗传引起的出生缺陷 (birth defects caused by multifactorial inheritance)

许多常见的出生缺陷（如：唇裂伴或不伴裂腭）具有家族性分布，符合多因素遗传（图 19-1）。

多因素遗传可以由一种模式代表，即由一个人出现一种疾病时持续不同方式检测出遗传和环境因素结合，且有一个不同个体发育的起点（不管有无缺陷）。

多因素的特点是常是单一主要缺陷，如唇裂、单一裂腭和神经管缺陷。有些缺陷也可以发生在属综合征的一部分，测出是单基因遗传，染色体畸变或有一个环境致畸物对患有出生缺陷的家族遗传或复发危险

性经**多因素遗传评估比**普通人群中缺陷频率和亲属关系的范围是有经验风险的。

在个别家族中，这样的估计是不正确的，这是由于他们常对人群中平均值讨论，而不是对个别家族的精确概率的分析。

临床导向提问

1. 如果孕妇摄入正常剂量的阿司匹林，会导致先天性出生缺陷吗？

2. 如果一名孕妇是吸毒者，她的孩子出生后是否表现吸毒的体征？

3. 所有药品在上市销售前都经过致畸性测试吗？如果回答"是"，为什么这些致畸剂仍在出售？

4. 妊娠期抽烟对胚胎或胎儿有害吗？如果回答"是"，那节制吸烟是安全的吗？

5. 妊娠期哪些药物摄入是安全的？如果是，它们是什么药？

答案见附录。

（施诚仁　译）

第 20 章

发育的细胞和分子学基础

杰弗里·T. 威格尔、大卫·D. 艾森斯塔特

在胚胎发育过程中，未分化的前体细胞分化并组成功能性成体组织中的复杂结构。该过程需要细胞整合许多内源性和外源性的信号以正常发育。这些信号控制细胞的增殖、分化和迁移，决定发育中器官的最终大小和形状。而这些信号通路的紊乱可能导致人类发育障碍和出生缺陷。有趣的是，这些关键的发育信号通路也可能会于成人体内例如癌症等疾病的发生过程中发挥作用。

尽管在胚胎发育过程中发生了多种多样的改变，但是诸多不同细胞种类的分化受相对有限的分子信号通路所调控：

细胞间传递：涉及某一细胞与其直接（缝隙连接）或间接（细胞黏附分子）相邻细胞之间相互作用的发育。

形态发生素：这些可扩散的分子可指定在特定解剖位置生成哪种细胞类型。形态发生素还指导细胞迁移及其到达最终目的地的过程。其中包括视黄酸，转化生长因子 β（TGF-β）/骨形态发生蛋白（BMPs），和 hedgehog 及 Wnt 蛋白家族（基因和蛋白质的命名见表 20-1）。

Hedgehog：在人类细胞中的 hedgehog 信号通路定位在一种称为*初级纤毛*的结构中。hedgehog 信号通路成分的破坏将导致一系列称为*纤毛病*的疾病。

受体酪氨酸激酶（RTKs）：许多生长因子通过结合和激活膜结合 RTKs 发出信号，这些激酶对于调控细胞增殖、凋亡和迁移至关重要。

Notch-δ：这个通路经常确定前体细胞的命运。

转录因子：这类进化上保守的蛋白质可激活或抑制对许多细胞过程至关重要的下游基因。许多转录因子是同源盒或螺旋 - 环 - 螺旋家族的成员，其活性可以通过本章中描述的所有其他途径进行调节。

表观遗传学：表观遗传学与基因功能的可遗传特性有关，此类功能不因 DNA 编码序列的改变而发生。表观遗传学修饰的例子如 DNA 甲基化，组蛋白修饰和微小 RNA。

干细胞：胚胎干细胞可以产生发育中生物的所有细胞和组织。成体干细胞维持成熟有机体的组织。这些类型的干细胞和诱导多能干细胞（iPSs）是受损或退化细胞和器官再生和 / 或修复的潜在细胞来源。

细胞间传递

细胞可以通过几种不同的方式相互交流。

缝隙连接是允许离子和小分子（<1 kD）直接从一个细胞传递到另一个细胞的通道，又被称为间隙连接细胞间传递（gap junctional intercellular communication，GJIC）。然而，大的蛋白质分子和核酸不能通过缝隙连接转移。缝隙连接由存在于每个细胞表面的半通道（称为连接子）构成。每个连接子由 6 个形成六聚体的连接蛋白分子组成。在早期发育过程中，缝隙连接通常呈打开状态，允许小分子在相对大的范围内交换。然而，随着发育的进展，GJIC 随着边界的建立，例如在菱脑原节，一种发育中后脑的瞬时结构中，受到了更多的限制。缝隙连接对于心脏和大脑的电耦合尤其重要。特异性连接蛋白分子的突变与人类疾病有关（例如 *CX43* 突变与动脉粥样硬化相关）。

细胞黏附分子拥有很大的细胞外结构域，与邻近细胞的细胞外基质成分或黏附分子相互作用。这些分子通常包含一个跨膜段和一个短的胞质结构域，调控细胞间信号传导级联。例如细胞黏附分子——钙黏蛋白，一个在胚胎发育过程中起重要的作用的蛋白质家族。

钙黏蛋白对于胚胎形态发生至关重要，其调控细胞层（内皮细胞和表皮细胞）的分离、细胞迁移、细胞分类、明确边界的建立、突触连接和神经元的生长锥，这些特性是由于钙黏蛋白可介导细胞及其胞外环境（包括相邻细胞和细胞外基质）之间的相互作用。

钙黏蛋白起初是通过它们的表达部位分类的；例如 E- 钙黏蛋白在上皮细胞中高表达，而 N- 钙黏蛋白在神经细胞中高表达。

表 20-1　基因和蛋白质的国际命名标准

基因	人类	斜体，所有字母大写	*PAX6*
	小鼠	斜体，第一个字母大写	*Pax6*
蛋白质	人类	正体，所有字母大写	PAX6
	小鼠	正体，所有字母大写	PAX6

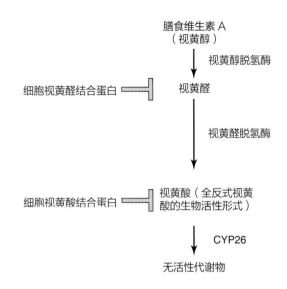

图 20-2　视黄酸代谢和信号调节
膳食维生素 A（视黄醇）通过视黄醇脱氢酶转化为视黄醛。游离视黄醛的浓度受细胞视黄醛结合蛋白控制，同样的视黄醛通过视黄醛脱氢酶转化为视黄酸。其游离浓度水平通过细胞内视黄酸结合蛋白的封闭作用和 CYP26 的降解作用来调节。维生素 A 的生物活性形式是全反式视黄酸。

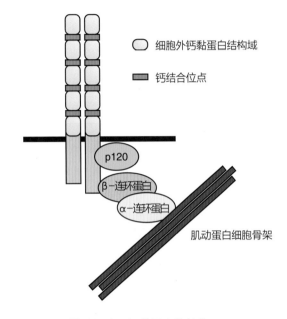

图 20-1　钙黏蛋白的结构
钙黏蛋白胞外结构域包含 4 个钙离子结合位点和 5 个称为细胞外钙黏蛋白结构域的重复结构域。每个钙黏蛋白分子形成一个同型二聚体。在细胞内结构域中，钙黏蛋白直接结合到 p120 连环蛋白和 β - 连环蛋白，β - 连环蛋白与 α - 连环蛋白结合。这种复合体将钙黏蛋白分子与肌动蛋白细胞骨架连接起来。

形态发生素

在发育过程中，由形态发生素发出的外源性信号引导细胞的分化和迁移，决定了发育中的组织和器官的形态与功能（见第 6 章）。许多形态发生素被发现在胚胎中存在浓度梯度。不同的形态发生素可以在背腹（DV）、前后（AP）和中外侧轴以相反的梯度表达。细胞所处位置形态发生素的不同浓度梯度特异性地决定其生长发育的命运。细胞也可以被形态发生素吸引或排斥，这取决于细胞表面表达的受体的类型。

视黄酸

胚胎的 AP 轴对于决定例如四肢等结构的正确位置和神经系统的模式至关重要。数十年来，膳食中维生素 A（视黄醇）水平的变动，过量或不足导致先天性畸形的发生在临床上显而易见（见第 19 章）。维生素 A 的生物活性形式是视黄酸，它是由视黄醇脱氢酶和随后的视黄醛脱氢酶进行酶氧化形成的。游离的视黄酸水平可以通过细胞视黄酸结合蛋白来调节。视黄酸也可以被诸如 CYP26 酶降解为无活性代谢产物。

通常视黄酸的作用是对结构"向后诱导"，而过量的视黄酸或抑制其降解会导致体轴被截断，从而使

典型的钙黏蛋白分子拥有很大的细胞外结构域，一个跨膜结构域和一个细胞内尾巴（图 20-1）。该细胞外结构域包含 5 个细胞外重复序列并具有 4 个钙离子结合位点。钙黏蛋白形成二聚体与邻近细胞的钙黏蛋白二聚体相互作用。这个复合体聚集在黏附连接处，在上皮细胞和内皮细胞之间形成紧密屏障。钙黏蛋白通过其胞内结构域与 p120 连环蛋白、β - 连环蛋白和 α - 连环蛋白结合。这些蛋白将钙黏蛋白连接到细胞骨架上。当上皮细胞转化为间充质细胞（*上皮间充质转化*，EMT）时，E- 钙黏蛋白表达消失。EMT 是发育过程中神经嵴细胞的形成所必需的，这个进程同样发生于肿瘤演变过程中。

结构更具后端性。相反，视黄酸不足或酶（例如，视网膜醛脱氢酶）的缺陷将导致更"前趋化"的结构。在分子水平上，视黄酸与细胞内的受体（转录因子）结合，受体的激活将调节下游基因的表达。*Hox* 基因家族是发育过程中视黄酸受体的关键靶点。由于它们在早期发育中有着显著影响，因此，视黄酸是强有力的致畸剂，尤其在孕早期时。

转化生长因子 β / 骨形态发生蛋白

TGF-β 超家族成员包括 TGF-β，BMPs 和激活素，这些分子有助于建立背腹模式，决定细胞命运并形成特定的器官和系统，包括肾脏、神经系统、骨骼和血液。人体中存在三种不同形式的 TGF-β（亚型 TGF-β_1、TGF-β_2 和 TGF-β_3）。这些配体与跨膜激酶受体的结合导致细胞内受体相关 Smad 蛋白 (R-Smads) 磷酸化（图 20-3）。Smad 蛋白是一个大类细胞间蛋白质家族，被分为三类：受体激活型（R-Smads）、共同伴侣型（co-Smads，如 Smad4）

和抑制型 Smads (I-Smads)。R-Smad/Smad4 复合物通过与其他蛋白相互作用或作为转录因子直接与 DNA 结合调节靶基因转录。TGF-β 配体，受体和 R-Smad 组合方式的多样性通常与其他把信号转导途径结合，促进特定的发育过程和细胞特异性过程的进展。

音猬因子

音猬因子（Sonic hedgehog，SHH）是第一个被鉴定哺乳动物 hedgehog，与果蝇基因 hedgehog 同源。SHH 和其他相关蛋白，例如沙漠刺猬因子和印度刺猬因子，是许多细胞类型和器官系统的早期模式、细胞迁移和分化的重要分泌型形态发生素。细胞对分泌的 SHH 信号有不同的反应阈值。SHH 的主要受体是一种跨膜结构域蛋白 Patched（人体内是 PTCH，小鼠体内是 PTC 家族）。在缺乏 SHH 时 Patched 抑制其跨膜结构域，称为平滑的 G- 蛋白偶联蛋白（Smo），这会抑制导向细胞核的下游信号。然而，在 SHH 存在的情况下，PTC 抑制被阻断，下游事件随之发生，包括靶基因（例如 *Ptc-1*，*Engrailed* 等）的转录激活（图 20-4）。

SHH 蛋白的翻译后修饰影响其与细胞膜的结合、SHH 多聚体的形成和 SHH 的运动，进而改变其在组织中的分布和浓度梯度。

SHH 在脊椎动物腹侧神经管模式形成中的作用是其研究最充分的活动之一。SHH 由脊索高水平分泌，因此 SHH 的浓度在神经管底板最高，而在 TGF-β 家族成员高表达的顶板最低。腹间神经元和运动神经元的细胞命运是由组织中的相对 SHH 浓度和其他因素决定的。

随着人类 SHH 信号通路成员基因突变的发现，SHH 通路信号在许多发育过程中的需求得到了进一步的理解。此外，SHH 信号通路的成员失活（功能丧失 / 敲除）或过表达（功能获得）的基因修饰小鼠的相应的表型，也增加了这方面认知。*SHH* 和 *PTCH* 的突变与人类的一种常见的先天性脑缺损 – 前脑无裂畸形相联系，该畸形导致两个大脑半球的融合，前脑结构的背侧化，及无眼症或独眼症（见第 17 章）。在绵羊中，相同的缺陷可见于子宫内暴露致畸剂环胺，与环胺扰乱 SHH 信号通路有关（图 20-4）。Gorlin 综合征通常由生殖系 *PTCH* 突变引起，是一系列先天性畸形，主要影响表皮，颅面结构和神经系统。编码介导 SHH 信号的锌指结构的 *GLI3* 基因的突变与常染色体显性多指综合征相关。

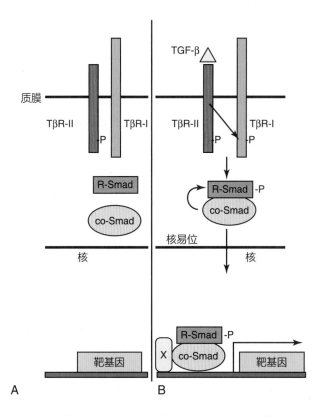

图 20-3 转化生长因子 – β（TGF-β）/Smad 信号通路 **A.** Ⅱ型 TGF-β 受体亚单位（TβR-Ⅱ）具有组成性活性。**B.** 配体与 TβR-Ⅱ结合后，招募Ⅰ型 TGF-β 受体亚基（TβR-Ⅰ）形成异二聚体受体复合物，TβR-Ⅰ 激酶结构域被转磷酸化（-P）。激活的受体复合物磷酸化 R-Smad，然后与 Co-Smad 结合，从细胞质转移到细胞核，并与辅助因子一同激活基因转录。

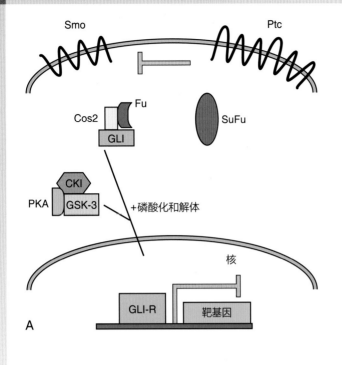

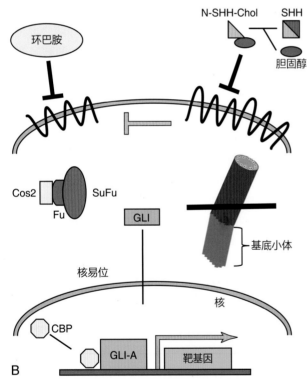

图 20-4 音猬因子 /Patched 信号通路

A. Patched(Ptc) 受体抑制 Smootened(Smo) 受体的信号传递。在具有 Costal-2(Cos2) 和 Fused(Fu) 的复合物中，GLI 被修饰成转录抑制因子 GLI-R。**B.** 音猬因子（SHH）被切割后，其 N 端 (N-SHH-Chol) 添加上胆固醇。这种修饰的 SHH 配体抑制 Ptc 受体，允许 Smo 信号传递，最终激活 GLI(GLI-A) 易位到细胞核，并通过 CBP 激活靶基因。在脊椎动物中，SHH 信号发生在初级纤毛 (Inset) 中。CBP，环腺苷酸结合蛋白；CKI，酪蛋白激酶 I；GSK-3 糖原合成酶激酶 3；P，磷酸基团；PKA，蛋白激酶 A；SuFu，融合抑制子。

在脊椎动物，SHH 信号通路与*初级纤毛*（图 20-4）及其鞭毛内转运（intraflagellar transport，IFT）和基底体蛋白密切相关。初级纤毛有时被称为非运动纤毛。IFT 蛋白作用于 GLI 激活（GLI-A）和抑制（GLI-R）蛋白的上游，并为其产生所必须。在基因敲除小鼠中，编码基体蛋白的相关基因发生突变会影响 SHH 信号转导，例如基因 *KIAA0586*（原名 *TALPID3*）和口腔面指综合征（*OFD1*）。一类与人类纤毛相关的疾病称为纤毛病，是由于纤毛原发性功能紊乱引起的，包括罕见的遗传病以及常见病，如常染色体隐性多囊肾病。迄今为止，已描述近 40 种纤毛病，涉及多达 200 个基因。尽管可能有一些重叠 (如许多先天性心脏缺陷和左 – 右不对称)，但原发性、非运动性纤毛疾病通常与运动性纤毛受累疾病不同 (见于精子、气道、脑室和输卵管上皮细胞)。运动性纤毛受累疾病的表现包括脑积水、肺部感染和不育。

WNT/β - 连环蛋白信号通路

脊椎动物 Wnt 分泌的糖蛋白与果蝇 Wingless 同源。与其他形态发生素相似，这 19 个 Wnt 家族成员控制着许多发育中的进程，包括细胞极性的建立、增殖、凋亡、细胞命运的确定和迁移。Wnt 信号传导是一个非常复杂的过程。到目前为止，已经阐明了 3 条 Wnt 信号通路。本文只讨论经典的 β - 连环蛋白依赖途径（图 20-5）。特定的 Wnts 与 10 个卷曲蛋白（Fzd）7 次跨膜结构域细胞表面受体中的 1 个结合，并且与低密度脂蛋白受体相关蛋白 5 和 6（LRP5/LRP6）共受体结合，从而激活下游细胞内信号事件。在缺乏 Wnt 结合的情况下，胞质 β - 连环蛋白被糖原合成酶激酶 3（GSK-3）磷酸化并靶向降解。在 Wnts 存在的情况下，GSK-3 失活，β - 连环蛋白不被磷酸化，从而在胞质中积聚。随后，β - 连环蛋白易位到细胞核，与 T 细胞因子（TCF）转录因子形成复合物激活靶基因转录。β - 连环蛋白 /TCF 的靶基因包括血管内皮生长因子（VEGF）和基质金属蛋白酶。

Wnt 信号通路失调是许多发育障碍的一个突出特征，例如威廉姆斯综合征 (Williams-Beuren syndrome, 心脏、神经发育和面部缺陷) 和癌症。在骨质疏松性假胶质瘤综合征（先天性失明和青少年骨质疏松症）发现了 *LRP5* 基因突变。与 SHH 通路类似，在儿童髓母细胞瘤（一种常见的小儿恶性脑肿瘤）中也有经典 Wnt 通路突变的报道。

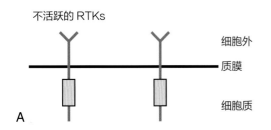

图 20-5 WNT/β-连环蛋白经典信号通路

A. 在 Wnt 配体与卷曲蛋白（Fzd）受体未结合的的情况下，β-连环蛋白被多蛋白复合物磷酸化（-P）并靶向降解。靶基因表达受到 T-细胞因子（TCF）的抑制。**B.** 当 Wnt 与 Fzd 受体结合时，招募 LRP 共受体，蓬乱蛋白（DVL）被磷酸化，β-连环蛋白聚集在胞质中。一些 β-连环蛋白进入细胞核激活靶基因转录。APC，肠腺瘤性息肉病；GSK-3，糖原合成酶激酶 3；LRP，脂蛋白受体相关蛋白。

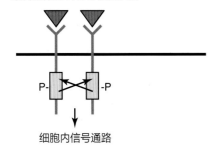

图 20-6 受体酪氨酸激酶（RTK）信号传导

A. 在没有配体结合时，该受体是单体形式并且无活性。**B.** 与配体结合后，该受体发生二聚化和转磷酸化（两个单体之间相互磷酸化），从而激活下游信号级联。P，磷酸化。

受体酪氨酸激酶

共同特征

生长因子，例如胰岛素、表皮生长因子、神经生长因子和其他神经营养因子，以及血小板衍生生长因子家族成员，与靶细胞上的细胞表面跨膜受体结合。这些受体是 RTK 超家族的成员，有三个结构域：①细胞外配体结合结构域，②跨膜结构域，③细胞内激酶结构域（图 20-6）。它们在未结合配体时是单体形式，配体结合后发生二聚化。该二聚化的进程使两个细胞内激酶结构域靠近使得一个激酶结构域可以磷酸化并激活另一个受体（转磷酸化），此为受体完全激活所必需。继而，一系列细胞内信号级联反应被触发。一个受体亚单位激酶结构域的失活突变导致信号传导中止，例如发生在 VEGF 受体 3（VEGFR-3）激酶结构域的突变会导致常染色体显性遗传性淋巴疾病，即 Milroy 病。

酪氨酸激酶受体调节血管生成

生长因子通常促进细胞增殖、迁移和存活（即它们是抗凋亡的）。在胚胎发育过程中，RTKs 通路的信号对于正常的生长发育至关重要，并且影响许多不同的进程，例如新生血管的生长（见第 5 章），细胞迁移和神经元轴突引导。

内皮细胞来源于祖细胞（血管母细胞），可发育成造血细胞谱系和内皮细胞。早期内皮细胞增殖并最终合并形成第一个原始血管，该过程称为*血管发生*（vasculogenesis）。第一个血管形成后，经过大量的重塑和成熟，形成成熟的血管，该过程称为*血管生成*（angiogenesis）。该成熟过程涉及将血管平滑肌细胞招募到血管中以使其稳定。血管发生和血管生成都依赖于两类不同 RTK 的功能，即 VEGF 和 Tie 受体家族成员。VEGF-A 对内皮细胞和血细胞生长必不可少；VEGF-A 基因敲除小鼠无法产生血细胞和内皮细胞，并在胚胎早期死亡。相关分子 VEGF-C 对于淋巴管内皮细胞发育至关重要。VEGF-A 通过由内皮细胞表达的三个受体 VEGFR-1、VEGFR-2 和 VEGFR-3 进行信号传导。

血管生成精细化过程依赖于血管生成素 /Tie2 信号通路。Tie2 是由内皮细胞特异性表达的 RTK，血管生成素 1 和血管生成素 2 是它的配体，由周围的血管平滑肌细胞表达，表现为一个受体和配体由相邻的细胞表达的旁分泌信号系统。肿瘤同时选择了 VEGF/VEGFR-2 和血管生成素 /Tie2 信号通路来刺激新生血管的生长，从而刺激自身的生长和转移。这证明了胚胎中的正常信号通路是如何被如癌症等疾病过程所重复利用的。

Notch-δ 通路

Notch 信号通路是决定细胞命运的重要途径，包括维持干细胞生态位、增殖、凋亡和分化。这些进程调节横向和诱导性细胞间信号传导，对于器官发育的各个方面至关重要。Notch 蛋白是单次跨膜受体，与邻近细胞上的膜结合 Notch 配体（例如 Delta 样配体和锯齿状配体）相互作用（图 20-7）。配体 - 受体结合触发蛋白水解事件，导致 Notch 胞内结构域 (NICD) 的释放。当 NICD 易位到细胞核时，一系列的核内事件达到高峰，诱导表达一种转录因子以维持细胞的祖细胞状态。

*横向抑制*确保两种来自具有同等发育潜力细胞群中不同类型细胞的正确数量。在细胞间相互作用之初，Notch 受体信号使一个细胞能够维持未分化的祖细胞状态。相邻细胞维持较低的 Notch 信号并发生分化。诱导信号加上其他周围细胞表达的形态发生素可能会克服细胞的默认命运，并导向可选择的细胞命运发展。通过小鼠功能丧失研究有助于理解 Notch-δ 信号通路在哺乳动物生长发育中的功能。研究发现 *Jagged1* 基因

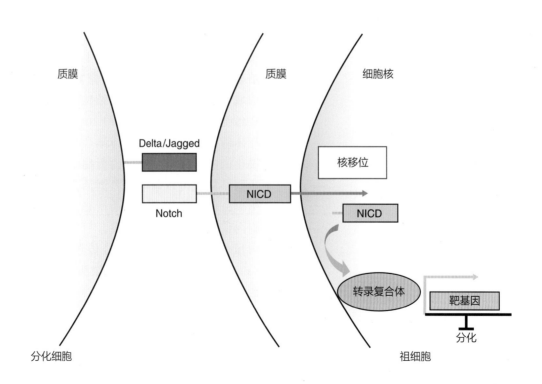

图 20-7 Notch-δ 信号通路

在前体细胞中（右侧），Notch 信号激活导致 Notch 细胞内结构域 (NICD) 的切割，NICD 易位到细胞核，与转录复合物结合，并激活靶基因，例如抑制分化的 bHLH 基因 *Hes1*。在分化细胞中（左侧），Notch 信号通路不活跃。

突变与 Alagille 综合征（肝动脉发育不良）伴肝脏、肾脏、心血管、眼部和骨骼畸形有关，并且在 CADASIL（脑常染色体显性动脉病变伴皮质下梗死和白质脑病）中发现 *NOTCH-3* 基因突变，该病是一种成人血管退行性疾病，表现为早期卒中样事件发作趋势，以上证据分别支持 Notch 信号通路在胚胎和产后发育中的重要作用。

转录因子

转录因子是通过激活或抑制机制来调控许多靶基因表达的一大类蛋白质。通常，转录因子会结合在靶基因的启动子或增强子区域的特异性核苷酸序列，并且通过与辅助蛋白相互作用来调控靶基因的转录速率。转录因子可以激活或抑制靶基因的转录，具体取决于其表达细胞、特异性启动子、染色质结合区域以及细胞发育阶段。某些转录因子在调控转录过程时无须结合到 DNA 上，它们可以通过与已经结合到 DNA 启动子上的转录因子结合，以此调控转录，或者与其靶基因结合并隔离其他转录因子，从而抑制靶基因的转录。转录因子超家族由许多不同种类蛋白质组成。下面主要介绍三种不同家族的蛋白质：Hox/Homeobox，Pax 和 bHLH（basic helix-loop-helix）转录因子。

Hox/Homeobox 蛋白

Hox 基因最早发现于黑腹果蝇中。*Hox* 基因沿着 AP 轴的排列顺序在染色体水平上反映出其组织特性。HOM-C 复合体内这类基因发生突变将导致具有戏剧性的表型（同源异形转化），例如触角基因（Antennapedia）的突变导致从果蝇的头部伸出的是肢体而不是触角。人体中，AP 轴的 *HOX* 基因和染色体位置的顺序也是保守的。*HOXA1* 的基因缺陷已证明会损害人类神经发育，*HOXA13* 和 *HOXD13* 基因突变会导致肢体畸形。

所有的 HOX 基因都包含 1 个 180bp 的同源框序列，编码 1 个由 3 个 α- 螺旋组成的 60 个氨基酸大小的同源结构域。第 3 个（识别）螺旋与其靶基因启动子中包含 1 个或多个结合基序的 DNA 位点结合。同源结构域在进化过程中高度保守，而蛋白质的其他区域则不那么保守。同源盒基因 *NKX2.5* 的 DNA 结合区的突变与心脏房间隔缺损有关，*ARX* 的突变则与被称为无脑回畸形的中枢神经系统畸形综合征有关。

PAX 基因

Pax 基因全部包含保守的两部分 DNA 结合基序，即 Pax(或配对) 结构域，大多数 Pax 家族成员也含有同源结构域。研究表明，Pax 蛋白可以激活或抑制靶基因的转录。*Pax6* 的果蝇同源基因 eyeless，对眼睛发育至关重要，带有该基因的纯合突变的果蝇没有眼睛。eyeless 与其人类同源基因 *PAX6* 具有高度的序列保守性，并与眼畸形有关，例如无虹膜（虹膜缺失）和 Peters 畸形。在人类眼部疾病中，*PAX6* 的表达水平可能是非常重要的，因为只有一个 *PAX6* 功能性拷贝（单倍剂量不足）的患者表现为眼部缺陷，而缺乏 *PAX6* 功能的患者表现为无眼症。单倍剂量不足这一概念在许多不同的转录因子及相应人类畸形中反复出现。

PAX3 和 *PAX7* 基因编码同源结构域和 Pax DNA 结合域。在人体中，PAX3 或 PAX7(包括 DNA 结构域) 与 Forkhead 家族转录因子 FOXO1 的强激活结构域融合在一起导致嵌合蛋白的产生，从而引起儿童癌症肺泡型横纹肌肉瘤。另外，常染色体显性遗传性人类疾病瓦登堡综合征 I 型由 *PAX3* 基因突变引起。患者最典型的症状为白色前额，并可表现出听力障碍、眼睛缺陷（眼角异常）和色素异常沉着。

bHLH 转录因子（碱性螺旋 - 环 - 螺旋转录因子）

bHLH 基因是一类转录因子，在发育过程中调节许多不同组织中细胞命运的决定和分化。在分子水平上，bHLH 蛋白含有一个基本的 (带正电的) 脱氧核糖核酸结合区，其后是 2 个被环隔开的 α- 螺旋。α- 螺旋具有亲水侧和疏水侧 (两亲性)。螺旋的疏水侧是 bHLH 家族不同成员之间蛋白质相互作用的基序。该结构域是不同物种中 bHLH 蛋白最保守的区域。bHLH 蛋白通常与其他 bHLH（异源二聚体）结合来调节转录。这些异二聚体由组织特异性 bHLH 蛋白与普遍表达的 bHLH 蛋白结合而成。多种不同的机制可以抑制 bHLH 基因强大的促分化作用。例如，分化抑制蛋白（Id）是一种缺乏基本 DNA 结合基序的 HLH 蛋白。当 Id 蛋白与特定的 bHLH 蛋白形成异二聚体时，能够阻止这些 bHLH 蛋白结合到它们的靶基因启动子序列（E-boxes）上。

倾向于抑制分化的生长因子可以增加 Id 蛋白水平，将 bHLH 蛋白与其靶基因启动子隔离。此外，生长因子可以促进 bHLH 蛋白 DNA 结合域的磷酸化，从而抑制其与 DNA 结合的能力。*bHLH* 基因对于人体中

肌肉 (*MyoD / Myogenin*) 和神经元 (*NeuroD / Neurogenin*) 等组织的发育至关重要。事实证明，*MyoD* 的表达足以将多种不同的细胞系转分化为肌肉细胞，说明了它是肌肉分化的主要调节因子。敲除小鼠模型研究证实：*MyoD* 和另一种 bHLH 蛋白基因 *Myf5* 对于将前体细胞分化为原始肌肉细胞（成肌细胞）至关重要。同样，*Mash1 / Ascl1* 和 *Neurogenin1* 是调节神经上皮细胞形成成神经细胞的神经元基因。小鼠模型研究表明，这些基因对于发育中的中枢神经系统中不同前体亚群的比例至关重要。例如，*Mash1/Ascl1* 基因敲除小鼠的前脑发育存在缺陷，而 *Neurogenin1* 基因敲除小鼠的头颅感觉神经节和腹侧脊髓神经元存在缺陷。总之，肌肉和神经元的分化早期和晚期受一系列 *bHLH* 基因的控制，这两条分化途径都通过 Notch 信号传导抑制。

表观遗传学

表观遗传学指的是由于遗传性修饰而非 DNA 序列改变影响基因表达的机制。例如 DNA 甲基化、微小 RNA 和组蛋白乙酰化、甲基化和磷酸化等染色质修饰。这些表观遗传标记（表观遗传密码）受以下几种酶调节：①识别表观遗传标记（"阅读者"）；② 在 DNA 或组蛋白中加入表观遗传标记（"书写者"）；③去除这些表观遗传标记（"擦除器"）。染色质重塑疾病包括雷特（Rett）综合征、鲁宾斯坦 – 泰比（Rubinstein–Taybi）综合征和 α – 地中海贫血 / X 染色体相关的智力障碍综合征。

DNA 甲基化

在 CpG 位点上胞嘧啶和鸟嘌呤核苷酸直接配对，DNA 甲基转移酶催化该 DNA 位点的胞嘧啶残基的甲基化。CpG 岛是具有高浓度 CpG 位点的 DNA 区域，通常位于基因的近端启动子区。一般来说，CpG 位点 DNA 甲基化导致基因表达减少或基因沉默，而 CpG 位点 DNA 低甲基化会导致基因过表达。肿瘤抑制基因的沉默或癌基因的过表达可能导致癌症。蛋白质，如甲基 –CPG 结合蛋白 2 (MECP2)，突变后可导致神经发育障碍雷特综合征，MECP2 通过与甲基化 DNA 结合，随后组装抑制基因表达的蛋白质复合物，发挥 *阅读者* 的作用。

组蛋白修饰

组蛋白是一种带正电的核蛋白，基因组 DNA 盘绕

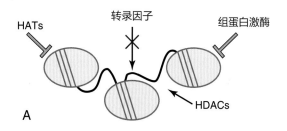

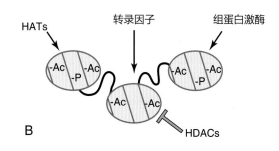

图 20-8 组蛋白修饰可以改变染色质的转录特性
A. 在转录不活跃的染色质区域，DNA 与组蛋白核心紧密结合。组蛋白没有被乙酰化或磷酸化。组蛋白去乙酰化酶 (HDAC) 具有活性，而组蛋白乙酰基转移酶 (HATs) 和组蛋白激酶则无活性。**B.** 在转录活跃的染色质区域，DNA 与组蛋白核心的结合不那么紧密。组蛋白被乙酰化 (Ac) 或磷酸化 (–P)。HDAC 活性不高，而 HATs 和组蛋白激酶活性较高。

着组蛋白紧密地包裹在细胞核内。组蛋白修饰是转录因子调节其靶启动子活性的共同途径。组蛋白修饰包括磷酸化、泛素化、类泛素化、乙酰化和甲基化。以下内容将深入讨论乙酰化和甲基化。

组蛋白乙酰化

DNA 与乙酰化组蛋白的结合较不紧密时，靶基因的启动子对转录因子和其他蛋白质的开放程度更高。组蛋白乙酰化的状态由添加乙酰基（组蛋白转移酶，"书写者"）或去除乙酰基（组蛋白去乙酰化酶，"擦除器"）的基因控制（图 20-8）。组蛋白的磷酸化也会导致染色质结构的开放和基因转录的激活。这些表观遗传标记可被溴结构域蛋白和普列克底物蛋白（Pleckstrin）同源结构域蛋白识别（"阅读者"）。

组蛋白甲基化

组蛋白甲基转移酶，或称为 *书写者*，催化组

蛋白末端赖氨酸残基的甲基化。该修饰可被组蛋白去甲基化酶，或称"擦除器"去除。与组蛋白乙酰化相反，组蛋白的甲基化可导致：①在单个赖氨酸残基上添加 1、2 或 3 个甲基；②基因表达的激活或抑制取决于被修饰的特定赖氨酸残基。例如，组蛋白 H3 的 9 号赖氨酸或 27 号赖氨酸的三甲基化（H3K9me3，H3K27me3）与启动子的抑制有关，而组蛋白 H3 的 4 号赖氨酸的三甲基化（H3K4me3）与启动子的激活有关。组蛋白的甲基化状态可以被大量不同类别的蛋白质"读取"。组蛋白修饰的"读取者，书写者和擦除器"的变异可能导致疾病，例如神经发育障碍和癌症。最近鉴定出编码组蛋白变异体 H3.3 和 H3.1 的基因突变，尤其是 H3 K27M 和 H3 G34R／V，有助于增加我们对小儿高级别神经胶质瘤，尤其是对弥漫性内生性脑桥胶质瘤 (DIPG) 的了解。

微小 RNAs

微小 RNA（miRNA 或 miRs）是高度保守的含 22 个核苷酸的（短）非编码 RNA，可在转录后沉默 RNA。miRNA 的生物发生是一个复杂且高度受控的过程。输出到细胞质后，前体 miRNA 经过 Dicer 酶（核糖核酸酶）的加工成为成熟的 miRNA 双链体。其中一条 miRNA 链包含于 RNA 诱导沉默复合物（RISC）中。

miRNAs 的靶基因涉及一半以上生长发育过程中表达的基因，并且每一个 miRNA 都可以特异性地靶向数百个基因。尽管 miRNA 同样可以修饰基因表达且不会改变 DNA 序列，但它们不被认为是修饰基因表达的经典表观遗传手段，如 DNA 甲基化和组蛋白修饰。

许多疾病与 miRNA 表达失调相关，包括发育综合征和癌症，都包含在 miR2Disease 在线数据库中。与癌症相关的特定 miRNA 被称为 oncomirs。DICER1 的生殖系突变与一种常见的肿瘤易感综合征有关，该综合征包括几种罕见的癌症，如胸膜肺母细胞瘤、囊性肾瘤和髓上皮瘤。

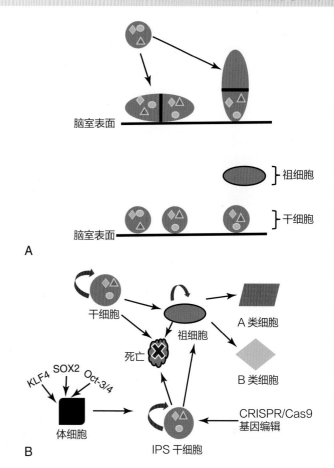

图 20-9　神经干细胞和诱导性多能干细胞

A. 成体或胚胎干细胞可以通过对称分裂产生两个相同的子代干细胞（垂直细胞分裂；有丝分裂平面垂直于脑室表面）或通过不对称分裂产生一个子代干细胞和一个神经系统前体细胞（水平细胞分裂；有丝分裂平面与脑室表面平行）。在这个例子中，祖细胞不保留在干细胞中的细胞核或细胞质因子（彩色几何图形），而在其质膜上表达新的蛋白质（如酪氨酸激酶受体）。**B.** 干细胞和诱导多能干细胞 (iPS) 具有自我更新、细胞死亡和成为祖细胞的能力。祖细胞自我更新的能力比较有限，但它们也可以分化成各种类型的细胞或经历细胞死亡。成人的分化体细胞如皮肤成纤维细胞，在主要转录因子 SOX2、OCT3/4(现在称为 POU5F1) 或 KLF4 的诱导下，可以重新编程为 iPS。

干细胞：分化与多能性

干细胞具有通过对称或不对称细胞分裂进行自我更新的特性，并且在胚胎或成体中，于特定条件下可以在体内分化成所有类型的细胞 (全能性或多能性)。干细胞群体有几种类型：**胚胎干细胞**（ESCs）、**成体干细胞**和**癌症干细胞**（CSCs）。胚胎干细胞来源于**多能性**的囊胚内细胞团，可以分化出外胚层、中胚层和内胚层的所有细胞类型，这些细胞是初级胚层（见第 5 章），但不能分化为胚外组织。ESCs 可表达几种抑制分化的转录因子，如 SOX2 和 OCT-4。

成体干细胞在迅速再生的分化组织和器官中相对丰富，如骨髓、毛囊和肠黏膜上皮。然而，在许多其他组织中也有成体干细胞的"巢"，包括那些以前被认为不能再生的组织，如中枢神经系统和视网膜。这些干细胞数量很少，分别位于脑室下区和睫状缘。来自骨髓、外周血和脐带的造血干细胞现在被常规用于治疗原发性免疫缺陷和各种遗传性代谢紊乱，并作为破坏骨髓的癌症治疗后的一种"拯救"策略。

目前 CSCs 正进行着深入的研究。通过对白血病和实体肿瘤（如结直肠癌、恶性胶质瘤）的研究发现，由各种细胞表面标志物（如实体肿瘤中的 CD133）鉴定的一小部分 CSCs 通常对放射或化疗等癌症治疗具有抵抗力。研究人员正致力于研究在常规治疗的基础上根除 CSC 细胞群，以提高治愈率。

利用干细胞的力量来修复退行性疾病存在一定的可能性的，如帕金森病和因缺血（卒中）和创伤（脊髓损伤）而导致的严重的组织受损，但一直受限于胚胎或成人干细胞的获得来源。因此，将成人的体细胞（如上皮细胞和成纤维细胞）去分化为**诱导多能干细胞**（iPS 细胞）已引起研究人员极大的兴趣。最近的研究已经确定了几个关键的主要转录因子（图 20-9），如 OCT-3/4，SOX2，KLF4 或 Nanog，它们可以将分化的细胞重编程为多能细胞。重编程事件的一个关键步骤是重写供体细胞的表观遗传密码。这些 iPS 细胞可以通过非病毒载体的基因传递方式进行操作，并有可能以细胞再生的方式来恢复细胞结构和 / 或功能，从而治疗大多数人类疾病。除此之外，患者的 iPS 细胞可以在体外分化为不同的谱系（例如，心肌细胞、神经细胞、肺上皮细胞），来模拟人类发育障碍（如囊性纤维化）的发病过程，有助于筛选潜在候选药物。新发现的 CRISPR/Cas 基因编辑技术（参见下一节）的应用提高了获得患者特异性 iPS 细胞的可能性，可在体外纠正遗传缺陷，将细胞分化为所需的谱系，然后将纠正后的细胞反输给患者（图 20-9）。

基因编辑

随着特异性抑制（敲除）或异位表达目的基因的技术发展，小鼠胚胎发育的研究得到了加强。然而，这项技术还不能用于人类细胞，也不能改变患者的基因表达。这推动了在体外和体内特异性改变基因组 DNA 序列（基因编辑）的新方法的发展，例如簇状规则间隔短回文重复序列 (CRISPR)/Cas9 内切酶系统，具有易于使用、设计模块化、高度特异性等特点，现已被广泛应用。CRISPR/Cas9 系统是细菌对病毒感染的免疫反应。这项技术已经被简化，包含一条与目标基因组序列互补的 20bp 单链引导 RNA(sg RNA)，以及一段与 Cas9 结合并将核酸酶定位到正确基因组

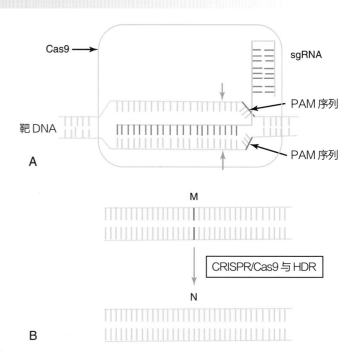

图 20-10 CRISPR/Cas9 基因编辑系统概述

A. 这个编辑系统是模块化的，由一个单链引导 RNA(sgRNA) 和一个茎环结构组成，sgRNA 具有与基因组 DNA 中的靶序列互补的区域，而茎环结构定位核酸内切酶 Cas9，从而靶向切割 DNA 双链。与待切割区域（蓝色箭头）相邻的前间隔序列邻近基序 (PAM) 是 Cas9 切割 DNA 所必需。**B.** 产生的双链断裂可以通过非同源末端连接 (NHEJ) 或同源定向修复 (HDR) 来修复。NHEJ 会导致片段缺失，从而引入功能丧失性突变。相反，HDR 能够对目标序列进行特异性编辑，例如将突变等位基因 (M) 转换为正常等位基因 (N)。

位置的双链片段（图 20-10）。sgRNA 必须包含一个位于靶序列 3' 端的前间隔序列邻近基序（protospacer adjacent motif，PAM）序列，Cas9 利用该序列结合并切割 DNA。基因组 DNA 中的特异性双链断裂可以通过非同源末端连接 (nonhomologous end joining，NHEJ) 或同源定向修复 (homology directed repair，HDR) 来修复。NHEJ 会导致 DNA 片段缺失，继而引入错义突变（包括移码突变和无义突变）。相反，具有合适模板的 HDR 可用于纠正遗传缺陷，引入可能致病的突变，或将报告基因整合到特定的基因座。这种基因编辑技术已迅速普及，被用于体内纠正小鼠和体外纠正人类的遗传缺陷，并提高了在体外模拟人类发育疾病的能力。这项技术第一次实现从体内或体外特异性改变人类基因组来纠正遗传缺陷，具有非常大的治疗潜力。

发育过程中常见的信号通路总结

1. 不同的信号通路之间存在着显著的差异，但它们有许多共同特征：配体、膜结合受体和共受体、细胞内信号传导结构域、衔接子和效应分子。

2. 在生长发育的不同时期，信号通路参与干细胞更新、细胞增殖、迁移、凋亡和分化等过程。

3. 信号通路通常具有"默认"的设定，可产生或维持特定的细胞命运。

4. 许多基因和信号通路在整个进化过程呈现高度保守的状态。

5. 通过反向遗传学中使用功能缺失或获得等转基因方法的模型系统，可以取得基因功能的知识。同样，正向遗传学从描述小鼠和人类自发产生的异常表型出发，继而鉴定突变基因，也已经推动了相关研究的进展。

6. 有证据表明，不同通路之间存在着串扰。而各种信号通路之间的这种交流有助于我们理解单基因突变对机体产生的深远影响，包括会影响多器官系统发育的畸形综合征或癌症。

（王剑　译）

临床导向提问（答案）

第1章

1. 人们期望医护人员能给出相关问题的回答，如胎儿的心脏什么时候开始跳动？胎儿是什么时候开始活动四肢？胚胎什么时候最容易受到酒精的影响？医师，尤其是家庭医师、妇产科医师和儿科医师需要清楚地知道胚胎和胎儿是如何发育的，这对于产前诊断和出生前的任何医学治疗来说都是基础。同时也应该知道造成发育异常和缺陷的原因。而且对于胚胎学的深入研究可以支持干细胞用于治疗一些慢性疾病。

2. 医师记录怀孕时间是从末次正常月经的第1天，因为这个日期通常可以被妇女们记住，但这个不可能精确地推测出排卵时间（排卵）或者受精时间（胚胎发育开始时间）。何时排卵和何时怀孕可以用实验室检查和超声影像检查来检测。

第2章

1. 怀孕的妇女没有月经，即使在通常月经时间内有一点出血，这个血可能是胎盘与子宫壁的子宫内膜部分分离，这种血液可能是从绒毛间隙渗出的。因为子宫内膜没有脱落，这些血不是经血而是母亲的血液从胎盘绒毛间隙流出的。

2. 忘记吃口服避孕药要看具体时间，如果发生在生理周期中期的话，会发生排卵，也可以导致怀孕。第2天吃了2倍剂量的避孕药也不能防止排卵。

3. 性交中断是指阴茎在射精发生前从阴道中取出。这种方法避孕并不可靠，通常在射精发生之前有少数精子可以通过辅助腺如精腺的分泌物中从阴茎中排出，这其中的精子都可以使卵母细胞受精。

4. 精子发生是指从精原细胞到精子形成的完整过程。精原细胞分裂增殖形成精母细胞，精母细胞再减数分裂形成精子细胞，最后精子细胞转化为精子的复杂过程，因此精子细胞变化是生精作用的最后阶段。

5. 避孕装置之一如释放型的宫内节育器（IUD）可阻止精子获能和精子通过输卵管到达受精部位。激素释放型IUD（如左炔诺孕酮）可引起子宫内膜形态学特征的改变，因此，胚囊不能植入。在这种情况下，宫内避孕器可被称为"反植入式"装置。

第3章

1. 通常在48~55岁，平均年龄为51岁卵巢功能和月经周期停止。脑垂体分泌促性腺激素逐渐停止的结果导致更年期产生，然而这并不意味着卵巢耗尽了所有卵母细胞储备。怀孕年龄在39岁及以上妇女的子女中患唐氏综合征和其他三体综合征的风险增加（见第19章，表19-2）。45岁以后男子的精子发生也减少，无活力和异常精子的数量增加。尽管如此，精子的产生可以一直保持到老年。与女性相比，男性产生异常配子的风险要小得多。然而，老年男性可能会产生累积的突变基因，导致子代遗传，产生先天性出生缺陷（见第19章）。

2. 新的避孕方法正在大量研究中，包括开发男性口服避孕药。这项研究包括激素和非激素方法预防精子产生和刺激精子免疫反应发生。在一个连续的基础研究上发现捕获数百万精子发育比阻断每月单个卵母细胞成熟要困难得多。分子研究结果显示如药物拮抗P2X1嘌呤受体和肾上腺素受体，可能最终提供一个安全的且可逆的男性避孕药。

3. 我们不知道极体细胞是否受精，然而有人认为分散嵌合体是从受精卵母细胞和受精的极体的融合开始。嵌合体是由两个合子的细胞混合而成的罕见个体。更有可能的是在发育早期，双卵双生子的融合导致了分散嵌合体。异卵双胞胎是由两个合子产生的，如果受精后与正常受精卵分开可以形成胚胎。

4. 第1周自然流产最常见的原因是染色体异常，如不分离引起的异常（见第2章），合体滋养层细胞不能产生足够量的人绒毛膜促性腺激素来维持卵巢中的黄体，导致早期自然流产。

5. 有丝分裂是细胞增殖的常见过程，是导致合子的子细胞形成。卵裂是合子有丝分裂的一系列过程，这个过程导致子代细胞形成——卵裂球。卵裂和有丝分裂具有同样的意义。

6. 合子分裂的营养需求不是很大，其中的营养物质主要来源于输卵管的分泌物。

7. 是的，一个卵裂球可以被移除，Y 染色体可以通过奎纳林克芥子荧光染色或分子技术鉴定鉴定（见第 7 章）。这种技术可用于有与性有关的遗传疾病，例如血友病、肌肉萎缩症以及已经生育过患有这种疾病的孩子，但不愿意再要患病孩子的妇女。在这种情况下，只有将体外发育的女性胚胎植入子宫内。

第 4 章

1. 着床出血是指在着床过程中囊胚着床处流出的血液，发生在预期的月经时间后几天。不熟悉这种情况的妇女可能会将出血误解为轻度月经。在这种情况下，她们可能会给医师错误的日期为她们的最后一次正常月经期。这种血不是月经液，而是发育中胚胎绒毛间隙的血液。绒毛膜动脉或静脉破裂，也可两者兼而有之，可导致失血（见第 8 章）。

2. 药物或其他药剂可以导致胚胎的早期流产，但如果在前 2 周服用，它们不会导致出生缺陷。药物或其他药剂可以破坏所有的胚胎细胞，杀死胚胎，也可以损伤少数细胞，在正常情况下，胚胎恢复正常发育。

3. 宫内节育器通常是典型的且非常有效地通过改变精子获能或活力，又或者通过改变子宫内膜的形态特征来防止怀孕的发生。但是宫内节育器不能从物理学上阻止精子进入输精管并使卵母细胞受精。尽管子宫内膜可能不利于着床，但胚囊可以继续发育并植入输卵管（即宫外孕）。使用宫内节育器妇女发生怀孕，宫外孕的风险约为 5%。

4. 腹腔妊娠是非常罕见的，在大多数情况下，认为是由于输卵管异位妊娠胚胎从破裂的输卵管自然流产，进入腹腔，在腹部妊娠的情况下孕妇严重出血和胎儿死亡的风险很高，但是如果诊断是在怀孕后期，而且孕妇没有任何症状，则可以继续妊娠，直到胎儿有足够的独立生存能力才通过剖宫产娩出。

第 5 章

1. 是的，如果在第 3 周服用某些药物会导致出生缺陷（见第 19 章）。例如抗某些肿瘤药物（化疗或者抗肿瘤药）可导致胚胎产生严重的骨骼和神经管缺陷，例如无脑畸形和裂脑畸形（部分脑缺失）。

2. 是的，40 岁或 40 岁以上孕妇的风险和胚胎的风险都增加。最常见的风险是与染色体异常有关的出生缺陷，如唐氏综合征和 13 三体综合征（见第 19 章），然而 40 岁以上的孕妇也可能生出正常孩子。高龄产妇是某些疾病的诱发因素，例如，子痫前期是一种以血压升高和水肿为特征的妊娠。高血压性疾病在老年孕妇中比年轻孕妇更常见，产妇高龄本身也是一个对胚胎和胎儿风险显著性增加的因素。

第 6 章

1. 到第 8 周末，胚胎和早期胎儿显得相似。更改名称是为了表明一个新的发育阶段（迅速生长和分化）已经开始，最关键的发育时期已经结束。

2. 对于胚胎何时发育成为人类有不同的看法，主要是各种观点经常受到宗教和个人观点的影响。科学的答案是，胚胎从受精的时候就已经是人了，因为他是人类的染色体构成，合子是人类发育的开始，但也有人认为胚胎成为人类只有出生后才可以算。

3. 不，不可能。在胚胎期存在更多的相似之处即使是外生殖器（见第 13 章）。超声检查无法判断原始性器官（第 5 周的生殖器结节和第 7 周生殖棘）是否会变成阴茎或阴蒂，性别差异直到胎儿早期第 10~12 周才明显，只有在羊膜穿刺术中获得的胚胎细胞的性染色质模式和染色体分析（荧光原位杂交）可以显示胚胎的染色体性别（见第 7 章）。

第 7 章

1. 超声检查证实成熟胚胎 8 周和幼小胎儿 9 周表现出自发运动，如躯干和四肢抽动（突然抽动）。虽然胎儿在第 12 周时开始活动背部和四肢，但直到第 16~20 周，母亲才能感觉到胎儿的活动，生过几个孩子的妇女通常比第一次怀孕的妇女更快地发现这种被称为"胎动"的胎儿活动，因为她们知道胎动是什么感觉，快速的胎动被认为是微弱的抖动或颤动。

2. 在孕前和孕早期补充叶酸是有效的，可以降低神经管缺陷（如脊柱裂）的发生。有研究表明，如果每天摄入含有 400 mg 叶酸补充剂量，那么孩子患神经管缺陷的风险就会明显降低。但是对于绝大多数神经管缺陷高危孕妇是否通过补充维生素能有助于预防疾病发生，目前还没有达成共识。

3. 当超声引导用于定位胎儿位置和监测穿刺插入位置时，穿刺针直接伤害患儿的情况是非常少见的。在怀孕的 6~9 月导致流产的风险很小（约 0.5%）。母亲或胎儿感染也不常见。

第 8 章

1. 死胎是指胎儿在分娩前已经死亡，一般体重至少是 500 g，至少有 20 孕周大。在年龄大于 40 岁的孕妇中死胎的发生率大约比 20~30 岁孕妇高出 3 倍，男性胎儿死亡率大于女性，具体原因不明。

2. 有时脐带过长，缠绕胎儿的颈部或四肢等部位，这种脐带可以造成脐静脉中的富含氧气输送到胎儿体内受到阻碍，同时阻断脐动脉血从胎儿回流到胎盘。如果脐带造成胎儿无法获得足够的氧气和营养，那么胎儿就可能死亡。当脐带打结，并且胎儿通过脐带中的一个环时，也可以阻碍血液供应。脐带过长脱垂到小盆腔（常常是胎头位置）可以造成脐带意外，对脐带造成压力，使胎儿无法获得足够的氧气，脐带缠绕胎儿也会导致出生缺陷（如缺少前臂）。

3. 大多数验孕棒检查都是基于在孕妇尿液中有相对大量的人绒毛膜促性腺激素。在第 1 次月经期没有出现月经后（胚胎植入后）的短时间内（约 1 周），检查结果为阳性。人类绒毛膜促性腺激素是由绒毛膜的合体滋养细胞产生的，所以通常得检测能准确地诊断怀孕。不过仍应尽快去医院确认怀孕。因为有些肿瘤绒毛膜癌也可以产生这种激素。

4. "羊水袋"是羊水囊的一个初级术语，它含有羊水（最主要成分是水）。有时羊膜囊在分娩开始前破裂，羊水流出。胎膜早破是导致早产的最常见的原因。胎膜早破可能会使出生过程复杂化或者可以导致阴道感染蔓延至胎儿，有时可以通过导管注入子宫内注入灭菌的盐水补充羊水以减轻胎儿窘迫。"干胎"这个词用来形容羊水体积低的。

5. 胎儿窘迫是胎儿缺氧的代名词，说明由于母体血液中氧含量降低，血氧能力降低或血流减少导致胎儿的氧合减少。当胎心低于 100 次 /min 时就存在胎儿窘迫。在大约 200 例分娩中就有 1 例因继发于胎儿的血液供应障碍，脐带压迫或受压也可进一步导致胎儿窘迫。在这些情况下，胎儿身体经过子宫颈和阴道时，胎儿的身体就会挤压脐带。

6. 随着母亲的增加年龄异卵双胎增多。双胞胎是

一种常染色体隐性遗传。母亲是双胞胎的话，女儿携带基因。因此双胎具有遗传性，另一方面同卵双生是一种随机现象，不受基因控制。

第 9 章

1. 是的，当新生儿出生时患有先天性膈疝，部分胃和肝脏可以进入胸腔（胸部），然而这种情况是罕见的。通常位置异常的内脏是肠道，通过横膈外后侧缺损进入胸腔，多见在左侧。

2. 先天性膈疝（CDH）发生率为 1/3 000 新生儿。新生儿 CDH 可能存活，但死亡率相对较高（约 76%），必须立刻给予治疗。手术前至关重要的是先将胃管插入胃内连续的抽吸，将空气和胃内容物吸出。接着气管插管，给予机械通气，同时调整新生儿内环境稳定。手术中将移位的内脏回复到腹腔内，膈肌的缺损则通过手术修复。患有巨大膈疝的婴儿在出生后 24 小时内，手术存活率为 40%~70%。

3. 膈疝的严重程度取决于疝入的内脏多少。中度膈疝的话，肺的发育可能是成熟的，但是肺的体积小。严重膈疝时肺部发育受损伤。大多数患有先天性膈疝的婴儿会死亡，但不是因为膈肌或胸腔内脏器官的缺损，而是因为患侧的肺发育不良而死亡（肺发育不全）。

4. 是的，可能有小的先天性膈疝而不自知。有些小疝可一直无症状到成年，只有在胸部常规 X 线或超声检查时才能发现。患侧的肺很可能发育正常，因为出生前肺发育时几乎没有受到压力。

第 10 章

1. 所有胚胎的上唇都有凹槽，上颌骨隆起与合并的鼻内侧隆起相遇。然而正常胚胎没有唇裂。当唇发育异常时，唇沟底部的组织就会裂开造成唇裂。

2. 在这种情况下，风险与普通人群相同，大约为 1/1 000。

3. 虽然可能涉及环境因素，但可以理解的是子代的唇腭裂是遗传的且表现为隐性遗传。这就可以解释父代也携带了一个隐藏的唇裂基因，他的家族中子代就可以有机会出现唇腭裂患者。

4. 外耳郭的轻微异常是常见的，通常它们不需要医学治疗或者美容。大约 14% 的新生儿有轻微的出生缺陷，其中不到 1% 还有其他畸形。孩子耳朵的异常可以考虑咽（鳃）弓异常，因为前 2 对咽弓的 6 个小

耳郭丘有形成耳郭，然而，这种耳朵形状的轻微异常，通常不会以这种方式分类。

第 11 章

1. 出生时多重因素刺激引起呼吸。"拍屁股"曾经是一种常见的物理刺激，然而这种刺激通常是不必要的。在正常情况下，新生儿的呼吸迅速开始，这说明是对暴露于空气和触摸的感觉刺激的反射，反映胎盘循环中断后的血气变化，如氧张力和 pII 值降低，二氧化碳分压升高，都是对自己呼吸起到重要的作用。

2. 透明膜病是呼吸窘迫综合征（RDS）的另一个名词，发生在出生后有自主呼吸的新生儿，由于未成熟的肺和/或肺表面活性物质缺乏。约占所有活产婴儿的 1%，它是新生儿死亡的主要原因。主要发生在未成熟儿，主要是肺表面活性物质缺乏。

3. 22 周出生的胎儿，即使出生时早产未成熟，在新生儿监护室内给予特殊的照顾也可以存活。但是对于出生体重小于 600 g 的新生儿由于肺部未成熟和无法进行充分的肺泡 – 毛细血管气体交换，存活概率低。此外，胎儿的大脑通常没有足够的分化来调整呼吸，给予外源性表面活性制剂（表面活性替代疗法）可以降低呼吸道疾病的严重程度，降低新生儿死亡率。

第 12 章

1. 毫无疑问，婴幼儿的先天性幽门肥厚性狭窄，是一个弥漫性肥大的平滑肌增生造成的，这种情况可以在腹部触及一个硬的肿块，但它是一个良性的，肯定不是恶性。由于肌肉增厚引起出口幽门管狭窄。造成流出道梗阻和蠕动增快产生的呕吐呈喷射状，患儿家属会叙述上述情况。手术解除幽门梗阻是常用的治疗方法。该病的原因尚不清楚，但是它被认为是一个多因素的遗传模式及遗传和环境因素共同作用的结果。

2. 唐氏综合征患儿十二指肠闭锁发生率增高是个不容争辩的事实。他们还更有可能患有肛门闭锁和其他出生缺陷（如房间隔缺损）。这些出生缺陷和可能是由于他们的染色体结构异常（两个第 21 号染色体拷贝引起）。十二指肠闭锁可以通过旁路手术纠治幽门梗阻（十二指肠吻合术）。

3. 极罕见的情况是当肠管经过生理性脐疝后回到腹部，它可以顺时针旋转，而不是通常的逆时针旋转，因此盲肠和阑尾位于左侧，这种情况称为腹内翻转（内

脏反位），左侧的盲肠和阑尾也可因盲肠移动造成。如果在胎儿起盲肠没有固定在后腹壁，阑尾和盲肠活动度大，可以迁移到左侧。

4. 毫无疑问，有人描述了回肠梅克尔憩室——回肠的指状隆起，这种常见的异常有时被称为第二阑尾，这当然是用词的不当，回肠梅克尔憩室的症状与阑尾炎相似，极个别的患者可能有两个盲肠重复畸形会产生两条阑尾。

5. 先天巨结肠是先天性的新生儿降结肠梗阻常见的原因，这种情况是由于神经嵴细胞不能迁移到肠细胞壁。神经嵴细胞通常形成神经元，所以肠肌层缺乏神经支配形成先天性无神经节细胞症，肠道梗阻和便秘出现，也有可继发生肠扩张或穿孔。

6. 如果婴儿存在脐回肠瘘异常。连接回肠和脐部的管腔可允许回肠内容物通过。这一现象是一个重要的诊断线索，脐肠瘘是由于脐肠管的腹腔段部分持续存在所致。

第 13 章

1. 大多数有马蹄肾的人没有尿路感染。融合性肾的位置异常通常是在死后或者影像学检查时发现，除非有无法控制的尿路感染，否则不需要对不正常的肾脏做任何处理。在某些情况下，泌尿科医师可能会将融合肾脏分成两个部分，并将它们固定。

2. 发育的肾脏可能在第 6~8 周从骨盆往上移。然后融合的肾脏向一侧或另一侧的正常位置上升，通常融合是没有问题，但是外科医师必须认识这种情况，知道融合肾。这种异常也被称为交叉性肾异位。

3. 受影响的个体有卵巢和睾丸，虽然精子发生是不常见，但是排卵是常见的。已经观察到少数患者可以妊娠和分娩，但这是非常罕见的。

4. 在大多数情况下，出生后 48 小时就可以明确性别，但父母也可被告知他们婴儿生殖器发育不完全需要进一步检测。医师会建议患儿父母直到正确的性别被确定前，不要向朋友们宣布婴儿的出生。对全血淋巴细胞进行核型分析（染色体染色、可视化和计数）并通过荧光原位杂交或聚合酶链反应扩增鉴定 *SRY* 基因（Y 染色体的性别决定区），也可能还需要进行激素研究。

5. 女性胎儿男性化外观是先天性肾上腺增生的结果，也是外生殖器不明的常见原因。一些病例是由于母体摄入雄性激素进入胎儿循环。罕见情况是母亲肾

上腺的肿瘤造成的激素异常造成的。产生的部分或者完全融合的泌尿生殖道或阴唇阴囊肿胀是由于胚胎前12周发育时暴露于雄性激造成的。阴蒂增大也是这一时期造成，然而雄性激素不会引起性畸形，因为其他外生殖器在这个阶段已经完全形成。

第 14 章

1. 心脏杂音是由心脏或大动脉中的血液湍流传递到胸壁的声音。大的杂音代表一个半月瓣狭窄（主动脉瓣或者肺动脉瓣）。室间隔缺损或卵圆孔未闭也可产生杂音。

2. 先天性心脏病很常见，在1 000例新生儿中6~8例出现异常，约占所有先天性异常的10%。最常见的心脏异常是室间隔缺损，男性的发病率高于女性，但原因不明。

3. 绝大多数先天性血管系统异常的原因是并不清楚的。大约8%的心脏病患儿有基因遗传的背景，这些异常绝大多数都伴有染色体的异常，如唐氏综合征21三体或者染色体的部分缺失。唐氏综合征患儿中有50%患儿先天性心脏病。母体妊娠期使服用药物，如抗代谢药或者华法林（一种抗凝药物）可以显著增加心脏缺陷的发生。怀孕期间酒精大量的服用，也是造成先天性心脏病的原因。

4. 一些病毒感染和先天性心脏病相关。但是仅仅风疹病毒（德国麻疹病毒）是明确的导致心脏系统疾病（如动脉导管未闭）病因。普通的麻疹病毒不会导致心脏疾病的发生。风疹病毒的疫苗可以有效地防止风疹病毒感染，尤其是那些从没有得过风疹病毒感染且计划去怀孕的妇女，疗效非常可靠。继而疫苗可以防止发育中的胎儿得风疹综合征。因为疫苗对于胚胎有潜在的不良反应，所以疫苗只能给予那些保证近2月没有怀孕可能的妇女注射。

5. 被称为大动脉转位的这种异常是因为大血管主动脉和肺动脉干位置颠倒。出生后的存活与否取决于肺循环和体循环之间的混合程度（如通过房间隔缺损——卵圆孔）。大动脉发生转位占超过1/5 000的活产婴儿中，男性更常见（男女比例约2：1）。相对数量较少的患有如此严重的心脏病死亡常发生在出生后的第1个月。如今，对于那些幸存者可以进行矫正手术。首先造成室间隔缺损增加体循环和肺循环混合（心房转换术）。然后可以进行动脉转换手术（主动脉和肺动脉干反转）。然而更常见的是将一个挡板（一种

用来抑制血液流动的装置）插入心房，使全身静脉血液通过二尖瓣、左心室和肺动脉流向肺，并通过三尖瓣、右心室和主动脉分流将肺静脉血转向肺部，这从生理上纠正了循环。

6. 很有可能，双胞胎其中一个右位心，通常没有临床症状。心脏只是向右移位，在个体描述中，心脏呈现出正常心脏结构的镜像表现。这种情况发生在发育的第4周，心脏旋转到左心室而不是右心室时。在单卵双胎中右位心是一种非常常见的异常。

第 15 章

1. 与第7颈椎相连的副肋在临床上很重要，因为它可压迫锁骨下动脉或臂丛，产生动脉和神经受压的症状。最常见的副肋是腰椎肋骨，通常不会有问题。

2. 半椎体可引起脊柱侧弯（脊柱侧凸）。脊柱侧弯是由椎体的一半、椎弓根和椎板组成。这种畸形发生在一侧的硬化体间充质细胞不能形成半个椎体的原基时。因此在脊柱的一侧发生更多的生长中心，这种失衡导致脊柱侧弯。

3. 颅缝的存在可以使大脑出生后继续发育和体积增大。颅缝早闭是一条或多条颅缝过早闭合，这种发育异常导致颅骨形状的改变可导致颅内压增高。舟状头或长头畸形——长而窄的颅骨，由矢状缝过早闭合所致。这种类型约占50%颅缝早闭，并更常见于男性。

4. Klippel-Feil综合征的特征是脖子短、发际线低和颈部活动受限。在大多数病例中患者罕见有正常颈椎。

5. 梅干腹综合征是由腹壁肌肉组织部分或者完全缺损引起。通常腹壁较薄。这种综合征通常伴有尿路畸形，尤其是膀胱畸形（如膀胱外翻）。在男性中，几乎所有患者都有隐睾（一个或两个睾丸没有进入阴囊内）。

6. 左侧胸大肌缺失通常是造成乳头或者乳晕异常低下的原因。胸大肌的全部或部分缺失通常不会导致残疾，因为许多重要的动作可以由肩关节相关的其他肌肉完成。

7. 女孩有突出的胸锁乳突肌。该肌肉将乳突附着在锁骨和胸骨上，因此颈部乳突侧继续生长导致头部倾斜或旋转。这种相对常见的情况是先天性斜颈（歪脖子）可能是出生时肌肉受伤。分娩过程中可能会发生一些肌纤维拉伸或撕裂导致出血，几周后肌肉纤维

发生坏死或者血液被纤维组织所替代。这会导致肌肉缩短，孩子的头偏向一边，如果这种情况不纠正，缩短的肌肉也会扭曲患侧脸型。

8. 这位年轻运动员可能有副比目鱼肌。大约 3% 的人有这种症状，这种异常可能是由于比目鱼肌源分为两部分造成。

9. 误服药物并不会造成孩子肢体短小。婴儿四肢患有软骨发育不全的骨骼疾病，这类型的短肢侏儒的发生率为 1/10 000，表现为常染色体显性遗传。大约 80% 的患儿父母是正常的。据推测这种情况是由于父母生殖细胞新突变（遗传物质的变化）造成的。大多数软骨发育不全患儿有正常的智力，在他们身体能力范围内过着正常的生活。如果已经有一个软骨发育不良患儿的父母再生育的孩子的话，那么以后生育的孩子患有这种疾病的风险比一般人群略高。然而软骨发育不全者生育孩子患该病的风险为 50%。

10. 短指（非常短的手指）是一种常染色体显性性状，如果正常女性（bb）和男性短指患者（Bb）结婚，孩子的患短指风险为 50%。所以婚前他们最好还是和医学专家讨论一下他们后代的遗传问题。

11. 苯丹克汀（现在命名为 Diclegis）是一种抗肿瘤的含有多胺、双环维林和吡哆醇药物，在人类胚胎中不会产生肢体缺陷。几项流行病学的研究表明在早孕期间暴露于本维菌素或其单独成分后出生缺陷的风险并没有增加。描述性病例研究孕母在肢体发育的关键期结束后超过 3 周（受孕后 24~36 天）可以服用该药。大部分肢体发育缺陷有遗传基础。

12. 皮肤并指是最常见的肢体畸形类型，它从手指之间的皮肤蹼状病变到关节融合（远端指骨和近段指骨融合）。当第 5 周没有形成指线或发育中的手指间组织没有发生凋亡时，就会发生这种异常。单纯皮肤并指畸形非常容易通过手术矫正。

13. 马蹄内翻足是最常见的马蹄足类型，约发生在 1/1 000 的新生儿中。这种畸形中，脚底向内侧转动，足底弯曲双足固定在指尖的位置。足尖的位置类似马的脚。

第 16 章

1. 神经管缺陷是多因素遗传。虽然只有一些环境因素（如叶酸）已被证明是直接相关的，但研究表明也有遗传背景存在。一个婴儿出生后存在神经管缺陷，该婴儿父母以后所生育的孩子患上神经管缺陷的发病

率要高很多。神经管缺陷发病率在英国普遍较高，后续孩子发病率在 1/25（南威尔士是 7.6/1 000，在北英格兰是 8.6/1 000）。神经管缺陷可以在出生前通过超声检查和羊水以母体血中甲胎蛋白水平来早期诊断。

2. 智力低下和生长延迟的最常见和最危险的原因是胎儿酒精综合征。受影响患儿的智商平均分在 60~70。智力发育缺陷来自妊娠期大量饮酒，每 400 个活产儿就有 1 例患儿。大量饮酒是指一次至少要喝 5 杯或者每天的无水酒精量在 45 ml 以上。目前尚不清楚妊娠期饮酒多少才是安全的，因此医师建议在妊娠期彻底戒酒。

3. 没有确凿证据表明母亲吸烟影响胎儿的智力发育，但是吸烟会损害胎儿氧气供应，因为吸烟时胎盘的血流量减少。由于众所周知，母亲大量吸烟严重影响胎儿的身体发育，是宫内生长受限的主要原因。尽管吸烟对于胎儿大脑供氧量减少的影响是不可察觉的，但会影响胎儿的智力发育。因此，母亲在妊娠期吸烟是不明智的。呼吁母亲戒烟，让胎儿正常发育。

4. 大多数非专业人士一般使用脊柱裂这个术语，他们不知道常见的类型。隐性脊柱裂通常临床意义不大，仅仅是一个孤立的发现，因为它不会产生任何症状，多达 20% 的人 X 线检查脊柱时发现有脊柱骨缺损存在。除非神经管缺损或者伴有神经根异常，脊柱裂囊性的各种类型具有重要的临床意义。因为神经组织包含在病变中，脊膜脊髓膨出是一种比脊膜膨出更严重的缺陷，也正因为如此，腹部和四肢肌肉的功能可能受到影响。脑膜膨出通常被皮肤覆盖，肢体运动功能通常正常，除非伴随脊髓或大脑发育缺陷。脊髓膨出较脊髓脊膜膨出更容易手术矫正，预后也更好。

第 17 章

1. 风疹病毒是否感染胎儿或者使胚胎造成严重损伤损害主要取决于病毒感染的时机。在妊娠头 3 个月期间发生孕妇感染的情况下，胚胎或者胎儿感染的总体风险约为 20%。据估计约有 50% 的怀孕会因此发生自然流产、死胎或出生缺陷（耳聋、白内障、青光眼和智力低下）。当感染发生在第一个 3 个月结束时，出生缺陷的概率仅略高于单纯妊娠。某些感染（如脉络膜视网膜炎）发生在妊娠早期可能导致严重感染造成眼部感染影响视力发育。耳聋是孕中晚期患儿风疹感染最常见的表现。如果孕妇暴露在风疹病毒中可进行抗体检测。如果孕妇对风疹病毒产生免疫，就可以

保证胚胎和胎儿不会受到病毒影响。

2. 对于女孩子来说获得免疫力的预防措施对保护胚胎至关重要。育龄女性应该进行风疹主动免疫。不建议故意让少女接触风疹（德国麻疹），虽然这种感染引起的并发症不常见，但是神经炎和关节炎（分别是神经和关节的感染）偶尔也会发生。脑炎（脑部感染）发生率约1/6 000。风疹感染通常是亚临床（难以发现）的，但患有这种感染的儿童对孕妇来说有暴露风险，有可能损伤胚胎。因为耳朵、眼睛正在发育期的危险性最大。这发生在怀孕早期，一些妇女可能都不知道自己怀孕。提供风疹疫苗的一个最好的方法，给予15个月以上的婴幼儿和未怀孕女性或者怀孕前3月妇女接种活病毒疫苗。

3. 先天性梅毒（胎传梅毒）是由梅毒螺旋体传播。这种微生物从未经治疗的孕妇转移给胎儿可能发生在整个妊娠期。主要发生在最后3个月，这些儿童通常会出现耳聋和牙齿畸形，这些出生缺陷可以通过在孕早期治疗母亲来预防。梅毒螺旋体对青霉素这种不会伤害胎儿的抗生素非常敏感。

4. 疱疹病毒家族中的几种病毒都可引起胎儿失明和耳聋。巨细胞病毒可通过胎盘在出生时传染给婴儿，还可以通过母乳传给婴儿。单纯疱疹病毒（通常为二型或者生殖器疱疹）通常在出生前或出生时传染。感染的婴儿正常发育的概率不大，在怀孕早期暴露的婴儿可能有小头畸形、耳聋和失明。新生儿有50%的死亡风险。

5. 甲基汞对人类胚胎特别是发育中的大脑具有致畸作用（导致出生缺陷）。在人类胚胎中，眼睛和内耳发育领先大脑发育，所以它们发育也受到影响，除了甲基汞通过胎盘从母体传给胚胎或者胎儿，新生儿还可从母乳中获得额外的甲基汞。甲基汞的来源包括来自受污染水源的鱼类和用甲基汞处理过的种子谷物制成的面粉，以及因受污染食物饲养的动物的肉。

第 18 章

1. 先天性皮肤缺失非常罕见。最常见的是头皮，有时是躯干和四肢。因为皮肤愈合过程比较平稳，需要1~2月愈合，受影响的婴儿通常能存活。愈合后皮肤无毛发，称为先天性皮肤发育不全，具体原因不明。大多数病例为散发性，然而有一些文献称有的是呈现家族遗传，说明这种皮肤缺陷是常染色体显性遗传。

2. 深色皮肤的人身上的白斑是部分白化病（斑疹病）的结果，这也影响浅色皮肤人群，这是一个常染色体隐性遗传的疾病。超微结构研究表明皮肤色素脱失区域缺乏黑色黑素细胞。据推测是基因突变导致的黑素细胞分化缺陷，这些皮肤和毛发缺陷是不可能治疗的，但可以用化妆品掩盖，还有染发剂。

3. 男性和女性的乳房，包括乳腺在出生时是相似的。新生儿轻微的乳房增大是常见的，是由通过胎盘进入婴儿的血液母体激素的刺激引起。因此增大的乳房在男性婴儿中是正常现象，并且不表明性发育异常。

4. 额外的乳房（多乳症）或乳头（多皮病）是常见的。额外的乳房在青春期可能增大，或者直到怀孕时才被发现。额外的乳房和乳头的胚胎学基础是存在从腋部延伸到腹股沟区的乳腺嵴（脊）。通常情况下只有一对乳房发育；然而，乳房可以沿着乳腺嵴的任何地方发育，多余的乳房或乳头通常略高于或低于正常乳房。腋窝乳房或乳头是罕见的。

5. 2 000例新生儿中约有1例出生时就有牙齿，通常2个下颌内侧（中央）门牙出生时出现，表明其他牙齿可能会提早萌出，通常它们会自行断裂。因此存在危险，故这类牙齿有时也会被拔掉。

第 19 章

1. 没有证据表明在妊娠期偶尔服用治疗剂量的阿司匹林是有害的，然而，大剂量的亚毒性水平（如类风湿关节炎药物）尚未被证明对胚胎和胎儿无害，孕妇应和她的医师讨论非处方药的使用。

2. 对形成习惯的药物上瘾（如阿片类）并在妊娠期服用这些药物的女性，几乎肯定会生下一个有毒瘾迹象的孩子。然而，胎儿在出生前存活的概率并不高。有毒瘾母亲的胎儿死亡率和早产率很高。

3. 所有北美的药物在上市前都要进行致畸性检测。沙利度胺的悲剧清楚地表明，需要改进检测潜在人类致畸物的方法。沙利度胺对怀孕的小鼠和大鼠没有致畸作用，然而对怀孕第4~6周的人类胚胎，它是一种有效的致畸剂。因为对人类胚胎进行药物检测是不道德的，所以无法保证某些可能是人类致畸药物不会上市。人类致畸的评估依赖于回顾性流行病学研究和医师的报告，这是沙利度胺致畸检测的方法。大多数新药在随附的包装说明书中都含有免责声明，例如这种药物尚未被证明对孕妇是安全的，如果医师认为潜在的好处大于可能的危害，可以使用一些药物，所有已知的可能致畸药物被孕妇服用的都需要有医师的处方。

4. 妊娠期吸烟对胚胎和胎儿有害，其最不利的影响是宫内生长受限。在怀孕的前半个月停止吸烟的妇女所生婴儿的出生体重接近于不吸烟者所生婴儿的体重，胎盘血流量减少被认为是尼古丁介导的作用，导致子宫内血流量下降。妊娠期吸烟的妇女所生的宝宝更容易出现出生缺陷比如唇腭裂。吸烟但不吸入的妇女其胎儿的生长仍然受到危害，因为尼古丁、一氧化碳和其他有害物质也会通过口腔和咽喉黏膜吸收到母体血液中，然后这些物质通过胎盘转移到胚胎或者胎儿体内。在妊娠期间任何方式吸烟都不可取。

5. 大多数药物不会导致人类胚胎发生出生缺陷，然而孕妇应该只服用必要药物或由她的医师建议的药物。例如患有严重下呼吸道感染的孕妇不明智的做法是拒绝医师推荐的治疗药物。那么，她和她的胚胎或胎儿的健康可能会受到感染的威胁。大多数药物包括磺胺类药物、美西嗪、青霉素和抗组胺药被认为是安全的药物。同样，局部麻醉剂、灭活疫苗和低剂量水杨酸盐（如阿司匹林）也没发现会导致出生缺陷。

（沈涤华　译）

参考书目和建议阅读

第1章

[1]Craft AM, Johnson M:From stem cells to human development: a distinctly human perspective on early embryology, cellular differentiation and translational research, *Development* ,2017,144(1):12-16. doi:10.1242/ dev.142778.

[2]Damdimopoulu P, Rodin s, Stenfelt s, et al. *Human embryonic stem cells. Best Pract Res Clin Obstet* Gynaecol, 2016, 31(2):2-12.

[3]Gasser R: *Atlas of human embryos*, HAGERSTOWN, MD, 1975, Harper & Row.

[4]Gasser R: *The virtual human embryo project* (VHE), Baltimore, MD, 2012, NICHD. [see also The Endowment for Human Development Project, Inc. (EHD) 2018].

[5]Hawkswortha OA, Coulthardb L G, Mantovanid S, et al. Complement in stem cells and development, *Semin Immunol* 37:74–84, 2018. doi:10.1016/j.smim.2018.02.009.

[6]Jirásel JE: *An atlas of human prenatal developmental mechanics: anatomy and staging,* London, 2004, Taylor & Francis.

[7]O'Rahilly R, Müller F: *Developmental stages in human embryos (Publication 637),* Washington, DC, 1987, Carnegie Institution of Washington.

[8]Rodrigues AR, Tabin CJ: Developmental biology. Deserts and waves in gene expression, *Science* 340(6137):1181–1182, 2013. doi:10.1126/ science.1239867.

[9]Streeter GL: Developmental horizons in human embryos: description of age group XI, 13 to 20 somites, and age group XII, 21 to 29 somites. In Carnegie Institution of Washington, editor: *Contributions to embryology, vol 30,* 1942, pp 211–245.

[10]Tschopp P, Tabin CJ: Deep homology in the age of next-generation sequencing, *Philos Trans R Soc Lond B Biol Sci* 372:2017, 1713. doi: 10.1098/rstb.2015.0475.

[11]Yamada S, Samtani RR, Lee ES, et al: Developmental atlas of the early first trimester embryo, *Dev Dyn 239*(6):1585–1595, 2010. doi:10.1002/ dvdy.22316.

第2章

[1]Cameron S: The normal menstrual cycle. In Magowan BA, Owen P, Thomson A, editors: *Clinical obstetrics & gynaecology,* ed 3, Philadelphia, 2014, Saunders.

[2]Holesh JE, Lord M: *Physiology, ovulation. StatPearls [Internet],* Treasure Island (FL, 2018, StatPearls Publishing.

[3]Khatun A, Rahman MS, Pang MG: Clinical assessment of the male fertility, *Obstet Gynecol Sci* 61(2):179–191, 2018. doi:10.5468/ogs.2018.61.2.179.

[4]Moore KL, Dalley AF, Agur AMR: *Clinically oriented anatomy*, ed 8, Philadelphia, 2017, Lippincott Williams & Wilkins.

[5]Tüttelmann F, Ruckert C, Röpke A: Disorders of spermatogenesis: perspectives for novel genetic diagnostics after 20 years of unchanged routine, *Med Genet 30*(1):12–20, 2018. doi:10.1007/s11825-018-0181-7.

第3章

[1]Carlson LM, Vora NL: Prenatal diagnosis. Screening and diagnostic tools, *Obstet Gynecol Clin North Am* 44(2):245–256, 2017. doi:10.1016/j. ogc.2017.02.004.

[2]Georgadaki K, Khoury N, Spandios DA, et al: The molecular basis of fertilization (Review), *Int J Mol Med* 38(4):979–986, 2016. doi:10.3892/ ijmm.2016.2723.

[3]Hansen M, Kurinczuk JJ, Milne E, et al: Assisted reproductive technology and birth defects: a systematic review and meta-analysis, *Hum Reprod Update* 19(4):330–353, 2013. doi:10.1093/humupd/dmt006.

[4]Liss J, Chromik I, Szczyglinska J, et al: Current methods for preimplantation genetic diagnosis, *Ginekol Pol* 87(7):522–526, 2016. doi:10.5603/ GP.2016.0037.

[5]Plaisier M: Decidualisation and angiogenesis, *Best Pract Res Clin Obstet Gynaecol* 25(3):259–271, 2011. doi:10.1016/j.bpobgyn.2010.10.011.

[6]Rock J, Hertig AT: The human conceptus during

the first two weeks of gestation, *Am J Obstet Gynecol* 55(1):6–17, 1948.

[7]Simpson JL: Birth defects and assisted reproductive technology, *Semin Fetal Neonatal Med* 19(3):177–182, 2014. doi:10.1016/j.siny.2014.01.001.

[8]Weiss G, Sundl M, Glasner A, et al: The trophoblast plug during early pregnancy: a deeper insight, *Histochem Cell Biol* 146(6):749–756, 2016. doi:10.1007/s00418-016-1474-z.

第 4 章

[1]Hertig AT, Rock J, Adams EC: A description of 34 human ova within the first seventeen days of development, *Am J Anat* 98:435–493, 1956.

[2]Kirk E, Bottomley C, Bourne T: Diagnosing ectopic pregnancy and current concepts in the management of pregnancy of unknown location, *Hum Reprod Update* 20(2):250–261, 2014. doi:10.1093/humupd/dmt047.

[3]Luckett WP: Origin and differentiation of the yolk sac and extraembryonic mesoderm in presomite human and rhesus monkey embryos, *Am J Anat* 152(1):59–97, 1978. doi:10.1002/aja.1001520106.

[4]Quenby S, Brosens JJ: Human implantation: a tale of mutual maternal and fetal attraction, *Biol Reprod* 88(3):81, 2013. doi:10.1095/ biolreprod.113.108886.

[5]Zorn AM, Wells JM: Vertebrate endoderm development and organ formation, *Annu Rev Cell Dev Biol* 25:221–251, 2009. doi:10.1146/ annurev.cellbio.042308.113344.

第 5 章

[1]Betz C, Lenard A, Belting HG, et al: Cell behaviors and dynamics during angiogenesis, *Development* 143(13):2249–2260, 2016. doi:10.1242/ dev.135616.

[2]Dias AS, de Almeida I, Belmonte JM: Somites without a clock, *Science* 343(6172):791–795, 2014. doi:10.1126/science.1247575.

[3]Jagannathan-Bogdan M, Zon LI: Hematopoiesis, *Development* 140(12): 2463–2467, 2013. doi:10.1242/ dev.083147.

[4]Mayor R, Theveneau E: The neural crest, *Development* 140(11):2247–2251, 2013. doi:10.1242/ dev.091751.

[5]Ramesh T, Nagula SV, Tardieu GG, et al: Update on the notochord including its embryology, molecular development, and pathology: a primer for the clinician, *Cureus* 9(4):e1137, 2017. doi:10.7759/ cureus.1137.

[6]Savage P: Gestational trophoblastic disease. In Magowan BA, Owen P, Thomson A, editors: *Clinical obstetrics & gynaecology*, ed 3, Philadelphia, 2014, Saunders.

[7]Tata M, Ruhrberg C: Cross-talk of neural progenitors and blood vessels in the developing brain, *Neuronal Signal* 2018. doi:10.1042/NS20170139.

[8]Yoon HM, Byeon SJ, Hwang JY, et al: Sacrococcygeal teratomas in newborns: a comprehensive review for the radiologists, *Acta Radiol* 59(2):236–246, 2018. doi:10.1177/0284185117710680.

第 6 章

[1]Butt K, Lim K: Determination of gestational age by ultrasound, *J Obstet Gynaecol* 36(2):171–181, 2014. doi:10.1016/S1701-2163(15)30664-2.

[2]de Bakker BS, de Jong KH, Hagoort J, et al: An interactive three-dimensional digital atlas and quantitative database of human development, *Science* 354(6315):2016. doi:10.1126/science.aag0053. pii: aag0053.

[3]FitzPatrick DR: Human embryogenesis. In Magowan BA, Owen P, Thomson A, editors: *Clinical obstetrics & gynaecology,* ed 3, Philadelphia, 2014, Saunders.

[4]Gasser R: *Virtual human embryo DREM project,* Bethesda, MD, 2012, NIH.

[5]Jirásel JE: *An atlas of human prenatal developmental mechanics: anatomy and staging,* London, 2004, Taylor & Francis.

[6]O'Rahilly R, Müller F: *Development stages in human embryos (Publication 637),* Washington, DC, 1987, Carnegie Institution of Washington.

[7]Persaud TVN, Hay JC: Normal embryonic and fetal development. In Reece EA, Hobbins JC, editors: *Clinical obstetrics: the fetus and mother*, ed 3, Oxford, 2006, Blackwell Publishing

[8]Pooh RK, Shiota K, Kurjak A: Imaging of the human embryo with magnetic resonance imaging microscopy and high-resolution transvaginal 3-dimensional sonography: human embryology in the 21st century, *Am J Obstet Gynecol* 204(1):77.e1–77.e16, 2011. doi:10.1016/j.ajog.2010.07.028.

[9]Steding G: *The anatomy of the human embryo: a scanning electron-microscopic atlas,* Basel, 2009, Karger.

[10]Yamada S, Samtani RR, Lee ES, et al: Developmental atlas of the early first trimester embryo, *Dev Dyn* 239(6):1585–1595, 2010. doi:10.1002/ dvdy.22316.

第 7 章

[1]Butt K, Lim K: Determination of gestational age by ultrasound, *J Obstet Gynaecol* 36(2):171–181, 2014. doi:10.1016/S1701-2163(15)30664-2.

[2]Jirásel JE: *An atlas of human prenatal developmental mechanics: anatomy and staging,* London, 2004, Taylor & Francis.

[3]Whitworth M, Bricker L, Neilson JP, et al: Ultrasound for fetal assessment in early pregnancy, *Cochrane Database Syst Rev* (4):CD007058, 2010. doi:10.1002/14651858.CD007058.pub2.

第 8 章

[1]Alecsandru D, García-Velasco JA: Immunology and human reproduction, *Curr Opin Obstet Gynecol* 27(3):231–234, 2015. doi:10.1097/ GCO.0000000000000174.

[2]Banks CL: Labour. In Magowan BA, Owen P, Thomson A, editors: *Clinical obstetrics & gynaecology,* ed 3, Philadelphia, 2014, Saunders.

[3]Chakraborty C, Gleeson LM, McKinnon T, et al: Regulation of human trophoblast migration and invasiveness, *Can J Physiol Pharmacol* 80(2):116–124, 2002.

[4]Collins JH: Umbilical cord accidents: human studies, *Semin Perinatol* 26(1):79–82, 2002.

[5]Dashe JS, Hoffman BL: Ultrasound evaluation of the placenta, membranes and umbilical cord. Ultrasound evaluation of normal fetal anatomy. In Norton ME, editor: *Callen's ultrasonography in obstetrics and gynecology,* ed 6, Philadelphia, 2017, Elsevier.

[6]Forbes K: IFPA Gabor Than Award lecture: molecular control of placental growth: the emerging role of microRNAs, *Placenta* 34(Suppl):S27–S33, 2013. doi:10.1016/j.placenta.2012.12.011.

[7]Gibson J: Multiple pregnancy. In Magowan BA, Owen P, Thomson A, editors: *Clinical obstetrics & gynaecology,* ed 3, Philadelphia, 2014, Saunders.

[8]Jabrane-Ferrat N, Siewiera J: The up side of decidual natural killer cells: new developments in *immunology* of pregnancy, Immunology 141(4):490–497, 2014. doi:10.1111/imm.12218.

[9]Knöfler M, Pollheimer J: Human placental trophoblast invasion and differentiation: a particular focus on Wnt signaling, *Front Genet* 4:190, 2013. doi:10.3389/fgene.2013.00190.

[10]Lala N, Girish GV, Cloutier-Bosworth A, et al: Mechanisms in decorin regulation of vascular endothelial growth factor-induced human trophoblast migration and acquisition of endothelial phenotype, *Biol Reprod* 87(3):59, 2012. doi:10.1095/biolreprod.111.097881.

[11]Lala PK, Chatterjee-Hasrouni S, Kearns M, et al: Immunobiology of the feto-maternal interface, *Immunol Rev* 75:87–116, 1983.

[12]Lala PK, Kearns M, Colavincenzo V: Cells of the fetomaternal interface: their role in the maintenance of viviparous pregnancy, *Am J Anat* 170(3):501–517, 1984. doi:10.1002/aja.1001700321.

[13]Lala PK, Nandi P: Mechanisms of trophoblast migration, endometrial angiogenesis in preeclampsia: the role of decorin, *Cell Adh Migr* 10(1–2):111–125, 2016. doi:10.1080/19336918.2015.1106669.

[14]Magann EF, Sandin AI: Amniotic fluid volume in fetal health and disease. In Norton ME, editor: *Callen's ultrasonography in obstetrics and gynecology,* ed 6, Philadelphia, 2017, Elsevier.

[15]Masselli G, Gualdi G: MR imaging of the placenta: what a radiologist should know, *Abdom Imaging* 38(3):573–587, 2013. doi:10.1007/ s00261-012-9929-8.

[16]Redline RW: Placental pathology. In Martin RJ, Fanaroff AA, Walsh MC, editors: *Fanaroff and Martin's neonatal-perinatal medicine: diseases of the fetus and infant,* ed 9, Philadelphia, 2011, Mosby.

第 9 章

[1]Ariza L, Carmona R, Cañete A, et al: Coelomic epithelium-derived cells in visceral morphogenesis, *Dev Dyn* 245(3):307–322, 2016. doi:10.1002/ dvdy.24373.

[2]Badillo A, Gingalewski C: Congenital diaphragmatic hernia: treatment and outcomes, *Semin Perinatol* 38(2):92–96, 2014.

[3]Clugston RD, Zhang W, Alvarez S, et al: Understanding abnormal retinoid signaling as a causative mechanism in congenital diaphragmatic hernia, *Am J Respir Cell Mol Biol* 42(3):276–285, 2010. doi:10.1165/ rcmb.2009-0076OC.

[4]Donahoe PK, Longoni M, High FA: Polygenic

causes of congenital diaphragmatic hernia produce common lung pathologies, *Am J Pathol* 186(10):2532–2543, 2016. doi:10.1016/j.ajpath.2016.07.006.

[5]Knowles MR, Zariwala M, Leigh M: Primary ciliary dyskinesia, *Clin Chest Med* 37(3):449–461, 2016. doi:10.1016/j.ccm.2016.04.008.

[6]Oh T, Chan S, Kieffer S: Fetal outcomes of prenatally diagnosed congenital diaphragmatic hernia: nine years of clinical experience in a Canadian tertiary hospital, *J Obstet Gynaecol Can* 38(1):17–22, 2016. doi:10.1016/j. jogc.2015.10.006.

[7]Oluyomi-Obi T, Kuret V, Puligandla P, et al: Antenatal predictors of outcome in prenatally diagnosed congenital diaphragmatic hernia (CDH), *J Pediatr Surg* 52(5):881–888, 2017. doi:10.1016/j. jpedsurg.2016.12.008.

[8]Slavotinek AM: The genetics of common disorders—congenital diaphragmatic hernia, *Eur J Med Genet* 57(8):418–423, 2014. doi:10.1016/j. ejmg.2014.04.012.

[9]Wells LJ: Development of the human diaphragm and pleural sacs. In Carnegie Institution of Washington, editor: *Contributions to embryology, vol 35,* 1954, pp 107–134.

第 10 章

[1]Allori AC, Cragan JD, Cassell CH, et al: ICD-10–based expanded code set for use in cleft lip/palate research and surveillance, *Birth Defects Res A Clin Mol Teratol* 106(11):905–914, 2016. doi:10.1002/bdra.23544.

[2]Bajaj Y, Ifeacho S, Tweedie D, et al: Branchial anomalies in children, *Int J Pediatr Otorhinolaryngol* 75(8):1020–1023, 2011. doi:10.1016/j. ijporl.2011.05.008.

[3]Berkovitz BKB, Holland GR, Moxham B: *Oral anatomy, histology, and embryology,* ed 4, Philadelphia, 2009, Mosby.

[4]Hinrichsen K: The early development of morphology and patterns of the face in the human embryo, *Adv Anat Embryol Cell Biol* 98:1–79, 1985.

[5]Jones KL, Jones MC, Campo MD: *Smith's recognizable patterns of human malformation,* ed 7, Philadelphia, 2013, Saunders.

[6]Mueller DT, Callanan VP: Congenital malformations of the oral *cavity, Otolaryngol Clin North Am* 40(1):141–160, 2007. doi:10.1016/j. otc.2006.10.007.

[7]Nanci A: *Ten Cate's oral histology: development,* structure, and function, ed 8, Philadelphia, 2012, Mosby.

[8]Parada C, Han D, Chai Y: Molecular and cellular regulatory mechanisms of tongue myogenesis, *J Dent Res* 91(6):528–535, 2012. doi:10.1177/0022034511434055.

[9]Rice DPC: Craniofacial anomalies: from development to molecular pathogenesis, *Curr Mol Med* 5(7):699–722, 2005. doi:10.2174/ 156652405774641043.

[10]Waldhausen JHT: Branchial cleft and arch anomalies in children, *Semin Pediatr Surg* 15(2):64–69, 2006.doi:10.1053/j.sempedsurg.2006.02. 002.

[11]Yatzey KE: DiGeorge syndrome, Tbx1, and retinoic acid signaling come full circle, *Circ Res* 106(4):630–632, 2010. doi:10.1161/ CIRCRESAHA.109.215319.

第 11 章

[1]Berman DR, Treadwell MC: Ultrasound evaluation of fetal thorax. In Norton ME, editor: *Callen's ultrasonography in obstetrics and gynecology,* ed 6, Philadelphia, 2017, Elsevier.

[2]Brown E, James K: The lung primordium an outpunching from the foregut! Evidence-based dogma or myth?, *J Pediatr Surg* 44(3):607–615, 2009. doi:10.1016/ j.jpedsurg.2008.09.012.

[3]Gowen CW Jr: Fetal and neonatal medicine (respiratory diseases of the newborn). In Marcdante KJ, Kliegman RM, editors: *Nelson essentials of pediatrics,* ed 7, Philadelphia, 2015, Saunders.

[4]Herriges M, Morrisey EE: Lung development: orchestrating the generation and regeneration of a complex organ, *Development* 141(3):502–513, 2014. doi:10.1242/ dev.098186.

[5]Jobe AH: Lung development and maturation. In Martin RJ, Fanaroff AA, Walsh MC, editors: *Fanaroff and Martin's neonatal-perinatal medicine: diseases of the fetus and infant,* ed 9, Philadelphia, 2011, Mosby.

[6]Mariani TJ: Update on molecular biology of lung development— transcriptomics, *Clin Perinatol* 42(4):685–695, 2015. doi:10.1016/j. clp.2015.08.001.

[7]Moghieb A, Clair G, Mitchell H, et al: Time-resolved proteome profiling of normal lung development, *Am J Physiol Lung Cell Mol Physiol* 315(1):L11–L24, 2018. doi:10.1152/ajplung.00316.2017.

[8]Morrisey EE, Cardosa WV, Lane RH, et al:

Molecular determinants of lung development, *Ann Am Thorac Soc* 10(2):S12–S16, 2013. doi:10.1513/AnnalsATS.201207-036OT.

[9]O'Rahilly R, Boyden E: The timing and sequence of events in the development of the human respiratory system during the embryonic period proper, *Z Anat Entwicklungsgesch* 141(3):237–250, 1973.

Warburton D, El-Hashash A, Carraro G, et al: Lung organogenesis, *Curr Top Dev Biol* 90:73–158, 2010. doi:10.1016/S0070-2153(10)90003-3.

[10]Wells LJ, Boyden EA: The development of the bronchopulmonary segments in human embryos of horizons XVII to XIX, *Am J Anat* 95(2):163–201, 1954. doi:10.1002/aja.1000950202.

第 12 章

[1]Bastidas-Ponce A, Scheibner K, Lickert L: Cellular and molecular mechanisms coordinating pancreas development, *Development* 144(16): 2873–2888, 2017. doi:10.1242/dev.140756.

[2]Belo J, Krishnamurthy M, Oakie A, Wang R: The role of SOX9 transcription factor in pancreatic and duodenal development, *Stem Cells Dev* 22(22):2935–2943, 2013. doi:10.1089/scd.2013.0106.

[3]DeLaForest A, Duncan SA: *Basic science of liver development*. In Gumucio DL, Keplinger KM, Bloomston M: Anatomy and embryology of the biliary tract, Surg Clin North Am 94:151–164, 2014.

[4]Klezovitch O, Vasioukhin V: Your gut is right to turn left, *Dev Cell* 26(6):553–554, 2013. doi:10.1016/j.devcel.2013.08.018.

Kluth D, Fiegel HC, Metzger R: Embryology of the hindgut, *Semin Pediatr* Surg 20(3):152–160, 2011. doi:10.1053/j.sempedsurg.2011.03.002.

[5]Ledbetter DJ: Gastroschisis and omphalocele, *Surg Clin North Am* 86(2):249–260, 2006. doi:10.1016/j.suc.2005.12.003.

[6]Metzger R, Metzger U, Fiegel HC, et al: Embryology of the midgut, Semin *Pediatr Surg* 20(3):145–151, 2011. doi:10.1053/j.sempedsurg.2011.03.005.

[7]Mundt E, Bates MD: Genetics of Hirschsprung disease and anorectal malformations, *Semin Pediatr Surg* 19(2):107–117, 2010. doi:10.1053/j.sempedsurg.2009.11.015.

[8]Nadel A: The fetal gastrointestinal tract and abdominal wall. In Norton ME, Scoutt LM, Feldstein VA, editors: *Callen's ultrasonography in obstetrics and gynecology,* ed 6, Philadelphia, 2017, Elsevier.

[9]Nagy N, Goldstein AM: Enteric nervous system development: a crest cell's journey from neural tube to colon, *Semin Cell Dev Biol* 66:94–106, 2017. doi:10.1016/j.semcdb.2017.01.006.

[10]Naik-Mathuria B, Olutoye OO: Foregut abnormalities, *Surg Clin North Am* 86(2):261–284, 2006. doi:10.1016/j.suc.2005.12.011.

[11]Soffers JHM, Hikspoors JPJM, Mekonen HK, et al: The growth pattern of the human intestine and its mesentery, *Dev Biol* 15:31, 2015. doi:10.1186/s12861-015-0081-x.

[12]Vakili K, Pomfret EA: Biliary anatomy and embryology, *Surg Clin North Am* 88(6):1159–1174, 2008. doi:10.1016/j.suc.2008.07.001.

[13]van den Brink GR: Hedgehog signaling in development and homeostasis of the gastrointestinal tract, *Physiol Rev* 87(4):1343–1375, 2007. doi:10.1152/physrev.00054.2006.

[14]Van der Putte SCJ: The development of the human anorectum, *Anat Rec* 292(7):951–954, 2009. doi:10.1002/ar.20914.

[15]Zorn AM: Development of the digestive system, *Semin Cell Dev Biol* 66:1–2, 2017. doi:10.1016/j.semcdb.2017.05.015.

第 13 章

[1]Creighton S: Disorders of sex development. In Magowan BA, Owen P, Thomson A, editors: *Clinical obstetrics & gynaecology*, ed 3, Philadelphia, 2014, Saunders.

[2]Haynes JH: Inguinal and scrotal disorders, *Surg Clin North Am* 86(2): 371–381, 2006. doi:10.1016/j.suc.2005.12.005.

[3]Kollin C, Ritzén EM: Cryptorchidism: a clinical perspective, *Pediatr Endocrinol Rev* 11(Suppl 2):240–250, 2014.

[4]Kutney K, Konczal L, Kaminski B, et al: Challenges in the diagnosis and management of disorders of sex development, *Birth Defects Res C Embryo Today* 108(4):293–308, 2016. doi:10.1002/bdrc.21147.

[5]Odiba AO, Dick JM: Fetal genitourinary tract. In Norton ME, editor: *Callen's ultrasonography in obstetrics*

and gynecology, ed 6, Philadelphia, 2017, Elsevier.

[6]Persaud TVN: Embryology of the female genital tract and gonads. In Copeland LJ, Jarrell J, editors: *Textbook of gynecology,* ed 2, Philadelphia, 2000, Saunders.

[7]Svingen T, Koopman P: Building the mammalian testis: origins, differentiation, and assembly of the component cell populations, *Genes Dev* 27(22):2409–2426, 2013. doi:10.1101/gad.228080.113.

[8]Virtanen HE, Toppari J: Embryology and physiology of testicular development and descent, *Pediatr Endocrinol Rev* 11(Suppl 2):206–213, 2014.

[9]Woo LL, Thomas JC, Brock JW: Cloacal exstrophy: a comprehensive review of an uncommon problem, *J Pediatr Urol* 6(2):102–111, 2010. doi:10.1016/j.jpurol.2009.09.011.

第 14 章

[1]Adams SM, Good MW, DeFranco GM: Sudden infant death syndrome, *Am Fam Physician* 79(10):870–874, 2009.

[2]Annabi MR, Makaryus AN: *Embryology, atrioventricular septum,* Treasure Island, FL, 2018, StatPearls Publishing.

[3]Dyer LA, Kirby ML: The role of secondary heart field in cardiac development, *Dev Dyn* 336(2):137–144, 2009. doi:10.1016/j.ydbio.2009.10.009.

[4]El Robrini N, Etchevers HC, Ryckebüsch L, et al: Cardiac outflow morphogenesis depends on effects of retinoic acid signaling on multiple cell lineages, *Dev Dyn* 245(3):388–401, 2016. doi:10.1002/dvdy.24357.

[5]Hildreth V, Anderson RH, Henderson DJ: Autonomic innervation of the developing heart: origins and function, *Clin Anat* 22(1):36–46, 2009. doi:10.1002/ca.20695.

[6]Horsthuis T, Christoffels VM, Anderson RH, et al: Can recent insights into cardiac development improve our understanding of congenitally malformed hearts?, *Clin Anat* 22(1):4–20, 2009. doi:10.1002/ca.20723.

[7]International Society of Ultrasound in Obstetrics and Gynecology (ISUOG), Carvalho JS, Allan LD, et al: ISUOG Practice Guidelines (updated): sonographic screening examination of the fetal heart, *Ultrasound Obstet Gynecol* 41(3):348–359, 2013. doi:10.1002/uog. 12403.

[8]Kamedia Y: Hoxa3 and signaling molecules involved in aortic arch patterning and remodeling, *Cell Tissue Res* 336(2):165–178, 2010. doi:10.1007/s00441-009-0760-7.

[9]Kodo K, Yamagishi H: A decade of advances in the molecular embryology and genetics underlying congenital heart defects, *Circ J* 75(10): 2296–2304, 2011.

[10]Loukas M, Bilinsky C, Bilinski E, et al: The normal and abnormal anatomy of the coronary arteries, *Clin Anat* 22(1):114–128, 2009. doi:10.1002/ ca.20761.

[11]Loukas M, Bilinsky S, Bilinksy E, et al: Cardiac veins: a review of the literature, *Clin Anat* 22(1):129–145, 2009. doi:10.1002/ca.20745.

[12]Männer J: The anatomy of cardiac looping: a step towards the understanding of the morphogenesis of several forms of congenital cardiac malformations, *Clin Anat* 22(1):21–35, 2009. doi:10.1002/ca. 20652.

[13]Martinsen BJ, Lohr JL: Cardiac development. In Iaizzo PA, editor: *Handbook of cardiac anatomy, physiology, and devices, Totowa,* NJ, 2003, Humana Press Inc.

[14]Morris SA, Ayres NA, Espinoza J, et al: Sonographic evaluation of the fetal heart. In Norton ME, editor: *Callen's ultrasonography in obstetrics and gynecology,* ed 6, Philadelphia, 2017, Elsevier.

Stoller JZ, Epstein JA: Cardiac neural crest, *Semin Cell Dev Biol* 16(6):704–715, 2005. doi:10.1016/ j.semcdb.2005.06.004.

[15]Watanabe M, Schaefer KS: Cardiac embryology. In Martin RJ, Fanaroff AA, Walsh MC, editors: *Fanaroff and Martin's neonatal-perinatal medicine: diseases of the fetus and infant,* ed 9, Philadelphia, 2011, Mosby.

[16]Zaffran S, Kelly RG: New developments in the second heart field, *Differentiation* 84(1):17–24, 2012. doi:10.1016/j.diff.2012.03.003.

第 15 章

[1]Applebaum M, Kalcheim C: Mechanisms of myogenic specification and patterning, *Results Probl Cell Differ* 56:77–98, 2015. doi:10.1007/978-3-662-44608.

[2]Bentzinger CF, Wang YX, Rudnicki MA: Building muscle: molecular regulation of myogenesis, *Cold Spring Harb Perspect Biol* 4(2):2012. doi:10.1101/cshperspect. a008342. pii:a008342.

[3]Buckingham M, Rigby PWJ: Gene regulatory networks and transcriptional mechanisms that control myogenesis, *Dev Cell* 28(3):225–238, 2014. doi:10.1016/ j.devcel.2013.12.020.

[4]Chang KZ, Likes K, Davis K, et al: The significance

of cervical ribs in thoracic outlet syndrome, *J Vasc Surg* 57(3):771–775, 2013. doi:10.1016/j. jvs.2012.08.110.

[5]Cohen MM Jr: Perspectives on craniosynostosis: sutural biology, some well-known syndromes, and some unusual syndromes, *J Craniofac Surg* 20(Suppl 1):646–651, 2009. doi:10.1097/SCS.0b013e318193d48d.

[6]Cole P, Kaufman Y, Hatef DA, et al: Embryology of the hand and upper extremity, *J Craniofac Surg* 20(4):992–995, 2009. doi:10.1097/ SCS.0b013e3181abb18e.

[7]Dallas SL, Bonewald LF: Dynamics of the transition from osteoblast to osteocyte, *Ann N Y Acad Sci* 1192:437–443, 2010. doi:10.1111/ j.1749-6632.2009.05246.x.

[8]Gillgrass TJ, Welbury RR: Craniofacial growth and development. In Welbury RR, Duggal MS, Hosey MT, editors: *Paediatric dentistry,* ed 4, Oxford, UK, 2014, Oxford University Press.

[9]Hall BK: *Bones and cartilage: developmental skeletal biology,* ed 2, Philadelphia, 2015, Elsevier Academic Press.

[10]Hernandez-Andre E, Yeo L, Gonçalves LF: Fetal musculoskeletal system. In Norton ME, editor: *Callen's ultrasonography in obstetrics and gynecology,* ed 6, Philadelphia, 2017, Elsevier.

[11]Hinrichsen KV, Jacob HJ, Jacob M, et al: Principles of ontogenesis of leg and foot in man, *Ann Anat* 176(2):121–130, 1994.

[12]Kang SG, Kang JK: Current and future perspectives in craniosynostosis, *J Korean Neurosurg Soc* 59(3):247–249, 2016. doi:10.3340/jkns.2016. 59.3.247.

[13]Liu RE: Musculoskeletal disorders in neonates. In Martin RJ, Fanaroff AA, Walsh MC, editors: *Fanaroff and Martin's neonatal-perinatal medicine: diseases of the fetus and infant, current therapy in neonatal-perinatal medicine,* ed 10, Philadelphia, 2015, Saunders.

[14]Longobardi L, Li T, Tagliafierro L, et al: Synovial joints: from development to homeostasis, *Curr Osteoporos Rep* 13(1):41–51, 2015. doi:10.1007/ s11914-014-0247-7.

[15]Ma L, Yu X: Arthrogryposis multiplex congenita: classification, diagnosis, perioperative care, and anesthesia, *Front Med* 11(1):48–52, 2017. doi:10.1007/s11684-017-0500-4.

[16]O'Rahilly R, Gardner E: The timing and sequence of events in the development of the limbs in the human embryo, *Anat Embryol (Berl)* 148(1):1–23, 1975.

[17]Payumo AY, McQuade LE, Walker WJ, et al: Tbx16 regulates hox gene activation in mesodermal progenitor cells, *Nat Chem Biol* 12(9):694–701, 2016. doi:10.1038/nchembio.2124.

[18]Towers M, Tickle C: Generation of pattern and form in the developing limb, *Int J Dev Biol* 53(5–6):805–812, 2009. doi:10.1387/ijdb.072499mt.

第16章

[1]Briscoe J: On the growth and form of the vertebrate neural tube, *Mech Dev* 145(Suppl):S1, 2017. doi:10.1016/ j.mod.2017.04.513.

[2]Catala M, Kubis N: Gross anatomy and development of the peripheral nervous system. In Said G, Krarup C, editors: *Handbook of clinical neurology,* Amsterdam, 2013, Elsevier B.V.

[3]de Bakker BS, de Jong KH, Hagoort J, et al: An interactive three-dimensional digital atlas and quantitative database of human development, *Science* 354(6315):2016. doi:10.1126/science.aag0053. pii: aag0053.

[4]Gressens P, Hüppi PS: Normal and abnormal brain development. In Martin RJ, Fanaroff AA, Walsh MC, editors: *Fanaroff and Martin's neonatal-perinatal medicine: diseases of the fetus and infant,* ed 10, Philadelphia, 2014, Mosby.

[5]Haddad FA, Qaisi I, Joudeh N, et al: The newer classifications of the Chiari malformations with clarifications: an anatomical review, *Clin Anat* 31(3):314–322, 2018. doi:10.1002/ca.23051.

[6]Haines DE: *Neuroanatomy: an atlas of structures, sections, and systems,* ed 9, Baltimore, 2015, Lippincott Williams & Wilkins.

[7]Kinsman SL, Johnson MV: Congenital anomalies of the central nervous system. In Kliegman RM, Johnson MV, St Geme JW III, Schor NF, editors: *Nelson textbook of pediatrics,* ed 20, Philadelphia, 2016, Elsevier.

[8]O'Rahilly R, Müller F: *Embryonic human brain: an atlas of developmental stages,* ed 2, New York, 1999, Wiley-Liss.

[9]Osterhues A, Ali NS, Michels KB: The role of folic acid fortification in neural tube defects: a review, *Crit Rev Food Sci Nutr* 53(11):1180–1190, 2013. doi:10.1080/104083 98.2011.575966.

[10]Schiller JH, Shellhaas R: Neurology: congenital

anomalies of the central nervous system. In Marcdante KJ, Kliegman KJ, editors: *Nelson essentials of pediatrics,* ed 7, Philadelphia, 2015, Saunders.

[11]Tata M, Ruhrberg C: Cross-talk of neural progenitors and blood vessels in the developing brain, *Neuronal Signal* 2018. doi:10.1042/ NS20170139.

[12]Ten Donkelaar HT, Lammens M: Development of the human cerebellum and its disorders, *Clin Perinatol* 36(3):513–530, 2009. doi:10.1016/j. clp.2009.06.001.

[13]Zhan J, Dinov ID, Li J, et al: Spatial-temporal atlas of human fetal brain development during the early second trimester, *Neuroimage* 82:115–126, 2013. doi:10.1016/j.neuroimage.2013.05.063.

第 17 章

[1]Barishak YR: *Embryology of the eye and its adnexa,* ed 2, Basel, 2001, Karger.

[2]Bauer PW, MacDonald CB, Melhem ER: Congenital inner ear malformation, *Am J Otol* 19(5):669–670, 1998.

[3]Chung HA, Medina-Ruiz S, Harland RM: Sp8 regulates inner ear development, *Proc Natl Acad Sci USA* 111(17):6329–6334, 2014. doi:10.1073/ pnas.1319301111.

[4]FitzPatrick DR, van Heyningen V: Developmental eye disorders, *Curr Opin Genet Dev* 15(3):348–353, 2005. doi:10.1016/j.gde.2005.04. 013.

[5]Ghada MWF: Ear embryology, *Glob J Oto* 4(1):555627, 2017. doi:10.19080/ GJO.2017.04.555627003.

[6]Guercio JR, Martyn LJ: Congenital malformations of the eye and orbit, *Otolaryngol Clin North Am* 40(1):113–140, 2007. doi:10.1016/j. otc.2006.11.013.

[7]Jones KL, Jones MC, del Campo M: *Smith's recognizable patterns of human malformation,* ed 7, Philadelphia, 2013, Saunders.

[8]Munnamalai V, Fekete DM: Wnt signaling during cochlear development, *Semin Cell Dev Biol* 24(5):480–489, 2013. doi:10.1016/j.semcdb. 2013.03.008.

[9]O'Rahilly R: The prenatal development of the human eye, *Exp Eye Res* 21(2):93–112, 1975.

[10]Porter CJW, Tan ST: Congenital auricular anomalies: topographic anatomy, embryology, classification, and treatment strategies, *Plast Reconstr Surg* 115(6):1701–1712, 2005. doi:10.1097/01.PRS.0000161454.08384.0A.

[11]Thompson H, Ohazama A, Sharpe PT, et al: The origin of the stapes and relationship to the otic capsule

and oval window, *Dev Dyn* 241(9):1396–1404, 2012. doi:10.1002/dvdy.23831.

[12]Williams AL, Bohnsack BL: Review. Neural crest derivatives in ocular development: discerning the eye of the storm, *Birth Defects Res C Embryo Today* 105(2):87–95, 2015. doi:10.1002/bdrc.21095.

第 18 章

[1]Chiu YE: Dermatology. In Marcdante KJ, Kliegman KJ, editors: *Nelson essentials of pediatrics,* ed 7, Philadelphia, 2015, Saunders.

[2]Crawford PJM, Aldred MJ: Anomalies of tooth formation and eruption. In Welbury RR, Duggal MS, Hosey MT, editors: *Paediatric dentistry,* ed 4, Oxford, UK, 2014, Oxford University Press.

[3]Foulds H: Developmental defects of enamel and caries in primary teeth, *Evid Based Dent* 18(3):72–73, 2017. doi:10.1038/sj.ebd.6401252.

[4]Gillgrass TS, Welbery R: Craniofacial growth and development. In Welbury RR, Duggal MS, Hosey MT, editors: *Paediatric dentistry,* ed 4, Oxford, UK, 2014, Oxford University Press.

[5]Harryparsad A, Rahman L, Bunn BK: Amelogenesis imperfecta: a diagnostic and pathological review with case illustration, *SADJ* 68(9): 404–407, 2013.

[6]Inman JL, Robertson C, Mott JD, et al: Mammary gland development: cell fate specification, stem cells and the microenvironment, *Development* 142(6):1028–1042, 2015. doi:10.1242/dev.087643.

[7]Kawasaki M, Porntaveetus T, Kawasaki K, et al: R-spondins/Lgrs expression in tooth development, *Dev Dyn* 243(6):844–851, 2014. doi:10.1002/ dvdy.24124.

[8]Kliegman RR, Stanton B, Geme J, editors: *Nelson textbook of pediatrics,* ed 20, Philadelphia, 2016, Elsevier.

[9]Little H, Kamat D, Sivaswamy L: Common neurocutaneous syndromes, *Pediatr Ann* 44(11):496–504, 2015. doi:10.3928/00904481-20151112-11.

[10]Nanci A: *Ten Cate's oral histology: development, structure, and function,* ed 9, Philadelphia, 2018, Mosby.

[11]Paller AS, Mancini AJ: *Hurwitz clinical pediatric dermatology: a textbook of skin disorders of childhood and adolescence,* ed 3, Philadelphia, 2006, Saunders.

[12]Papagerakis P, Mitsiadis T: Development and structure of teeth and periodontal tissues. In Rosen CJ, editor:

Primer on the metabolic bone diseases and disorders of mineral metabolism, ed 8, New York, 2013, John Wiley & Sons.

[13]Seppala M, Fraser GJ, Birjandi AA, et al: Sonic hedgehog signaling and development of the dentition, *J Dev Biol* 5(2):6, 2017. doi:10.3390/ jdb5020006.

[14]Smolinski KN, Yan AC: Hemangiomas of infancy: clinical and biological characteristics, *Clin Pediatr (Phila)* 44(9):747–766, 2005. doi:10.1177/000992280504400902.

[15]Som PM, Laitman JT, Mak K: Embryology and anatomy of the skin, its appendages, and physiologic changes in the head and neck, *Neurographics* 7(5):390–415, 2017. doi:10.3174/ng.9170210.

第 19 章

[1]Adams Waldorf KM, McAdams RM: Influence of infection during pregnancy on fetal development, *Reproduction* 146(5):R151–R162, 2013. doi:10.1530/REP-13-0232.

[2]Baud D, Gubler DJ, Schaub B, et al: An update on Zika virus infection, *Lancet* 390(10107):2099–2109, 2017. doi:10.1016/S0140-6736(17)31450-2.

[3]Benedum CM, Yazdy MM, Mitchell AA, et al: Risk of spina bifida and maternal cigarette, alcohol, and coffee use during the first month of pregnancy, *Int J Environ Res Public Health* 10(8):3263–3281, 2013. doi:10.3390/ijerph10083263.

[4]Briggs GG, Freeman RK, Towers CV, et al: *Drugs in pregnancy and lactation,* ed 11, Philadelphia, 2017, Wolters Kluwer.

[5]Hamułka J, Zielińska MA, Chądzyńska K: The combined effects of alcohol and tobacco use during pregnancy on birth outcomes, *Rocz Panstw Zakl Hig* 69(1):45–54, 2018.

[6]Holbrook BD, Rayburn WF: Teratogenic risks from exposure to illicit drugs, *Obstet Gynecol Clin North Am* 41(2):229–239, 2014. doi:10.1016/j. ogc.2014.02.008.

[7]Honein MA: Recognizing the global impact of Zika virus infection during pregnancy, *N Engl J Med* 378(11):1055–1056, 2018. doi:10.1056/ NEJMe1801398.

[8]Levy PA, Marion RW: Human genetics and dysmorphology. In Marcdante KJ, Kliegman KJ, editors: *Nelson essentials of pediatrics,* ed 7, Philadelphia, 2015, Saunders.

[9]Medicode, Inc: *Medicode's hospital and payer: international classification of diseases,* vol 1–3, ed 9 revised, clinical modification (ICD 9 CM), Salt Lake City, 2010, Medicode.

[10]Rasmussen SA: Human teratogens update 2011: can we ensure safety during pregnancy?, *Birth Defects Res A Clin Mol Teratol* 94(3):123–128, 2012. doi:10.1002/bdra.22887.

[11]Simpson JL: Birth defects and assisted reproductive technology, *Semin Fetal Neonatal Med* 19(3):177–182, 2014. doi:10.1016/j.siny.2014.01. 001.

[12]Slaughter SR, Hearns-Stokes R, van der Vlugt T, et al: FDA approval of doxylamine-pyridoxine therapy for use in pregnancy, *N Engl J Med* 370(12):1081–1083, 2014. doi:10.1056/NEJMp1316042.

[13]Turnpenny P, Ellard S: *Emery's elements of medical genetics,* ed 16, Philadelphia, 2017, Churchill Livingstone.

[14]Zhang A, Marshall R, Kelsberg G: Clinical inquiry: what effects—if any—does marijuana use during pregnancy have on the fetus or child?, *J Fam Pract* 66(7):462–466, 2017.

第 20 章

[1]Àlvarez-Buylla A, Ihrie RA: Sonic hedgehog signaling in the postnatal brain, *Semin Cell Dev Biol* 33:105–111, 2014. doi:10.1016/j.semcdb.2014.05. 008.

[2]Amakye D, Jagani Z, Dorsch M: Unraveling the therapeutic potential of the Hedgehog pathway in cancer, *Nat Med* 19(11):1410–1422, 2013. doi:10.1038/nm.3389.

[3]Andersson ER, Lendahl U: Therapeutic modulation of Notch signalling—are we there yet?, *Nat Rev Drug Discov* 13(5):357–378, 2014. doi:10.1038/nrd4252.

[4]Aster JC: In brief: notch signalling in health and disease, *J Pathol* 232(1):1–3, 2014. doi:10.1002/path.4291.

[5]Bahubeshi A, Tischkowitz M, Foulkes WD: miRNA processing and human cancer: DICER1 cuts the mustard, *Sci Transl Med* 3(111):111ps46, 2011. doi:10.1126/ scitranslmed.3002493.

[6]Barriga EH, Mayor R: Embryonic cell-cell adhesion: a key player in collective neural crest migration, *Curr Top Dev Biol* 112:301–323, 2015. doi:10.1016/ bs.ctdb.2014.11.023.

[7]Beets K, Huylebroeck D, Moya IM, et al: Robustness in angiogenesis: notch and BMP shaping waves, *Trends Genet* 29(3):140–149, 2013. doi:10.1016/j.tig.2012.11.008.

[8]Benoit YD, Guezguez B, Boyd AL, et al: Molecular

pathways: epigenetic modulation of wnt/glycogen synthase kinase-3 signaling to target human cancer stem cells, *Clin Cancer Res* 20(21):5372–5378, 2014. doi:10.1158/1078-0432.CCR-13-2491.

[9]Berdasco M, Esteller M: Genetic syndromes caused by mutations in epigenetic genes, *Hum Genet* 132(4):359–383, 2013. doi:10.1007/ s00439-013-1271-x.

[10]Berindan-Neagoe I, Monroig Pdel C, Pasculli B, et al: MicroRNAome genome: a treasure for cancer diagnosis and therapy, *CA Cancer J Clin* 64(5):311–336, 2014. doi:10.3322/caac.21244.

[11]Blake JA, Ziman MR: Pax genes: regulators of lineage specification and progenitor cell maintenance, *Development* 141(4):737–751, 2014. doi:10.1242/ dev.091785.

[12]Brafman D, Willert K: Wnt/β-catenin signaling during early vertebrate neural development, *Dev Neurobiol* 77(11):1239–1259, 2017. doi:10.1002/dneu.22517.

[13]Castro DS, Guillemot F: Old and new functions of proneural factors revealed by the genome-wide characterization of their transcriptional targets, *Cell Cycle* 10(23):4026–4031, 2011. doi:10.4161/cc.10.23.18578.

[14]Christ A, Herzog K, Willnow TE: LRP2, an auxiliary receptor that controls sonic hedgehog signaling in development and disease, *Dev Dyn* 245(5):569–579, 2016. doi:10.1002/dvdy.24394.

[15]De Robertis EM: Spemann's organizer and the self-regulation of embryonic fields, *Mech Dev* 126(11–12):925–941, 2009. doi:10.1016/j. mod.2009.08.004.

[16]Dekanty A, Milán M: The interplay between morphogens and tissue growth, *EMBO Rep* 12(10):1003–1010, 2011. doi:10.1038/embor.2011.172.

[17]Dhanak D, Jackson P: Development and classes of epigenetic drugs for cancer, *Biochem Biophys Res Commun* 455(1–2):58–69, 2014. doi:10.1016/j. bbrc.2014.07.006.

[18]Doudna JA, Charpentier E: Genome editing. The new frontier of genome engineering with CRISPR-Cas9, *Science* 346(6213):1258096, 2014. doi:10.1126/ science.1258096.

[19]Dubey A, Rose RE, Jones DR, et al: Generating retinoic acid gradients by local degradation during craniofacial development: one cell's cue is another cell's poison, *Genesis* 56(2):2018. doi:10.1002/dvg.23091.

[20]Gaarenstroom T, Hill CS: TGF-β signaling to chromatin: how Smads regulate transcription during self-renewal and differentiation, *Semin Cell Dev Biol* 32:107–118, 2014. doi:10.1016/j.semcdb.2014.01.009.

[21]Giannotta M, Trani M, Dejana E: VE-cadherin and endothelial adherens junctions: active guardians of vascular integrity, *Dev Cell* 26(5):441–454, 2013. doi:10.1016/ j.devcel.2013.08.020.

[22]Goldman D: Regeneration, morphogenesis and self-organization, *Development* 141:2745–2749, 2014. doi:10.1242/dev.107839.

[23]Guillot C, Lecuit T: Mechanics of epithelial tissue homeostasis and morphogenesis, *Science* 340(6137):1185–1189, 2013. doi:10.1126/ science.1235249.

[24]Gutierrez-Mazariegos J, Theodosiou M, Campo-Paysaa F, et al: Vitamin A: a multifunctional tool for development, *Semin Cell Dev Biol* 22(6):603–610, 2011. doi:10.1016/j.semcdb.2011.06.001.

[25]Hendriks WJ, Pulido R: Protein tyrosine phosphatase variants in human hereditary disorders and disease susceptibilities, *Biochim Biophys Acta* 1832(10):1673–1696, 2013. doi:10.1016/ j.bbadis.2013.05.022.

[26]Hori K, Sen A, Artavanis-Tsakonas S: Notch signaling at a glance, *J Cell Sci* 126(Pt 10):2135–2140, 2013. doi:10.1242/jcs.127308.

[27]Imayoshi I, Kageyama R: bHLH factors in self-renewal, multipotency, and fate choice of neural progenitor cells, *Neuron* 82(1):9–23, 2014. doi:10.1016/ j.neuron.2014.03.018.

[28]Inoue H, Nagata N, Kurokawa H, et al: iPS cells: a game changer for future medicine, *EMBO J* 33(5):409–417, 2014. doi:10.1002/embj.201387098.

[29]Jiang Q, Wang Y, Hao Y, et al: mir2Disease: a manually curated database for microRNA deregulation in human disease, *Nucleic Acids Res* 37(Database issue):D98–D104, 2009. doi:10.1093/nar/gkn714.

[30]Kim W, Kim M, Jho EH: Wnt/β-catenin signalling: from plasma membrane to nucleus, *Biochem* J 450(1):9–21, 2013. doi:10.1042/BJ20121284.

[31]Kotini M, Mayor R: Connexins in migration during development and cancer, *Dev Biol* 401(1):143–151, 2015. doi:10.1016/j.ydbio.2014.12. 023.

[32]Lam EW, Brosens JJ, Gomes AR, et al: Forkhead box proteins: tuning forks for transcriptional harmony, *Nat Rev Cancer* 13(7):482–495, 2013. doi:10.1038/nrc3539.

[33]Lamouille S, Xu J, Derynck R: Molecular mechanisms of epithelial-mesenchymal transition, *Nat Rev Mol Cell Biol* 15(3):178–196, 2014. doi:10.1038/nrm3758.

[34]Le Dréau G, Martí E: The multiple activities of BMPs during spinal cord development, *Cell Mol Life Sci* 70(22):4293–4305, 2013. doi:10.1007/ s00018-013-1354-9.

[35]Li CG, Eccles MR: PAX genes in cancer; friends or foes?, *Front Genet* 3:6, 2012. doi:10.3389/fgene.2012.00006.

[36]Lien WH, Fuchs E: Wnt some lose some: transcriptional governance of stem cells by Wnt/ β -catenin signaling, *Genes Dev* 28(14):1517–1532, 2014. doi:10.1101/ gad.244772.114.

[37]Lim J, Thiery JP: Epithelial-mesenchymal transitions: insights from development, *Development* 139(19):3471–3486, 2012. doi:10.1242/ dev.071209.

[38]MacGrogan D, Luxán G, de la Pompa JL: Genetic and functional genomics approaches targeting the Notch pathway in cardiac development and congenital heart disease, *Brief Funct Genomics* 13(1):15–24, 2014. doi:10.1093/bfgp/ elt036.

[39]Mackay A, Burford A, Carvalho D, et al: Integrated molecular meta-analysis of 1,000 pediatric high-grade and diffuse intrinsic pontine glioma, *Cancer Cell* 32(4):520–537, 2017. doi:10.1016/j.ccell.2017.08.017.

[40]Mallo M, Alonso CR: The regulation of Hox gene expression during animal development, *Development* 140(19):3951–3963, 2013. doi:10.1242/ dev.068346.

[41]Mallo M, Wellik DM, Deschamps J: Hox genes and regional patterning of the vertebrate body plan, *Dev Biol* 344(1):7–15, 2010. doi:10.1016/j. ydbio.2010.04.024.

[42]Manoranjan B, Venugopal C, McFarlane N, et al: Medulloblastoma stem cells: where development and cancer cross pathways, *Pediatr Res* 71(4 Pt 2):516–522, 2012. doi:10.1038/pr.2011.62.

[43]Mašek J, Andersson ER: The developmental biology of genetic Notch disorders, *Development* 144(10):1743–1763, 2017. doi:10.1242/dev.148007.

[44]Maze I, Noh KM, Soshnev AA, et al: Every amino acid matters: essential contributions of histone variants to mammalian development and disease, *Nat Rev Genet* 15(4):259–271, 2014. doi:10.1038/nrg3673.

[45]Neben CL, Lo M, Jura N, et al: Feedback regulation of RTK signaling in development, *Dev Biol* 447(1):71–89, 2017. doi:10.1016/j. ydbio.2017.10.017.

[46]O'Brien P, Morin P Jr, Ouellette RJ, et al: The Pax-5 gene: a pluripotent regulator of B-cell differentiation and cancer disease, *Cancer Res* 71(24):7345–7350, 2011. doi:10.1158/0008-5472.CAN-11-1874.

[47]Park KM, Gerecht S: Harnessing *developmental* processes for vascular engineering and regeneration, Development 141(14):2760–2769, 2014. doi:10.1242/ dev.102194.

[48]Pignatti E, Zeller R, Zuniga A: To BMP or not to BMP during vertebrate limb bud development, *Semin Cell Dev Biol* 32:119–127, 2014. doi:10.1016/ j.semcdb.2014.04.004.

[49]Reiter JF, Leroux MR: Genes and molecular pathways underpinning ciliopathies, *Nat Rev Mol Cell Biol* 18(9):533–547, 2017. doi:10.1038/ nrm.2017.60.

[50]Rhinn M, Dollé P: Retinoic acid signalling during development, *Development* 139:843–858, 2012. doi:10.1242/ dev.065938.

[51]Sánchez Alvarado A, Yamanaka S: Rethinking differentiation: stem cells, regeneration, and plasticity, *Cell* 157(1):110–119, 2014. doi:10.1016/j. cell.2014.02.041.

[52]Scadden DT: Nice neighborhood: emerging concepts of the stem cell niche, *Cell* 157(1):41–50, 2014. doi:10.1016/j.cell.2014.02.013.

[53]Schlessinger J: Receptor tyrosine kinases: legacy of the first two decades, *Cold Spring Harb Perspect Biol* 6(3):2014. doi:10.1101/cshperspect. a008912. pii: a008912.

[54]Shah N, Sukumar S: The Hox genes and their roles in oncogenesis, *Nat Rev Cancer* 10(5):361–371, 2010. doi:10.1038/nrc2826.

[55]Shearer KD, Stoney PN, Morgan PJ, et al: A vitamin for the brain, *Trends Neurosci* 35(12):733–741, 2012. doi:10.1016/j.tins.2012.08.005.

[56]Sotomayor M, Gaudet R, Corey DP: Sorting out a promiscuous superfamily: towards cadherin connectomics, *Trends Cell Biol* 24(9):524–536, 2014. doi:10.1016/ j.tcb.2014.03.007.

[57]Steffen PA, Ringrose L: What are memories made of? How Polycomb and Trithorax proteins mediate epigenetic

memory, *Nat Rev Mol Cell Biol* 15(5):340–356, 2014. doi:10.1038/nrm3789.

[58]Tee WW, Reinberg D: Chromatin features and the epigenetic regulation of pluripotency states in ESCs, *Development* 141(12):2376–2390, 2014. doi:10.1242/dev.096982.

[59]Thompson JA, Ziman M: Pax genes during neural development and their potential role in neuroregeneration, *Prog Neurobiol* 95(3):334–351, 2014. doi:10.1016/j.pneurobio.2011.08.012.

[60]Torres-Padilla ME, Chambers I: Transcription factor heterogeneity in pluripotent stem cells: a stochastic advantage, *Development* 141(11): 2173–2181, 2014. doi:10.1242/dev.102624.

[61]Vanan MI, Underhill DA, Eisenstat DD: Targeting epigenetic pathways in the treatment of pediatric diffuse (high grade) gliomas, *Neurother* 14(2):274–283, 2017. doi:10.1007/s13311-017-0514-2.

[62]Verstraete K, Savvides SN: Extracellular assembly and activation principles of oncogenic class III receptor tyrosine kinases, *Nat Rev Cancer* 12(11):753–766, 2012. doi:10.1038/nrc3371.

[63]Wilkinson G, Dennis D, Schuurmans C: Proneural genes in neocortical development, *Neuroscience* 253:256–273, 2013. doi:10.1016/j. neuroscience.2013.08.029.

[64]Willaredt MA, Tasouri E, Tucker KL: Primary cilia and forebrain development, *Mech Dev* 130(6–8):373–380, 2013. doi:10.1016/j.mod. 2012.10.003.

[65]Wu MY, Hill CS: Tgf-beta superfamily signaling in embryonic development and homeostasis, *Dev Cell* 16(3):329–343, 2009. doi:10.1016/ j.devcel.2009.02.012.

[66]Yang Y, Oliver G: Development of the mammalian lymphatic vasculature, *J Clin Invest* 124(3):888–897, 2014. doi:10.1172/JCI71609.

[67]Zagozewski JL, Zhang Q, Pinto VI, et al: The role of homeobox genes in retinal development and disease, *Dev Biol* 393(2):195–208, 2014. doi:10.1016/j.ydbio.2014.07.004.